核电装备全生命周期价值链
协同理论、平台与实践系列

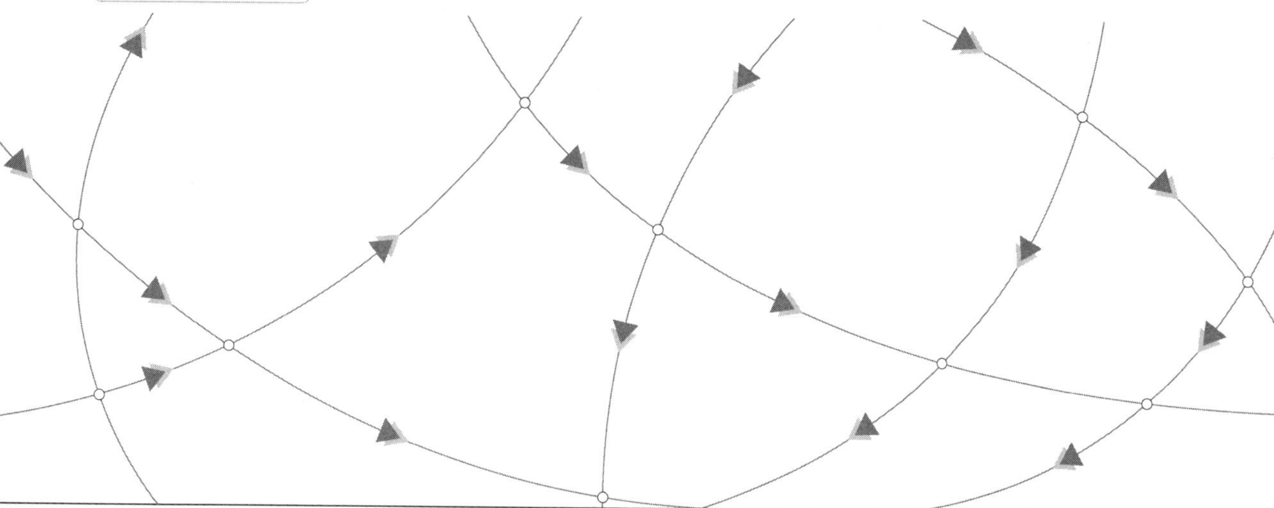

核电装备全生命周期价值链协同理论：模式与方法

冯毅雄　谭建荣　郭景任　易树平　聂　婕　可恒远　著

電子工業出版社
Publishing House of Electronics Industry
北京 · BEIJING

内 容 简 介

全生命周期价值链协同是指面向产品研发设计、生产制造和运维服务全生命周期，各级参与企业基于流程重组、数据联动和服务共享全面提升上下游业务协作和组织管控能力，实现价值链整体价值创造和增值效益最大化发展。核电装备作为国家战略性基础装备，其全生命周期价值链是典型的小批量多品种复杂产品驱动的项目型大型制造企业价值链，具有跨主体、跨领域、跨场景、长服役周期等特征。为引领核电装备设计、制造和服务全生命周期技术发展，本书围绕核电装备价值链，介绍价值链协同的数据空间建设、领域知识挖掘、质量管控监测、缺陷全链追溯、故障诊断、预测运行、闭环反馈及价值链协同技术在核电装备全生命周期典型业务场景中的应用，可以为核工程、智能制造领域的从业人员了解相关价值链协同技术提供参考。

未经许可，不得以任何方式复制或抄袭本书之部分或全部内容。
版权所有，侵权必究。

图书在版编目（CIP）数据

核电装备全生命周期价值链协同理论 ： 模式与方法 / 冯毅雄等著. -- 北京 ： 电子工业出版社, 2024. 10.
(核电装备全生命周期价值链协同理论、平台与实践系列). -- ISBN 978-7-121-48970-9

Ⅰ. F426.23

中国国家版本馆 CIP 数据核字第 202445365B 号

责任编辑：刘志红（lzhmails@phei.com.cn）　　特约编辑：李　姣
印　　刷：三河市鑫金马印装有限公司
装　　订：三河市鑫金马印装有限公司
出版发行：电子工业出版社
　　　　　北京市海淀区万寿路 173 信箱　邮编：100036
开　　本：787×980　1/16　印张：25　字数：640 千字
版　　次：2024 年 10 月第 1 版
印　　次：2024 年 10 月第 1 次印刷
定　　价：168.00 元

凡所购买电子工业出版社图书有缺损问题，请向购买书店调换。若书店售缺，请与本社发行部联系，联系及邮购电话：（010）88254888，88258888。

质量投诉请发邮件至 zlts@phei.com.cn，盗版侵权举报请发邮件至 dbqq@phei.com.cn。

本书咨询联系方式：（010）88254479，lzhmails@phei.com.cn。

核电装备全生命周期价值链协同系列

编委会

编委会顾问：

谭建荣　刘　勇　王百众

编委会主任：

冯毅雄

编委会副主任：

郭景任　易树平　聂　婕　司恒远　彭华清　王　理

编委会委员（按姓氏笔画排序）：

卫　华　王梦灵　尹秋玲　叶　亮　杨秦秦

肖　瑾　汪　伟　汪明开　宋秀菊　张志峰

张其先　张　勋　张　辉　陈晓慧　罗　澄

单玉忠　胡炳涛　洪兆溪　聂为之　黄晓东

彭　锦　董　为　温沛涵　雷玮剑　熊世权

前　言

核电装备是国家战略性基础装备，在新一代陆上核电站、潜艇航母、海洋开发、深空探测等国家重大工程的核能供电中有着重要的应用，是代表中国高端制造业走向世界的“国家名片”。核安全关系国家安全，核电装备具有长役期（建造 10 年、运行 60 年、退役 30 年）、全工况（强地震、大海啸、急气旋、高温差等极端环境）、巨系统（380 多个子系统、50 万量级零部件）等显著特征，导致在数据高一致性、堆芯高安全性、机组高可用性等苛刻协同准则下，核电装备全生命周期价值链面临异构数据交互失信、质量管控追溯失源和运维服务反馈失控等难题。由于这些难题的困扰，我国虽拥有先进的三代核电技术，但核电装备设计、生产、管理和服务的数字化、智能化水平仍偏低，削弱了先进核电装备的国际竞争力。因此，为引领核电装备设计、制造和服务全生命周期技术发展，研究面向核电装备全生命周期价值链协同的理论与方法，支撑新型核电装备的自主研发，具有重要的研究价值与工程意义。

本书全面、系统地讲述核电装备全生命周期价值链协同有关理论、方法及其示范应用。全书共 6 章，从核电装备全生命周期价值链协同的概念与特点入手，介绍价值链协同的数据空间建设、领域知识挖掘、质量管控监测、缺陷全链追溯、故障诊断、预测运行、闭环反馈及价值链协同技术在核电装备全生命周期典型业务场景中的应用，为广大的核工程、智能制造领域的从业者、科研人员、高校学生以及其他读者提供参考。

第 1 章介绍压水堆核电装备的核心系统、关键设备、发展历程及产业生产运营现状，进而论述核电装备型复杂产品全生命周期价值链协同的基本概念及研究现状。

第 2 章分析核电装备全生命周期价值链面临的协同需求与技术挑战，从数据时空协同、质量正逆协同和事件虚实协同三个方面阐述链主调控多核联动价值链协同创新模式内涵，进而提出核电装备全生命周期价值链协同方法体系及关键技术。

第 3 章围绕全生命周期价值链数据交互问题，介绍核电装备数据空间的表征、集成与清洗技术，在数据空间优化治理的基础上，对大规模多源异构核电装备数据进行建模挖掘，并提出个性化核电装备知识案例智能推送方法。

第 4 章围绕全生命周期价值链质量管控问题，介绍核电装备质量特性识别方法，以质量图谱构建与质量状态演化为核心，提出“三跨”场景下价值链协同质量管控技术以及质量缺陷全链追溯方法。

第 5 章围绕全生命周期价值链事件反馈问题，介绍核电装备全生命周期智能运维与闭环反馈方法，基于多模态数据驱动的故障智能诊断技术及多任务时序预测运行方法，提出核电装备运维事件信息融合与闭环反馈技术。

第 6 章以价值链协同应用案例为核心，阐述价值链协同在核电装备全生命周期领域的发展与应用，提出三类典型价值链协同业务场景——多专业三维设计协同、跨企业数字化建造协同和群厂智能运维协同，并结合每个典型场景的业务背景、协同需求和应用效果进行系统性分析，证明了全生命周期价值链协同在核电装备领域的有效性和优越性。

撰写本书各章的主要作者如下：

第 1 章　谭建荣、冯毅雄、郭景任、王理、司恒远、彭华清；

第 2 章　冯毅雄、洪兆溪、胡炳涛、雷玮剑、赵泽田、吴轩宇、蒋翔宇；

第 3 章　司恒远、冯毅雄、单玉忠、雷玮剑、张勋、罗澄、张辉、卫华、柴伦一、向金华、董为；

第 4 章　易树平、冯毅雄、王梦灵、陈晓慧、温沛涵、熊世权、徐梦宇、尹秋玲；

第 5 章　聂婕、冯毅雄、聂为之、于树松、丁香乾、刘安安、王成龙、叶亮、李华儒；

第 6 章　郭景任、冯毅雄、王理、杨秦秦、肖瑾、黄晓东、汪明开、张其先、杜丽琼、何卫明、秦利平、彭锦、吕阳、尤心一、谢永辉、汪伟；

全书由谭建荣、冯毅雄、郭景任、司恒远、彭华清、王理、洪兆溪、胡炳涛修改并统稿。

作者在本书的撰写过程中参考了大量国内外相关论著，吸收了较多国内外学者的先进思想和研究成果，在此，谨向各位专家、学者致以诚挚的谢意。

本书中的研究内容得到国家重点研发计划项目（2020YFB1711700）和浙江省“尖兵”“领雁”研发攻关计划（2023C01214）的支持，特此表示感谢。

由于相关的研究工作还有待继续深入，加之受研究领域和写作时间所限，书中瑕疵和纰漏在所难免，在此恳请读者予以批评指正并提出宝贵的意见，以激励和帮助我们在探索全生命周期价值链协同理论与方法研究之路上继续前进。

作　者

2024 年 8 月

目录

第1章　绪论……001

1.1　引言……001
1.2　核电装备系统及关键设备……002
1.2.1　核电装备系统组成……003
1.2.2　典型核电关键设备……011
1.3　核电装备发展历程及趋势……014
1.3.1　核电装备技术发展历程……014
1.3.2　核电装备未来发展趋势……016
1.4　核电装备产业组织与生产运营……019
1.4.1　核电装备制造业产业组织……019
1.4.2　核电装备工程建设……023
1.4.3　核电装备在役运行……026
1.5　核电装备型复杂产品全生命周期价值链协同理论基础……030
1.5.1　复杂产品全生命周期价值链协同理论背景及现状……030
1.5.2　核电装备型复杂产品全生命周期价值链协同及其发展……036
1.6　本书内容结构……040
参考文献……041

第2章　核电装备全生命周期价值链协同模式及运行机制……044

2.1　引言……044
2.2　核电装备全生命周期价值链协同需求与挑战……045
2.2.1　核电装备全生命周期价值链协同现状……045
2.2.2　核电装备全生命周期价值链协同必要性与需求分析……047

2.2.3 核电装备全生命周期价值链协同面临的挑战……051
2.3 核电装备链主调控多核联动价值链协同模式……052
2.3.1 核电装备全生命周期价值链主体及要素分析……052
2.3.2 核电装备全生命周期价值链协同特征……056
2.3.3 核电装备链主调控多核联动价值链协同模式介绍……060
2.4 数字主线驱动的核电装备全生命周期价值链协同运行机制……064
2.4.1 核电装备全生命周期价值链协同运行机制总体方案……064
2.4.2 基于 MBSE 的核电装备多视图系统模型形式化表达……067
2.4.3 模型驱动的核电装备全生命周期数字主线构建……078
2.4.4 数字主线驱动的核电装备价值链企业集群业务协同……089
2.5 核电装备全生命周期价值链协同方法体系……094
2.5.1 全生命周期数据空间构建与协同治理……095
2.5.2 三跨环境下协同质量管控与全价值链追溯……098
2.5.3 多模态数据驱动的智能运维与全链闭环反馈……100
参考文献……103

第 3 章 核电装备全生命周期数据空间构建与知识建模挖掘方法……110

3.1 引言……110
3.2 核电装备全生命周期数据资源与知识管理需求与挑战……111
3.2.1 核电装备数据空间与知识工程内涵……111
3.2.2 核电装备全生命周期数据资源与知识管理需求……116
3.2.3 核电装备知识管理和知识工程实施面临的挑战……118
3.3 核电装备数据空间构建与治理方法……124
3.3.1 核电装备领域元数据统一表征……124
3.3.2 核电装备跨专业多源异构数据集成……129
3.3.3 核电装备数据空间数据质量稽查……132
3.4 核电装备数据空间知识网络建模方法……138
3.4.1 核电装备多维多视角知识图谱表征……138
3.4.2 基于领域本体的核电装备知识要素抽取……143
3.4.3 基于实体聚类的核电装备知识网络演化……152

3.5 核电装备数据空间知识精确挖掘与智能推送方法 ······155
3.5.1 核电装备异构知识语义关联建模 ······155
3.5.2 核电装备知识案例特征挖掘 ······164
3.5.3 核电装备知识资源主动推送 ······171
参考文献 ······175

第 4 章 基于三维模型一体化及状态演化的协同质量管控和追溯方法 ······185

4.1 引言 ······185
4.2 核电装备协同质量管控与追溯的需求及挑战 ······186
4.2.1 核电装备协同质量管控的内涵与特征 ······186
4.2.2 核电装备协同质量管控与追溯的必要性及需求分析 ······187
4.2.3 核电装备协同质量管控与追溯面临的挑战 ······190
4.2.4 核电装备协同质量管控与追溯解决思路 ······191
4.3 基于三维模型一体化的核电装备关键质量特性识别 ······193
4.3.1 核电装备关键质量特性识别总体架构 ······193
4.3.2 核电装备质量特性提取 ······195
4.3.3 核电装备质量特性筛选 ······201
4.3.4 核电装备关键质量特性识别 ······202
4.4 基于知识图谱的核电装备建造质量状态演化 ······211
4.4.1 核电装备质量状态演化先验模型 ······211
4.4.2 核电装备质量状态演化数据模型 ······217
4.4.3 核电装备建造质量知识图谱生成与质量状态演化 ······224
4.5 核电装备全价值链协同质量管控方法 ······233
4.5.1 核电装备协同质量价值链优化 ······233
4.5.2 核电装备协同质保体系联结 ······235
4.5.3 核电装备跨领域质量见证管控方法 ······236
4.5.4 核电装备跨平台质量信息传递管控方法 ······246
4.5.5 核电装备跨企业质量流程协同管控方法 ······255
4.6 核电装备质量缺陷源跨企业标定及全价值链追溯方法 ······261
4.6.1 基于多尺度语义识别的质量缺陷信息抽取 ······261

4.6.2 基于多目标优化特征的质量缺陷成因分析……268
4.6.3 基于质量追溯图谱的质量事件逆向追溯……276
参考文献……282

第5章 核电装备全生命周期智能运维与闭环反馈方法……288

5.1 引言……288
5.2 核电装备全生命周期智能运维与闭环反馈需求与挑战……289
5.2.1 核电装备全生命周期智能运维与闭环反馈现状……289
5.2.2 核电装备全生命周期智能运维与闭环反馈需求分析……304
5.2.3 核电装备全生命周期智能运维与闭环反馈面临的挑战……308
5.3 核电装备全生命周期故障诊断方法……309
5.3.1 基于跨域迁移的阶段故障诊断……309
5.3.2 基于图卷积的全生命周期故障诊断……312
5.4 核电装备全生命周期预测运行状态监控方法……319
5.4.1 基于时空划分的多任务时序预测方法……319
5.4.2 基于增量图模型的时序预测方法……319
5.4.3 模型算法鲁棒性研究……327
5.5 核电装备全生命周期闭环信息反馈方法……334
5.5.1 多阶段经验反馈数据融合方法……334
5.5.2 跨平台经验信息关联挖掘方法……335
5.5.3 基于运行数据反馈的模型参数优化方法……340
参考文献……344

第6章 价值链协同在核电装备全生命周期的工程应用案例……359

6.1 引言……359
6.2 核电装备三维设计协同及工程应用案例……360
6.2.1 核电装备三维协同设计体系……360
6.2.2 核电装备设计模型技术状态管理……362
6.2.3 核电装备多专业在线协同提资……366
6.2.4 应用效果分析……370

6.3 核电装备建造协同及工程应用案例……372
6.3.1 核电装备建造质量管控要求……372
6.3.2 核电装备建造过程质量管控及构件开发……373
6.3.3 核电装备建造质量数字化管控……376
6.3.4 应用效果分析……379
6.4 核电装备群厂运维协同及工程应用案例……381
6.4.1 核电装备群厂运维协同应用背景……381
6.4.2 电能表检定智能运维系统……381
6.4.3 核电装备全生命周期智能运维系统……383
6.4.4 应用效果分析……385
参考文献……387

第1章

绪　论

1.1 引言

装备制造业是工业发展的基础性和战略性产业，也是一个国家工业化水平与科技实力的重要体现。装备制造业整体能力和水平决定了各国的经济实力、国防实力、综合国力和在全球经济中的竞争与合作能力，甚至决定发展中国家实现现代化和民族复兴的进程。

核电装备作为国家战略性基础装备，在新一代清洁发电、舰船动力、海洋开发、深空探测等国家重大工程的核能供电中都有着重要的应用，是代表我国高端制造业走向世界的“国家名片”。核电站的研发、设计建造和运行是一项超大型复杂工程，具有巨系统、长役期、全工况等显著特征。以目前正在批量建设的第三代大型百万千瓦级压水堆核电站为例，每座核电站设有超过300个系统，拥有数量达50万量级的零部件，涉及数百个采购包和上千家供应商，设计建造期在5～10年，运行服役期达60年（未包含退役），服役期间要承受地震、海啸、龙卷风、极端气温等极端环境。近年来，我国一方面引进消化吸收国际先进的压水堆技术；另一方面，骨干制造企业大举投资建设装备制造设施、基地，核电装备制造业已呈蓬勃发展之势。

核电装备属性强、安全监管严、质量要求高，当前核电站单机组电功率基本达到百万千瓦甚至更高，一回路设备要求耐受压力达到15～20MPa，这也决定了核电装备设计结构比较复杂，其主装备大多超大、超重。核电装备制造业为核电站的建设和运行提供装备，生产难度大、技术含量高。例如，以压力容器为中心的核蒸汽供应系统技术复杂，压力容器直径在4m左右，厚度在20cm以上，为满足60年的设计寿命，从原材料选择、设备锻造到机加工等过程中不能出现一丝一毫的错误，否则核电的核安全将无法得到保障。因此，核电装备的设计与制造必须充分考虑安全、可靠、高效的要求，以制造出高质量且工艺复杂的核电装备。

核电装备制造业具有明显的资金密集、技术密集等特点。由于核电装备制造业科技含量比较高且属于军民两用技术，技术消化和创新难度较大，与一般竞争性行业相比有着自身的特殊性，进入壁垒高、退出壁垒高、行业集中度高。其适宜形成垄断竞争格局，并围绕龙头企业及其技术扩散和产业扩散发展中小企业，形成产业集群，所以市场结构呈现明显的寡头垄断，当前国内核电重要设备供货商基本集中在中国一重、东方电气、上海电气、哈尔滨电气等大型国企央企。这也意味着核电装备制造业投入大、周期长、利润空间大。

这些显著特征及苛刻协同准则导致核电装备全生命周期价值链面临数据孤立缺乏联动、链上协同模式不清、质量管控追溯困难等难题，从而制约了我国核电装备设计、生产、管理和服务的数字化、智能化水平，削弱了“华龙一号”等堆型相关的先进核电装备的国际竞争力。为实现引领核电装备设计、制造和服务全生命周期技术发展，迫切需要研发具有自主知识产权的复杂产品全生命周期价值链协同平台，以支撑未来新型核电装备的自主产业创新，推动链上企业由“粗放式松散结合”向“跨平台、多领域、全流程协同”转变。

1.2 核电装备系统及关键设备

核电装备是核电站建设所有组成系统及配套设备的总称。核电站主要按反应堆类型或特征分类。反应堆有很多不同的类型，如根据能量产生方式分为聚变堆和裂变堆，根据设计用途分为生产堆、实验堆和动力堆等，根据裂变中子能量大小分为热中子堆、中能中子堆和快中子堆，根据冷却剂的类型分为水冷堆（包括压水堆、沸水堆、重水堆）、气冷堆、液态金属冷却堆等，根据慢化剂的种类分为轻水堆、重水堆、石墨堆等。对于我国商运或在建的大型核电站，大部分反应堆为压水堆，即采用裂变方式和热中子，用轻水冷却和慢化的动力堆。

全球已建和在建的核电站中最多的是大型压水堆核电站，并已全面进入“三代”技术时代。我国也已形成了具有完全自主知识产权的“华龙一号”第三代大型压水堆核电技术，完全具备了自主设计、自主制造、自主建设和自主运行能力，进入了“三代”大型压水堆核电站的批量化建设时代。“三代”大型压水堆核电装备在核电装备中具有典型代表意义。

本节以我国具有自主知识产权的“华龙一号”为例，对主要核电装备系统和关键设备进行简要介绍。

1.2.1 核电装备系统组成

核电站由核岛（Nuclear Island，NI）、常规岛（Conventional Island，CI）和电厂辅助设施（Balance of Plant，BOP）组成，其系统配置与反应堆的核蒸汽供应系统（Nudear Steam Supply System，NSSS）密切相关。

典型的压水堆核电站主要系统包括反应堆冷却剂系统（Reactor Coolant System，RCS）、蒸汽动力转换系统、安全系统、辅助系统、放射性废物管理系统、仪控系统、电气系统等。

1. 反应堆冷却剂系统

反应堆冷却剂系统是核电站的一回路，其主要功能是使冷却剂循环流动，将堆芯中裂变产生的热量通过蒸汽发生器（Steam Generator，SG）传输给二回路，同时冷却堆芯，防止燃料元件烧毁或毁坏。

反应堆冷却剂系统由反应堆和三条闭合的反应堆冷却剂环路组成。反应堆是产生、维持和控制链式核裂变反应的装置，它释放的热量通过冷却剂传输至蒸汽发生器一次侧，蒸汽发生器再将该热量传给蒸汽发生器二次侧给水，产生的蒸汽驱动汽轮发电机发电。反应堆由反应堆压力容器、堆芯、堆内构件和控制棒驱动机构组成。每条反应堆冷却剂环路都包含一台反应堆冷却剂泵、一台蒸汽发生器及相应的管道和仪表，其中一条环路上连接一台稳压器，用于反应堆冷却剂系统的压力调节和压力保护。“华龙一号”反应堆冷却剂系统简图如图 1.2.1 所示。

此外，反应堆冷却剂系统还具备一定的辅助功能，如慢化中子，使堆芯中裂变产生的快中子减速为热中子；反应性控制，通过调整一回路冷却剂的硼浓度来控制堆芯反应性；压力控制，通过稳压器控制冷却剂压力，防止堆芯产生偏离泡核沸腾现象；放射性屏蔽，反应堆冷却剂系统的压力边界是裂变产物放射性的第二道屏障，可以起到防止放射性物质外逸的作用。

2. 蒸汽动力转换系统

“华龙一号”热力系统由一回路、二回路及三回路组成，其中二回路是常规岛的能量转化系统。二回路由蒸汽系统、凝结水和给水系统两部分构成。在蒸汽系统中，二回路水在蒸汽发生器中吸收热量后蒸发为饱和蒸汽，蒸汽在汽轮机中做功后乏汽排入凝汽器冷凝为凝结水。之后在凝结水和给水系统中，凝结水经凝结水泵、低压加热器、除氧器、高压加热器和主给水泵逐步升温升压并除氧，送回至蒸汽发生器二次侧，形成闭式热力循环。“华龙一号”二回路简图如图 1.2.2 所示。

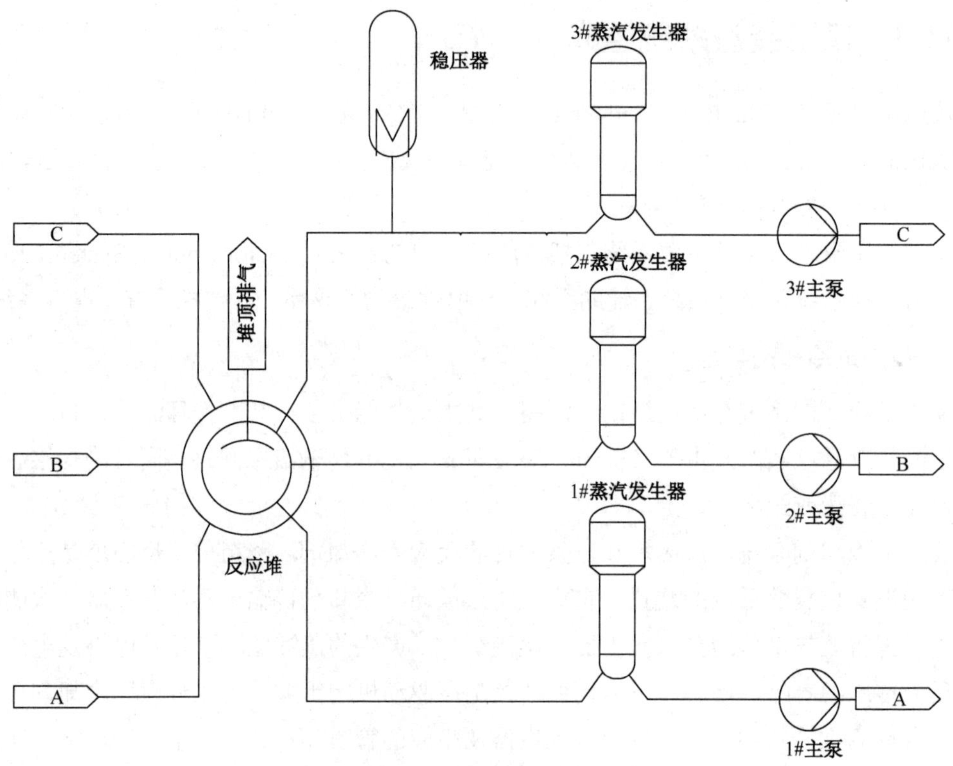

图 1.2.1 “华龙一号”反应堆冷却剂系统简图

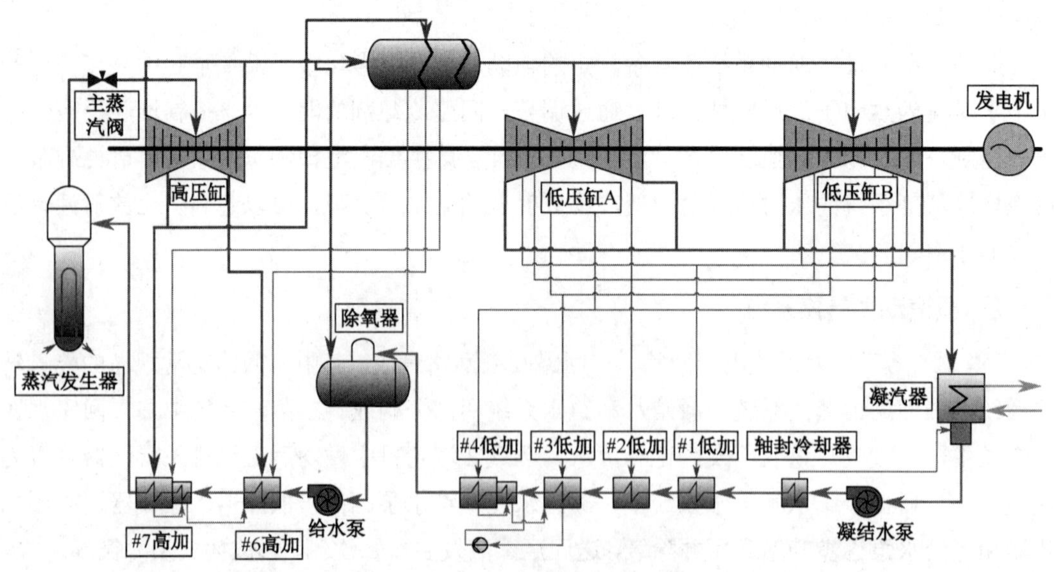

图 1.2.2 “华龙一号”二回路简图

蒸汽动力转换系统是二回路的一部分，其主要功能是将核蒸汽供应系统产生的热能转变成电能，同时在停机或某些事故工况下，保证核蒸汽供应系统的冷却。蒸汽动力转换系统主要由主蒸汽系统、主给水流量控制系统、蒸汽发生器排污系统、汽轮机旁路系统等子系统构成。

1）主蒸汽系统

主蒸汽系统的主要功能是在机组正常运行时将蒸汽发生器产生的主蒸汽提供给汽轮机和汽轮机厂房内其他主蒸汽用户。主蒸汽系统根据安全分级分为核岛部分和常规岛部分，其中核岛部分由三个相同的序列组成，每个序列与一个蒸汽发生器的上部相连，经主蒸汽管道穿出安全壳后进入汽轮机厂房。常规岛部分主要包括主蒸汽母管及其相连的管道。

2）主给水流量控制系统

主给水流量控制系统的功能是在机组正常运行时控制向蒸汽发生器的给水流量。该系统分为常规岛部分和核岛部分：常规岛部分主要包含三个给水调节站和给水母管；核岛部分由三个相同的序列组成，每一序列与一台蒸汽发生器相连，包含一系列负荷调节阀。

3）蒸汽发生器排污系统

蒸汽发生器排污系统的主要功能是在不同工况下对蒸汽发生器进行连续排污，保证二回路的水质在核电站运行允许的限值内。该系统由三部分组成，即排污水降温降压部分、排污水过滤除盐部分及排放部分。在排污水降温降压部分，三台蒸汽发生器的排污水穿出安全壳后汇集到一根母管，之后依次流入再生式热交换器、一个降压和流量控制站进行冷却和降压；在排污水过滤除盐部分，冷却降压后的排污水依次流入过滤器、阳离子除盐器、阴离子除盐器和树脂捕集过滤器，以去除排污水中的离子杂质及腐蚀产物；对于不同的工况，处理后的排污水有 4 种排放方式，即回收复用、处理后排放、直接排放和事故后排放。

4）汽轮机旁路系统

汽轮机旁路系统的功能是当反应堆功率与汽轮机负荷不一致时，把多余的蒸汽排向凝汽器，以避免核蒸汽供应系统的压力和温度超过限值导致蒸汽大气排放阀动作，从而避免反应堆紧急停堆。此外，在机组启动和停堆过程中，该系统可以保证一回路的可控升温或冷却。

3. 安全系统

安全系统的主要功能是预防和缓解事故所造成的后果。例如，在发生一回路失水、二回路蒸汽/给水管道破裂、蒸汽发生器传热管破裂等事故时，相应的安全系统启动，限制和缓解事故后果，使机组达到安全停堆状态或最终状态，确保核安全功能。安全系统的主要功能包括以下三部分。

（1）反应性控制：能终止链式裂变反应。

（2）堆芯余热导出：无论反应堆状态如何，均能导出堆芯热量。

（3）放射性产物包容：防止放射性物质不可控地向大气释放。

安全系统主要包括专设安全设施与严重事故预防和缓解系统。“华龙一号”专设安全设施主要包括安全注入系统、应急硼化系统、应急给水系统、蒸汽大气排放系统。严重事故预防和缓解系统主要包括二次侧非能动余热排出系统、安全壳热量导出系统、额外冷却系统、安全壳可燃气体控制系统、安全壳过滤排放系统等。下面分别对各个子系统进行简单介绍。

1）安全注入系统

安全注入系统的主要功能是在一回路发生丧失冷却剂事故和二回路蒸汽管道破裂事故工况下，向一回路应急补水，补偿一回路水装量的丧失和反应堆冷却剂的收缩，控制堆芯的反应性。除执行安全注入的功能外，安全注入系统还执行正常停堆和事故工况下的余热排出功能。

2）应急硼化系统

应急硼化系统的主要功能是在事故工况下对堆芯进行硼化，用于补偿堆芯的反应性。在设计基准事故工况下对堆芯进行硼化，补偿由堆芯冷却引入的反应性，将反应堆从可控状态带入安全停堆状态；在控制棒机械故障引起的未能紧急停堆的预期瞬态事故工况下，自动对反应堆冷却剂系统进行硼化。

3）应急给水系统

应急给水系统的主要功能在正常给水系统失效或丧失时，向蒸汽发生器提供应急给水，恢复或维持蒸汽发生器水位，最终排出堆芯衰变热。

4）蒸汽大气排放系统

蒸汽大气排放系统的主要功能是在汽轮机旁路系统不可用时，通过向大气排放蒸汽来排出余热，使机组达到可控状态，最后达到安全停堆状态或最终状态。此外，该系统与主蒸汽安全阀一起通过限制二次侧的压力上升来保证蒸汽发生器的完整性，确保热量的排出。

5）二次侧非能动余热排出系统

二次侧非能动余热排出系统的主要功能是作为应急给水系统/蒸汽大气排放系统二次侧排热手段的后备，在需要应急给水系统启动排出一回路热量且应急给水系统失效的超设计基准工况下，通过非能动方式排出堆芯余热。二次侧非能动余热排出系统还可在事故后长期为应急给水箱及乏燃料水池补水。

6）安全壳热量导出系统

安全壳热量导出系统的主要功能是在专设安全系统失效、堆芯熔化的超设计基准事故（包括严重事故）工况下，限制安全壳内的压力和保证衰变热从安全壳内导出，从而保证安全壳的完整性。该系统除非能动堆坑注水子系统外，其余部分由两个相同的序列组成。

7）额外冷却系统

额外冷却系统的主要功能是当发生超设计基准事故，如全厂断电和完全丧失冷链事故时，为安全壳热量导出系统及反应堆水池和燃料水池冷却和处理系统提供冷却，实现事故缓解功能。额外冷却系统通过机械通风冷却塔将堆芯和乏燃料热量导出到最终热阱——大气。

8）安全壳可燃气体控制系统

安全壳可燃气体控制系统的主要功能是在事故工况下，控制安全壳内的可燃气体浓度，从而限制和降低局部氢气积聚及其燃烧引起的安全壳风险，以确保安全壳结构和密封的完整性。此外，为了评估事故后安全壳氢气燃烧的威胁和非能动氢复合器的工作状态，同时作为了解堆芯恶化情况的辅助参考，该系统还承担事故后安全壳内氢气浓度监测的功能。安全壳可燃气体控制系统由非能动氢复合器子系统、氢点火器子系统及氢气监测子系统组成。

9）安全壳过滤排放系统

安全壳过滤排放系统主要用于应对由安全壳热量导出系统失效导致的安全壳晚期超压这种极不可能发生的情况，在严重事故后期，该系统通过主动卸压使安全壳内的压力不超过其承载限值，防止安全壳的常备性损伤和放射性物质失控释放。同时，通过安装在卸压管线上的过滤装置对排放气体中的放射性物质进行过滤，使不可避免释放到环境中的放射性物质维持在尽可能低的水平。

4. 辅助系统

核电站的辅助系统用于保障反应堆和一回路的正常启动、运行和停堆。以“华龙一号”为例，其辅助系统主要包括以下子系统：化学和容积控制系统、反应堆硼和水补给系统、冷却剂贮存和处理系统、核取样系统、反应堆水池和燃料水池冷却和处理系统、燃料操作与贮存系统、设备冷却水系统、重要厂用水系统、供热通风与空调系统。下面分别对各个子系统进行简单介绍。

1）化学和容积控制系统

化学和容积控制系统用于在正常工况下保障核电站稳定运行，实现在瞬态和启停堆过程中的容积和化学控制，包括反应堆冷却剂系统容积控制、反应性控制、水化学控制和主泵轴封注入与回流等。在事故工况下，其部分设备参与防误稀释隔离、安全壳隔离、反应堆冷却剂压力边界隔离和上充隔离等。该系统主要包括高压下泄、低压下泄、净化和除气、上充和辅助喷淋、轴封注入和回流、化学加药单元和水压试验等部分。

2）反应堆硼和水补给系统

反应堆硼和水补给系统通过化学和容积控制系统向反应堆冷却剂系统提供硼酸溶液和除盐除氧水，进而对容积和反应性进行控制。反应堆硼和水补给系统包括硼酸制备与分配、硼酸贮存和补给、除盐水补给三个子系统。

3）冷却剂贮存和处理系统

冷却剂贮存和处理系统用于在核电站正常运行工况下冷却剂的贮存和供给、净化、处理和除气等。该系统由实现上述 4 个功能的子系统组成，主要设备包括贮存罐、离心泵、真空泵、压缩机、换热器和阀门。

4）核取样系统

核取样系统提供在正常或异常工况下集中就地对样品进行取样的设备。这些样品包括从一回路和蒸汽发生器二次侧排污系统、废气处理系统和其他辅助系统中获取的液体和气体。该系统包括一次侧取样子系统、二次侧取样子系统和事故后取样子系统。经过测量分析，可确定样品的化学和放射化学特性。

5）反应堆水池和燃料水池冷却和处理系统

反应堆水池和燃料水池冷却和处理系统用于对乏燃料水池进行冷却及对反应堆水池和燃料水池进行净化、充水和排水。该系统由反应堆水池（包括堆腔池和堆内构件贮存池）、燃料厂房水池（包括转运井、乏燃料水池和装载井）和所连接的冷却、净化、水传输、充水和补水回路组成。

6）燃料操作与贮存系统

燃料操作与贮存系统用于燃料组件及相关组件的装卸与贮存，其功能包括安全接收新燃料组件并贮存，给反应堆装料和卸料，将乏燃料装入乏燃料运输容器、贮存和准备外运。尽管该系统不直接参与反应堆安全运行，但其执行部分安全功能，包括保持燃料的次临界状态和完整、冷却乏燃料、保障辐射防护和安全及防止放射性物质向环境不可接受的释放。燃料操作与贮存系统主要由燃料贮存格架、换料机、乏燃料水池吊车、燃料转运装置、新燃料升降机等机械设备组成，是一个纯机械系统。

7）设备冷却水系统

设备冷却水系统在正常工况下通过重要厂用水系统将来自安全相关系统、运行辅助系统和反应堆运行相关设备产生的热量传输到最终热阱，在事故工况下则参与余热排出和放射性包容相关功能。

8）重要厂用水系统

作为设备冷却水系统的冷却系统，重要厂用水系统负责将核岛的余热排到大海（最终热阱）。该系统以海水作为冷却水，在核电站正常运行和设计基准事故工况下都可以提供充足的冷却流量。

9）供热通风与空调系统

供热通风与空调系统用于维持人员进入、设备运行和控制室可居留性所需的环境温度、湿度、新风量、放射性污染程度和清洁度，并负责监测和限制环境内放射性物质的排放。该系统由反应堆厂房及其环廊通风系统、冷冻水系统、热水系统等子系统组成。

5. 放射性废物管理系统

放射性废物管理系统的主要功能是收集、贮存和处理核电站在各种工况下所产生的放射性废物或可能含放射性的废物，使其满足排放和贮存（或处置）的要求。放射性废物管理系统主要包括核岛排气和疏水系统、废液处理系统、核岛废液排放系统、废气处理系统、固体废物处理系统等子系统。

1）核岛排气和疏水系统

核岛排气和疏水系统的主要功能是收集反应堆厂房、安全厂房、核辅助厂房、燃料厂房及进出厂房内产生的放射性废液和废气。根据废物的特性、种类及相应的处理工艺，分别由各自的管网输送到下游系统进行处理或监测排放。

2）废液处理系统

废液处理系统的主要功能是监测、收集、贮存并处理机组正常运行期间及预期运行瞬态下产生的不可复用放射性废液，将放射性核素从放射性废液中分离出来，使处理后的废液放射性浓度达到集中排放的要求。放射性废液分为工艺废液、地面废液、化学废液、洗涤废液 4 种类型。根据废液类型，采用不同处理工艺分别处理。废液处理系统可划分为 5 个子系统，分别是废液贮存子系统、废液处理子系统、监测排放子系统、化学加药子系统和取样分析子系统。

3）核岛废液排放系统

核岛废液排放系统的主要功能是在机组正常运行和大修期间，接收、贮存并监测来自核岛的处理后废液，当取样分析结果合格时将废液向环境排放，当取样分析结果不合格时将废液送回废液处理系统重新处理。该系统在异常工况下（例如，环境排放条件不足或其他原因要求延迟排放等）可用于暂存废液。

4）废气处理系统

废气处理系统的主要功能是通过循环吹扫平衡上游相连容器的气空间变化，维持一定的压力范围；通过循环吹扫带走相连系统的氢气，并利用氢氧复合降低吹扫气体的氢氧浓度，维持回路中氢氧浓度低于爆炸限值；滞留惰性气体，使其放射性活度在释放到大气前降到环境可接受水平。废气处理系统可划分为 6 个功能单元，分别是氢氧复合单元、废气压缩单元、气体分配单元、安全壳隔离单元、贮存衰变单元和热交换器冷冻水供应单元。

5）固体废物处理系统

固体废物处理系统的主要功能是收集、处理、转运、暂存核电站正常运行及预期运行事件中产生的所有中、低放固体废物。固体废物的种类有废树脂、浓缩液、废滤芯、杂项干废物。固体废物处理系统分成 5 个子系统，分别是干废物处理子系统、废树脂收集及暂存子系统、废滤芯更换子系统、湿废物转运及处理子系统和废物货包暂存子系统。

6. 仪控系统

仪控系统是核电站仪表和控制系统的简称，它的主要功能是监控各组成系统的运行参数和状态，并提供各类控制和保护功能，保障核电站的运行安全可靠且经济。具体而言，仪控系统在相关指标超过安全限值时使反应堆停堆，在事故工况下驱动专设安全设施/系统，保护反应堆及其系统设备、人员和环境免受放射性污染。仪控系统的设计遵循如下准则：①单一故障准则；②通过实体分离、电气隔离和通信隔离满足独立性；③反应堆保护系统应有自诊断和定期试验能力；④反应堆保护系统应具备可维护性；⑤旁通；⑥多样性；⑦故障安全；⑧控制命令优先级管理。

7. 电气系统

核电站的电气系统分为输电和发电系统及电力分配系统。

输电和发电系统负责将核电站发出的电力传输到主电网，也负责向厂用辅助设施供电。核电站通过 500kV 及 220kV 输电线路与电力系统主网连接。核电站主发电机发电并通过主变压器升压到500kV传输到主电网，通过高压厂用变压器向厂用辅助设施供电。

核电站的厂用设备可划分为4类：单元厂用设备、常备厂用设备、应急厂用设备和公用厂用设备。

1）单元厂用设备在机组正常运行时由主发电机经高压厂用变压器供电，当机组启动或发电机因故障不可用时，由主电网经500kV开关站向高压厂用变压器反向供电。

2）常备厂用设备正常情况下由高压厂用变压器提供电源的机组配电盘供电；在机组配电盘失电的情况下，切换至厂外辅助电源，由辅助电网经辅助变压器向常备厂用设备供电。

3）应急厂用设备在常备厂用设备配电盘带电时由这些配电盘供电。一旦常备厂用设备配电盘失电，则转为由应急配电盘进行供电。此时，核电站内配备的三台功能独立、实体隔离的应急柴油发电机将自动启动，并连接到应急配电盘上。在全厂断电的情况下，将手动启动两台全厂断电事故应急柴油发电机向660V应急厂用设备供电。

4）公用厂用设备包含一般厂用设备及厂区公用的用电设备等，其由公用配电盘进行供电。

另外，在机组大修期间，由再供电电源向需要持续供电的厂用设备进行供电，这些厂用设备由另一系列供电。

厂用电系统的设计直接关系到核电站的安全运行和设备的可靠性，应保证在任何设计基准工况及复杂序列工况下都能为厂用设备提供可靠电源，同时为与核安全相关的系统和设备提供应急电源，保障核电站处于可接受的安全状态，因此厂用电系统应满足如下设计准则：各机组厂用电系统相对独立；各电源安全可靠且容量充裕，可保证机组快速恢复运行；调度灵活可靠，检修调试方便；设备选用合理，节约投资；为确保核安全，应能可靠地对必要的厂用设备供电，保证影响用电的运行故障或内外灾害不会引起放射性事故。

1.2.2 典型核电关键设备

“华龙一号”反应堆冷却剂系统集发电功能和最高等级的核安全功能于一体，构成反应堆冷却剂系统的主要设备（反应堆本体、蒸汽发生器、主泵、稳压器、安全阀、主管道）在选材、设计、制造、安装、调试、在役检查等全生命周期内的所有活动均按照最高等级质量管控要求执行。本节分别围绕“华龙一号”反应堆本体、蒸汽发生器、主泵、稳压器展开说明。

1. 反应堆本体

1）反应堆压力容器

反应堆压力容器是承载反应堆的核心设备，其寿命决定了核电站的寿命，寿期内无法更换，且长期工作在高温、高压和高辐照环境中。其主要功能有以下几方面。

（1）包容高温、高压、高放射性的反应堆冷却剂，和一回路管道及相关设备共同构成冷却剂的压力边界，是防止放射性物质外逸的第二道安全屏障。

（2）与堆内构件形成冷却剂流道，保证冷却剂均匀、合理流经环形下降腔和堆芯，带出裂变反应热。

（3）定位和固定控制棒驱动机构，构成控制棒驱动线，以实现反应性控制。

（4）为堆芯测量提供通道。

反应堆压力容器的结构为立式圆柱形筒体，上、下端部采用球形封头。反应堆压力容器由容器本体、顶盖和紧固密封件组成，容器本体和顶盖之间采用法兰连接，设置两道金属 C 型环进行密封。主体采用 Mn-Ni-Mo 低合金钢，其内表面堆焊有耐腐蚀的不锈钢堆焊层。

2）堆内构件

堆内构件指反应堆压力容器内除燃料组件及其相关组件、堆芯测量仪表和辐照监督管以外的所有结构部件。

堆内构件为燃料组件及其相关组件提供可靠的支承、压紧和精确的定位，为控制棒组件提供保护和可靠的导向，为反应堆冷却剂通过堆芯提供合理的几何通道，合理分配堆芯入口前的流量，限制无效的旁漏流量。

堆内构件工作在高温、高压和高辐照环境中，且时刻承受冷却剂的高速冲刷。

3）控制棒驱动机构

控制棒驱动机构安装于安全壳内的反应堆压力容器顶盖上，是一种竖直方向步进运动的磁力提升机构。控制棒驱动机构的功能为按照指令带动控制棒组件在堆芯内上下运动、保持在指令高度或断电释放控制棒组件，使其在重力作用下快速插入堆芯，完成反应堆的启动、调节功率、保持功率、正常停堆和事故停堆等运行和安全功能。同时，控制棒驱动机构耐压壳作为与冷却剂接触的一回路压力边界，也是放射性包容的安全屏障。

为确保控制棒驱动机构能够按照设计要求实现核电站运行和安全功能，其使用的金属材料要求为奥氏体不锈钢、马氏体不锈钢、镍基合金、钴基合金等，并有特殊要求。

2. 蒸汽发生器

蒸汽发生器是核电站一、二回路间的换热设备，通过将反应堆冷却剂的热量传递给二回路工质，使二次侧产生符合要求的饱和蒸汽供汽轮发电机做功。为保证换热效率，蒸汽发生器传热管非常薄（厚度约为 1mm），但是传热管两侧压差非常大，为 8～9MPa；蒸汽发生器传热管数量较多，且全部呈倒 U 形插接在管板上，因此，管板开孔数量非常多（超过 10000 个），对加工工艺提出了非常大的挑战。

3. 主泵

主泵指反应堆冷却剂泵，用于驱动反应堆冷却剂在反应堆冷却剂系统中循环流动，并连续不断地将堆芯热量通过冷却剂传递给蒸汽发生器的二次侧供水，使堆芯偏离泡核沸腾比大于允许值。同时，主泵泵壳作为一回路压力边界，确保一回路压力边界的完整性。

主泵是核蒸汽供应系统唯一的能动设备，关系到堆芯热量能否正常导出，是核安全重要设备。在正常运行工况下，主泵的运转强迫冷却剂在一回路中循环，从而导出堆芯热量至蒸汽发生器。在发生与厂用电丧失相关的预期运行事件时，仍能依靠主泵的惰转，维持一回路冷却剂有足够的强制循环，保证堆芯的冷却。

主泵在高温、高压、高放射性的环境中工作，扬程虽然要求不高，一般在 80～110m，但流量大，超过 24 000m^3/h，同时要求可靠性、寿命极高。目前核电站正常换料周期达到 18 个月甚至更长，这也要求主泵能够持续、稳定地运转 18 个月。另外，泵壳作为不可换部件，对制造质量要求极高，应能够在恶劣环境下安全运行 60 年甚至更久。

4. 稳压器

稳压器是对一回路进行压力控制和超压保护的重要设备，对保证核电站稳定运行具有重要意义。其主要功能包括以下几方面。

（1）压力控制。在稳态运行时，稳压器维持一回路压力在整定值附近，防止堆芯冷却剂汽化；在正常功率变化及中、小事故工况下，稳压器将反应堆冷却剂系统的压力变化控制在允许范围内，以保证反应堆安全，避免发生紧急停堆。

（2）超压保护。当一回路系统压力超过稳压器安全阀阈值时，安全阀自动开启，把稳压器内的蒸汽排放到稳压器卸压箱中，使一回路卸压。

（3）作为一回路冷却剂的缓冲箱，补偿一回路系统水容积的变化。尤其是在机组升、降功率过程中，冷却剂由于温度变化引起的体积变化基本上可由稳压器水位的改变予以抵消，减少了废水处理。

1.3 核电装备发展历程及趋势

1.3.1 核电装备技术发展历程

核能是人类 20 世纪的伟大发现之一。积极推进核能和平利用，对于保障能源供应与安全、保护环境、实现电力工业结构优化和可持续发展具有重要意义。早在 1970 年，周恩来总理就做出了建设核电站的指示。20 世纪 80 年代，我国确立了以压水堆为主的技术路线，采用“以我为主，中外合作”的方针启动了我国核电建设和核电装备的发展。

1. 起于军工，发展于民用（型号牵引，全面提升）

我国的核电装备产业与国家核电战略同期起步。20 世纪 70 年代，中国核动力研究设计院设计建设了我国第一代核潜艇陆上模式堆，并在军用技术的基础上向民用核技术研究进行了探索，为我国核电产业的发展拉开了序幕。随后成立的上海核工程设计研究院将民用核技术作为主要研究目标，在国内已有研究的基础上做了大量的工作，完成了秦山一期核电站的设计蓝图。20 世纪 80 年代，中核集团着手全面设计建设秦山一期核电站，所使用的核电装备是我国自主研发制造的，为日后吸收、学习国外更先进的设计思路、重要设备制造技术打下了坚实基础。

1994 年 5 月建成投产的大亚湾核电站采用了法国的 M310 技术，是我国首座百万千瓦级商用核电站，但其关键设备甚至建筑材料几乎全部依靠进口。在大亚湾核电站建设、运行的基础上，中广核集团也随之成立。在大亚湾核电站之后，中核集团与中广核集团分别与法方合作，继续吸收、学习第二代核电技术，逐步具备了自主设计能力，开始在国内展开批量化建设。这一时期，中核集团的秦山二期核电站和中广核集团的岭澳二期核电站是我国应用法国第二代核电技术的标志性项目。通过技术合作与项目建设，两大核电集团完全吸收了第二代核电技术的设计思想，为日后继续吸收、引进第三代核电技术做好了准备。两大集团在法国核电技术的基础上推出了“二代+”核电技术品牌 CNP1000 和 CPR1000。

进入 21 世纪，在“积极发展核电”的方针指引下，我国核电迈入规模化发展阶段，开工建设了一批自主设计的第二代改进型核电，同时加大了自主化力度，并通过引进、消化、吸收、再创新开展第三代项目建设。

从 2006 年开始，中核集团与中广核集团开始引进、吸收法国第三代核电技术。依托“十一五”期间获批开工的核电项目，两大核电集团进行了大量尝试，将自主设计水平提升到了“二代+”的技术水准，国内的核电装备供应商也借助这些项目的开展快速发展。截至“十一五”末，国内大部分核岛相关设备都是国产的，核电站装备国产化率达到 75%，设备商的制造能力得到很大提升。

随着法国 EPR 堆型、美国 AP1000 堆型、俄罗斯 VVER 堆型等三代堆的逐渐成熟，三代堆已成为未来压水堆的主流方向。2011 年发生的日本福岛核事故延缓了国内核电产业的发展。出于对安全的考虑，国家停止审批新的核电项目，并要求以后新建的核电机组必须符合第三代核电技术的安全标准。于是，中核集团与中广核集团推出了各自的第三代核电技术：ACP1000 与 ACPR1000+。2014 年 8 月，最终的融合方案得到通过，国内第一个具有完全自主知识产权的第三代核电技术“华龙一号”由此诞生。

与此同时，国内的核电装备生产企业也紧跟技术升级，装备制造水平进一步提升，开始了满足“华龙一号”等技术要求的装备研发制造。从 2013 年开始，中国一重、东方电气、上海电气与美国西屋公司展开全面合作，就设备设计与制造技术的转让问题进行谈判。到 2014 年年底，这几家大型装备制造企业的锻造技术与设备探伤技术已经可以满足制造第三代核电装备的需求，国内在建的第三代核电站的装备国产化率也逐步提升。采用第三代技术的“华龙一号”核电站装备国产化率超过 85%，蒸汽发生器、冷却剂泵、堆内构件、主管道、反应堆压力容器、控制棒驱动机构、汽轮机等核岛与常规岛的核心设备全部实现了国产化制造，设备成本也大幅降低。

2. 顶层牵引，全面提升（顶层推动，企业投入）

在我国核电发展过程中，党中央和国务院十分重视核电装备的国产化工作。2006 年 2 月 13 日，国务院国发〔2006〕8 号文提出了关于加快振兴装备制造业的若干意见，明确把发展百万千瓦级核电机组列为 16 项关键领域重大技术装备和产品之一。2006 年 3 月 22 日，国务院第 129 次常务会议审议并原则通过了《核电中长期发展规划（2005—2020 年）》，强调核电发展规划要着力抓好的六方面工作，明确要“积极推动现有国内技术力量和设备制造企业重组……加快推进核电设备制造自主化，重点突破关键设备的设计和制造技术，努力提高成套设备生产能力”，为核电装备制造和国产化工作指明了方向。

我国核电装备制造业经历了起步、发展、突破和提升等阶段，在核电设备国产化推进过程中始终坚持“安全第一、质量第一”的原则，保证国产设备满足技术质量标准要求并满足建设进度的需要；同时坚持高标准，以推进核电设备在高起点上实现引进、消化、吸收、再创新。在30万千瓦、60万千瓦和百万千瓦级核电机组设备制造业绩的基础上，通过第三代核电技术引进、大规模专项技术改造和国家核电重大专项支持下的技术再创新，国内主要核电装备制造企业的核电设备制造能力和技术水平得到全面提升。

在国家能源局的大力支持和政策引导下，通过政产学研用协同推进，我国在核电站关键设备研制领域取得了一批具有自主知识产权的成果，使我国核电自主创新能力得到了显著提升，部分研发成果填补了国际、国内空白，核电技术装备“补短板”取得突破。

目前，国内制造企业掌握了核电关键设备的制造、检验和试验技术，综合实力得到跨越式提升。主要体现在以下几方面：建成了一批工程试验、研发基地；建成了一批装备精良的材料研究基地；建成了一批装备精良的核岛、常规岛关键设备制造基地；建成了一批装备精良的主管道、钢制安全壳制造基地；建成了一批装备精良的主泵、阀门制造基地；建成了一批装备精良的材料和重型起重装备制造基地；形成了国内核电设备制造完善的核质保体系；建立和形成了第三代核电物项和服务的供应链体系，国内核电设备制造企业整体能力得到全面提升。

目前，国内核电装备制造业产品供应链已全面覆盖我国核电建设的各种堆型，产品技术涵盖30万千瓦、60万千瓦和百万千瓦级核电产品，包括CNP、CPR、AP、EPR、CAP、“华龙一号”及高温气冷堆。

1.3.2 核电装备未来发展趋势

在“双碳”目标下，更好地利用核能这种绿色低碳的清洁能源，是积极应对气候变化、实现减排绿色发展的重要手段。核电是核能利用的主要形式，在发展过程中始终把安全放在第一位，通过技术优化不断提升概率安全目标。然而，在安全性不断提升的高要求下，经济性提升未能得到充分体现。在当前政策下，我国核电如何寻求安全性与经济性的最优平衡点，以及如何在安全保障下提升经济性等，将是未来绿色能源发展的重要发力点。

核电装备是核电领域技术发展的重要部分，经过数十年的努力，我国在这方面已取得较为显著的成绩，随着“华龙一号”“国和一号”等三代堆型的稳步推进及逐步建成，国内核电供应商已基本具备三代核电包括蒸汽发生器、控制棒驱动机构、主给水隔离阀等在内的关键设备设计、制造和技术验证实力，逐步形成稳定的面向国内外三代堆型的设备制造供应链体系。然而，核电装备中部分关键设备及相关核心零部件仍未实现自主化，局部已实现自主化的设备仍未有实际的推广应用经验，一旦面临“卡脖子”限制，将会危及核电在役机组的长期安全稳定运行。

随着信息技术的快速发展，信息化、数字化、智能化正在深刻影响各个领域，并渗透至传统电力行业。从非核电的行业发展情况可以看出，智能化给各行业装备技术带来了新动能，大幅提升行业装备性能，提高行业装备产业链作业效率，工业智能化势不可当。

由于核电装备产业链及其相关技术发展的有限性，与火电等传统电力行业相比，核电行业存在核反应堆批量化生产困难、建设周期长、制造成本高、工艺系统设计较复杂及缺乏成熟和完整的全生命周期管理流程等问题，在当前高安全标准下在智能化方面缺乏突破性进展，这些都不利于核电装备朝安全经济平衡的方向发展。

未来，国内核电装备产业链需要主动通过技术创新、管理优化等手段解决当前核电发展的局限性；同时，迎合信息技术发展趋势，充分利用智能技术增强我国核电装备产业的核心竞争力，以适应趋于复杂的国际环境与核电市场，推动核电行业健康稳步发展。

1. 掌握核电装备核心技术

当前，发达国家在一些关键技术和核心产品上对我国实施出口管制，我国装备技术发展存在较大隐患。对于技术要求高、攻克难度大的装备，亟须开展关键核心设备技术攻关，提升国产化设备及部件的制造加工及供货能力，实现重要产业链装备的全面自主化。

由于核电技术的复杂性和核电行业在安全方面的特殊要求，与其他行业相比，核电装备设计及技术应用门槛高。一方面，为保证核电站概率安全目标，一些与核安全设计有关的设备通常被划为核级设备，与其他同类设备相比，它们在制造加工工艺、鉴定要求等方面具有极高的要求；另一方面，核电设计采用纵深防御的理念，为保证重要系统设备在特定工况下的可用性，还会进行多层级冗余设计，这也决定了核电系统及其装备设计机构的复杂化。涉及核安全的设备及系统设计相关的核心技术（如核心软件、关键成套设备、核心部件/零件、核电站智能运维技术与装备、核电新技术研究与应用等）仍是未来重点攻克方向，应加大攻关力度，通过工艺优化、技术创新等手段，切实掌握核电核心装备技术，全面把握核电装备的自主权。

我国核电行业主要采用在引进、消化、吸收国际上成熟的核电技术的基础上再创新的技术路线。经过数十年的积累，各大核电集团（包括中核集团、中广核集团和国家电投集团）及核电技术研究院所已充分掌握核电设计和重要设备制造的要求及方法。随着全球化进程的不断推进，我国核电装备“走出去”仍是一个重要的发展目标，通过将我国的技术更好地匹配国内乃至国际技术要求及市场，提升核电装备自主化质量与产量，实现批量化生产，以争取国际市场份额，提升我国核电装备的核心竞争力。

2. 推进核电装备产业链数字化、智能化发展

基于计算机技术的发展，涌现出“工业物联网”“人工智能”“数字孪生”“3D打印”等可用于核电装备产业链的新一代信息和制造技术。

随着核电机组数量的增加，加上核安全的高要求及核电设计的复杂性，核电装备产业在制造、运行、维护等成本及工作组织方面的问题日益凸显。从核电建设时间成本、质量安全、运行安全、应急响应和退役等方面出发，核电装备可以结合智能化实现全面升级，应用“工业物联网”“人工智能”“数字孪生”“3D打印”等先进方法及技术，在大数据环境下，一方面，实现核电装备智能建设，提高核电装备制造质量，缩短核电建设周期，降低核电建设成本；另一方面，采用智能监测、智能预警、智能控制等技术，减少核电生产过程中的人工干预，实现智能发电。

3. 涵盖设计、制造、安装、调试和运维的全生命周期管理联动

核电装备运维人员在日常操作、维修和调试设备的过程中积累了丰富的经验，同时也发现了设备的问题。当前，各核电站之间已经建立了信息共享机制，所有核电站发现的问题都能及时在核电站运维人员之间进行有效沟通，并采取预防措施以避免发生类似的问题。

那么，如何从源头上避免和消除这些问题呢？对于设计人员和制造人员，如何及时收集各核电站的使用信息，并反映在后续设计和制造当中呢？

当然，设计人员也主动收集过一些问题，但对某些问题的理解不一定全面到位，不一定能有效地分析出问题的根结。因此，有人提出，设计人员要积极参与核电装备的操作和维修工作，切实体会在实际操作过程中出现的问题，深入了解装备制造过程中有哪些地方值得改进；积极参与收集各核电站中存在的问题，从设计上提出正确的解决方案。这种想法的出发点是好的，但执行起来并不容易，因为将各个核电装备设计人员分散到实际现场去积累经验，势必给主体设计工作带来很大的压力。

设备制造和现场调试同样存在互通的需求，下面以某核电站的装卸料机为例展开介绍。

装卸料机制造是保障装卸料机性能的重要阶段。在装卸料机制造过程中就曾出现由于对制造工艺的不正确理解，使得设备运行产生了不可纠正的偏差。制造厂通过总结经验，进一步规范了工艺要求，使产品质量有了很大的提升。

装卸料机的调试经验来自制造厂内的调试和现场调试。制造厂内的调试主要实现装卸

料机功能，一般不会模拟设备的具体使用条件。现场调试不仅要实现设备功能，还要模拟现场实际操作工况。这两者之间的差别有时会让装卸料机呈现出两种不同的状态。针对这种情况，就需要在制造厂内建立与现场实际操作工况一致的试验平台，消除装卸料机可能在现场产生的故障。

因此，为更好地吸收核电装备的实践经验，应建立一套涵盖设计、制造、安装、调试和运维的全流程沟通机制和全生命周期管理体系，以便很好地解决上述问题。

1.4 核电装备产业组织与生产运营

1.4.1 核电装备制造业产业组织

核电产业的复杂性和特殊性，对核电装备制造业提出了苛刻的安全和质量要求。2007年以来，在国家“大力发展清洁能源，振兴民族工业”的号召下，在国家部委、行业协会及各核电建设单位的共同推动下，以核电项目为依托的核电装备制造业经历了一次大规模的“升级换代”，在加工装备、科技研发、质量体系、项目管理、核心技术能力和人才培养等方面完成了“从无到有”并“略有所长”的历史性跨越，逐步形成了较为完善的产业组织模式、技术研发体系和供应链管理体系。

1. 产业组织模式

经过多年的摸索与反复迭代，我国核电行业目前基本采用以总包建设单位为纽带、多供应商协同合作的组织模式。由总包建设单位组织，以开放的心态、灵活的思路与产业链装备制造企业长期合作并对其严格要求、持续帮扶，构建产业链利益共同体，逐步形成产业链生态圈协同能力。

产业协同过程中严格执行 HAF003 及相关导则的要求，秉承“分级管理、动态闭环”的理念，通过寻源与开发、采购前评估、履约过程管理与动态评价、供应商不良行为管理等，将设备供应链管理的价值取向贯穿其中。建立并规范设备供应商关系管理机制，系统性、针对性地提升供应商关系维护质量，为核电建设开展提供支撑，同时实现产业链协同增值。

总包建设单位建立设备供应链管理机制，与具体项目采购、合同管理、质量管理等形成双向互动，一方面为具体项目设备供应业务提供信息输入，发挥风险识别与防范作用；

另一方面，针对供应商供应表现，动态评价绩效，处理不良行为并予以淘汰，维护安全可靠、可持续的供应资源，全力保障产业链质量。基于核电设备在品类与数量、制造周期、质量管理、供应资源等方面的特征，在识别新形势下关键资源掌控、设备质量管控及外部监管等方面新挑战的基础上，持续总结经验，维护与完善设备供应链管理机制，建立核电装备供应链产业组织与协同体系，如图 1.4.1 所示。

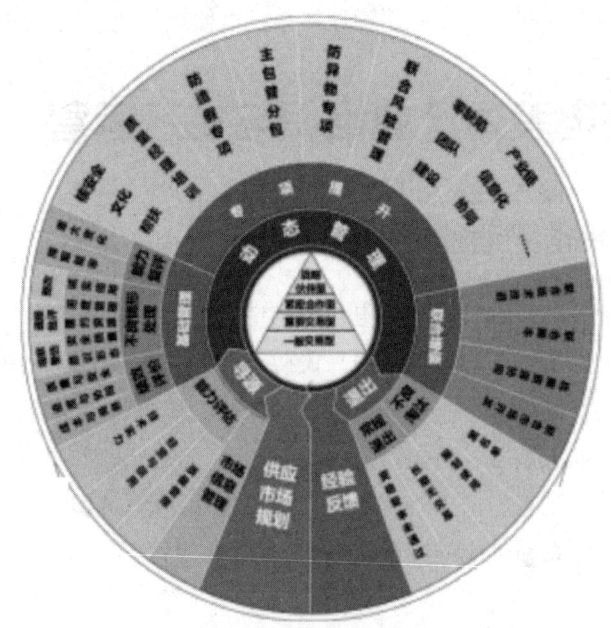

图 1.4.1　核电装备供应链产业组织与协同体系

该体系以设备品类为管理颗粒度，以差异化的供应资源定位为牵引，通过“识、测、纠、扶”4 个核心活动阶段，形成供应链“市场规划、寻源与开发、动态管理、优胜劣汰、经验总结与改进”的闭环管理，实现核电装备产业链全生命周期管理。实践证明，这种组织模式有序、高效。

2. 技术研发体系

针对核电装备制造业水平普遍不高的现状，通过联合研发解决“卡脖子”技术问题，逐步实现自主可控，是提升我国核电装备技术水平的有效手段。几大核电集团以需求为牵引，以突破我国核电装备关键核心技术，提升核电装备成套供货能力、技术水平与质量管理能力为己任，以在建核电项目为依托，为设计、采购、制造、鉴定与评定等单位之间开展更紧密的合作搭建政产学研用合作平台，通过技术融合、配套研发及经验反馈体系的建设，在加快国产化进程的同时，打造平等、互信、互利、高效的核电装备国产化联合研发团队，保障核电工程项目稳步扎实推进，促进国内核电装备制造业整体水平不断提升。

针对核心关键装备制造骨干企业，核电企业与装备制造企业从买卖关系转变为战略合作伙伴关系，联合开展技术研发。引导、鼓励、支持和加大核电装备制造企业对核电装备研制与开发的投入，通过自主创新和“引进、消化、吸收、再创新”等途径，开发新技术，研制新装备，填补空白，攻克技术难关。同时，不断提高自身管理水平和产品质量。在技术攻关过程中，坚持“核安全是核电生命线”的方针，积极贯彻“今天的质量就是明天的核安全”的理念，建立统一的质量事件报告机制并开展质量事件根本原因分析，不断迭代反馈，突破关键技术，提升核电装备技术水平。

3. 供应链管理体系

建立完善的供应商管理办法、供应商不良行为管理流程等制度，以公平、公开、公正的原则，从自身与合作伙伴的共同利益出发选定装备供应商，并对供应商实行闭环管理。

1）供应商分类管理

依据装备供应商供货范围及设备重要性等因素，将合格供应商分为三类，如图 1.4.2 所示。

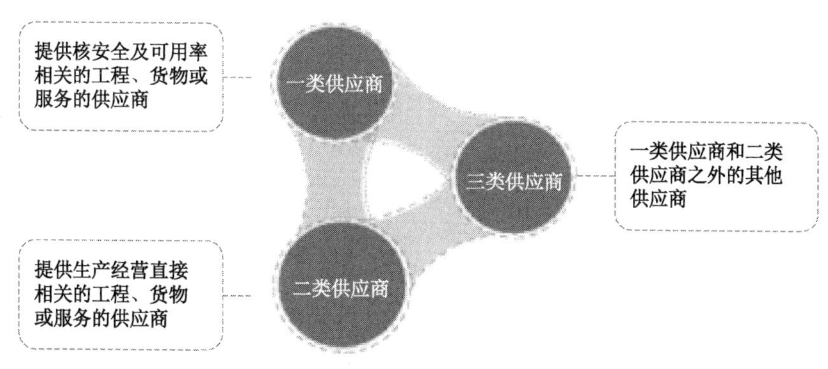

图1.4.2 供应商分类

对于在采购或执行活动中违反相关法律法规或管理要求且情节严重的供应商，实行黑名单管理制度，如图 1.4.3 所示。

黑名单供应商

01 黑名单供应商不良行为对已有合同的履行不构成实质性阻碍时，应保证合同正常履行；被列入黑名单后，正参与投标或报价的供应商将被取消资格。被列入黑名单的供应商三年内禁止参与采购活动。

02 黑名单供应商禁用期满后转为潜在供应商，各子公司及联属公司应慎重使用有不良记录的供应商。

03 黑名单供应商在禁用期内，子公司及联属公司因特殊需求必须使用时，应评估选用风险，明确应对措施，经公司管理层批准，并向招标管理中心报备，重新通过资格评审后，再申请签订一次性合作方案。

图 1.4.3　黑名单管理制度

2）资格评审与执行评价

针对核电装备供应商的引入，由技术、安全、质保、商务等方面的相关人员进行严格的资格评审，包括文件评审、源地评审和其他评审，如图 1.4.4 所示。

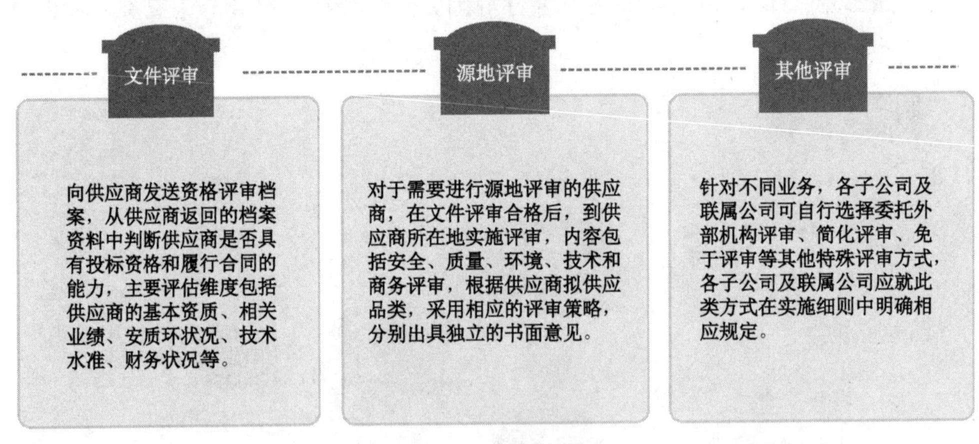

文件评审
向供应商发送资格评审档案，从供应商返回的档案资料中判断供应商是否具有投标资格和履行合同的能力，主要评估维度包括供应商的基本资质、相关业绩、安质环状况、技术水准、财务状况等。
源地评审
对于需要进行源地评审的供应商，在文件评审合格后，到供应商所在地实施评审，内容包括安全、质量、环境、技术和商务评审，根据供应商拟供应品类，采用相应的评审策略，分别出具独立的书面意见。
其他评审
针对不同业务，各子公司及联属公司可自行选择委托外部机构评审、简化评审、免于评审等其他特殊评审方式，各子公司及联属公司应就此类方式在实施细则中明确相应规定。

图 1.4.4　资格评审

针对执行期内的供应商，建立统一、完善的绩效评价体系，所有供应商每年至少进行一次绩效评价，涵盖技术、质量、成本、交付、服务响应、环境保护和社会责任 7 个维度，并将评价结果记录在电子商务平台，这直接影响供应商后续的准入。

此外，在加强核电装备产业链质量管理方面，总包方与核电装备产业链供应商共同建立重要设备质量风险防范机制和质量管理国际标杆评估标准，搭建同类供应商经验分享及交流平台，完善核电装备产业链经验反馈机制，全面提升核电装备产业链的质量管理水平。

1.4.2 核电装备工程建设

1. 核电装备工程建设的基本特征

工程是人类为实现某个给定目标，依据科学原理与自然规律，通过合理有序的资源调度与整合，以实物构造（或改变事物性状）为核心的活动集合，具有灵活、动态变化、不确定等特征。

核电装备工程建设主要包括土建、安装、调试等环节，最终向业主、国家及社会交付一座完整可用的核电站。一般而言，第一罐混凝土浇筑象征着核电装备正式转入工程建设阶段，如图1.4.5所示。

图1.4.5 某核电装备机组主体工程开工现场

核电装备工程除具有一般工程的特征外，还具有技术要求高、涉及专业多、产业链参与单位多、上下游接口关系复杂、投资规模大、建设周期长、工序复杂等特征，决定了核电装备工程是全球范围内为数不多的大型复杂工程之一。

1）技术要求高

工程主体阶段的核安全、核质量均遵循高标准、严要求。许多关键设备要求在核电站生命周期内不可更换，即使在核电站投运并网之后的换核燃料周期内，部分设备也应保持安全可靠运行。以防止放射性物质向外扩散为例，就设置了燃料包壳、燃料组件、主回路、安全壳 4 道安全屏障，对核岛范围内建构筑物的结构强度和密闭性要求非常高。在日本福岛核事故发生后，政府监管机构及业主单位进一步提高了技术要求。

2）涉及专业多

核电装备工程涉及机械、暖通、电气、仪控、流体、化学、核物理、力学、建筑、管理等多个专业领域。同时，参与人员规模也非常大，百万千瓦级压水堆核电站工程建设高峰期所需人员规模可达万人。

3）投资规模大，建设周期长

一座拥有两台百万千瓦级核电机组的核电站投资规模通常在 300 亿元人民币以上，主体工程建设周期平均在 60 个月左右。

4）前后台跨地域且离散

本部、项目工地（施工、调试）、设计院、设备制造厂家（设备制造与质量监造）通常分布在全世界不同的地区和国家。同时，部分现场施工业务（如土建）在露天环境下进行，难以及时获取、查阅现场所需的施工图纸，难以准确记录作业成果。

5）分工过于精细化，员工对业务全局缺乏了解

由于实行专业化精细分工、岗位标准化生产，加之核电项目建设业务的复杂性，每个专业技术人员的工作范围很小，技能单一，每个人只了解自己负责的业务内容，对前置任务、后续任务知之甚少。土建业务主要按照厂房楼层划分，安装业务主要按照专业工种与区域划分，调试业务主要按照系统划分，各业务域在业务组包与划分规则上的差别，导致不同业务阶段、专业之间具有复杂的上下游接口关系。

2. 核电装备工程建设的主要模式

核电装备工程建议的主要模式有建设单位直接管理模式（大业主模式）、工程总承包模式、设计采购建造交钥匙总承包模式、建造运营移交总承包模式和项目管理委托模式。出于“安全第一、质量第一”的核安全文化及经济性考量，我国核电装备工程建设多选用工程总承包模式或设计采购建造交钥匙总承包模式。

3. 土建与安装

承包商在选定地址，依据设计图纸及标准规范，将土建物资、系统、设备进行实物构造与集成，建立功能完整、可发电创造效益的实体核电站。施工管理中心通过相应的组织设计、施工方案与体系制定，对承包商土建、安装的过程、文件、施工物资、机械工具等进行计划、监督、调度、协调与控制，确保项目质量与设计图纸、标准规范相符。

核电装备的主要施工过程由核岛土建、常规岛及BOP土建、核岛安装、常规岛及BOP安装等分部分项工程组成。

1）土建。土建业务自第一罐混凝土浇筑之日起，持续到反应堆穹顶吊装完成，时间跨度近两年，主要对区域内相应的建构筑物实施基础、钢筋混凝土、钢结构、不锈钢水池、装修（含二次钢结构及屋面防水）、砌体、油漆等业务，重点专项工程有核岛安全壳预应力、穹顶吊装、核清洁、屏蔽混凝土工程等。

2）安装。安装业务自反应堆穹顶吊装完成持续到核岛冷态功能试验开始，时间跨度近两年。

核岛安装是核电装备工程建设中最关键、最重要的分部分项工程，核岛区域涉及100多个安装区，近2000个房间。据统计，核辅助系统、通风系统及各种电气、仪表管线贯穿件、楼板孔洞数高达28000个，这给跨房间的系统、设备、仪表安装造成一定的困难。

常规岛及BOP安装主要涉及汽轮发电机回路、循环冷却水回路、电仪系统等部分。常规岛区域有8个建构筑物，BOP区域有近100个建构筑物。机务安装一般遵循“先设备后管道，先大管后小管，先暖通后给排水”的原则。电仪安装是后施工工种，其首开工作业——电缆桥架安装安排在机务、管道、通风设备安装完之后，需要负责的设备和系统有主控室、DCS、专用仪控设备、仪器仪表、电气设备控制盘、模拟盘、继电器柜、变压器、发电机、直流系统和逆变电源、电气保护系统及辅助系统等。

4. 调试

调试是核电装备投入商业运行前的最后一个工程阶段，从系统安装完成开始，一直持续到核电装备投入商业运行。通过各种必要的试验，全面检验建构筑物、系统、设备是否安装正确，是否满足设计文件、合同规定及标准导则的有关要求，检验核电站设计、设备制造、土建、施工的质量，检查并消除缺陷，对运行规程、事故处理规程及定期试验程序予以验证，确认业主方运行人员已经熟悉设备、系统、运行规程、事故处理规程及定期试验程序，具备安全稳定运行核电装备的技术能力。

调试包括调试准备、单系统独立试验、专项试验、联调等业务内容，单个核电装备从首个单系统调试开始到投入商业运行大约需要 34 个月的时间。

5. 工程监理

一般由核电装备总承包单位承担工程监理职能，通过“一套组织、一套人马、两个牌子”的方式，减少接口数量及重复性工作，以提升核电装备工程建设的总体效率与质量。近年来，随着我国核电工程建设的标准化、规范化，依据国家监管部门对核电工程建设监理的指导意见与改革要求，将监理职能从总承包单位中剥离出来，形成独立监理评价的第三方组织，负责核电装备工程建设过程中监理体系的建立与有效运作，以确保核电装备工程监理的权威性、独立性、有效性与透明化。

1.4.3 核电装备在役运行

核电站的安全是依靠构筑物、系统和部件（Structures, Systems and Components，SSC）执行安全功能来实现的。为保证核电站的发电及安全运行功能，核电装备在役运行的定期试验、有效维修和设备管理等活动是非常重要的，尤其是与安全相关的系统和设备，科学的设备管理和合理的维修策略有利于降低核电站运营成本和减少个人辐射剂量。核电站设备管理一般参照业界广泛认可的设备可靠性管理流程（AP-913），建立规范的可靠性管理体系。核电站按照有关的核安全导则、质量保证大纲、设备运行维修手册和经验反馈等，根据自身的特点和组织机构制定相应的维修策略、大纲和程序，对维修工作进行监督和管理。

1. 核电站运行模式及工况分类

1）正常运行

核电机组一般在规定的运行边界内的正常运行区域运行。根据相近的热力学和反应堆物理特性，以及相似的运行条件和安全管理要求，通常将正常运行区域划分为 6 种不同的运行模式：

（1）反应堆功率运行模式；

（2）蒸汽发生器冷却正常停堆模式；

（3）余热排出系统冷却正常停堆模式；

（4）维修停堆模式；

（5）换料停堆模式；

（6）反应堆完全卸料模式（反应堆厂房没有任何燃料组件）。

核电机组从换料停堆到功率运行所经历各阶段的冷却剂温度和压力必须处于一回路温度和压力许可图限制的范围内。

根据核电站的反应堆功率、反应性、一回路平均温度和压力等条件，一般将压水堆核电站的运行模式细分为标准运行工况。同类型核电机组的工况分类并不完全一样，以“华龙一号”为例，其分为 14 个标准运行工况：

（1）功率运行工况；

（2）热备用工况；

（3）反应堆临界工况；

（4）热停堆工况；

（5）蒸汽发生器冷却双相中间停堆工况；

（6）余热排出系统运行条件双相中间停堆工况；

（7）余热排出系统冷却双相中间停堆工况；

（8）单相中间停堆工况；

（9）正常冷停堆工况；

（10）一回路卸压但封闭维修冷停堆工况；

（11）一回路微开维修冷停堆工况；

（12）一回路充分打开维修冷停堆工况；

（13）换料停堆工况；

（14）反应堆完全卸料工况。

机组正常启动是指按照相关运行规程将机组从正常冷停堆工况带到功率运行工况，正常停运的过程则与之相反。核电站周期性换料和大修前后，机组分别要停运和启动。在功率运行过程中，如果发生重大装备故障，机组可能需要后退到停堆状态，或者紧急停堆，待故障处理完成后再启动。

2）事故运行

事故运行通常是指核电站发生预计运行事件和事故工况后，机组后退到安全目标状态的过程。按照核电站运行管理规定，各核电站必须制定相应的事故运行导则/规程以保证核电站在故障/事故工况下的安全。核电站较为典型的事故包括：

（1）大破口失水事故；

（2）小破口失水事故；

（3）蒸汽发生器传热管破裂事故；

（4）主蒸汽管道破裂事故；

（5）给水系统管道破裂事故；

（6）完全丧失给水事故；

（7）完全丧失冷链事故；

（8）全厂断电事故。

在压水堆核电站运行过程中，由于堆芯核燃料的不断消耗，堆芯反应性降低，为了使反应堆维持在临界状态，在一段时间后必须进行换料。

2. 设备管理

核电站设备管理是维持核电站安全运行的重要措施之一。在机组的不同运行模式和工况下，需要不同的系统和设备配合来维持核电站安全运行，同一个系统和设备在不同运行模式和工况下所执行的功能不完全相同。由于核电站的复杂性及特殊性，核电站总会有一些设备发生故障或损坏，或者需要进行定期试验、定期维护。在这种情况下，需要将设备暂时退出运行或备用状态。

核电站设备管理是对核电站设备的技术参数、性能、状态进行管理和监测，对重要设备的健康状态进行评价，对设备的当前状态和后续可用性进行分析，在出现故障时给出相应的解决方案，避免过度维修或维修不足引起设备故障。

核电站设备的可靠性管理一般参照美国的设备可靠性管理流程，主要内容通常包括关键设备的划分与识别、设备性能监测、纠正行动、设备可靠性的持续改进、长期规划与寿期管理，以及预测性维修实施。下面对其中的部分内容展开介绍。

1）关键设备的划分与识别

核电站设备可靠性管理流程的核心是设备分级，设备分级包括设备功能关键度分级、设备运行频度分级、设备工作环境分级和设备失效后果显/隐性分级等。其目的是基于设备分级的差异化管理，将资源优先投向关键设备，进而减少一些低价值工作。

核电站通常按照设备功能失效对机组安全及可用率的影响进行设备（部件）分级，主要由设备管理及维修工程师根据相关导则和经验分析失效模式及故障后果，识别设备（部件）关键类别，确定预防性管理手段，以实现关键设备的“零”缺陷。核电站中的关键设备多达2000余种，通常将它们分为以下三类：

（1）单一失效导致自动非计划停机停堆的设备；

（2）单一失效导致第一组 I0（不满足核安全要求）且必须非计划停机停堆才能恢复或验证其可用性的设备；

（3）单一失效因无法到达或无法隔离而不能进行维修导致强迫非计划停机停堆的设备。

根据在役运行的经验反馈，核电站会对部分热点设备（如专设安全设备等）、管道、管道与管道之间的连接焊缝和法兰、反应堆堆内构件和电缆等进行专项识别并管理。

2）设备性能监测

设备性能监测主要是对重要设备建立性能准则和监测参数，收集设备的安装记录、试验和测试结果、系统工程数据及其他监测数据，与性能准则做比较，进行趋势预测，确定短期纠正行动和设备长期性能改善工作。

在核电站正常运行期间，核电站设备管理人员收集 DCS 实时设备数据、巡点检系统设备数据、定期试验和检修等日常检测数据及专有设备监测系统数据，完成数据整理和性能分析，结合性能分析进行健康状态分析和评价。

定期试验的主要目的是验证系统和设备的可用性及其性能是否满足要求，确定与其相关的安全功能或运行功能是否能够实现。安全相关物项的定期试验在核电站安全相关系统和设备定期试验监督大纲中有明确要求，各系统和设备的定期试验通过定期试验导则进行规范。非安全相关系统和设备的定期试验范围通常由各核电站运营单位确定。

3）维修

由于核电系统规模庞大，设备复杂，停运带来的损失很大，因此其维修工作非常重要，部分关键性维修工作需要在辐照防护下进行。核电站的维修工作基本上分为以下两大类。

（1）预防性维修。为降低设备发生故障或功能降级的概率，按预定的计划进行维修。

（2）纠正性维修。在设备发生故障后进行维修。

核电站的纠正性维修通常包括故障诊断、临时修理和永久修理三方面。故障诊断是通过检查、分析和评估确定故障原因，并获取经验形成有效反馈。临时修理是使损坏设备暂时可用，以提高可用率。永久修理是使设备恢复良好运行状态的最终维修活动。

核电站的预防性维修通常包括检测、消除或减轻 SSC 所遭受的功能降级情况或延长其使用寿命的活动，可分为周期性维修、预测性维修和计划性维修。周期性维修包括设备维护、零部件更换、设备监测和周期性试验。预测性维修包括连续或间歇性对 SSC 的功能或状态进行监测、诊断或趋势分析，为计划性维修提供参考。计划性维修包括预先安排好的设备检修更换活动，以消除设备故障。

传统概念中的大修属于预防性维修。大修除检查和修理缺陷外，还要更换磨损老化部件，使设备恢复到原设计状态。

设备改进是纠正性维修与预防性维修的结合，包括设备更新、技术改造和采用先进技术等内容，它主要源于制造厂商和核电站运行经验反馈，以及行业和国家核安全相关部门反馈，与在役运行和维修活动相关。

核电站备品备件本身是一项预防性投资，具有较长的采购和到货周期，管理较为困难。核电站通常使用经济核算评价的方法来确定备品备件的最佳库存量。随着大量具有相同设备的核电机组的在役运行和设备的国产化，我国目前采用各核电站间备品备件协调调拨管理的方法来节省投资，又可避免由于缺乏某一备件造成设备停运的损失。核电站间、核电集团间和核电集团与供应商间备品备件需求数据共享是未来备品备件库存优化的发展方向，核电站可进一步减少非常用备品备件的库存，只需要配备较少数量的常用备件。由于核电站辐射防护的特殊性，在维修活动中需要采用大量的专用工具（如智能机器人）来代替人工直接操作，以降低维修人员辐射剂量，如反应堆大盖的螺栓拉伸机、蒸汽发生器检测及堵管工具和在役检查工具等，可优化检修和换料停堆关键路径，缩短停堆时间。

4）寿期管理

寿期管理的目的是建立健全系统和设备健康状态长期管理策略，改进行动优先级排序，将长期计划纳入核电站经营策略。

核电站通常会成立长期资产管理工作组，对长期资产管理和重大设备寿期管理工作进行统筹协调，针对重大系统和设备分别制定寿期管理方案。

1.5 核电装备型复杂产品全生命周期价值链协同理论基础

1.5.1 复杂产品全生命周期价值链协同理论背景及现状

随着生产技术水平不断提高，制造企业面临的市场环境发生剧烈变化，尤其是以往供不应求的卖方市场逐步向供大于求的买方市场转变。在这一背景下，为了研究企业如何在激烈的市场竞争中创造、维持和扩大竞争优势，Porter 于 1985 年在其著作《竞争优势》中首次提出“价值链”（Value Chain）概念，并深入研究企业内部的价值活动及其与上下游协作单位之间的关系。此后，经过国内外学者的共同努力，价值链协同理论研究在过去近

40 年中取得了长足发展。价值链协同不再拘泥于单个企业内部，而是向外延伸到整个产业上下游全流程范围，链上参与企业成员的协作内容和协同关系也更加灵活，由简单的链条式线性结构进化成网状非线性结构。

复杂产品全生命周期价值链协同是指以全生命周期各级参与企业为对象，通过流程重组和数据联动组织协调企业之间的合作关系，并建立协同机制优化企业生产服务和管控能力，实现价值链整体价值创造和增值效益最大化。通过全生命周期价值链协同，一方面，可以有效提升全生命周期各级参与企业的业务执行效率，促进价值链全流程快速响应和高效运转；另一方面，可以增强价值链核心企业对合作单位的组织和管控能力，实现对全生命周期质量、进度和运维风险的精准预测和提前规避。为厘清价值链协同理论的发展脉络，本节将从价值链活动、价值链结构和价值链要素三方面系统梳理价值链的概念形成和理论演变过程。

1. 价值链活动范围延伸

价值链是由价值活动构成的价值创造和增值链条。从价值链活动范围来看，价值链理论发展大致可以分为 4 个阶段：企业价值链、产业价值链、多联盟价值链和全球价值链，这 4 个发展阶段符合从微观到宏观、从孤立到集成的演变规律。

第一阶段是由 Porter[1]提出的“企业价值链”，侧重以单个企业的视角分析企业内部生产经营活动，是价值链的初级形态。Porter 将价值链解释为“一系列连续的相互关联但又互不相同的价值活动”，并为其定义了 9 项通用的价值活动，分别是进货、生产、发货、销售和售后服务 5 项基本活动，以及基础设施建设、人事管理、技术研发和物资采购 4 项辅助活动。他指出，当前市场环境下参与竞争的并非整个企业，而是企业生产经营过程的局部环节，企业竞争优势正是凭借这些局部环节的价值活动建立的[2]。价值链的基本思想是通过将企业作业活动逐步分解，分析成本优势和差异化优势，识别其中的价值增值环节和非增值环节，然后对增值环节进行强化，剔除、整合或外包非增值环节，实现企业在价值链上保持长期优势。价值链主张的“化整为零分工协作”观点受到众多业内专家的认可和推广，被认为是研究企业竞争优势的强大工具[3]，广泛实践于制定企业战略规划、分析价值构成及业务流程再造。

随着互联网信息技术的普及和产业职能分工的基本定型，企业间的交流与协作日益频繁。然而，企业价值链仅局限于企业内部的生产活动和资源使用，忽视了上下游企业的协作关系。为此，Porter 突破企业的界限，将视角扩展到不同企业之间的业务合作交往，并于 1998 年提出“价值系统”概念。价值系统的核心思想是以制造企业为中心，把上游的供应商、下游的渠道商和终端客户的价值活动全部纳入价值链系统中，使价值链的研究重点从企业内部延伸到整个产业。后续学者也沿用这一理念，对价值链概念内涵和活动范围进行扩展，由此逐步发展到价值链理论的第二阶段“产业价值链”。Shank[4]把企业价值链置于具有上下游协作关系的产业层面重新审视，认为“任何企业的价值链都包括从最初供应商获得原材料直到将最终产品交到客户手中的全过程”。Hines[5,6]将价值链定义为集成物料价值的运输线并提出“价值流”概念，他认为价值链的最终目标是满足目标客户需求，因此把供应商和客户都纳入价值链的研究范畴。完整的产业价值链由纵向和横向两组链条组成，纵向包括供应商价值链、企业内部价值链、渠道商价值链和客户价值链，横向包括竞争方价值链。由于不同企业成员的经营规模和占据的生产要素不同，在产业价值链上的地位和重要程度也有差异，其中地位最高的企业被称为产业价值链的核心企业。早期产业价值链研究大多集中于以制造企业为核心的单核产业价值链。随着“微笑曲线”的提出，产业价值增值逐渐向两端倾斜，生产制造环节带来的经济附加值比重下降。在这一背景下，产业价值链理论逐步向以研发企业为核心、以大型渠道商为核心及生产销售多核心并存的研究方向发展。黎继子[7]对产业价值链发展规律进行了研究，他指出“核心企业在价值链中的地位随着环境和自身的变化而发生变化”，当产业发展到一定阶段时，生产制造企业的核心地位将被技术研发和服务企业所替代，从而形成以技术研发企业为核心的种子价值链和以营销企业为核心的需求价值链。

价值链活动的范围从产业内部扩展到多个产业联盟，标志着价值链理论研究发展到第三阶段“多联盟价值链”。杨周南[8]认为产业价值链上的非核心企业成员，可能存在着以其为核心的外部价值链，形成具有多个价值链相互交叠的新组织形态，并由此提出了“有限闭环价值链”概念。王海林[9]依据价值链范围划分了企业链、产业链和产业链网，指出产业链网是由两个以上产业链相互作用构成的。多联盟价值链包括同质多联盟价值链和异质多联盟价值链，前者是由相同产业类型的联盟组织形成的价值链，如多个以不同整车制造企业为核心的汽车产业联盟；后者是由不同产业类型但具有市场互补性的联盟组织形成的价值链，如传统电力企业与新能源电力企业组成的电力产业联盟。在数字云服务背景下，信息化、平台化和开放化是多联盟价值链的显著特征。不同产业联盟中的企业成员借助公共服务平台实现信息共享和资源整合，规避市场风险，培养产业整体竞争优势[10]。当前构筑公共服务平台的途径主要有两种，一是由核心企业自主研发构建，二是委托第三方平台企业进行开发和维护。由于服务平台的开发、运行和维护需要大量的资金投入，同时产业联盟的核心企业通常由主制造企业担任，平台研发和信息化水平有限，在成本和技术的双重压力下，服务平台大多由第三方平台企业主导建设。李英[11]在分析多个不同产业服务平台发展模式的基础上，梳理了支持产业链协同的服务平台的体系结构、构件管理和实现技术方面的研究现状，并对服务平台的配置技术、DaaS 技术、动态演化技术和数据安全技术进行了详细综述。李斌勇[12]针对汽车制造业产业链大规模企业群的制造服务需求，提出基于 SaaS 的汽车产业链云服务平台总体支撑方案，构建面向汽车产业联盟内外协作一体化的云服务平台，实现多联盟价值链纵向整合与横向协同。

价值链理论研究的第四阶段是“全球价值链”。全球价值链是在 2000 年召开的“全球价值链计划”学术会议中由众多学者共同研讨提出的，随后 Gereffi 和 Humphrey[13]在其发表的 *The Governance of Global Value Chains* 中正式使用“全球价值链”术语，依据链上企业之间权等关系的差异性提出 5 种全球价值链模式，分别是市场型、模块型、关系型、垄断型和等级型。其实，全球价值链研究最早可以追溯到 Kogut 提出的“价值增值链”。受到同时期 Porter 建立的企业价值链理论启发，Kogut[14]从国际垂直分工模式角度提出“价值增值链”，用以分析跨国公司在国际贸易和全球化分工中的战略优势。与 Porter 价值链相比，Kogut 认为价值活动不应局限于企业内部或企业间协作，而是需要在国家或地区层面上进行空间分配。价值增值链揭示了全球化背景下企业在价值链上的定位不仅取决于自身的竞争优势，还受到其所在国家和地区的区位优势影响。Gereffi[15,16]将价值链理论应用于解释全球经济中的商品生产、贸易和消费规律，由此提出“全球商品链”概念，他认为全球商品链具有生产者驱动和购买者驱动两种不同的结构类型，这一观点为后续全球价值链研究提供了借鉴意义。Antràs[17]从规模报酬、差异化生产和任务贸易三个维度建立全球价值链模型，分析不同价值链环节上的供应商协同嵌入机理。杨翠红[18]从产品、企业、产业和国家多个维度对全球价值链统计测算方法进行总结，分析全球价值链对地区产业整合和价值共创的影响。

2. 价值链结构依赖加深

以线性思维审视企业的价值定位和价值共创是传统价值链理论的典型特征。然而，伴随着信息化时代的浪潮，互联网和通信技术的发展使得企业间多方远程沟通更加快捷方便，不同产业地区的交流合作日益频繁，企业在价值链上的定位相互重叠，导致价值链边界和价值创造逻辑发生变化，呈现出相互交错的网络化结构特征。在这一背景下，国内外研究学者重视审视链上企业成员之间的结构关系和价值创造逻辑，从而催生出诸如价值星系

（Value Constellation）、价值商店（Value Shop）、价值网（Value Network）、价值生态（Value Ecology）等新概念。

Normann[19]通过对苹果、戴尔、耐克等大型跨国企业的实证研究，发现产业内不同企业主体基于互联网媒介进行合作角色与关系的重塑，企业与供应商、渠道商、合作商及竞争对手等共同创造价值，形成纵横双向交织的网状价值组织结构。这种组织结构的显著特征是产业上下游不再通过简单议价性市场交易进行联结，而是以龙头企业为中心，如同星系般向四周辐射关联其他企业成员[20]，因此被称为“价值星系”。在价值星系中，龙头企业凭借高位资源优势处于星系的恒星主导地位，其他拥有中低位资源的合作企业则处于行星或卫星的位置。与自然界天体星系中恒星与行星间的引力作用相似，价值星系中龙头企业与其他企业成员的关系是动态变化的[21]，尤其体现在合作企业具有自主独立运营及同时参与多个产业组织的能力。

Stabell[22]基于企业间不同的价值配置关系对价值链理论进行扩充，他认为 Porter 价值链的实质是基于长链关系来分析企业竞争优势和价值创造逻辑，这种固化的价值配置方式适合描述生产流程高度标准化的制造企业，而对于技术密集型和信息服务主导的行业并不适用，如银行、保险公司和教育机构等。为此，Stabell 提出两种新型价值配置模型：“价值商店”和“价值网”。价值商店认为企业是为客户提供专业化解决方案的服务机构，基于技术集成或服务整合满足客户个性化需求以实现企业价值。价值网将企业视为虚拟网络，通过互联网增强企业与客户的联系以促进双方信息交换[23]。Stabell 从价值活动类型、价值驱动因素和企业战略定位等方面对三种价值配置模型进行对比，并通过实证分析指出现实中大多数企业不是只采用一种价值配置方式，而是同时采用两种或两种以上方式。

受到 Brandenburge 和 Slywotzky 等人对价值网研究的启发，David 在 *Value Nets* 一书中对价值网理论进行系统总结，从价值定位、利润捕获、战略控制、网络设计诊断等方面介绍价值网相关理论和实践路径。价值网概念的提出打破了传统价值链中价值活动顺序连接的线性思维和机械模式，其核心思想在于围绕客户价值重构原有价值链结构，使不同环节的利益决策主体按照集体价值最优的原则相互衔接、合作和动态互动，形成产业网络集聚效应[24]。价值网中各成员在关注自身价值的同时，更加关注与网络上其他节点的联系，冲破产业不同类型企业之间的业务信息壁垒，增强上下游企业合作关系对价值创造的推动作用[25,26]。

日益激烈的同质化市场竞争促使企业主动参与合作，以增强自身业务灵活性和抗风险能力。这一过程伴随新的产业组织结构和信息技术的应用，为企业合作提供了有利条件[27]。

Moore[28]认为产业结构的复杂性导致传统价值链定义的通用价值活动无法阐明价值创造的本质，因此他应用自然生态系统类比现代市场环境，提出“商业生态系统”（Business Ecosystem）概念，将商业生态系统定义为由相互联系的企业个体合作形成的产业组织，为客户提供有价值的商品和服务。商业生态系统中各方参与者及客户群体共同提升自身能力，形成协同进化合作发展态势。Nachira[29]进一步提出“数字商业生态系统”概念，借助快速发展的通信和网络技术提高中小型企业的竞争力。数字商业生态系统借鉴了 Moore 对市场环境的隐喻，但更强调由软件程序、服务、代理及知识和法律等“数字物种”组成的数字生态环境。Nachira[30]指出数字物种具有与自然生物物种相似的交互能力和种群演化机制，在市场选择环境中表现出进化、变异或灭绝行为。

综上所述，价值链与其他价值理论的对比见表 1.5.1。

表 1.5.1 价值链与其他价值理论的对比

	结构特征	概念内涵
价值链	链状线性结构	企业生产经营中相互关联又互不相同的连续价值活动
价值星系	中心辐射	由恒星企业及其协作企业群形成的具有资源配置和价值创造机制的中间组织
价值商店	周期性循环	企业基于资源组合配置为客户感兴趣的目标对象带来正向增益的能力
价值网	模块化网络	基于不可分割的产品服务价值纽带将专业化分工企业联结组成的虚拟联盟
价值生态	多层级开放结构	以交易平台为核心的生产、运营及客户多方利益群体形成的产业组织形态

3. 价值链要素构成变化

价值链要素是指企业生产经营过程中所投入的具备价值增值能力的一切生产要素，价值链发展与生产要素的演变历程具有密切关系。早期以“二元论”和“三元论”为代表的观点主要关注与企业生产直接相关的物质资料，如土地、劳动力和资本。Porter 在研究价值链理论时构建了企业价值链通用模型——“钻石模型”，对生产要素的类型和构成内容进行明确界定。他认为企业生产要素包括初级生产要素和高级生产要素两种类型，资源、环境和非技术劳动力等属于初级生产要素，基础设施、研发技术和人才等属于高级生产要素[31]。从 Porter 对生产要素的定义可以看出，早期的价值链理论建立在企业有形生产要素基础上，因此被称为“实体价值链”（Physical Value Chain）。随着网络通信技术的蓬勃发展，数据、信息和知识等无形生产要素在企业生产运营过程中的重要性日益凸显，所产生的经济效益甚至超过有形生产要素。国家发展和改革委员会于 2020 年发布的《关于加快构建全国一体化大数据中心协同创新体系的指导意见》中指出“数据是国家基础战略性资源和重要生产要素”，进一步明确数据等无形生产要素的重要地位和价值意义。然而，实体价值链忽视了无形生产要素蕴含的价值潜力和价值活性，仅仅把数据和信息作为企业生产活动的辅助手段，导致在分析企业竞争优势、寻找战略环节时存在偏差，因此重构价值链分析框架、突出无形生产要素的重要作用成为价值链理论研究发展的必然趋势。为突破实体价值链适用性的局限，Rayport 和 Sviokla[32]于 1999 年首次提出“虚拟价值链”（Virtual Value Chain）概念。他们认为进入信息时代后，企业将同时面临实体市场和虚拟市场的竞争，企业在两个市场环境中的价值活动和增值逻辑不同，因此分析企业竞争优势时必须从实体价值链和虚拟价值链两方面考虑。随后围绕虚拟价值链这个概念，国内外学者从多个不同维度展开深入研究。Lee[33]建立知识价值链模型，包括知识管理基础、知识过程管理和循环评估优化三个连续过程。白庆华[34]研究 B2B 电子商务对虚拟价值链的影响，运用“协作-交易”分析虚拟空间中价值要素与参与实体的对应关系，由此建立企业实体价值链向虚拟价值链的迁移模型。关伟[35]提出基于中间组织的企业虚拟价值链优化方法，根据价值活动之间的层次关系优化虚拟价值链的成本结构。Anouk[36]研究了 VR 技术对价值链生态系统的影响，为链上多种类型的企业成员及其相关利益主体的战略决策和价值创造提供建议。由此可见，建立虚拟价值链模型框架、优化虚拟空间的增值活动及实现企业实体价值链虚拟化迁移是虚拟价值链的研究重点。

1.5.2 核电装备型复杂产品全生命周期价值链协同及其发展

核电装备的质量安全标准要求极其严格，与其他复杂装备相比，其质量保证体系也更为复杂。核电装备质量系统遵循“纵深防御”的基本原则，要求达到二级质量见证（Quality Assurance，QA）和三级质量控制（Quality Control，QC），确保核电装备质量可靠性和安全性。核电装备具有长达 60 年的设计寿命，加上定期换料、机组延寿与三废处理过程，其总计在役运行时间接近百年，如此长的服役周期对核电装备机组可用性和运行稳定性提出了更高要求。

核电装备全生命周期可划分为设计、制造、施工、运维和退役等多个阶段，每个阶段都涵盖参与合作的众多企业主体，这些企业通过业务关联和交易关系形成纵横双向交织的复杂网链结构。在核电装备全生命周期价值链中，核电工程建设总包商及其下属单位是核心利益主体，与核电设计分包院、设备供应商、施工承包商及运营维修单位等企业主体发生业务联系并产生价值流动，进而形成多方合作的价值链协同效应。基于这种协同效应，核电装备全生命周期各级企业建立稳定、持续的业务合作关系，实现高效分工协作和资源优势互补，进而提升核电装备安全、质量、产能和成本等多维价值效益。但是，核电装备具有复杂系统结构、严苛质量安全和超长服役周期等显著特征，这些特征对核电装备设计、制造和运维的全流程提出了更高要求，也为核电装备全生命周期价值链协同带来了严峻挑战。

为了提升复杂产品全生命周期价值链协同运作效率，突破核电装备型复杂产品长役期、巨系统和高安全特征导致的跨企业、跨领域协同瓶颈，国内外学者主要从价值活动、价值形态和价值管控三个维度开展深入研究，如图 1.5.1 所示，挖掘核电装备型复杂产品全生命周期价值链参与主体协同机理，分析当前价值链协同存在的不足，对价值链薄弱环节进行优化重组，实现价值链全方位价值增值。

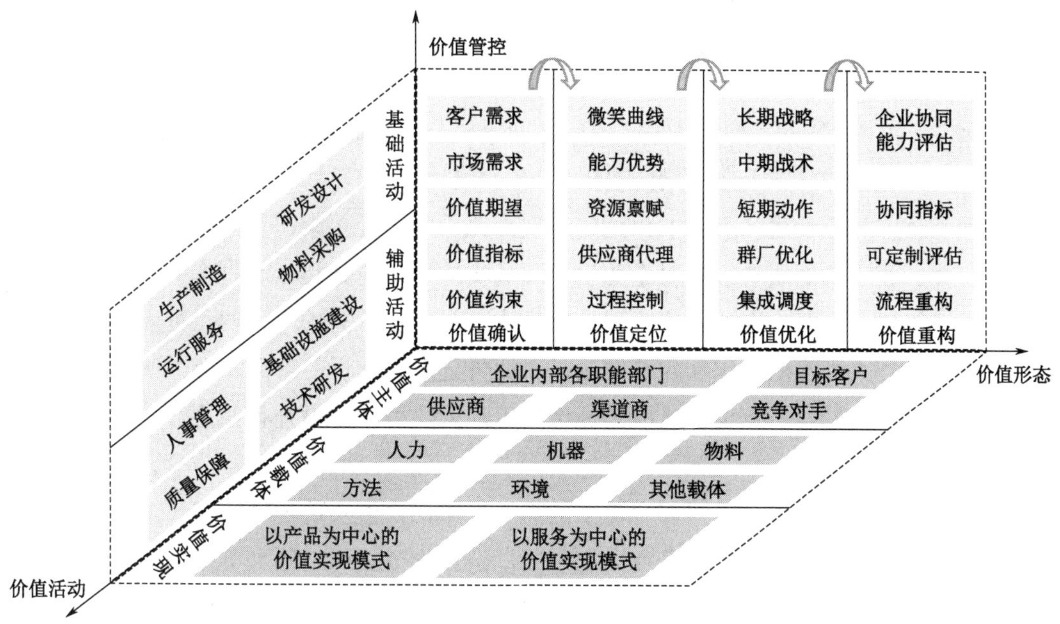

图 1.5.1 价值链协同研究参考框架

1. 价值活动

企业价值增值来源于产品销售与生产制造活动的价值差额，这些与企业价值密切相关的生产经营活动统称价值活动。对于企业而言，价值活动具有双重价值内涵，一方面，价值活动创造了企业产品的价值，产品在研发、制造、销售和服务过程中每经历一次价值活动，其蕴含的价值总量就将实现增值；另一方面，企业的各类资源消耗也是由价值活动引起的。因此，只有深刻理解企业价值活动的类型和联系，才能挖掘出企业价值创造和增值机理，从而获得最佳的价值效用。按照对产品价值的贡献性质不同，企业价值活动被划分为基础活动和辅助活动两种类型。基础活动是指企业向客户完成产品交付不可或缺的作业活动，包括研发设计、物料采购、生产制造、运行服务等，这类活动对实现产品价值具有直接贡献。辅助活动包括基础设施建设、人事管理、技术研发和质量保障等，这类活动虽然没有直接参与产品的生产销售过程，但对企业提高生产效率、降低运作成本和实现技术创新起到关键作用。

2. 价值形态

价值形态是指价值链中价值主体基于价值载体实现价值的交换关系总和。价值主体包括价值链上参与价值活动协同交互的所有成员，总体上可划分为企业内部价值主体和企业外部价值主体两部分。企业内部价值主体是指各业务部门的人员，按照职能分工不同划分为设计、采购、生产、营销及综合管理等角色；企业外部价值主体主要包括供应商、渠道商、目标客户和竞争对手，基于达成一致的协商目标与企业进行信息交互，通过对环境（如政策和市场变化）的感知采取不同的决策，实时调整自身行为。

价值载体作为企业生产要素实体化的表现形式，是生产要素在价值链活动中传播流通的承载媒介。基于全面质量管理对企业生产现场实体资源的分类标准，本书将价值载体划分为人力、机器、物料、方法、环境和其他载体 6 种类型，其中人力始终处于价值载体的核心位置，开展人力资源组织和领导控制是企业价值形态分析的重点，而方法创新（如提升工艺或改良标准）对企业价值增值的促进作用最为显著，是提升企业价值效用的首要驱动力。

企业价值的实现过程就是对客户需求的满足过程，价值实现程度与客户支付意愿和支付强度有关。根据交付给客户的最终成果不同，企业价值实现总体上可划分为以产品为中心和以服务为中心两种。以产品为中心是面向生产的价值实现模式，在这一模式中，企业更注重效率，通过改进方案、引进技术、扩大产能等手段集中力量增加产品数量，依靠价格和规模优势占据市场并获取利润；以服务为中心是面向营销的价值实现模式，其更强调企业效用，通过主动挖掘潜在的市场客户需求，依靠对客户需求变化的精准预测和快速响应能力建立差异化优势，提升企业服务水平，逐步扩大市场份额，增加经济效益。

3. 价值管控

价值管控包括价值确认、价值定位、价值优化和价值重构 4 个连续递进过程。价值确认的目的是将定性的客户需求转化为定量的价值指标和价值约束，进而理解客户需求背后隐含的价值期望。客户需求是企业价值创造的源头，目前企业获取客户需求的方式主要有两种，一是客户以订单的形式主动提供需求信息，二是企业通过市场调研对客户需求进行预测。由于市场随机波动的不确定性，企业预测的客户需求与实际情况之间存在偏差，同时客户通常不具备完整、清晰表达自身真实需求的能力，这些因素进一步提高了企业对客户需求的理解难度。为了避免因对客户需求理解不到位导致成本增加和进度延误等问题，企业需要对初步获取的客户需求进行充分的挖掘和确认。首先，分析客户需求陈述，生成标准化客户需求表单，并识别其可衡量属性（价值指标），用于衡量客户需求的实现程度。其次，根据系统工程理论，将满足客户需求的价值指标逐层分解细化到产品系统级、部件级和零件级，获得对应级别的价值约束。经过价值确认，企业在获取客户需求的基础上充分挖掘客户价值期望，确保后续的业务活动在满足客户需求的原则下开展。

基于客户需求的价值指标和价值约束，制定企业各项业务活动的生产计划和能力外包制度，实现企业价值定位。首先，从经济效益和客户需求两方面对价值指标进行重要度排序，划分不同的优先级。其次，结合企业自身资源优势和核心业务能力范围，制定价值指标的外包策略，对于具有高客户需求贡献度和额外经济效益的价值指标，企业应确保以最高效的方式独立自主完成；对于经济效益和客户需求贡献度较低的价值指标，企业应采取服务外包的形式，把这类指标对应的业务活动委托给代理供应商完成。在选择代理供应商时，根据价值约束和供应商资质水平，初步筛选出满足要求的供应商集合，然后从成本、质量、资历和信誉等多个维度对供应商进行综合能力评估，最终确定实施合作的代理供应商。

价值优化的目标是通过改善业务活动资源配置方式，减少企业资源闲置或紧缺现象，实现企业最佳的价值创造水平。由价值定位可知，企业的业务活动包括自主完成和外包代理两种，价值优化主要面向由企业自主完成的业务活动。由于技术革新或市场变化等原因，企业业务执行过程中经常存在数量、质量和进度上的不协调，究其原因是未能按照业务间的价值规律合理规划调度企业资源，因此需要深入分析业务活动中潜在的价值联系，挖掘业务活动的价值和成本驱动因素。首先，从业务活动的价值目标和资源约束出发，建立企业资源协同调度优化模型；然后，采用运筹学知识、决策理论和智能算法求解帕累托最优解集，获得企业资源调度的最优决策方案，实现降低成本、提升作业质量及提高企业效益的目的。

价值重构是指企业根据业务资源调度的最优决策方案，灵活调整业务活动安排，改造原有业务活动环节、执行路径和资源配置，重新构建适合企业核心发展能力和战略优势的价值链。价值重构是一个循序渐进、逐步演化的过程，为了确保实施价值重构的有效性，企业应对比重构前后业务效用的变化。具体而言，企业应结合具体行业特征和自身能力条件，建立支撑价值链协同效用评估的系统性指标体系，制定合理的效用评价方案，实现业务效用的准确可靠评估，为企业掌握价值链运作状态和实施价值重构决策提供依据。

1.6 本书内容结构

本书全面系统地阐述了核电装备全生命周期价值链协同的相关理论和方法，提出了核电装备全生命周期价值链协同创新理论模式和研究方法体系，介绍了典型核电装备价值链协同应用案例。

本书内容共 6 章。第 1 章是绪论，主要讲述核电装备的核心系统、关键设备及产业生产运营现状，并给出复杂产品全生命周期价值链协同的基本内涵。

第 2 章分析核电装备全生命周期价值链面临的协同需求与技术挑战，从数据时空协同、质量正逆协同和事件虚实协同三方面阐述核电装备链主调控多核联动价值链协同模式的内涵，并提出核电装备全生命周期价值链协同方法体系及相应关键技术。

第 3 章围绕全生命周期价值链数据交互问题，介绍核电装备数据空间的表征、集成与清洗技术，在数据空间优化治理的基础上，对大规模多源异构核电装备数据进行建模挖掘，并提出个性化核电装备知识案例智能推送方法。

第 4 章围绕全生命周期价值链质量管控问题，介绍核电装备质量特性识别方法，以质量图谱构建与质量状态演化为核心，提出“三跨”环境下价值链协同质量管控技术及质量缺陷全链追溯方法。

第 5 章围绕全生命周期价值链事件反馈问题，介绍核电装备全生命周期智能运维与闭环反馈方法，基于多模态数据驱动的故障智能诊断技术及多任务时序预测运行方法，提出核电装备运维事件信息融合与闭环反馈技术。

第 6 章以价值链协同应用案例为核心，阐述价值链协同在核电装备全生命周期内的发展与应用，提出三类典型价值链协同业务场景，包括多专业三维设计协同、跨企业数字化建造协同和群厂智能运维协同，并对每类场景的业务背景、协同需求和应用效果进行系统分析。

参考文献

[1] PORTER M E. Competitive advantage: Creating and sustaining superior performance[M]. New York: The Free Press, 1985.

[2] PORTER M E, MILLAR V E. How information gives you competitive advantage[J]. Harvard business review, 1985, 63(4): 149-174.

[3] FORNASIERO R, CARPANZANO E. Advances in customer-oriented manufacturing and value chain management[J]. International journal of computer integrated manufacturing, 2017, 30(7): 677-679.

[4] SHANK J K, GOVINDARAJAN V. Strategic cost management: The value chain perspective[J]. Journal of management accounting research, 1992, 4: 179-197.

[5] HINES P. Integrated materials management: The value chain redefined[J]. The international journal of logistics management, 1993, 4(1): 13-22.

[6] HINES P, RICH N, BICHENO J, et al. Value stream management[J]. The international journal of logistics management, 1998, 9(1): 25-42.

[7] 黎继子，蔡根女. 价值链/供应链视角下的集群研究新进展[J]. 外国经济与管理，2004, 26(7): 8-11+44.

[8] 杨周南. 价值链会计管理信息化的变革[J]. 会计研究，2005(11): 36-40.

[9] 王海林. 价值链内部控制模型研究[J]. 会计研究，2006(02): 60-65+97.

[10] JOHNSON M, ROEHRICH J K, CHAKKOL M, et al. Reconciling and reconceptualising servitization research: Drawing on modularity, platforms, ecosystems, risk and governance to develop mid-range theory[J]. International journal of operations & production management, 2021, 41(5): 465-493.

[11] 李英，王晨筱，杨晨，等. 支撑产业链协同的公共服务平台研究综述[J]. 计算机工程与科学，2016, 38(06): 1111-1117.

[12] 李斌勇，孙林夫，王淑营，等. 面向汽车产业链的云服务平台信息支撑体系[J]. 计算机集成制造系统，2015, 21(10): 2787-2797.

[13] GEREFFI G, HUMPHREY J, STURGEON T. The governance of global value chains[J].

Review of international political economy, 2005, 12(1): 78-104.

[14] KOGUT B. Designing global strategies: Comparative and competitive value-added chains[J]. MIT sloan management review, 1985, 26(4): 15-28.

[15] GEREFFI G. International trade and industrial upgrading in the apparel commodity chain[J]. Journal of international economics, 1999, 48(1): 37-70.

[16] GEREFFI G. A commodity chains framework for analyzing global industries[J]. Institute of development studies, 1999, 12(2): 1-8.

[17] ANTRÀS P, CHOR D. Organizing the global value chain[J]. Econometrica, 2013, 81(6): 2127-2204.

[18] 杨翠红，田开兰，高翔，等. 全球价值链研究综述及前景展望[J]. 系统工程理论与实践，2020, 40(08): 1961-1976.

[19] NORMANN R, RAMIREZ R. From value chain to value constellation: Designing interactive strategy[J]. Harvard business review, 1993, 71(4): 65-77.

[20] 徐玲，孟祥霞，刘春香. 基于价值星系的集群升级机理研究——以创新能力为研究视角[J]. 科技进步与对策，2015, 32(09): 54-59.

[21] CORSARO D, RAMOS C, HENNEBERG S C, et al. The impact of network configurations on value constellations in business markets-The case of an innovation network[J]. Industrial marketing management, 2012, 41(1): 54-67.

[22] STABELL C B, FJELDSTAD O D. Configuring value for competitive advantage: On chains, shops, and networks[J]. Strategic management journal, 1998, 19(5): 413-437.

[23] TALLON P P. Value chain linkages and the spillover effects of strategic information technology alignment: A process-level view[J]. Journal of management information systems, 2014, 28(3): 9-44.

[24] BOVET D, MARTHA J. Value nets: Reinventing the rusty supply chain for competitive advantage[J]. Strategy & leadership, 2000, 28(4): 21-26.

[25] PIL F K, HOLWEG M. Evolving from value chain to value grid[J]. MIT sloan management review, 2006, 47(4): 72-80.

[26] HUANG Y, HAN W, MACBETH D K. The complexity of collaboration in supply chain networks[J]. Supply chain management: An international journal, 2020, 25(3): 393-410.

[27] 金帆. 价值生态系统：云经济时代的价值创造机制[J]. 中国工业经济，2014, 313(04): 97-109.

[28] MOORE J F. Predators and prey: A new ecology of competition[J]. Harvard business review, 1993, 71(3): 75-86.

[29] NACHIRA F. Towards a network of digital business ecosystems fostering the local development[J]. Ecosystems, 2002.

[30] NACHIRA F, DINI P, NICOLAI A. A network of digital business ecosystems for Europe: Roots, processes and perspectives[J]. European commission, information society and media, 2007: 5-24.

[31] PORTER M E. Strategy and the Internet[J]. Harvard business review, 2001, 79(3): 62-78+164.

[32] RAYPORT J F, SVIOKLA J J. Exploiting the virtual value chain[J]. Harvard business review, 1995, 73(6): 75-85.

[33] LEE C C, YANG J. Knowledge value chain[J]. Journal of management development, 2000, 19(9): 783-794.

[34] 白庆华，秦耕. B2B 电子商务中的虚拟价值链研究[J]. 计算机集成制造系统，2002, 8(6): 442-445+486.

[35] 关伟. 基于中间组织的价值链优化[J]. 中国软科学，2009(02): 133-141.

[36] ANOUK D E, BARNES S J, PLANGGER K. The virtual reality value chain[J]. Business horizons, 2020, 63(6): 737-748.

第2章

核电装备全生命周期价值链协同模式及运行机制

2.1 引言

随着经济全球化的快速发展及信息技术的不断变革，当前核电装备产业格局正发生深刻变化。一方面，生产服务与核电制造相互渗透融合，借助大数据、物联网和工业云等新一代信息技术，推动核电产业数字化和智能化转型。另一方面，随着核电技术专业化分工的不断细化，核电装备全生命周期各环节业务联系日益紧密，促使核电产业逐渐向集群化、协同化和生态化方向发展。核电装备价值链不再局限于企业个体，而是更多地覆盖产业上下游所有环节的企业集群。主导产业企业群开展全链业务协作的全生命周期价值链协同模式，通过整合广域时空范围内多级参与企业的优势资源和服务能力，实现单个企业无法企及的战略优势，提升价值链内所有企业的价值共创水平。核电装备全生命周期价值链协同将产业上下游的企业紧密联系在一起，构建资源共享、优势互补、共生共赢的协同体系，增强核心企业对合作单位的生产组织和管控能力，降低产业全流程投入与运维成本，有效推进核电装备价值链长期持续稳定发展。

本章在分析核电装备全生命周期价值链协同需求和挑战的基础上，介绍核电装备链主调控多核联动价值链协同模式，从数据时空协同、质量正逆协同和事件虚实协同三方面，详细阐述核电装备价值链百年级产业链汇联、千核级企业群级联和万路级生产线融联的协同内核，并进一步阐述数字主线驱动的核电装备全生命周期价值链协同运行机制，进而提出核电装备全生命周期价值链协同方法体系框架，为实现核电装备全生命周期价值链企业业务协同和价值共创提供技术参考。

2.2 核电装备全生命周期价值链协同需求与挑战

2.2.1 核电装备全生命周期价值链协同现状

价值链理论是由哈佛商学院教授 Porter 于 1985 年在其著作《竞争优势》中首次提出的，他认为所谓的价值链是“一系列连续的相互关联但又互不相同的价值活动”[1]。Porter 按照价值活动对企业价值的贡献性质不同，将价值活动划分为基本价值活动（进料后勤、生产、发后勤、销售、售后服务）和辅助价值活动（基础设施、人事管理、技术研发和物资采购）两种类型，并指出企业参与市场竞争的本质并不是企业整体，而是企业价值链上的局部价值活动，企业的竞争优势正是基于上述局部价值活动的成本和差异化优势建立的。传统的价值链理论更关注单个企业的内部价值活动及其与上下游协作单位间的关系、以企业内部生产运营活动的业务顺序为基础的价值活动线性集合，缺乏针对产业内不同企业间的业务上下游关联逻辑的分析。随着服务型制造的逐步发展、社会化职能分工的基本定型，制造业企业群逐渐向产业集群化、协同化方向演变，推动价值链理论的研究对象从单个企业转变为产业链上业务关联的企业集群，在更广范围内寻求更加深入的业务分工与合作关系，通过信息交互、资源共享弥补企业自身的薄弱环节，降低整个价值链的组织和生产成本，进而提升价值链的市场竞争优势。

核电装备包括核电站所有组成系统和配套设备，当价值链研究对象由单个企业扩展至产业链内参与其生命周期内全部生产运营活动的企业集群时，就形成面向全生命周期的核电装备跨企业、跨领域、跨平台价值链。核电装备全生命周期价值链指一系列具有业务关联和交易关系的核电装备企业所构成的价值创造链条，主要包括核电装备研发企业、设计企业、制造企业、施工企业、工程总承包企业、运营及维修企业。核电装备全生命周期价值链将产生价值增值效应的生产运营活动置于更大范围的企业联盟集群中进行研究，使原本只存在于企业内部的业务合作延伸至产业全生命周期的所有参与企业。与传统以单个企业为对象的价值链相比，核电装备全生命周期价值链具有以下特征。

（1）资源互补性：核电装备全生命周期价值链参与企业拥有规模可观的各类资源，包括设备、工具、物料、技术、人力、资金、渠道和数据等，各企业可通过优势资源共享与整合（如技术培养、设备支持和渠道共享等）弥补自身的薄弱环节，从而提升价值链整体效益。

（2）业务依赖性：核电装备全生命周期价值链参与企业的业务重心、核心能力与技术优势不同，基于产业细分形成具有业务关联的企业集群，通过合作强化企业间业务联系。

（3）结构动态性：核电装备全生命周期价值链参与企业之间的合作关系并非固定不变，随着企业战略目标调整、内外部市场环境变化、核心技术优势培育、各方竞合关系与态势的变化，部分企业成员之间会中断原来的合作关系，转而与其他成员建立新的联系，使价值链结构呈现动态性。

（4）弱跨地域性：核电装备全生命周期价值链参与企业遍布全球范围内的多个国家与地区，受地域空间范围的限制偏弱，可实现远距离双边业务协同交互。

（5）竞争与合作共存：核电装备全生命周期价值链参与企业之间既有业务合作关系，也存在竞争关系，体现在价值链上下游企业成员的供需合作，以及同类型企业的市场竞争。

为了提升价值链运行效率，实现价值共创目标，价值链参与企业通过业务协作与资源共享提升整体竞争优势。核电装备全生命周期价值链涵盖以核心龙头企业为主导的多类型业务协同关系，如图 2.2.1 所示，包括上游的核电装备设计总包院所、分包院所形成的研发

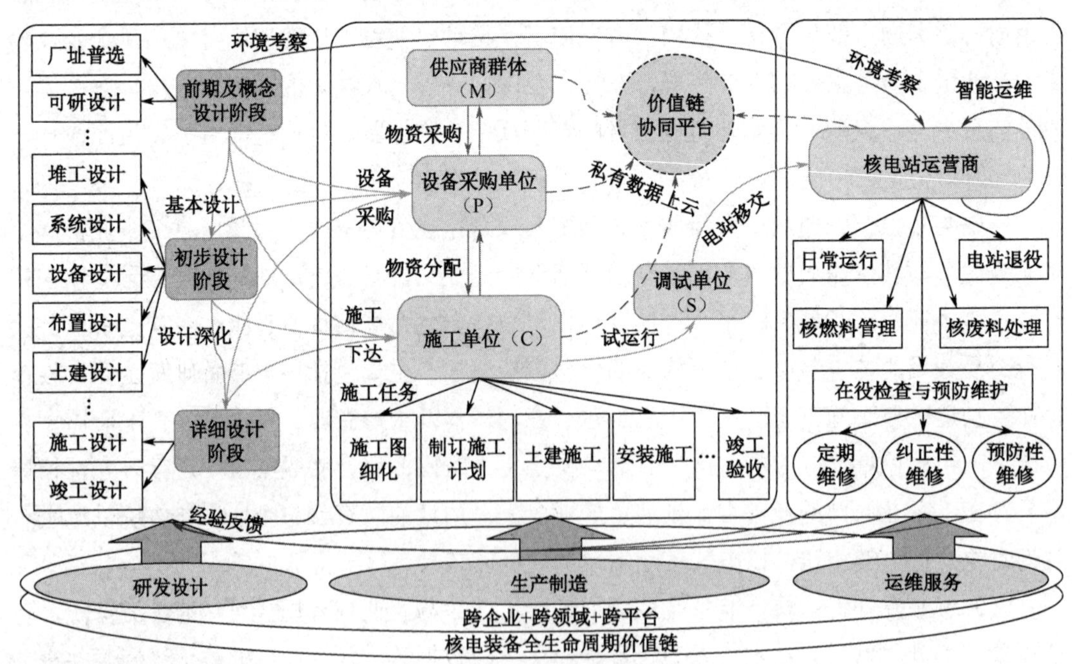

图 2.2.1　核电装备全生命周期价值链

设计协同，中游的设备制造供应商、设备采购单位、施工单位、施工承包单位、系统调试单位、调试支持单位形成的生产制造协同，下游的多基地核电站运营商形成的运维服务协同。核电装备价值链参与企业的业务协同关系不仅局限于某一阶段，还包括跨阶段的业务合作，如上游的核电装备设计院与中游的核电设备制造基地开展的设计制造协同、下游的核电站运营商与上游的设计院开展的运营经验反馈等，各阶段之间相互关联，形成了覆盖核电装备全生命周期业务范围的价值链协同特征。因此，核电装备全生命周期价值链由传统的以单一盟主企业为核心的单链结构，逐渐演化为产业上下游全流程企业间的复杂网络结构，价值链参与企业的协同关系进一步加强，推动企业间业务协同类型的多样化与协同程度的深入化。

2.2.2 核电装备全生命周期价值链协同必要性与需求分析

1. 核电装备全生命周期价值链协同必要性分析

核电装备的生产制造需求具有典型的小批量、多品种特点。一方面，核电站具有很强的能源服务辐射能力、能源结构优化调整能力及区域经济驱动辐射能力，任何国家或地区从战略和安全角度考虑，都不会在一个区域内高密度规划、设计、建设、运营核电站。因此，与通用消费品和工业产品相比，核电装备的生产制造需求整体偏小。另一方面，核电站的建设需要经历很长的选址、论证和设计阶段，针对不同厂址的地质、水文等自然条件与环境因素差异，不同核电装备需要根据装机容量等设计要求进行相应更改，因此关键性能参数与能力指标是动态变化的。然而，不论客户需求如何变化，核电装备本身的长役期、高安全等基础要求必须得到满足。

第一，针对核电装备长役期要求，需要将来自不同设计、制造、施工、调试和运维企业的装备数据进行统一表征和管理，实现不同生命阶段、不同领域、不同价值链主体的数据对齐，实现装备数据消歧和信息的一致性存储。在数十年甚至更久的服役周期内，位于不同地理位置的企业经过授权后，可随时通过协同平台获取所需的数据和信息，在核电装备老化退役或维护性更换时，能够保证变更后的装备依旧满足核电机组运行的性能和安全监管要求。因此，需要建立元数据统一表征框架，规划元数据要素标准与描述方法，针对不同业务阶段的实际需求，进行领域元数据的统一提取与调用。基于此，构建支持分布式协同管理的核电装备多层次数据空间，实现分散在不同平台中相互关联数据的集成，并能够随时根据业务应用的需要提供可信数据，如图 2.2.2 所示。

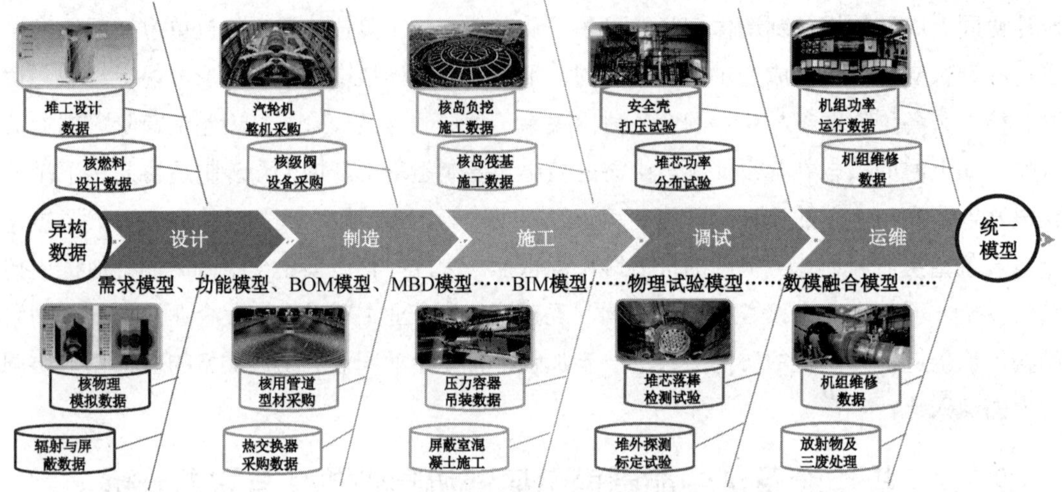

图 2.2.2　核电装备全生命周期异构数据交互

第二，针对核电装备高安全要求，需要从设计、制造、施工、调试和运维全生命周期各个环节收集相关质量数据，对关键质量特性进行识别，从价值链角度对核电装备质量进行协同管控，建立全链质量控制与追溯系统。在制订和执行质量计划时，关键质量特性为关键控制点选择提供参考依据，并为现场加工人员和质检人员提供具体见证内容。从质量特性与质量数据出发表征建造装备的质量状态，并对关键工序进行判定与评价，以便进行质量管控。建立核电装备智能建造协同管控模式，研究协同质量价值链优化、协同质保体系联结、质量形成过程管控及质量见证防人因失效，形成质量价值链协同、质量信息最优传递、质量流程跨企业对接的管控方法。发现质量缺陷时可及时评估缺陷引起的风险或潜在风险，并沿价值链回溯到相关责任部门，避免损失进一步扩大，消除安全或质量隐患，如图 2.2.3 所示。

第三，针对核电装备庞大复杂的系统，需要围绕业务流将海量的系统、设备、零部件、工器具、物料对象进行统一管理，将核电装备全生命周期内不同参与主体所使用的孤立子平台工具打通。在核电装备全生命周期内，从概念设计、实物构造到投产运行，其结构、功能等必然会根据需求进行多个版本的迭代调整，因此需要在数据一致的基础上进行核电装备的运行维护，否则协同参与主体面对不同版本的设备对象，其沟通是无效的。结合沟通便捷性、信息一致性，在理想情况下，各参与主体的沟通需要基于核电装备的实体对象，以便各方准确理解建设单位与监管机构的需求与意图，避免出现沟通错误与理解偏差。但在实际执行过程中，核电装备在全生命周期的前期（特别是研发和设计阶段）尚未形成可视化的物理实体，核电装备的功能和结构等还存在一定不确定性，单纯以沟通交流为目的开发样机只会导致人力、物力、财力、时间成本的显著提升，因此最佳解决方法是针对所讨论的核电装备建立完整、便捷、灵敏的虚拟模型对象，并将多个参与主体确认的一致信息附于该模型之上。在版本变更时，各相关协同主体可基于虚拟模型对象对变更进行评估或模拟推演，将最终结果反馈给变更发起方。而在全生命周期的后期，由于已存在核电装备物理实体，各参与主体可以面向物理实体进行系统级对象规划，如图 2.2.4 所示。

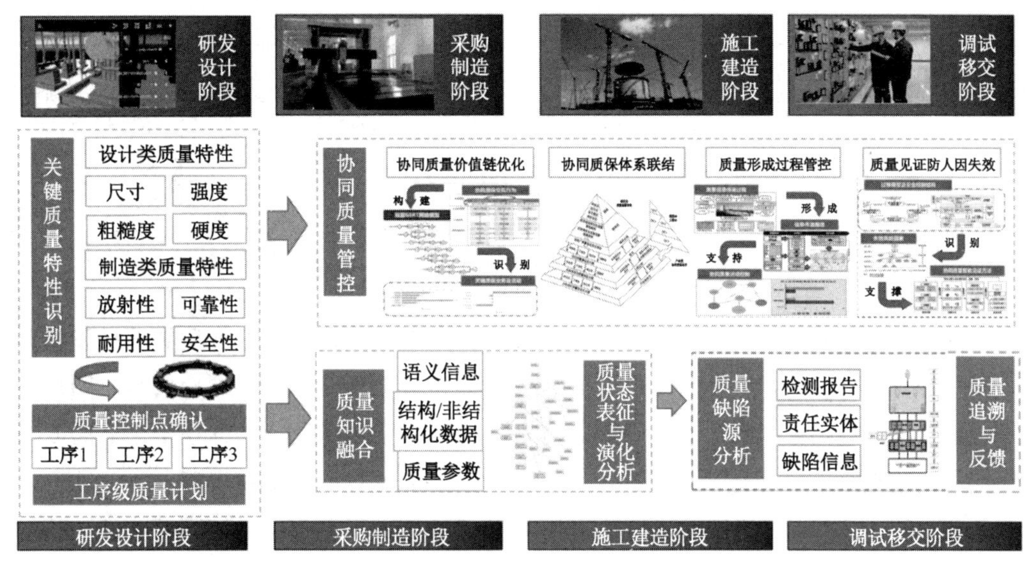

图 2.2.3 核电装备全生命周期质量管控追溯

2. 核电装备全生命周期价值链协同需求分析

基于以上对价值链协同必要性的分析可知，核电装备的研发、设计、制造、施工、运维和退役全生命周期需要各个协同主体的共同参与。在现代工业社会中，市场过度竞争迫使产业分工精细化、企业集群化、协同化程度不断加深，生产和服务的竞争已经不仅局限在单一企业之间，而是整个价值链的竞争。在核电装备服役周期长、系统复杂程度高、安全质量要求严苛的条件下，没有一家企业能够在全生命周期中主导所有的协同工作，因此有必要构建跨企业、跨领域、跨平台、跨时空的核电装备全生命周期价值链协同体系，核电装备价值链在产业上下游全流程协同环境中孕育出新的需求，主要包括以下方面。

（1）迫切需要构建核电装备全生命周期价值链协同模式。价值链协同的目的在于提升

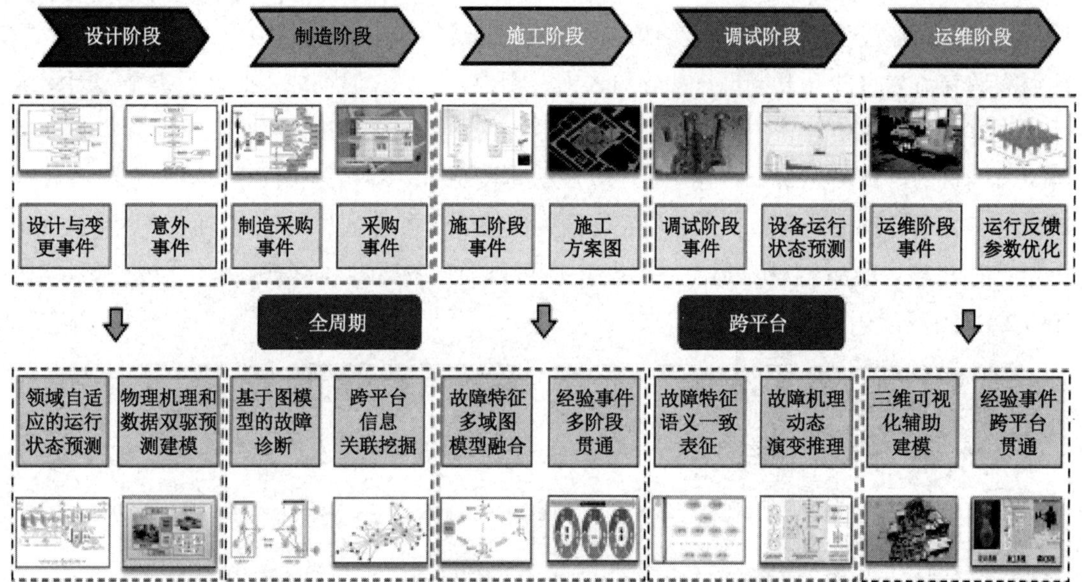

图 2.2.4　核电装备全生命周期预测运行维护

核电装备全生命周期业务协同效率和服务质量，强化对价值链各环节的质量管控和状态监测，以提升价值链整体运行效率与闭环反馈能力。核电装备全生命周期价值链协同是高效优质实施核电装备研发、设计、制造、运维业务协同的重要手段，如何在全生命周期跨企业环境中构建有效的价值链协同模式，降低企业业务交互过程中信息资源不一致性，促进各业务环节的价值增值和价值共创，对于核电装备全生命周期价值链协同而言是需要解决的首要问题。

（2）迫切需要突破核电装备全生命周期价值链协同关键技术。随着核电装备价值链参与企业规模的与日俱增及协作关系的日益复杂，核电装备价值链各阶段产生的业务数据资源更具多样性。在拥有丰富的数据资源的同时，多模态数据的异构性增加了核电装备质量管理、状态监测预测方面的难度，因此为了提升核电装备全生命周期价值链参与企业的业务协同能力，亟须挖掘多源异构数据的潜在价值，突破跨企业、多机组协同环境中核电装备质量特征分析与运行参数预测关键技术。

（3）迫切需要研发核电装备全生命周期价值链协同平台。实现全生命周期信息资源整合共享是支撑核电装备全生命周期价值链业务协同的基石，由于核电装备企业的信息化程度参差不齐、生产分工与工艺组织存在差异，不同企业之间缺乏高效的信息交互手段，存在大量的信息孤岛和技术壁垒，对价值链企业集群的资源整合和业务交互造成不利影响。

核电装备全生命周期价值链协同平台作为连接不同业务环节的信息桥梁，有效整合产业上下游企业集群的信息资源，并通过平台服务的形式将数据、信息、知识等提供给其他企业，从而为核电装备全生命周期价值链协同提供重要保障。

2.2.3 核电装备全生命周期价值链协同面临的挑战

现阶段在核电装备产业中，虽然已有部分工程总包企业构建了以核电装备总承包商为核心的信息服务系统来支撑核电装备企业群之间的业务协同，但总体还处于起步阶段。核电装备复杂的系统结构和严格的质量要求导致核电装备全生命周期价值链协同面临严峻的技术挑战。目前，核电装备价值链协同大多聚焦于单个企业集团内部或某一邻近区域企业集群的业务协同，应用场景也主要针对核电装备设计环节或运营环节，尚未形成全生命周期纵横一体化的协同模式，因此在核电装备全生命周期协同广度和深度方面，企业间的业务协同效能依然有限，无法充分满足核电装备全生命周期各阶段对于服务专业化、产业融合化的协同需求，具体表现在以下几方面。

（1）目前的核电装备全生命周期价值链协同机理不清，缺乏跨企业多阶段协同模式。核电装备建设普遍采用总包责任制，通常由核电装备总承包单位作为核电装备价值链的核心企业，领导和监督其他企业的生产作业活动。这种协作模式导致核电装备价值链上各个节点均受到核心企业的约束，不同合作单位之间的业务协同过度依赖核心企业，协同模式具有局限性且低效不灵活，仅能实现单一环节上下游企业的业务协同。例如，供应商只能被动地查看发布的采购计划信息，对于供货进度、配件产量的提前预测能力有限，缺乏跨企业多阶段的信息集成和资源共享手段，造成核电装备全生命周期链间与多链的业务协同困难。

（2）目前的核电装备全生命周期价值链协同面临严重的技术挑战。由于核电装备的复杂性和技术要求高，其设计、制造、施工、运维和退役全生命周期中要时刻考虑高安全标准（除正常运行工况以外，必要时应能够响应地震、台风、飞机撞击等极端工况），这对服役周期长的核电装备提出了很高的协同性要求，亟须解决“数据联动一致性低、质量追溯管控困难和智能化运维水平低”等方面的问题。

① 缺乏合理的跨领域异构数据交互技术。核电装备各阶段产生的物项三维模型多、模型结构复杂，每类物项还分别对应不同的技术状态、专业领域和审查或见证活动，最终形成的物项模型参数、属性等数据可达百万数量级，如此大规模的多源异构数据难以保证其

跨领域映射和耦合关系的一致性。

② 缺乏合理的跨企业质量管控追溯技术。关键和重要的核电装备应满足核安全级质量要求或技术规范，然而由于零部件种类繁多和数目庞大，核电装备生产制造过程涉及数百家企业，存在严重的往复迭代、多维交互和级联耦合效应。这种跨企业质量形成与管控特性导致核电装备质量特性隐匿波动、质量状态模糊演化与质量缺陷回溯困难等难题。

③ 缺乏合理的跨场景设备预测维护技术。核电装备具有长服役周期，其运行过程具有多信号模态感知、多场景时空耦合、多设备状态联动的复杂特征，导致核电装备运行状态的精确监控预测实现难度大[2]。此外，由于核电机组、厂站、群厂独立运营和多平台封闭特性，造成运行和维修过程中产生的实践经验难以及时向上游环节反馈。

2.3 核电装备链主调控多核联动价值链协同模式

核电装备具有服役周期长、系统复杂程度高、安全质量要求高等显著特征，这些特征对核电装备设计、制造、施工、运维全流程提出了更高要求，同时也为核电装备全生命周期价值链协同带来了异构数据交互失信、质量管控追溯失源和预测运行维护失控等严峻的技术挑战。基于这些挑战，本节从数据表征、质量控制和设备管理三方面提出核电装备链主调控多核联动价值链协同模式，深入挖掘百年级产业链汇联的数据时空协同、千核级企业群级联的质量正逆协同、万路级生产线融联的事件虚实协同的核电装备价值链协同内核。

2.3.1 核电装备全生命周期价值链主体及要素分析

从系统性的角度分析，核电装备全生命周期价值链是包含众多主体和要素的复杂系统。价值链主体包括研发设计、采购制造、施工建造、调试移交、运行维护等多个不同阶段的核心企业及其协作企业群，价值链要素包括业务活动、资源、数据、能力和资产等。在全生命周期协同的大背景下，价值链主体与其要素组成一个复杂的价值系统，各价值链主体之间通过业务重组、信息传递、知识共享和能力转化等手段实现价值链要素的动态流动和优化配置，进而实现价值链全面有序协同。此外，价值链主体具有多样性、动态性、主动性和模糊性，通过彼此聚集的交互耦合作用，形成不同类型和深度的协同关系，连同价值链要素一起，共同组成如图 2.3.1 所示的核电装备全生命周期价值链系统。

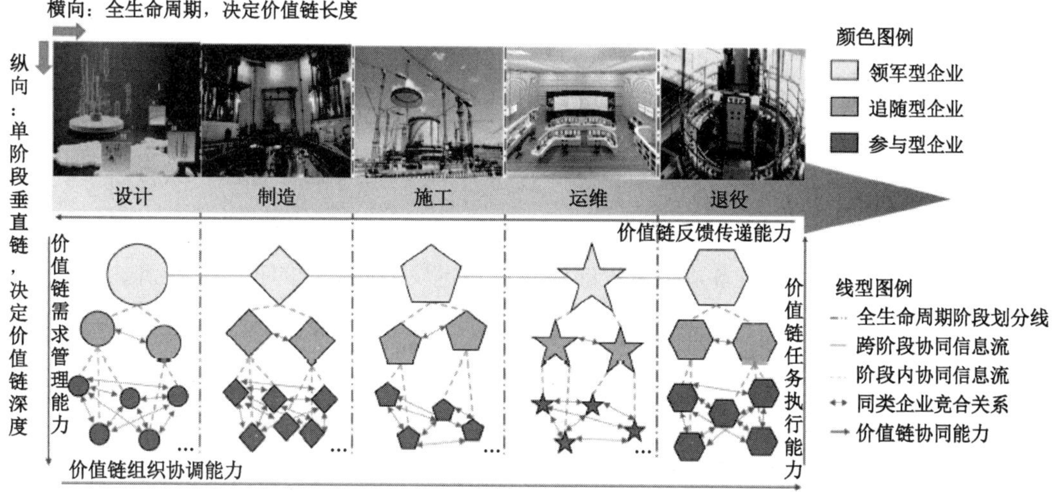

图 2.3.1 核电装备全生命周期价值链系统

核电装备价值链主体按照全生命周期阶段划分为设计主体、制造主体、施工主体、调试主体和运营主体，以及负责核电装备工程建设项目管理的工程总包主体，图 2.3.2 展示了核电装备价值链主体协作网络。

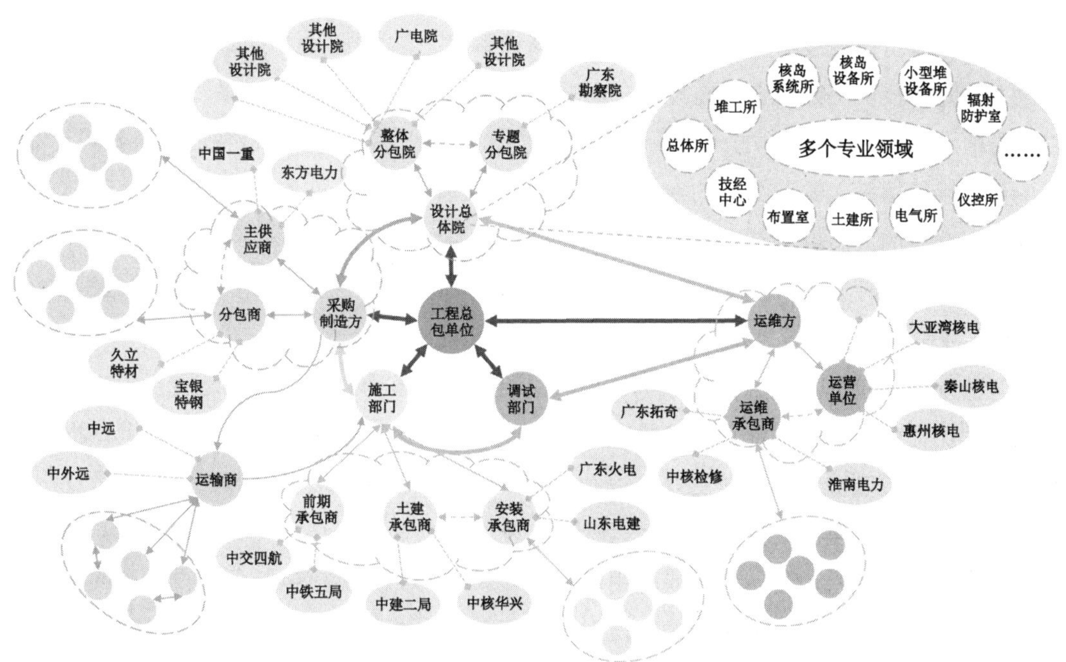

图 2.3.2 核电装备价值链主体协作网络

工程总包主体：向业主承担工程项目全部责任和提供全套服务，承包项目工程设计、设备供应、专业专项工程施工、安装和调试直至竣工移交的全部工作，甚至包括项目前期策划、方案选择和可行性研究。工程总包主体下设多个部门，包括设计部门、设备采购部门、施工部门与调试部门等，监督和管理价值链上其他参与主体（如设计承包商、采购供应商和施工承包商）。

设计主体：根据核电装备建设工程的要求，对建设工程所需的技术、经济、资源、环境等条件进行综合分析、论证，编制建设工程设计文件。由于核电装备的复杂性，设计主体有多种组织方式，按照对象不同可划分为核岛设备设计主体、常规岛设备设计主体及辅助设施设计主体；按照设计深度不同又可分为概念设计、初步设计和详细设计等主体类型；按照设计专业不同可划分为系统设计、设备设计、土建设计、电气设计、仪控设计、布置设计等多个主体类型。设计主体的主要职能包括制定设计方案、设计管理体系、设计文件控制、设计进度控制、设计变更、设计技术研发和设计咨询服务。

制造主体：一般是核电装备工程总包主体的供应商合作单位，制造主体在收到来自设备采购部门（工程总包主体的下属二级部门）的设备采购订单后开始组织生产和编制工艺，依据技术规格书、材料清单将设计方案变为设备实体，并最终保证生产质量。在上述过程中，制造主体可以与设计主体进行交流，反馈设备工艺、装配等优化设计建议，并在工程总包主体的审核下决定是否实施设计方案变更程序。

施工主体：通过招投标方式接受工程总包主体的委托并开展核电装备的施工建设活动，其主要职能包括细化施工图、制定工期、组织施工生产作业、监督施工质量和控制施工成本等。与一般的大型或复杂工业设备不同，在核电装备土建工程中后期，安装工程并行开展，此阶段涉及的协同单位非常多。按照作业活动不同，施工主体可划分为前期施工主体、土建施工主体、安装施工主体和零散外围施工主体。

调试主体：通过各种必要的试验，全面检验核电装备内系统、设备是否正确安装，是否满足设计文件、合同规定及标准导则的有关要求，对单系统调试程序、专项调试程序和机组联调程序予以检查并验证生效，辅助业主方运营人员熟悉核电设备、系统的运行规程和事故处理程序，使其具备安全稳定运行核电装备的技术能力。

运营主体：多为业主方指派或聘用的业主代表，主要负责核电装备在役运行的定期试验、有效维修和设备管理工作，尤其是对安全相关的系统和设备建立规范的可靠性管理体系，保证核电站的发电及安全运行功能。运营主体可以进一步委托具有资质的维修承包商对核电装备进行定期维修和预防性维修，按照有关的核安全导则、质量保证大纲、设备运行维修手册和经验反馈等，根据核电站的特点和组织机构制定相应的维修策略、大纲和程序，对核电设备维修工作进行监督、审查和管理。

核电装备价值链要素有多种分类和组织方式，本节从业务要素、对象要素和管控要素三个维度构建了核电装备价值链要素表征框架，如图 2.3.3 所示，分别对核电装备全生命周期的业务活动、产品对象和生产管控的内涵特征与逻辑关系进行描述。

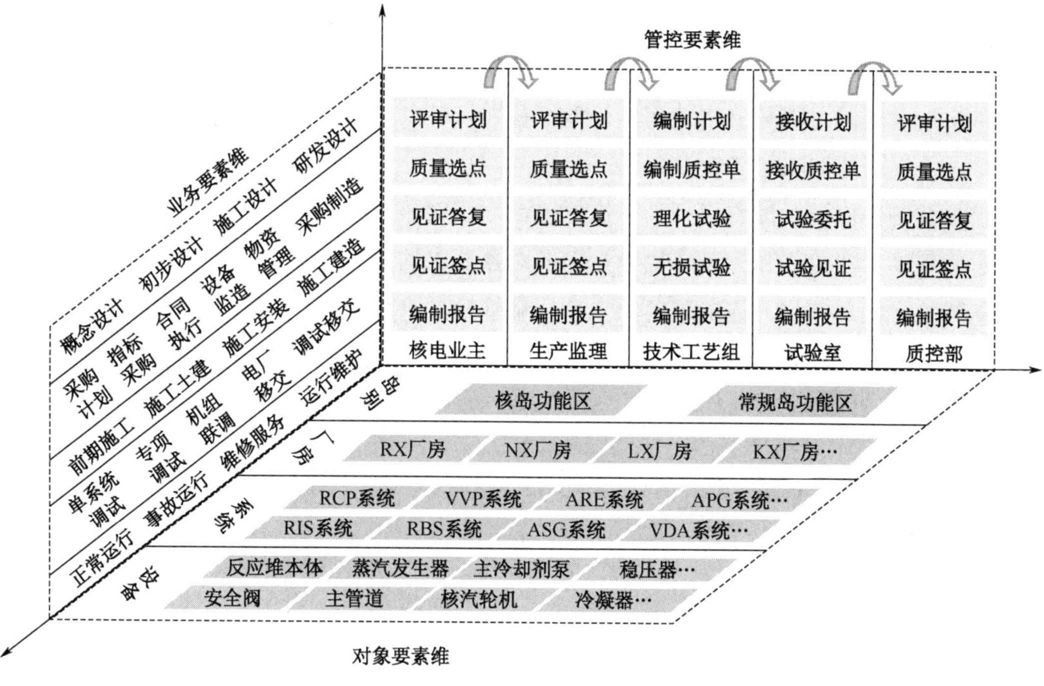

图 2.3.3 核电装备价值链要素表征框架

核电装备价值链业务要素用以刻画核电装备价值链主体的作业内容与交互逻辑，按照研发设计、采购制造、施工建造、调试移交、运行维护 5 个阶段有序衔接，同时上下游业务活动间存在需求变更、经验反馈、数据传递与责任交接，进而形成一张相互交织、错综复杂的核电装备全生命周期业务网络。在业务活动的基础上，核电装备价值链主体通过开展设计协同、生产协同、物流协同、施工协同和运维协同，形成多阶段、多核心的价值链协同网络系统，实现整个价值链资源优势互补和合作共赢的目标。

核电装备价值链对象要素用以刻画核电装备产品对象和层次结构关系，是价值链主体开展协作所追求的价值目标。核电装备产品对象具有系统结构复杂、模块单元数量庞大和涉及专业领域众多的特点，这些特点导致核电装备产品对象及其生产资源具有多种组织和划分方式，以满足不同阶段和不同专业的要求。例如，在设计阶段，核电装备设计活动按照不同专业类型划分为多个主题域，因此核电装备的各类设备、材料和构筑物也按照设计专业的原则进行组织。在采购阶段，核电装备按照设备成套标准和采购模式划分为A类包（整包采购模式）、B类包（带详细设计的部件采购模式）和C类包（无设计的采购模式），不同分包类型的设备在采购流程和技术要求上有所不同。在施工阶段，根据核电站施工条件和功能区要求，核电装备被划分为多个安装包，以满足模块化建造要求。因此，核电装备对象要素之间的组织和层次结构具有多重视图，既要关注单个视图内部的组织关系，也要关注不同视图间的映射与转换逻辑。

核电装备价值链管控要素刻画了价值链活动和对象要素的计划、管理和控制程序，既包括对业务要素的监测和审查，也包括面向对象要素的质检和维护，还包括对企业内外部价值主体的考核。例如，核电装备的生产质量管控具有严格的自顶而下的层次结构（三级QA和两级QC体系），包括业主提出审查要求，第三方监理制定审查流程，技术工艺人员开展试验，以及质控部对整个审查活动流程进行监督。

2.3.2 核电装备全生命周期价值链协同特征

核电装备全生命周期价值链协同具有多阶段、多核心的典型特征，如图2.3.4所示。核电装备全生命周期涵盖多个不同的业务阶段，每个阶段都有众多企业主体开展内部生产活动和外部业务协作，从而形成完整的核电装备全生命周期价值链。价值链上游的核电设计院、中游的供应商企业群和施工商企业群在核电装备工程总包单位的领导和监管下，共同开展核电装备研发生产活动，同时与价值链下游负责核电装备日常运营和维修管理的运营商企业群保持业务联系，因此核电装备全生命周期价值链协同呈现出复杂的多业务阶段、多核心企业、多协作类型的网状协同关系特征。核电装备全生命周期价值链协同突破了传统核电装备企业由于信息封闭和技术约束导致的产业壁垒，上中下游不同类型的大规模企业群围绕着核电装备工程总包单位，通过数据交互和资源共享开展全生命周期业务协作，实现价值链整体优势互补和价值共创。

1. 核电装备全生命周期价值链协同多阶段特征

从宏观角度看，核电装备全生命周期复杂、动态、非线性的业务协作关系，决定了核电装备全生命周期价值链协同的多阶段特征。核电装备全生命周期可以分为设计、制造、施工、运维和退役 5 个阶段，每个阶段的内在驱动因素和协作类型互不相同。

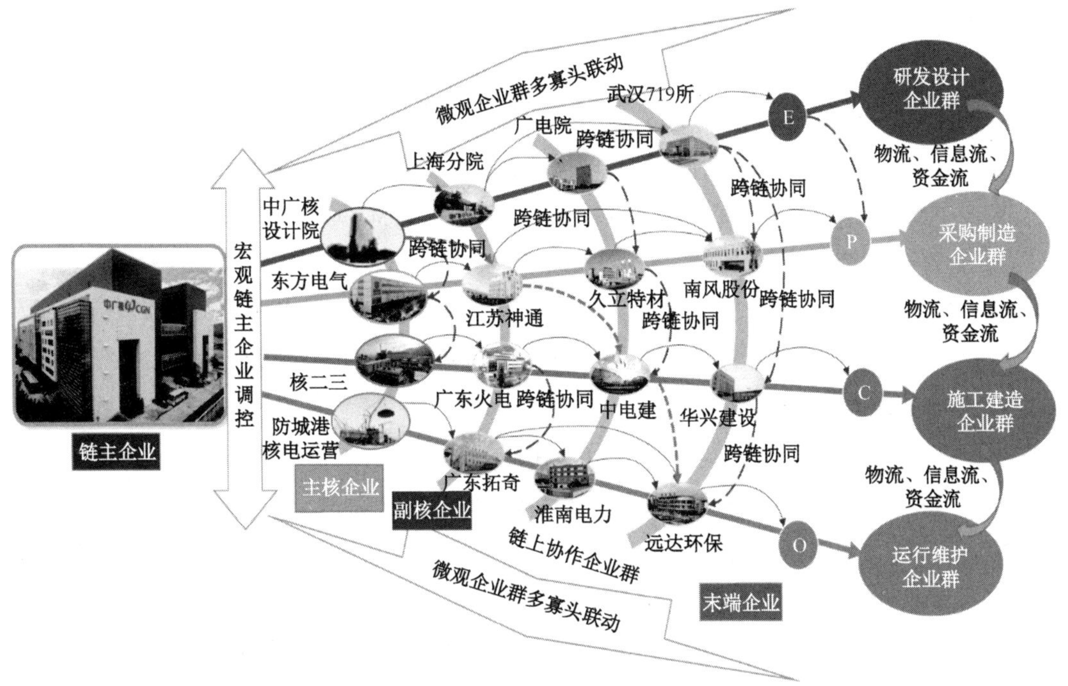

图 2.3.4 核电装备全生命周期价值链协同特征

（1）核电装备的设计阶段属于研发驱动阶段[3]。在该阶段，研发和创新构成主核企业的核心竞争力，主核企业必须投入充足的资金、大量的时间进行新技术、新设备和新功能的研发，并且拥有大量高知识水平的研发人员以识别和确定核电装备的发展前景与前沿研究方向。设计阶段的主核企业必须充分认识到技术研发突破带来的超额收益，以及在技术创新方面落后可能导致的严重不良后果，特别是在核电这一与国家总体安全“唇齿相依”的行业领域，主核企业与部分紧密关联的副核企业通常由国家控股或参股，以确保其研发方向不仅满足市场要求，而且满足国家战略需要。

（2）核电装备的制造阶段属于质量驱动阶段。各设备的协同制造主体要充分反映设计方的意图，通过保证核电装备质量来满足其安全性高、服役周期长、系统复杂程度高等要求。在该阶段，主核企业的主要任务是按照设计公司的要求，发挥沟通桥梁作用，协调阶段内副核和非核协同生产企业进行设备生产，将设计公司的方案变成实际产品，并最终保证产品质量。进一步，该阶段的协同主体可以从生产角度向设计公司反馈设备工艺、功能等方面的优化设计建议。

（3）核电装备的施工阶段属于管理驱动阶段。与一般的大型或复杂工业设备不同，核电装备的安装、调试通常在土建工程中后期并行开展，涉及的协同单位非常多，除了需要对施工质量、施工成本进行管理，还需要对工期进行管理。因此，施工阶段的主核企业需要建立完善的管理体系和管理制度，对施工副核和非核协同单位的任务、程序、安全、质量、技术、资金和时间等进行全面监管，并采取相对严格的准入审查制度，明确管理责任单位和责任人，确保核电装备施工阶段的顺利进行。

（4）核电装备的运维阶段属于服务驱动阶段。在核电装备长达几十年的服役过程中，运维主核企业的主要任务有两类：一类是面向核电装备的服务，主要包括核电装备的日常管理、核心设施设备的定检定修和放射性废料的处置等；另一类是面向核电装备操作人员的服务，在核电装备数量越来越多、操作越来越复杂的情况下，往往通过流程优化的方法简化操作过程、降低操作难度，最大限度地降低因人员操作引起事故的可能性，并且根据核电装备的替代升级来优化自身的服务水平。在新一代 IT 技术与传统工业深度融合创新的背景下，核电运维企业正结合行业形势与内在需求，探索实践由“自动化运维”向“智能化运维”转变，“智能核电”的概念也逐渐体现在运维阶段的各个环节。

（5）核电装备的退役阶段属于市场驱动阶段。在核电技术刚起步时，设计人员通过预估核电站内不可更换设备的使用期限，设定核电站的服务期限，服务期满后进入核电装备的退役阶段。一般而言，核电站的寿命设计采取保守策略以保留一定的安全裕度，但随着研究者对核电技术研究的不断深入，全球核电行业学者、从业者与监管机构已意识到核电装备的寿命要长于预期。因此，为了进一步发挥核电站的经济效益，许多原计划进入退役阶段的核电装备会进行延寿处理。严格而言，延寿和退役是核电装备在全生命周期后期出于经济性和安全性考量的不同选择，但经历过延寿的核电装备最终必然会转入退役阶段，因此本章所提的退役阶段包括延寿阶段。需要指出的是，延寿虽然会拉长核电装备的服役时间，降低核电装备平均成本，但充分考虑安全是延寿的首要前提条件。延寿阶段的主核企业要根据不同的核电站运行状况，对关键核电装备如压力容器、蒸汽发生器、稳压器和波动管等的老化状态和运行性能进行分析，预估其延期退役时间，对安全状态进行持续管理，并做好最终退役的准备。

2. 核电装备全生命周期价值链协同多核心特征

从微观角度看，不同阶段的企业主体数量、规模和能力多样化差异水平，决定了核电装备全生命周期价值链协同的多核心特征。全生命周期价值链每个阶段的企业集群都包含三类企业，即领军型（主核）企业、跟随型（副核）企业和参与型（非核）企业。

（1）领军型企业是核电装备价值链各个业务阶段的绝对核心，具有不可替代的地位，其技术水平最高、管理能力和资源整合驱动能力最强，多由核电装备集团及其下属工程总包单位担任该角色。该类企业对于阶段内垂直链上的协同主体具有很强的全链整合和监管能力，通过管理数量有限的副核企业即可联动所有非核企业，能够维系所在业务阶段内生产作业活动的价值增值和利益分配。

（2）追随型企业为阶段内的副核心，对上向主核企业负责，对下进行非核企业的具体管理。不同的副核企业之间是竞合关系，即既有技术研究上的竞争，也有技术提供上的合作。副核企业在阶段内垂直链上一般不可替代，但如果在产品、服务等方面明显落后于垂直链的要求，就会被其他相似的副核或非核企业替代，同时非核企业获得成为副核企业的机会。

（3）参与型企业在阶段内由领军型和追随型企业进行筛选，一般采取准入制，只要满足资质与能力方面的要求，均可参与到核电装备价值链中。与副核企业类似，各个非核企业之间为竞合关系，并且可替代性非常高，一旦无法满足主核和副核企业的要求，则面临被代替的风险。随着领军型企业战略目标的调整和市场需求的变化，价值链上的其他企业成员会主动或被动地退出当前价值链，加入新的产业联盟，使得价值链的组织结构和协作内容呈现出明显的动态特征。

由此可见，在核电装备安全、可靠、经济的设计、生产和运行要求框架下，其全生命周期价值链需要通过多业务阶段实现价值链上各协同主体的资源和数据横向贯通，保证核电装备在超百年的长役期内满足核电站运行的各方面要求；同时，需要通过单阶段内多核协同主体实现阶段目标与任务的纵向联动，保证阶段内垂直链上大量系统的自组织性和可拓展性。

综上所述，从宏观多阶段横向协同来看，核电装备全生命周期从上游到下游考验的是整链跨阶段的组织协调能力，需要以领军型企业为主加强沟通，而从下游到上游考验的是整链的反馈传递能力，全生命周期后期出现问题时要多从前期源头阶段找答案。从微观多核心纵向协同来看，核电装备价值链单个阶段内部从上游到下游考验的是需求管理能力，即将该阶段内的业务需求层层分解而不产生错位，而从下游到上游考验的是垂直链上协同主体的任务执行能力，只有具备出色执行能力的下游企业才能在竞合环境中生存下来。需要明确的是，核电装备全生命周期价值链协同呈现出的多阶段和多核心特征，不是通过人为规定而形成的，而是由国家政策导向、市场组织形式、产业发展特征、技术演变进程等共同影响自然形成的，其多阶段、多核心特征具有一定的时限性，伴随着核电产业的发展，核电装备全生命周期价值链协同也处于不断演化的过程中。

2.3.3 核电装备链主调控多核联动价值链协同模式介绍

基于对核电装备全生命周期价值链协同的多阶段、多核心特征分析，本节提出核电装备链主调控多核联动价值链协同模式，如图 2.3.5 所示。宏观上，核电工程总包单位作为链主企业，凭借其技术和规模优势主导制定产业统一标准，依托中心化的协同平台优化重组产业流程，调控价值链整体有序运转；微观上，产业区域寡头作为各阶段企业集群的核心企业，依靠物流、信息流和资金流建立产业上下游紧密的业务合作关系，辐射带动周边配套企业形成以专业化分工和跨链协作为基础的价值网络。

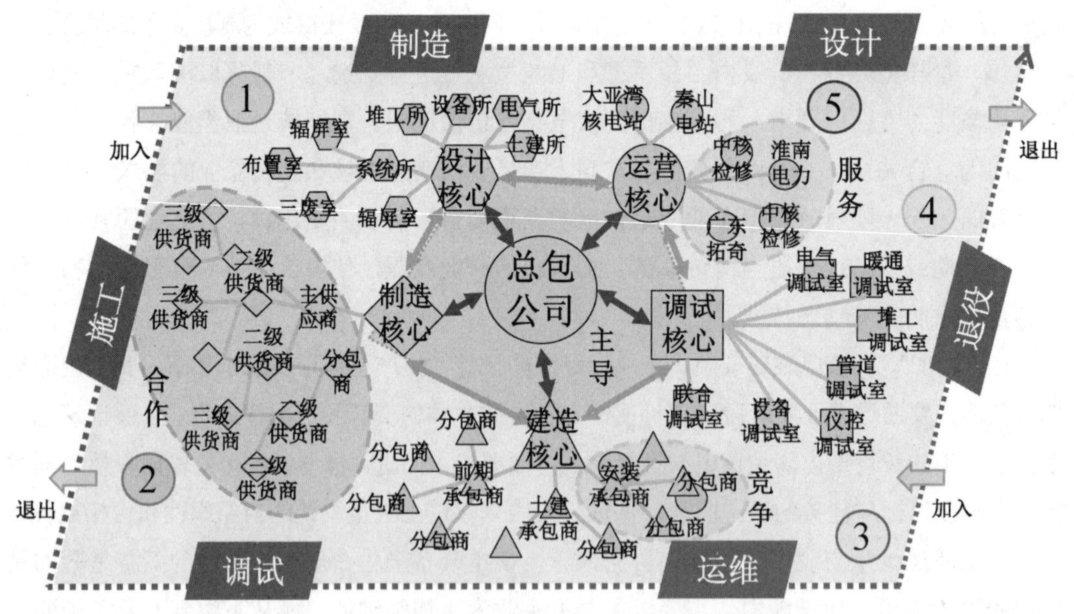

图 2.3.5 核电装备链主调控多核联动价值链协同模式

核电装备链主调控多核联动价值链协同模式围绕核电装备长役期、高安全和巨系统的显著特征，立足于全生命周期数据交互失信、质量追溯失源和运维反馈失控等难题，针对性地从数据表征、质量控制和设备管理三方面，深入分析百年级产业链汇联的数据时空协

同、千核级企业群级联的质量正逆协同、万路级生产线融联的事件虚实协同三大协同内核，满足核电装备全生命周期价值链协同需求。

（1）在核电装备价值链数据表征方面，提出“百年级产业链汇联的数据时空协同”，从时间和空间两个维度解决跨领域数据表征可信性问题，如图 2.3.6 所示。

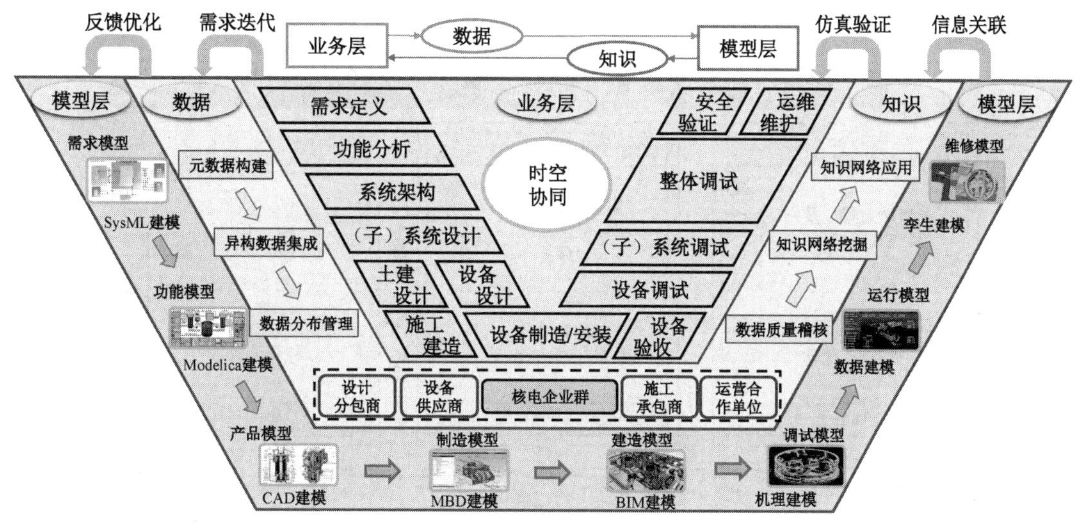

图 2.3.6　百年级产业链汇联的数据时空协同

核电装备全生命周期价值链数据来源广泛、格式多样，为了满足统一的数据收集、存储、挖掘和管理等要求，首先需要构建全生命周期数据空间，针对核电装备设计部门、采购部门、设备供应商、建安承包商和运营单位等价值链企业主体，规范核电装备全生命周期的业务流、信息流和资金流等要素，根据不同主体和要素的特征，形成标准化模型体系标准定义与描述词典，从设备、状态、基本属性、业务属性和价值属性等维度构建跨域跨主体数据网络；其次，采用模式解析、语义抽取和多模态融合等方法实现动态数据的对齐，将消歧后产生的领域元数据进行集成和封装，可随时查看和调用，并以支持多主体同时在线的方式进行分布式存储和管理；然后，在数据基础上开展知识的挖掘和应用，根据知识实体、概念的标准化结果，基于局部网络视图合并其中的相同网络节点、关联相似网络节点，并从该节点的原始需求数量、用户的访问频次及操作行为记录等角度构建新节点的统计属性信息，基于节点统计属性信息建立节点间的概率连接，完成动态知识网络的自组织演化和结构优化，并将挖掘到的数据关联关系进行知识推送；最后，建立核电装备全生命周期价值链数据的交互标准，设计研发价值链协同平台，为链上企业用户提供统一的数据访问目录，提高信息共享利用的效率，在获得企业用户共识的情况下制定数据交互标准，从而维护数据源总体的可信性。数据的统一表征主要解决价值链参与企业主体数据标准不统一的问题，是对核电装备质量进行全面管控的基础。

（2）在核电装备价值链质量控制方面，提出“千核级企业群级联的质量正逆协同”，从正向和逆向两个维度解决跨企业质量控制可溯性问题，如图 2.3.7 所示。

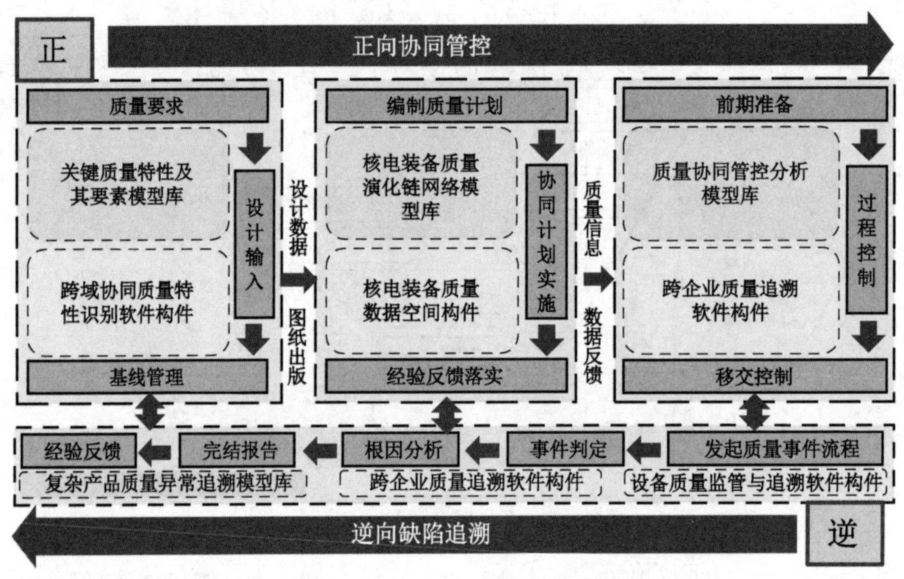

图 2.3.7　千核级企业群级联的质量正逆协同

核电装备的质量影响核电站的运行安全，因此必须建立严格的质量控制体系。首先，分析核电装备质量文本特点，在设计、制造、建造、运维的过程中产生的质量特性是影响核电装备整体质量水平的重要因素；通过迁移学习提取核电装备零部件质量特性相关术语，通过对抗网络采样与训练，筛选形成核电装备质量特性集；通过构建核电装备质量特性知识图谱，并对质量特性节点进行重要度排序，实现关键质量特性识别。其次，建立基于结构树的核电装备质量知识结构模型，通过多阶段质量要素的传递融合，根据数据挖掘阶段获得的质量状态表征等，构建核电装备质量形成图谱，分析演化路径。然后，通过智能制造技术建立核电装备智能制造协同管控模式，研究协同质量价值链优化、协同质保体系联结、质量形成过程管控及质量见证防人因失效，形成质量价值链协同、质量信息最优传递、质量流程跨企业对接的管控方法。最后，在发现质量问题时，及时进行跨阶段、跨企业的质量追溯与缺陷源标定，通过多尺度语义识别智能化技术抽取核电装备质量事件的历史记

录与缺陷数据，并构建核电装备质量追溯知识图谱，利用缺陷源关联分析模型与追溯预测模型，深入挖掘核电装备质量事件的“质量现象-对象-产生阶段”链路关系，实现对质量缺陷成因的分析与追溯，从而推动核电装备质量管理水平和效率不断提高。

（3）在核电装备价值链设备管理方面，提出“万路级生产线融联的事件虚实协同”，从物理和虚拟两个维度解决跨场景设备管理可控性问题，如图 2.3.8 所示。

图 2.3.8　万路级生产线融联的事件虚实协同

核电装备设备管理包含设计变更、运行维护和故障预警等多个任务，为了便于价值链上的企业主体准确理解其他协同单位的意图，提高协同效率，首先需要在缺乏设备物理实体的情况下根据多模态数据建立高保真模型，通过多模态数据视图模型驱动高保真模型快速构建，根据名称、场景、提供方和业务逻辑等实现数据与模型的可信匹配；其次，根据多核数据演化和推理进行运行规则的提取，通过集成学习和领域自适应等方法实现多个时序任务的泛化处理，融合统计数据与规则实现对核电设备运行状态的实时预测；然后，为了实现故障发生前的预警、故障发生时的智能诊断，对采集到的历史故障信息进行筛选与清洗补全，对故障数据和知识进行显著性校验以实现故障知识的规约，由于核电装备运行故障发生率较低，所以通过端到端的小样本监督学习实现对核电装备运行故障的诊断与预警；最后，将全流程运维知识反馈到设备设计、制造、建造阶段，建立全流程运维事件统一标识，以可视化方式进行设备对象检索与消息精准反馈，面向链上群厂进行经验传递，实现运维过程的高效、准确决策。来自全生命周期的决策案例，以及基于案例的推理和知识反馈传递，主要解决全链经验反馈分享同步不足的问题，也是核电装备业务数据的重要来源之一。

本节所提出的核电装备链主调控多核联动价值链协同模式从全生命周期生产运营过程中的实际业务难题出发，以满足设计、制造、施工、调试和运维的应用需求为目标，以构建统一数据空间为支撑，以全生命周期业务管理为过程控制机制，支持研发面向设计院、供应商、建造商、工程总包商及运营单位等企业主体的价值链协同平台，将过去各企业采用的分散独立系统转变为统一平台架构，提供面向全价值链综合集成的“业务集成和协同服务环境”，提升价值链企业主体业务交互和价值共创能力，从而形成完整、高效的核电装备价值链协同管控体系。与传统的核电装备工程项目管理模式相比，链主调控多核联动价值链协同模式具有以下优势。

（1）在核电装备价值链异构数据交互方面，从时间和空间两个维度解决跨领域数据表征可信性问题。在时间维度上，形成贯通核电装备全生命周期的数据主线。在空间维度上，对不同层次的核电装备数据进行转换和关联。通过时间维度贯通和空间维度联动保证数据高一致性，实现核电装备全生命周期价值链数据可信表征。

（2）在核电装备价值链质量管控追溯方面，从正向和逆向两个维度解决跨企业质量控制可溯性问题。在正向质量监督方面，建立跨域质量特性识别和质量状态演化机制，并进行智能协同化质量管控。在逆向质量追溯方面，形成质量缺陷跨企业标定和追溯路径。通过正向多域监督和逆向全链追溯保证堆芯高安全性，实现核电装备全生命周期价值链质量可溯管控。

（3）在核电装备价值链设备运行维护方面，从物理和虚拟两个维度解决跨场景设备管理可控性问题。在物理电站方面，对不同层次和不同阶段的设备数据进行抽取和融合。在虚拟电站方面，建立满足不同需求的高保真虚拟模型。通过物理电站感知和虚拟电站仿真支撑机组运行预测优化，实现核电装备全生命周期价值链设备对象可控维护管理。

2.4 数字主线驱动的核电装备全生命周期价值链协同运行机制

2.4.1 核电装备全生命周期价值链协同运行机制总体方案

核电装备全生命周期价值链协同运行机制呈现出“产品全生命周期+工程应用实践”融

合发展、互相影响的特征。与一般机械产品“研究指导应用”这种较为成熟和稳定的单向价值链协同运行机制不同，核电装备关系到核安全问题，而且涉及的参与主体、设备及零部件数量远超一般机械产品，特别是在开发新型设备的时候，因此核电装备的价值链研究一直在动态发展，其理论成果与工程应用是互相启发和双向验证的关系，核电装备全生命周期价值链协同运行机制总体方案如图2.4.1所示。其中，“研究”部分为价值链协同提供理论和技术支撑，负责解决协同过程中关键的科学问题，保障全生命周期价值链正常运行，主要包括全生命周期数据集成治理与知识挖掘、协同建模与优化设计、质量管控与全链追溯、运行服务与闭环反馈等；“应用”部分为价值链协同提供需求和验证场景，主要包括核电装备全生命周期场景、价值链增值机理与协同模式、全生命周期价值链协同管控平台和典型场景解决方案等。

从研究对应用的支撑来说，核电装备的应用场景和需求为全生命周期数据集成治理、知识挖掘提供了对象，首先对多源异构数据建模以保证其一致性，然后对通过质量检测的数据进行分布式管理，并在数据基础上提取多类别知识，横跨多个业务的知识经过补全和推送，以知识语料、行业语义和知识规则等形式集成到数据空间中，成为后续理论研究的基础。在协同建模与优化设计模块中，通过构建设计需求模型、模块化设计模型和产品MBD模型等完成设计需求与配置的映射求解，形成系统总体设计方案，然后经过多专业联合优化设计形成系统详细设计方案，解决全生命周期价值链时空协同难题。在质量管控与全链追溯模块中，构建质量特性识别模型、质量状态演化模型、协同质量管控模型和质量异常追溯模型等，通过跨域质量特性识别，提取关键质量特性参数及其数值，通过先验与过程数据建立质量形成知识图谱以实现质量状态表征与分析演化路径，以及质量系统的智能化协同管控与追溯，解决全生命周期价值链正逆协同难题。在运行服务与闭环反馈模块中，经过标定的缺陷源在运行过程中会受到重点关注，其他与质量相关的数据也会被收集和传递到运行服务阶段，作为可迁移知识网络故障诊断和预测的输入，构建故障诊断模型、运维数据协同推理模型、运行状态演化模型和全生命周期闭环反馈模型等，进行数据演化与协同推理预测运行，并将运行状态预测结果反馈到全生命周期的各个阶段，最终形成全生命周期业务协同标准和规范。总体而言，“研究”部分遵循“数据-模型-业务-构件”的流程逻辑，其中构件是集成价值链协同管控平台的主要功能部件。

从应用对研究的需求来说，核电装备在研发设计、生产制造、施工建造、调试交付、运行服务和延寿退役的全生命周期中，机械系统、暖通系统、仪控系统、电气系统等众多系统为价值链协同模式研究提供了研究对象，同时也是理论研究结果的应用场景。通过对

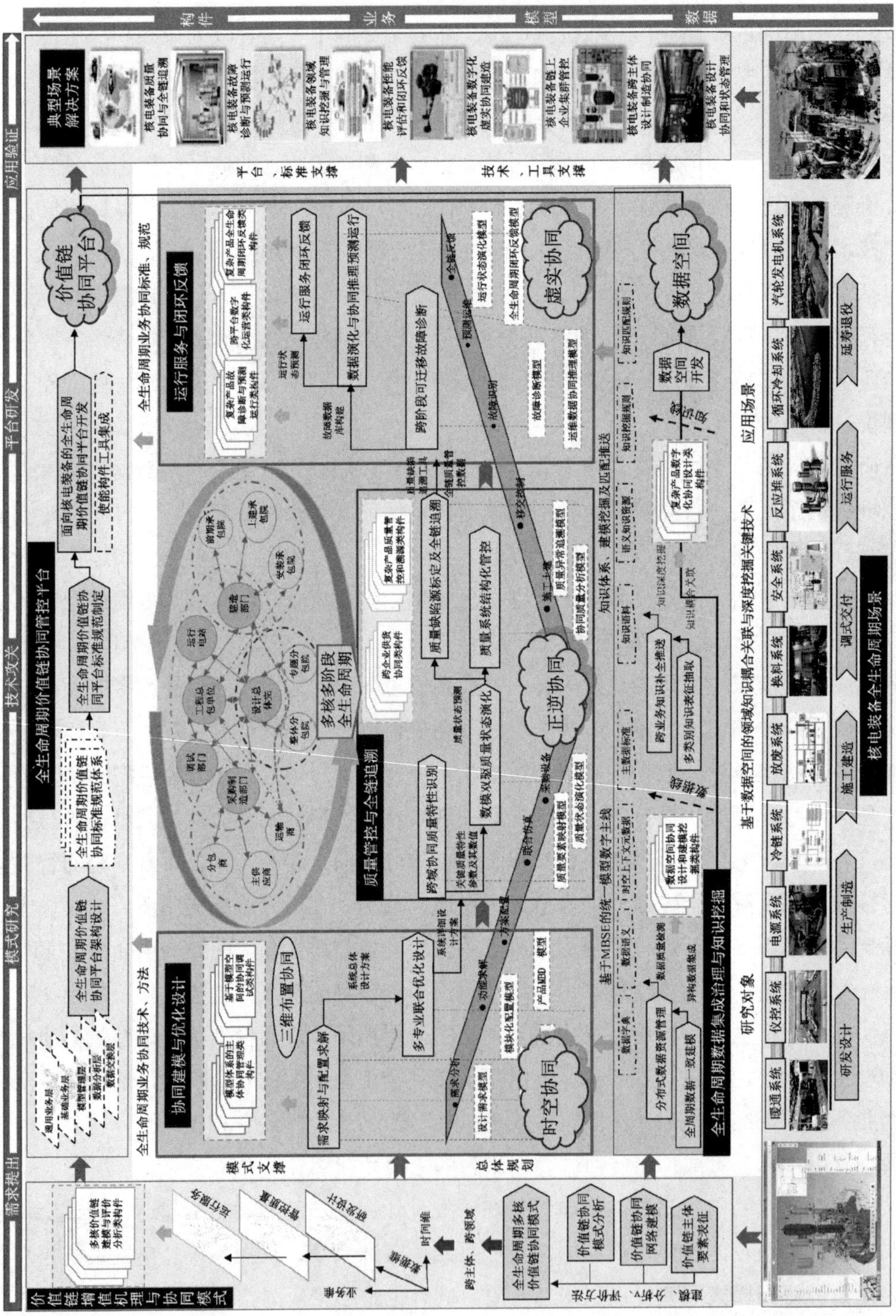

图 2.4.1　核电装备全生命周期价值链协同运行机制总体方案

价值链模型、分析评价方法的研究，从时间、业务和数据多个维度，推动跨主体、跨领域的价值链增值机理与协同模式的发展。从通用业务层、基础业务层、模型管理层、数据分析层和数据交换层出发，设计面向核电装备的全生命周期价值链协同体系架构，根据价值链上不同企业主体的业务习惯与实际需求情况不断迭代，建立全生命周期价值链协同标准规范体系，构建功能构件工具集，最终形成核电装备全生命周期价值链协同管控平台。该平台是联系核电装备协同需求与典型场景的桥梁，通过该平台能够将形成的标准、技术和工具封装成较为完整的典型场景解决方案并进行部署，便于在需求发生变化时及时调整。总体而言，“应用”部分遵循“需求提出-模式研究-技术攻关-平台研发-应用验证”的流程逻辑。

需要强调的是，在核电装备全生命周期价值链协同模式运行过程中，涉及研究和应用的关键技术在不同的阶段会有一定程度的重叠。虽然各技术的底层逻辑不变，但根据使用场景的不同，各阶段关键技术的侧重点不完全相同。此时更需要加强技术的迁移和推广，一方面可以提高研究和应用的效率，另一方面可以降低重复研发造成的资源与成本浪费。

2.4.2 基于MBSE的核电装备多视图系统模型形式化表达

核电作为一种绿色能源，将成为我国应对日益严重的气候变化、实现碳中和与碳达峰的重要力量[4]。“华龙一号”是我国自主研发的第三代先进压水堆，装机容量达到了百万千瓦时[5]。核电机组研制是一个极其复杂的多学科交叉项目，开发过程需要应用系统工程方法。国内的核电设计单位大部分采用的是基于文档的设计模式，部分设计环节基于三维模型开展设计，这种设计模式会在大量设计文件、图纸、报告中体现与核电系统相关的信息，如系统说明书、计算分析报告、布置图、设备详图等，存在文档与三维模型中的设计信息不一致的情况。但随着核电系统规模和复杂程度的急剧增加，以及核电对安全性、经济性、非能动等需求的不断提升，基于文档的设计模式面临的困难越来越多，而且这些困难会延伸至核电装备的采购、制造、运行、维护、退役等全生命周期过程[6-8]。因此，亟须引入新的理念，革新当前的核电工程设计模式。

1. 当前核电工程设计面临的问题

核电工程设计具有技术难度大、投入资金多、安全与可靠性要求高、协作单位众多、研发风险高和管理难度大等诸多特点。而当前设计过程中普遍存在重设计分析、轻需求分析、专业协调差、综合集成能力低等现象，比较典型的问题主要有以下几个。

（1）难以保证设计信息的完整性和一致性，且难以评估和确定数据信息间的关系。基于文档的信息可用性很差，变更影响分析不够彻底，从而导致设计效率低下。专业间、设计人员间和不同单位间的沟通不顺畅，从业人员对同一信息的理解程度不同，容易造成信息歧义甚至错误。

（2）核电站组成系统复杂，其系统运行场景很多且逻辑关系复杂。与系统运行场景相关的功能活动是动态交互的，仅通过相对简单的文字描述和图表示意，很难完整表述系统的真实运行情况。功能活动还会涉及多个子系统、设备、信号的动作响应，逻辑关系很复杂，而且设备和信号的运行次序与核电的安全性紧密相关。

（3）核电工程设计需求多、要求高、时间紧，针对设计需求、设计约束的梳理不够清晰，而且基于文档的模式难以建立需求与功能、功能与系统部件之间的可追溯关系，导致工程设计演进过程中，专业间常常顾此失彼。此外，核电安全性方面的需求越来越高，来自核安全监管机构、社会民众的监督和检查越来越多。

（4）核电工程的设计、采购、制造、建造、运维等阶段涉及的部门、单位众多，配合关系复杂，在实施过程中的各个阶段、各个部门和单位之间存在大量动态的内部和外部接口。这些接口往往涉及职责矛盾、利益冲突、变更风险，如果关系不清或处理不当，很可能会出现责任推诿、风险失控等情况，进而影响核电工程建设目标的实现。

（5）核电工程设计的复杂性包括交互的复杂性、非线性的复杂性、动态的复杂性和构造分解的复杂性。交互的复杂性，即系统部件交互作用的复杂性。核电机组作为一种交互性复杂系统，虽然其复杂的纵深防御的设计理念保证了核电站的安全运行，但由于其庞大的系统安全设计方案，在实际设计中容易产生不符合设计质量要求的设计缺陷。设计缺陷的产生通常又是因为需求定义错误或对需求理解偏差造成的。设计缺陷在部件层面主要有部件失效和部件交互故障，这两方面分别对应系统的安全性和可靠性导致的复杂性。非线性的复杂性，即部件功能与系统性能的非线性导致的复杂性。复杂系统的非线性通常会造成系统行为很难预测，行为预测不完整不但会对设计阶段有影响，更会对运行阶段造成影响。非线性因果关系在事故中也可称为“系统性因素”，即系统特征或其环境会直接影响所有或大部分系统部件。动态的复杂性，即系统运行随时间变化的动态复杂性。虽然在设计时会假设核电系统满功率运行是稳态的，但在核电系统实际运行时即便是满功率也不会是稳态的。因为随着部件动作、组织及人员行为的变化等，系统响应行为也处于不断的变化中。针对核电系统及其运行环境灵活性的需求，需要在工程设计和运行管理中避免或控制不安全的动态变化，并在运行过程中持续监测这些变化。构造分解的复杂性，即系统分解结构的复杂性。当系统的分解结构与功能分解不一致时，就会出现构造分解的复杂性。此类复杂性会让设计人员和运维人员很难预测和理解系统的响应行为。核电安全性与系统及其部件功能行为有关，但安全性并非系统结构或架构的功能。构造分解的复杂性会让设计人员理解和排查设计缺陷变得越来越困难，也会大大增加核查核电系统设计和确认系统是否安全运行的难度。

2. MBSE的内涵认知及实践流程

为了解决上述问题，国际系统工程协会在21世纪初倡议并推广基于模型的系统工程（Model-based Systems Engineering，MBSE）设计理念，MBSE主张以结构化系统模型支持设计，并贯穿系统的全生命周期过程。其通过模型来更加规范地应用系统工程，并增强了获取、分析、共享和管理与系统相关信息的能力，其好处体现在以下五方面[9-10]。

（1）增强开发利益攸关者之间的沟通能力。MBSE中的系统信息是通过图形化的系统模型表达的，系统模型可以准确、统一、完整定义系统的各个方面，如系统需求、系统功能、详细设计、规范约束、运行场景和次序等，相对于大量的技术设计分析文档而言，系统模型更容易让设计人员对系统内部的各个细节形成统一且无歧义的理解，由此设计人员间的沟通会更加顺畅和高效。

（2）提供多个维度来检验系统模型并提升管理复杂系统的能力及分析变更的影响。系统模型的构建涵盖系统全生命周期过程，包括系统的需求、功能、设计、分析、验证和确认等活动，可以提供完整、全面、一致且可追溯的系统信息，确保系统设计分析一体化，使变更影响分析更加准确高效，从而降低风险、缩减成本等。

（3）通过更加标准化的信息获取方式改善设计过程中各种信息的获取、传递和转换。系统设计是确立系统需求并将其分配至各个组成部分的过程。在这个过程中，包含着诸多信息的传递和转换过程。利用系统模型模块化的特点，可以使这些信息的获取、传递和转换变得更加便捷和高效。

（4）通过提供无歧义且精确、可评估且一致、可分析且完整的系统模型提升系统的设计质量。通过建立面向对象的一系列系统模型（包括需求模型、功能模型、行为模型、接口模型、质量模型、布置模型、时序模型、仿真模型等），让参与设计、制造、建造、调试、运行、维护、退役等各个阶段的人员更加深刻地理解系统，尽量在更早的阶段将问题暴露出来，从而提升质量、降低成本和风险等。

（5）利用模型驱动方法的固有抽象机制，增强知识管理和信息重用。设计经验、现场反馈、制造约束等抽象化的隐性知识可以通过系统模型的形式存储在组织知识库中，并通过智能推送、主动干预的方式及时有效地优化设计方案，从而实现知识管理和信息重用的目的。

MBSE 本质上还是系统工程，其中的需求定义、功能分解、逻辑架构、详细设计、综合集成、验证确认的整体思路并没有发生任何变化。但 MBSE 采用了一种崭新的手段来更好地实践系统工程，即利用专门的系统工程建模工具，构建图形化的系统模型表征系统需求、系统功能、系统行为、系统架构等。MBSE 方法可贯穿需求定义、研发设计、综合验证、运行及最终退役的系统全生命周期，通过模型来串接表征系统的数据和关系，并识别和缓解所有重大风险[11-12]。系统模型通过各种不同视角的视图，展现系统内部各种层级关系，这些视图分别对应设计过程的需求分析、功能分析、逻辑架构和物理实现，并通过相互依赖、反复迭代和逐次递归的设计活动，实现系统信息的完整链条。基于 MBSE 的核电机组研制流程如图 2.4.2 所示。

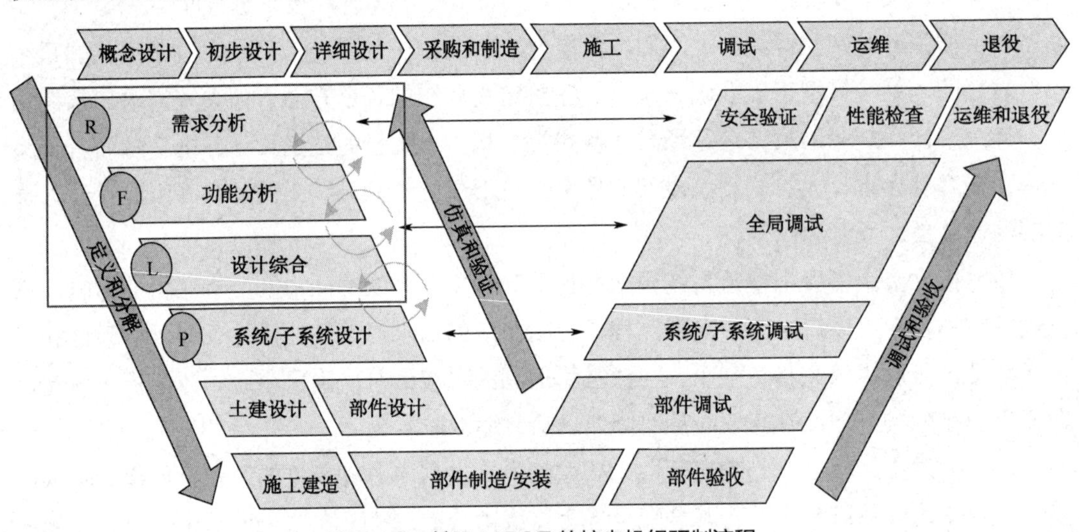

图 2.4.2　基于 MBSE 的核电机组研制流程

3. 核电装备多视图系统模型形式化表达实例

核电专用安全系统用于处理各种设计基准事故，主要包括安全注入系统、安全壳喷淋系统、辅助给水系统和大气排放系统[13]。其中，安全注入系统是核电站最关键的特殊安全系统之一。其采用能动和非能动相结合的安全设计理念处理堆芯相关事故，实现安全功能，包括堆芯反应性控制、应急供水和冷却。安全注入系统的可靠性在很大程度上影响核电机组的整体安全水平，其主要特点体现在以下几方面：①布置了能动注入子系统和非能动注入子系统；②能动注入子系统的主要设备分别布置在不同的安全厂房内，实现空间上的完全物理隔离；③安全壳内置换料水箱是事故发生时安全；注泵的重要水源，减少了事故发生时注入口阀门开关状态变化，提高了系统可靠性；④安注泵配置多种冷却方式，使安全注入系统能够适应多种工况[14-15]。因此，本节以核电站安全注入系统的设计分析为例，利用 Harmony-SE 建模方法和 SysML 建模语言进行核电装备多视图系统模型形式化表达实例介绍。

1）需求分析

安全注入系统的需求分析过程分为三个步骤，包括：①获取涉众需求；②将涉众需求转化为系统需求；③定义用例图覆盖系统需求。对于前两个步骤，这里已将涉众需求输入需求管理软件并转换为功能和性能系统需求。在发生失冷事故时，安全注入系统向堆芯注入硼水，防止燃料包壳熔化，保持堆芯的形状和完整性，以及一回路水装量。在发生蒸汽发生系统传热管破裂事故时，安全注入系统向反应堆冷却剂系统注入硼水，以限制反应堆反应性的快速提高，并恢复一回路水装量。除上述基本安全功能外，安全注入系统还具有以下辅助功能：在冷停堆期间，向反应堆的换料池注入硼水进行换料；在核电站断电事故发生期间，将硼水注入反应堆冷却剂泵。

通过分析上述系统需求，可以定义安全注入系统用例图，如图 2.4.3 所示。第一，确定安全注入系统的顶层功能为注入硼水。第二，确定与安全注入系统功能边界相互作用的一些外部利益相关者，包括反应堆冷却剂系统（RCS）、反应堆保护系统（RPR）、设备冷却系统（WCC）和电气厂房冷冻水系统（WEC）。第三，生成用例描述来表达系统用例与涉众需求之间可能的交互场景，这是功能分析的基础。

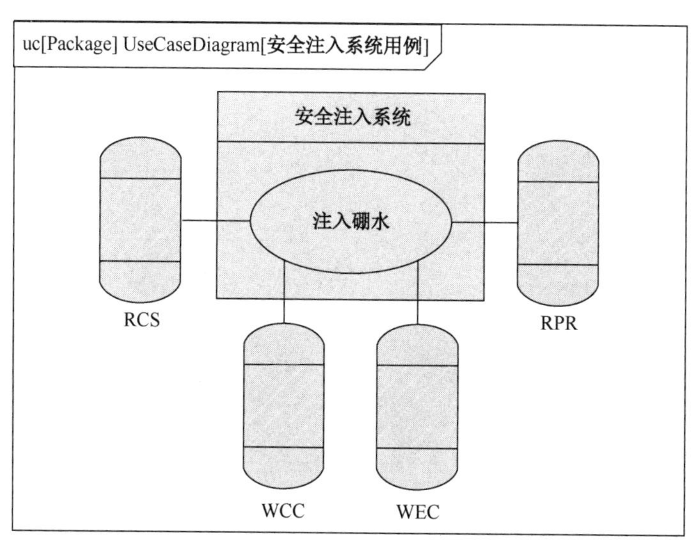

图 2.4.3 安全注入系统用例图

接下来介绍安全注入系统的正常运行场景，包括：①当反应堆一回路压力低于安注泵的关闭扬程时，RPR 向安全注入系统发出启动信号；②能动注入子系统通过安注泵开始向反应堆冷却剂系统注入硼水；③安注泵电机采用 WCC 冷却；④反应堆冷却剂系统保持恒定水位。同时，安全注入系统存在两个意外运行场景，包括：①当反应堆一回路压力低于安注箱压力时，非能动注入子系统开始通过安注箱向反应堆冷却剂系统注入硼水；②安注泵电机在 WCC 不工作时由 WEC 冷却。

2）功能分析

功能分析是进一步细化系统需求，构建系统运行场景的行为模型。顺序图可以表示基本的系统运行场景，实现系统功能的交互。根据需求分析中的用例描述，安全注入系统正常运行场景和意外运行场景的顺序图如图 2.4.4 和图 2.4.5 所示，顺序图体现了安全注入系统随着时间的推移应该满足的功能。此外，图 2.4.6 展示了安全注入系统的活动图，活动图显示了安全注入系统必须从逻辑角度执行的活动顺序和并发安排。

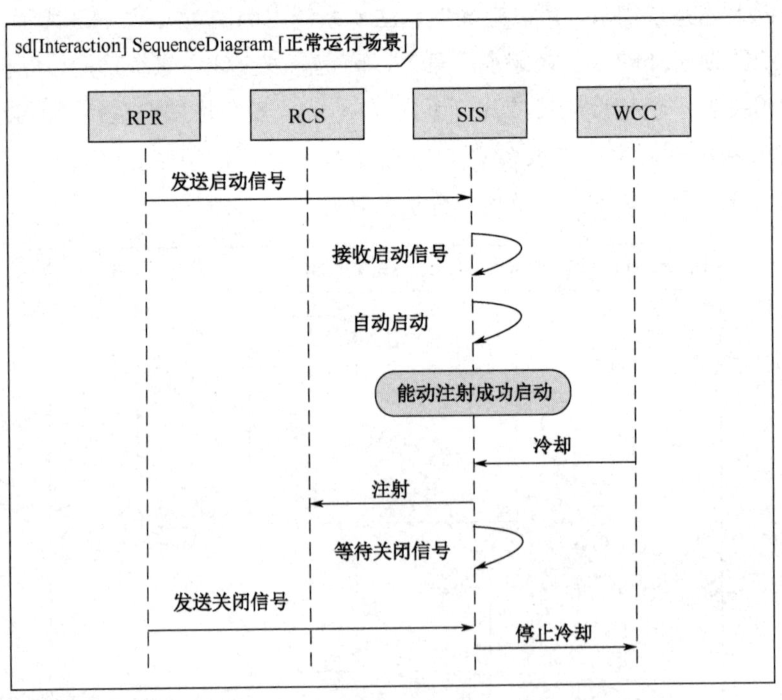

图 2.4.4　安全注入系统正常运行场景顺序图

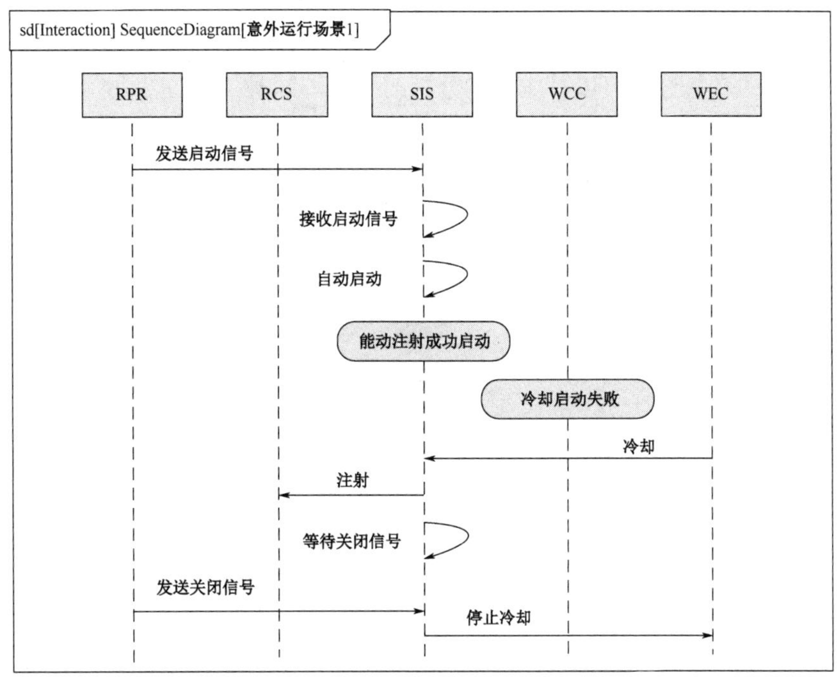

（a）WCC 不工作

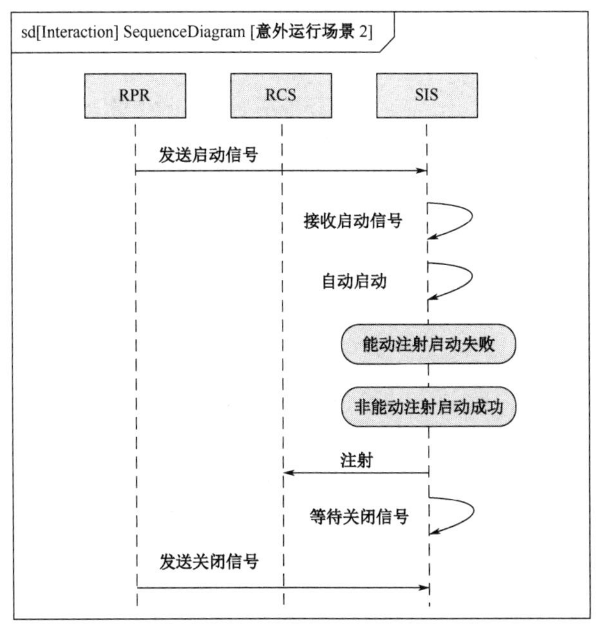

（b）能动注射启动失败

图 2.4.5　安全注入系统意外运行场景顺序图

图 2.4.6 所示的安全注入系统活动图包含顺序图中的正常运行和意外运行两个场景，从顺序图到活动图的转换过程可以看成功能分析的细化。同时，通过活动图将系统需求、外部涉众和系统功能进行关联。此外，功能满意度验证是确保安全注入系统设计满足收集到的需求的关键步骤，实现功能满意度验证的具体方法是构建状态机图。图 2.4.7 显示了系统

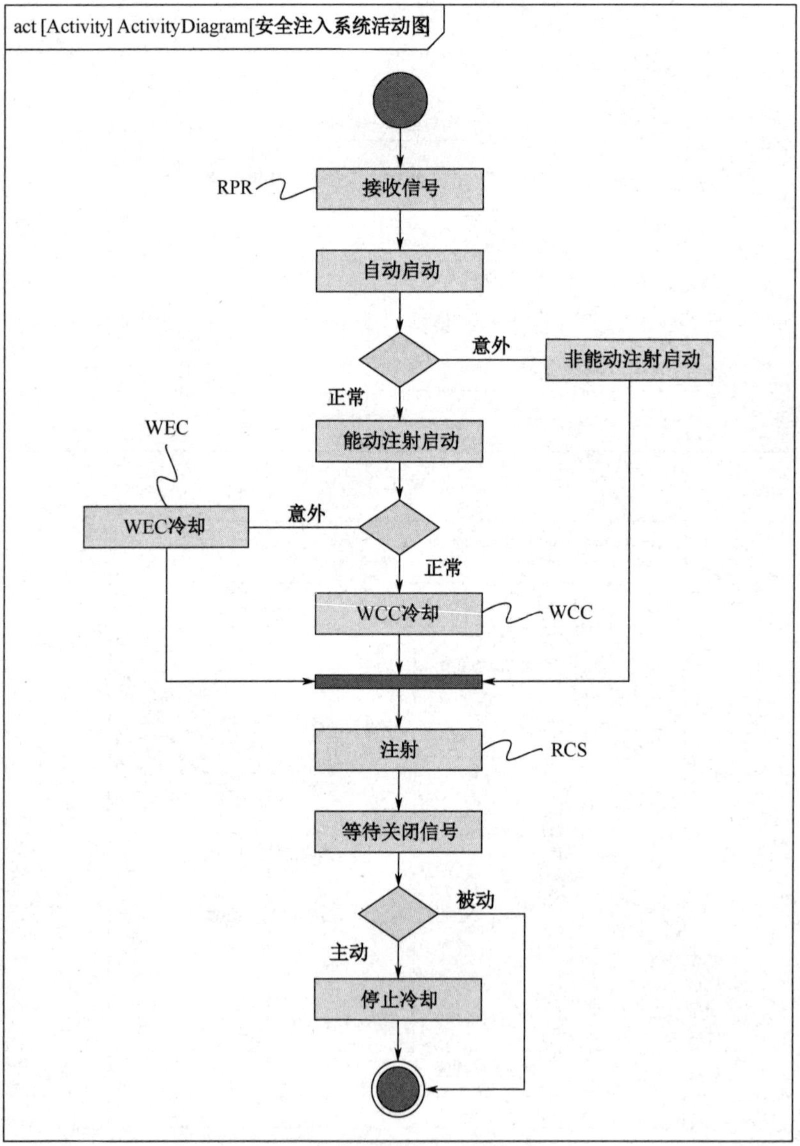

图 2.4.6　安全注入系统活动图

如何根据当前状态对不同事件做出反应。正常情况下，安全注入系统处于等待状态。当收到安注信号后，激活能动注射功能，并执行一系列操作，完成注射。此外，安注泵电机在正常状态下由 WCC 冷却。当 WCC 发生故障时，冷却任务将由 WEC 接管。当能动注射启动失败时，安全注入系统处于意外状态，非能动注射功能被激活。安全注入系统的正常和意外运行场景的响应可以通过执行状态机图获得，从而解决了产品设计初期缺乏验证手段的问题，保证了所有系统需求都能得到满足。

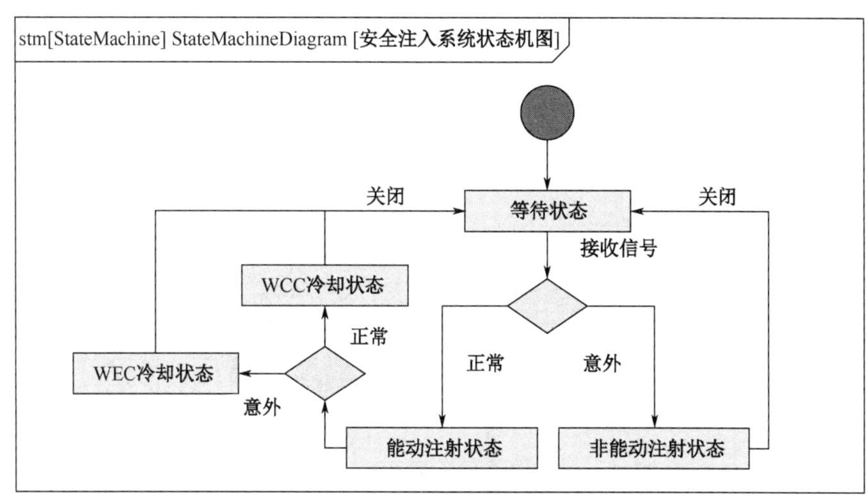

图 2.4.7　安全注入系统状态机图

3）设计综合

设计综合是综合考虑性能、成本、可靠性、安全性等多方面因素，确定满足系统功能的最优方案。首先，在上述功能分析结果的基础上，将安全注入系统划分为几个子系统，从而实现从系统功能到逻辑架构的映射。泳道图是在活动图的基础上开发的，可以用图 2.4.8 来表达系统划分的过程。图 2.4.8 中将安全注入系统划分为自动控制子系统、能动注入子系统、逻辑判断子系统和非能动注入子系统。每个子系统执行不同的功能，以避免子系统之间的功能重叠和冲突。此外，可以清晰地识别出子系统之间的交互界面，有效地解决了核电机组传统设计过程中界面管理复杂的问题。

接下来，生成满足系统功能的多个备选方案，并通过权衡分析过程选择最佳方案。由于能动注入子系统和非能动注入子系统具有相似性，本节以它们为例进行分析。安全注入系统的执行子系统关键功能包括安全注入和硼水吸收，相应的技术要求和可能的备选方案见表 2.4.1。对多个备选方案的权衡分析过程包括：①定义需求分析阶段收集的成熟度、经济性和可靠性等权衡标准；②为不同的权衡标准分配权重；③计算不同方案的有效性值（MoE）的测量值；④基于 MoE 确定执行子系统的最终方案。表 2.4.2 和表 2.4.3 分别给出了安全注入、硼水吸收两个系统功能的权衡分析过程。此外，权衡标准的权重由设计专家确定。

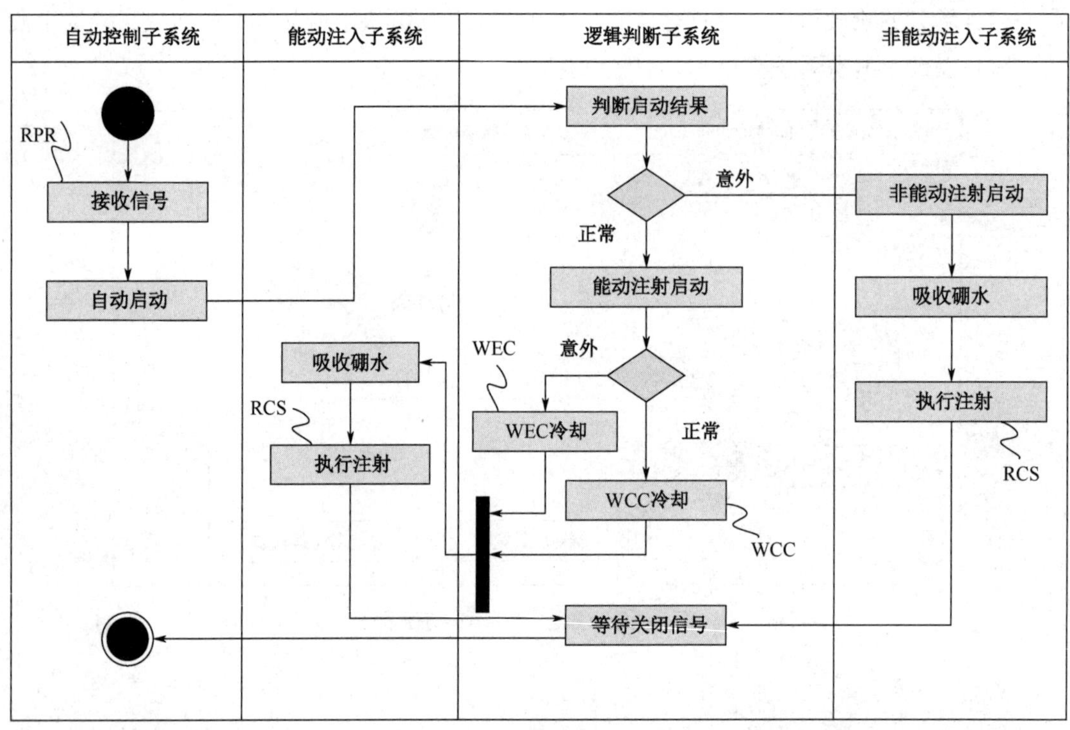

图 2.4.8　安全注入系统泳道图

表 2.4.1　执行子系统关键功能、技术要求和备选方案

关键功能	技术要求	备选方案
安全注入	针对一回路小破口事故实施低流量安全注入	① 2 台中压安注泵、2 台低压安注泵、1 台安注箱和 2 台液压试验泵
	针对一回路大破口事故实施高流量安全注入	
	冷停堆换料时的安全注入	② 1 台中压安注泵、2 台低压安注泵、3 台安注箱和 1 台液压试验泵
	反应堆冷却剂系统的水压试验	
	核电站断电事故发生时对反应堆冷却剂泵的安全注入	③ 2 台中压安注泵、2 台低压安注泵、3 台安注箱和 1 台液压试验泵
	能动和非能动安全	
硼水吸收	设备容易安装、维护和使用	① 2 个非能动蓄水箱
		② 1 个安全壳内置换料水箱和 1 个外部蓄水箱
		③ 1 个安全壳内置换料水箱和 1 个非能动蓄水箱

表 2.4.2 安全注入功能的权衡分析过程

备选方案	权衡标准（权重）			加权 MoE
	成熟度（0.4）	经济性（0.3）	可靠性（0.3）	
1	7	8	8	7.6
2	6	7	7	6.6
3	9	7	9	8.4

表 2.4.3 硼水吸收功能的权衡分析过程

备选方案	权衡标准（权重）			加权 MoE
	成熟度（0.4）	经济性（0.3）	可靠性（0.3）	
1	7	7	7	7.0
2	9	8	7	8.1
3	6	7	8	6.9

经过对多个备选方案的权衡分析，最终确定执行子系统的安全注入功能由 2 台中压安注泵、2 台低压安注泵、3 台安注箱和 1 台液压试验泵来完成。硼水吸收功能是通过安全壳内置换料水箱和外部蓄水箱实现的。安全注入系统架构框图如图 2.4.9 所示。事实上，安全注入系统的每个子系统都可以重复上述过程，最终构建出完整的系统架构模型。

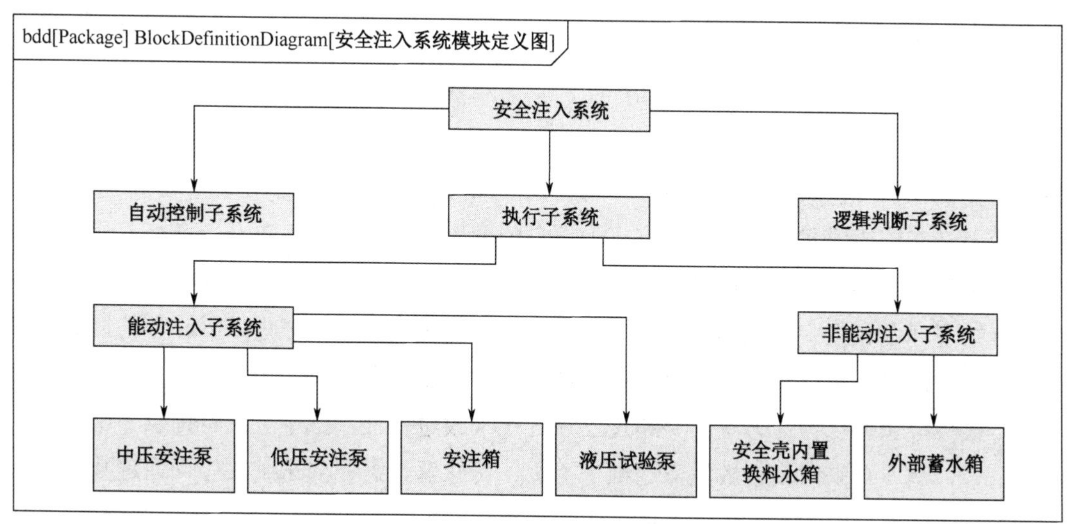

图 2.4.9 安全注入系统架构框图

2.4.3 模型驱动的核电装备全生命周期数字主线构建

数字孪生和数字主线是两种很有前景的技术，它们可以使企业价值链具有物理和虚拟世界中信息的可追溯性。虽然数字孪生的设计目的是包含物理部件从设计到使用再到回收处理的整个生命周期，但现有的框架在很大程度上只关注设计和制造阶段。当前有一些研究提到了与产品全生命周期管理（Product Lifecycle Management，PLM）相关的数字主线技术，它可以保证孤立的数据元素的连续性，以提高跨企业业务通信和协作的便捷性，但现有的与数字孪生无缝集成的数字主线技术尚未成功实施。

建立模型驱动的核电装备全生命周期数字主线需要应用大量的使能技术和工具，如产品全生命周期管理软件、企业资源规划（ERP）软件、物联网（IoT）和信息物理系统（CPS）等。然而，当这些系统由不同的企业开发或应用时，很难将业务数据集成到这些系统中。因此，数字主线技术尚未成为主流，不同的人对这类技术的需求、适用性、安全性和可持续性有不同的认识。

本节提出数字孪生与数字主线集成框架，即 Twin/Thread 双线程框架，用数字孪生表示企业数据链（包括产品创新链、生产价值链和维护服务链），用数字主线连接企业数据，实现数据连续性和可访问性。双线程框架的优点是，用户可以利用数字孪生建立虚拟模型来模拟可能的场景，从而预测未来的性能和可能的故障，数字主线则能使所有企业在产品全生命周期内进行有效的上下游双向数据交流和共享。

为了应用双线程框架，设备供应商需要采用合适的产品、工艺和资源建模与验证技术，然后维护一个大型数据库，将众多的产品、工艺和资源信息存储在单一的数据平台上，这一过程可以采用 MBSE 方法。MBSE 方法允许用户和其他利益相关者在一个统一的平台环境下协作，他们可以共享数据，执行未来物理产品的高度详细模型的模拟和可视化，并以模型而不是文档的形式交换信息。这将为信息的准确识别、敏捷追溯开辟道路，从而提高效率和生产力。更重要的是通过反馈过程进行迭代设计的可能性，这种反馈是借助数字主线连接物理环境和数字孪生体实现的，可以有效缩短生产周期。改进产品设计的信息也可以用于管理决策，可以提高生产率和产品性能。设计工程师可以利用数字孪生开展虚拟仿真测试来模拟和重复设计方案，并通过反馈过程来改进设计。数字主线将提供一个集中的数据平台，从多个来源聚合数据，如维护历史、传感器数据、测试结果等，通过数据分析将产品全生命周期内的数据转化为可操作的信息，以提高未来项目的可靠性。

通过开发部署双线程框架，可以实现更好的数据管理。在接下来的内容中，首先介绍

数字孪生的概念，并分析它在产品全生命周期环境中的适用性。然后，描述数字主线及其实体。最后，讨论双线程框架的开发和集成，并介绍在核电行业应用该框架所必需的模块组件。

1. 产品全生命周期中数字孪生的表达

数字孪生通常被称为物理实体与其虚拟表示之间的数据连接，其目的是利用计算仿真和技术[16]提高物理部分的性能。数字孪生的概念十多年前由密歇根大学首次提出，并由Michael Grieves[17]进一步发展。Grieves 将数字孪生描述为三个组件之间的数据循环，即物理对象、虚拟模型，以及连接物理对象和虚拟模型的信息处理中心。Grieves 设想这个新概念可能成为一种新的产品设计制造乃至运行全过程所需的生产规范。

物理环境是开发数字孪生的基础[18-19]。数字孪生不仅针对产品对象本身，而且经常考虑环境与产品的交互。此外，如果数字孪生是为优化生产工艺而创建的，则必须明确数字孪生在产品全生命周期中的作用[20-21]。

虚拟空间是创建数字孪生的第一个阶段，它是对物理对象的三维模型表示，包括物理对象的几何建模、虚拟工作人员和包含产品的虚拟环境。用户应该在物理空间中对三维产品进行建模和分析，并在虚拟空间中进行仿真，包括工作人员和产品的动作，以及他们之间的交互。用户还需要在物理世界中定义产品的属性及相应的操作规则，然后在虚拟空间中进行模拟。一旦将这些全部成功地集成到数字孪生环境中，就认为完整的虚拟表示已经完成。

数字孪生在产品全生命周期的不同阶段都有相应的作用，包括产品设计、物流、制造及维修。此外，数字孪生还可以提高制造、维护和售后服务的效率和自动化水平[22-23]。

在产品的设计和生产阶段，数字孪生是一种非常有用的工具。已有研究表明[24-25]：数字孪生已被成功地用于了解单个机器的性能和行为，使其更容易组成生产线。通过利用数字孪生的优势，小型制造企业在自动化和适应客户订单变化或材料特性（如硬度、强度和弹性）方面取得了更好的表现，这表明数字孪生可以作为一种工具来提高生产计划和制造实施的优化效率。数字孪生还显示了在预测性维护领域的潜力，根据从物理部件收集的信息，进行多物理模拟和数据分析，以预测未来的性能和可能的故障。这些可用于生成早期预警并持续提供给维护计划，从而减少计划外中断的成本。然而，这类应用尚未被广泛采用，需要进一步的研究来推广[18,23,26]。

在服务领域（如售后服务），数字孪生可以作为一种信息工具，通过对资产及其组件的未来行为和剩余寿命进行更好的预测，为客户提供附加价值。数字孪生还可以用来收集有用的数据以驱动设计修改，提高产品性能，改善整体生产计划[27]。尽管已有一些成功的应用，但在工业领域实现数字孪生的方法和工具仍处于发展的早期阶段，需要更多的研究。在飞机、车辆和机加工工具等多种产品的制造过程中，涉及的许多物理现象是复杂的，难以直接模拟，因此需要开展更多的研究来开发更好的模型。此外，数字孪生需要收集大量数据，这给数据处理和存储带来了新的挑战[28-29]。因此，构建数字孪生框架需要应对这些挑战[17,22,23,30-33]。

数字孪生的使能工具可以分为 5 类[34-35]：①支持数字孪生、控制现实世界的工具；②数字孪生建模工具；③数字孪生数据管理工具；④应用数字孪生服务的工具；⑤数字孪生环境中的连接工具。许多商业应用程序平台上有全球公司提供的各种支持数字孪生的技术，如 Predix（通用电气公司，美国）、ThingWorx（PTC 公司，美国）、Mindsphere（西门子公司，德国）、ANSYS（ANSYS 公司，美国）、3DExperience（达索公司，法国）、Oracle（Oracle 公司，美国）和 SAP（Weinheim 公司，德国）。

在传统全生命周期产品开发方法中，有许多用户组和利益相关者在规划、设计、生产和服务阶段参与创建和共享信息。因此，在产品全生命周期管理中，任何一个团队的工程师都可以在本地导入文件进行修改，然后导出文件以供存储和将来使用，从而继续独立工作。如果后续的用户组使用不同的数据管理系统和软件，那么最终的结果是迭代过程可能会很慢。

几十年来，企业一直在优化产品全生命周期的各个阶段。因此，在产品全生命周期的各个阶段之间存在高度碎片化的信息和知识交换[36-37]。但是，有价值的信息和知识往往会丢失，而且在过渡阶段不能作为决策依据，这将导致在产品全生命周期中存在信息缺口。PLM 是一种迭代活动，信息的管理和交流对于确保工作流程的连续性、支持基于创新的竞争力模型和降低失败风险至关重要[36,38-40]。

在产品全生命周期管理中，数字孪生是一种范式转变，可以帮助企业建立更好的流程，管理产品全生命周期的所有阶段，从创意、设计、测试、认证、制造、运营、维护到回收[41-42]。利用数字孪生，可以为产品全生命周期的各个阶段建模数千个过程和修改方案，可以测试设计、材料、制造参数、物流和操作条件等方面的不同情况。此外，某一阶段的修改对其他阶段的影响也可以利用数字孪生进行评估[43]。例如，可以利用数字孪生详细记录和存储制造阶段的工艺数据，直接使用制造困难或错误和零件缺陷的信息来确定关键的制造步骤；可以根据运行历史和可用性来安排机床维修计划，对机床进行预测性维护之后，可以大大缩短停机时间[44-45]。

2. 数字主线实体

数字主线是一种数据驱动的体系结构，它将数字孪生中生成和存储的所有信息连接起来，使其能够贯穿 PLM 从设计到运维的所有阶段[19,46-48]。数字主线能够将数据集成到一个平台中，允许用户无缝使用和轻松访问所有数据。Siedlak 等[49]对集成到传统飞机设计指标中的机翼安全性试验进行了案例研究。数字主线的应用使多学科/专业能够通过共同的输入和数据流将其数据联系起来，这促进了综合模型的设计分析，它允许在通常孤立的组织之间共享信息，从而实现更节省时间和成本的设计过程。数字主线是一个多阶段的过程，在物理实体的全生命周期中对数字孪生进行补充和扩展，它包含生成和更新数字孪生[46]所需的所有信息。数字主线在很大程度上依赖一个高效、可靠的开发框架，该框架通过三个主要的企业数据链创建同质性和易于访问的数据：产品创新链、生产价值链、维护服务链。

产品创新链是数字主线创建的第一步。将产品设计、工艺规划和设计流程集成到线程中，该线程概述了物理产品第一次开发期间创建的所有供应商和信息。

生产价值链是数字主线创建的第二步，在产品生产中融入更复杂的细节。将供应商信息（如工序、生产批号）集成到线程中，有关零部件的其他信息（包括使用的材料和制造细节）也被添加进去。还可以根据用户的需要添加其他信息，如制造零件的工人信息、原始材料的来源及如何获得这些材料等。

维护服务链是数字主线创建的最后一步，有关维修和部件的信息可以在数字主线的维护服务链中找到，对维修团队和各供应商有用的信息（如维修手册等）也被纳入维护服务链中。

目前支持在三个主要数据链中实现数字主线的关键技术受到了挑战，因为在产品全生命周期中[47]，很难聚集来自不同系统和组织的各种格式的异类数据。目前国内外已有一些商业软件支持跨平台数据的互操作，如 ModelCenter、TeamCenter、ThingWorx、3DExperience、Aras Innovator 和 Autodesk Fusion Lifecycle 等，这些软件支持数字主线的基本应用程序，主要用于集中管理和存储业务数据及各类仿真模型[50-52]。

3. 数字孪生与数字主线集成框架

数字孪生和数字主线因其满足虚拟/现实集成的特性而被学术界和工业界所重视[18]。数字孪生可以将从物理模型收集到的数据与从计算模型、先进预测方法收集到的数据进行集成，其结果可用于改善现有产品的性能，或者在未来生产中改进产品版本。此外，产品设计、组装、生产计划和工作空间布局也被发现是数字孪生和数字主线框架应用的潜在领域。本节提出的 Twin/Thread 双线程框架是数字孪生和数字主线综合实施的结果，通常需要投入和吸纳比单独构建数字孪生更多的资源。

1）双线程框架的建设要求

双线程框架包括产品设计和物理资产组件，它们是产品数据管理（PDM）系统的组成模块。PDM 系统可确保项目所涉及的服务和平台的互操作性，帮助标准化文件格式，采用通用的数据存储和表示方法，以及跨平台对数据文件实施版本控制。双线程框架的优点是，用户可以利用数字孪生来建立虚拟模型，以测试场景，调查可能发生问题的地方，并帮助预测可能采取哪些措施来纠正问题。数字主线有一个额外的好处，即它使所有利益相关方能够在产品全生命周期内有效地进行双向的数据交流和共享。

由于在许多行业中模型驱动数据的增加，一种新的基于模型的系统工程（MBSE）方法被引入。MBSE 使用一个统一的平台来支持整个 PLM 活动的设计、分析、验证、生产和维护的需求。MBSE 的目标是使用面向模型的方法（而不是基于文档的方法）来支持信息交换。MBSE 体系结构中的底层包含要访问和可能用于分析的数据，中层和顶层的系统提供了管理不同组织之间的数据转换和/或事务的功能和服务[53]。决策者还可以使用 MBSE 来管理风险，通过定义主动和被动的弹性策略和应急计划，使用历史和实时中断数据分析来确保业务连续性[54]。

行为模拟需要流程操作来模拟虚拟空间中的物理产品。要模拟物理产品的关键功能，并检查虚拟产品的响应。例如，在一个存货回收模型中，模拟一个真实的库存丢失的场景，要求找到供应商和订购新的库存来自动补充资源。行为模拟需要从数字主线输入有关供应商信息，以集成到数字孪生中。完成行为模拟后，系统就可以进入物理控制，并完成双线程循环。

物理控制是双线程框架的最后一个阶段，涉及控制和更改物理系统。物理控制将其他步骤结合在一起，并产生一个功能完整的数字孪生体，它可以更改物理模型并与之交互。通过整合传感和控制系统，并将它们与通信基础设施连接起来，能够实现在虚拟空间中操纵和改变物理模型。通过数字孪生可以手动或自动控制物理世界的行为和结构，通过仿真可以分析和优化现实世界的变化。执行物理控制后，数字孪生会立即更新以模拟新的物理模型。例如，对于库存按时交付的设置，利用传感器识别产品的低库存水平，通过基于数字主线的供应商信息订购产品，而数字孪生将根据库存数量进行更新。一旦交付，库存将恢复到正常供应水平，而数字孪生需要立即更新，以反映这一变化。物理控制完成后，下一个迭代周期就开始了。为了适应核电装备全生命周期管理的多样化动态需求，数字孪生需要不断更新。

双线程框架还包括组织架构布局、安全性、用户访问、数据存储，以及硬件和软件需求。

首先，需要在系统中开发组织架构。这可以由软件供应商设置，也可以根据用户的需

要在内部设置。

其次，在开发双线程框架之前，需要建立必要的软件需求，以便管理数据并将其导入各种系统。理想情况下，该软件能够实现数字孪生所需的所有功能，包括 3D 建模、产品设计链流程、制造细节和服务信息。无论用户选择哪种软件，都应与对应的公司签订服务协议，以确保任何复杂问题都能得到解决，从而实现软件的最大效用。在整个 PLM 过程中，将从各种来源收集大量数据。这些数据可以分为三类：①结构化数据（具有特定格式的数据，如数字、符号、表格等）；②半结构化数据（如 XML 文档等）；③非结构化数据（如文本、音频、视频、图像等）。这些数据需要存储在数据库中，以便进一步处理、分析和决策。根据数据的性质，可以应用分布式文件存储（DFS）、标准 SQL 数据库、NoSQL 数据库、NewSQL 数据库、云存储等大数据存储技术[35,55]。数字孪生模型可以通过 SQL 查询或在线应用程序编程接口（API）来不断更新数据库中存储的数据。交互式仪表板和其他可视化工具，如 AR/VR 眼镜，可以使用相同的机制访问和提取数据。

此外，还需要确定双线程框架的硬件需求，这些需求来源于两方面，一是用户部署数字主线和数字孪生系统所使用的商业软件，二是用户基于软件所开展的业务活动类型。对于耗竭 CPU 的任务（如设计 CAD 工具），需要高级硬件来运行所需的软件。有许多公司提供数字孪生软件和技术，建议用户参考供应商认证的硬件规格。例如，达索公司对不同制造商、型号、操作系统、显卡和驱动程序的工作站和笔记本电脑有其特定的认证流程，这样可以保证数字孪生使能软件的可靠运行和无缝集成，消除软件运行过程中的硬件问题。此外，需要定期升级硬件和驱动程序，以确保所有用户正常使用。

接下来至关重要的一步是建立和控制双线程框架的网络安全，以确保网络弹性。网络安全协议包含三个基本要素：稳健的维护政策、符合安全控制的技术和培训员工支持[56]组织意识。数据安全性可能是特定于行业的，一些行业可能需要比其他行业更严格的安全措施，这在核电行业尤为明显。双线程框架基于 ISO27001[57]确保信息安全。ISO27001 是一项国际安全标准，为信息安全管理系统的建立、实施、运行、监控、审查、维护和改进提供了一个参考模型。这些安全措施可以分配给所有在服务器上访问和提取数据的用户。此外，建议所有用户接受额外的培训，以确保双线程框架中存储信息的最高安全性。

识别正确的用户访问，以及为用户创建身份和访问管理协议是框架开发的下一个阶段。这涉及为正确的用户设置正确的访问权限和角色，确保用户只访问自己需要的信息和资源[58,59]。用户授权需要进一步的身份验证，以确保数据的安全性。这可以通过调整强或多因素身份验证选项来实现，如使用安全问题或通过电子邮件授权。

综上所述，尽管传统的 PLM 系统涵盖产品全生命周期，但从设计到维护阶段，以及原始设备制造商和供应商之间的数据交互和共享是有限的。数据流通的不连续性和供应链信息的碎片化可能是由于原始设备制造商使用许多异构的 CAD 软件、企业网络安全和数据共享控制要求，以及原始设备制造商和供应商之间缺乏必要的数字化技术。因此，需要一个新的技术框架来连接数字孪生中的所有信息，使其无缝地流经产品全生命周期。双线程框架具有足够的功能性、可伸缩性和与客户、供应商的连通性，以确保数据流通的连续性和可追溯性，从而实时支持上下游业务活动，并解决从设计到制造、运维转型的挑战。

2）双线程框架的组成模块

为了实现产品全生命周期数据流通的连续性，需要一个专门用于工程设计、验证和制造的平台及配套的软件应用程序。正如文献所指出的，标准化设计软件、数据库、工具和流程是大型复杂项目成功的关键，这类项目（如大型核电项目）通常涉及众多的利益攸关方，因此确保数据的连续性和可追溯性、避免造成代价高昂的错误和延误问题至关重要[60,61]。图 2.4.10 显示了双线程系统的架构，包括组织/技术规范、相关接口工具、PLM 组件、数据分析和面向模型的 MBSE 方法的操作。

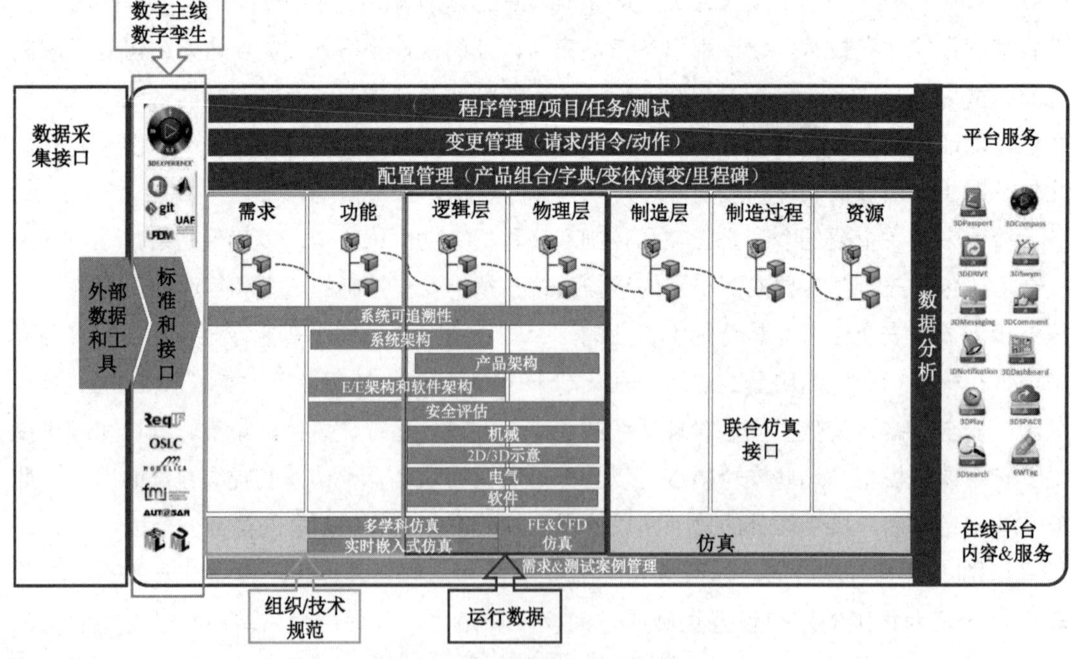

图 2.4.10 双线程系统的架构

双线程框架的顶部包括数据库、应用服务器和客户端。数据库包含跨学科的领域模型，如CAD模型、功能模型和仿真模型。每个模型都是在数字孪生的实施过程中使用特定的工具创建的。应用服务器提供了数据库与内部和外部客户端之间的接口，常用的接口有以下几种。

（1）生命周期协作的开放服务（OSLC）链接，利用它可以建立可追溯性并分析需求、功能、资源、制造和过程之间的关系。

（2）Automotive开放系统架构（AUTOSAR），它是一种系统规范和交换标准，有助于提高软件架构的可重用性。

（3）DoDAF（Department of Defense Architecture Framework）和UPDM（UK Ministry Defence Architecture Framework），它们是描述软件架构的通用语言，用于连接和集成跨领域、跨平台、跨企业的可共享数据，形成贯通产品全生命周期的数字主线。

用户可以使用PLM组件来配置与产品相关的信息并实现协同创建和发布管理。这些组件允许来自不同地域的用户借助简单的Web连接实时处理相同的数据。在双线程框架中集成这些组件使得用户可以优化或更改业务流程，并将对产品全生命周期其他阶段的影响降到最低[62]。

MBSE提供了关于产品概念、功能、活动和用例场景的通用指南，以促进并行模型开发和增强模型数据的可重用性。它从产品全生命周期价值链的不同企业和组织中聚合模型数据。基于MBSE，用户可以利用建模和仿真数据，在产品全生命周期的每个阶段创建物理资产的数字孪生体。然后，数字主线将相应的数字孪生体链接到物理对象的设计，以确保数据链接的可追溯性。

数据采集接口将感知和捕获由传感器收集的数据和来自现实世界的用户操作数据，这些数据包含关于产品本身的信息。在产品全生命周期中生成的所有文档（如需求、规范、设计布局、服务手册、维护报告等）都可以存储在数据库中，产品的实际运行数据也可以通过数据采集接口[63]存储在这里。此外，通过数据采集接口可以将传感器数据和操作数据传输到数字孪生系统中，从而综合物理运行数据和用户操作数据并行地进行动态行为模拟。目前许多商用软件已封装集成了各类数据采集接口，如Predix、ThingWorx、Mindsphere和3DExperience。

联合仿真接口可用于模拟现实世界[63]中整个生产系统的工艺流程和制造过程。例如，用户可以使用工厂布局程序创建一个现有物理工厂的数字孪生体，然后使用车间工作流仿真接口模拟生产过程，从原材料供应开始，到最终生产出合格的终端产品。用户可以为指定的生产任务选择一个开始节点、所需的制造资源（如模拟中使用的 3D 对象、原材料、工人模型等）和制造设备（如传送带、数控机床、机械臂等），然后开始模拟。当仿真程序运行时，可以跟踪当前设备的生产状态、利用率、当前容量和已完成活动总数。模拟界面中的系统性能监视器可以用来显示整个工厂车间所有资源的实时信息。实时信息包括利用率、已完成活动总数、资源平均瓶颈、设备当前运行状态等，可以为客户和业主实施生产规划和调度优化提供重要支持。

双线程框架需要一个可靠的大数据存储平台作为数据计算中心，为业务决策提供高性能数据分析功能。在产品全生命周期[64]的任何阶段都会生成和处理大量数据，数据也可以来自各种终端设备（如计算机、移动设备、传感器）[65,66]。大数据存储平台提供了分析大型复杂数据集的能力，用户可以通过对大数据中模式规律的搜索、发现和处理，获得更强的洞察力，做出明智的业务决策并实施行动。当产品被制造出来时，所有的相关数据，如机器的状态数据或制造系统的能耗数据，都通过数据采集接口存储在大数据存储平台中，从而达到优化能耗和提高运行效率的目的，同时为未来的决策提供可操作的见解。

3）价值链协同下的双线程框架

在产业价值链协同环境中，组织的主要竞争优势在于新思想和知识产权（IP）的发展。在产品全生命周期的各个阶段，不同的用户组和利益相关者[67]之间会发生许多业务变更（如客户需求的变更或设计修改）和许多高度敏感信息的交换（如 IP 产品和服务或个人信息）。组织面临的问题是缺乏集成系统来管理它们的 IP，并且严重依赖电子表格和手册文档。因此，知识产权保护给组织带来了许多挑战。下面将详细阐述双线程框架如何有助于确保知识产权的连续性和隐私保护。

传统上，组织使用的是“把它扔到墙外”的方法，不同的团队在相互隔离的环境下工作。一旦任务完成，就把文件和 3D 模型交给下一个团队。这种方法不能解决数据竖井问题和经常丢失或缺乏可追溯性的信息。双线程框架可以在现代产品开发和管理中发挥重要作用。它提供了一个单一、共享的 PDM 平台，在产品全生命周期中将各种用户组和利益相关者连接起来。PDM 平台允许用户在产品设计过程中轻松、快速和安全地访问中央存储库中的数据。通过共享、更新和控制用户创建、修改和监控产品相关信息流的方式，使用户能够支持产品开发和管理流程。这些过程发生在产品全生命周期中，每个阶段都涉及实体之间的动态交互，这些实体使用可用信息生成新的信息和 IP，并进一步共享它们[67,68]。因此，双线程框架将通过协调所有来源和类型的数据（不同格式、使用不同方式和不同位置存储）来确保数据连续性和可追溯性，从而使组织更有效地管理其信息和 IP。

随着知识产权管理成熟度的提高，组织可以了解自身在工程设计、制造计划、生产过程、服务和生命周期维护方面的不足。利用易于掌握的信息和知识，组织可以填补空白，从而产生真正的增长可能性[69]。

一个问题是如何有效地保护知识产权免受损失、泄露和盗窃。通过采用具有双线程框架和适当的网络安全措施的面向模型的 MBSE 方法，组织可以为内部和外部客户（如原始设备制造商和供应商）提供相互隔离的访问。在这方面，可以考虑采取以下措施，以安全地交换、管理和控制取得资料的机会。

（1）基于角色的访问控制。这允许组织管理用户的角色及其对文档和目录的访问。一旦用户使用用户名和密码向系统验证个人信息，系统就会根据定义的角色授予访问权限。

（2）数字水印。这为文档提供了一个独特的来源标识，当内部和外部利益相关者访问文档时，可以很容易地跟踪文档。

（3）数据泄露预防（DLP）。这将阻止通过外部、非授权设备提取文件，并跟踪电子邮件流量、信息流及其使用情况。

（4）企业权限管理（ERM）。这将在适当的 CAD 和非 CAD 模板（如 PDF 文档、Office 文档）中集成专门知识，这些模板在创建过程中使用 ERM 模板加密，只有利用从 ERM 服务器接收的解密密钥进行身份验证后才能解密。

根据产业模式和企业组织的需求，商业软件提供商可以提供咨询、实施、集成、托管和培训服务，以控制对 PDM 和 PLM 平台信息的访问。这种安全访问方式可以实现对 IP 和其他专有数据[70]的保护，例如，正在研制的产品的设计方案、批量材料清单和正在开发的新型工艺方案。

数字孪生也被认为是 MBSE 的一个自然步骤，在生产高度复杂的产品（如核电装备）方面有很大的改进可能性。一些突出的优点是，在装备设计过程中，所有团队之间的协作都很容易；使用先进的接口访问信息和有效管理信息，有助于开发高效的维护和培训计划，及时提高操作性能水平。此外，数字主线被认为是一种不同于传统 2D 图纸的研发方式，可以让核电工程总包商更快、更好地设计和建造核电站。数字主线为工程总包商提供了与供应商、建造商、业主在生产计划、客户订单、3D 模型和技术文档等各个方面保持联系和同步的可能性。

随着智能化和自动化系统的逐步实施，核电行业通过集成自动化工具和流程，在其制造系统中发展了一种新范式，在提高生产效率的同时，创造了对更精益生产流程的新需求，改善核电安全并减少对环境的影响。需要一个新的框架来帮助建设一个使用数字孪生模型的虚拟工作环境，它可以通过在正确的时间提供正确的信息来优化核电装备制造过程，以避免错误和提高生产率。数字主线的实施允许价值链上的各个企业在企业内部和外部进行生产监控，这为所有价值链参与者提供了更大的产品和过程可见性。

涵盖数字孪生和数字主线的双线程框架可以在生产调度和产品交付方面提供进度管理方面的好处，这涉及产品的供应链数据。一个完全集成的供应链允许企业用户访问所有可用的信息。除改善制造和设计过程外，数字孪生和数字主线还可以改善企业管理决策过程。如果将供应链数据整合到数字孪生中，这些信息将为企业管理层提供产品运行预期情况、未来可能出现的问题及对不可预见情况进行调整方面的信息。核电站通常被建造成可以使用 80 年或更长时间。因此，确保从设计、制造到运维的信息的连续性和可追溯性是非常重要的。建造完成后，核电站可能在整个服役周期中对环境产生影响，双线程框架、MBSE 和大数据集成的应用将有助于提供一种更有效地处理核电站运行安全的方法。

4）双线程框架的实施路径

双线程框架的实现对企业来说是一个挑战。对框架的清晰理解和仔细规划对于有效地部署其应用程序以满足组织的需求和防止代价高昂的错误是至关重要的。一些国际知名的工业软件公司为数字孪生和数字主线提供了开箱即用的软件应用程序和 PLM 解决方案，包括 PTC 公司、西门子公司、ANSYS 公司、达索公司和 Autodesk 公司。对于有兴趣将双线程框架作为一种提高效率的手段来实现的企业，软件供应商通常会提供咨询、实现和支持服务，以满足客户的业务需求。虽然每个企业实施双线程框架的过程都是独特的，但企业可以通过遵循行业最佳实践和图 2.4.10 所示的架构来获得最佳结果。

对于企业来说，第一步是确定企业内部双线程框架的实施需求。对组织自身业务流程和需求的全面理解可以帮助深入了解如何建立必要的组织架构，以确保信息无缝流动。一旦确定了需求，就应该邀请潜在的软件供应商和系统集成商，通过确定硬件、软件和数据存储需求并提名项目团队来支持这些角色，从而将计划付诸实施。在全面推出之前，重要的是要设计和构建符合组织需求的双线程应用程序的不同体系结构。

通过采用双线程框架，核电行业可以利用数字孪生来改变整个生产周期，以确保可持续性，并提高未来项目的性能[71]。例如，设计工程师可以利用 MBSE 与制造工程师一起工作，创建 3D 模型，实现整个产品价值链的数字和物理生产过程及指令的实时可视化。数字主线将提供一个平台，通过数据分析将产品全生命周期中来自不同系统的大数据聚合成可操作的信息。有了诊断分析、描述分析和预测分析的深刻见解，工程师、管理团队和技术人员可以使用数据来支持决策。为了使双线程框架能够正常工作，核电企业的合同主管

部门要有必要的硬件和软件系统来促进多企业参与数字主线，以确保数据的连通性。双线程框架的维持取决于持续的数字转型、标准化工具和数据交换的认可，以及对上游生命周期功能更好的理解和规范化，以适应下游功能的需求。

2.4.4 数字主线驱动的核电装备价值链企业集群业务协同

多核服务价值链跨越了企业、联盟的组织边界，实现这种跨越组织边界的业务协同，必须建立连接不同企业、链条的合作渠道。在服务协同环境下，跨企业、跨链条的业务联动与协同响应依赖多链业务流程的整合。企业集群协作关系的复杂性和多样性对业务流程整合提出了一系列要求：首先，要求业务流程节点之间保持松耦合关系，而且能够根据不同的流程整合需求进行动态调整；其次，多核服务价值链的协同业务建立在传统单链基础上，在满足多链纵向和横向跨链业务流程整合需求的同时，还需要保障单链企业群上下游业务协作的独立性；再次，要能够针对市场需求生成新的、原来并不存在的业务流程；最后，在多核服务价值链协同模式下，有企业内部、单服务价值链协同及多服务价值链协同等不同粒度的业务流程，需要同时满足不同粒度的业务流程整合需求。

多核服务价值链的业务流程整合分为三个层次，分别为流程层、服务层和数据层。针对三个层次的整合对象，以及层次内部和层次之间的约束关系，构建各层次的整合模型。在各层次整合模型中，设定业务逻辑、资源权限、执行条件等约束来限定流程、服务的加载及执行过程，同时建立相应的规则集，限定企业用户的流程整合行为。

1. 数据层模型

数据层模型描述了在多核服务价值链的业务流程中，流程节点触发前后访问的各类数据对象。根据数据对象在协同业务流程中作用的不同，将其分为业务数据、多链协同访问控制数据及协同服务数据。定义多核服务价值链的数据集、多核服务价值链的数据结构集，数据集成标准化模板是消除多联盟数据交互差异性的媒介。

2. 服务层模型

服务主要由视图域、数据结构域和接口域组成。视图域是提供给用户的具有某种服务功能的可视化界面，用户可以对视图中的元素、样式等进行按需配置。数据结构域定义了服务页面中的数据表、表之间的依赖及字段等信息。接口域由服务访问接口、输出接口组成。服务之间存在依赖关系，通过对接口的配置可以设定服务访问的先后顺序及信息传递等依赖关系。

服务是业务流程节点具体功能的实现，也是业务数据的载体。多核服务价值链业务流程的整合不是多个流程的简单相加，流程节点、节点对应的服务及服务涉及的数据，都会随着协同主体、协同方式、协同关系的动态变化而改变。企业用户对服务的配置是在该服务对应的标准数据结构基础上，对其进行扩充，并基于扩充后的数据结构对服务视图等进行定义的过程。服务视图是服务具体内容的可视化呈现，视图元素之间存在依赖关系，在对视图元素进行配置的同时，还需要建立元素之间的依赖关系。

3. 流程层模型

将多链企业群的业务流程进行粒度划分，分为粗粒度的多链协同业务流程和细粒度的线性价值链内部的协同业务流程。其中，可将线性服务价值链业务流程进一步细化，分为企业间的协同业务流程，以及企业内部各部门之间的协同业务流程。

在线性单链的业务流程整合模型中，企业之间的协作围绕盟主企业展开，业务流程往往也由盟主企业制定，协作企业在盟主企业制定的业务流程基础上按需进行扩展。每个联盟都有多个协同业务，一个协同业务包含若干个业务节点，每个协同业务对应一个业务流程，一个业务流程由多个流程节点组成，每个流程节点对应一个业务节点，并且关联着与该业务节点相关的若干服务。

对于多链协同业务流程整合模型，由于它建立在线性价值链业务流程的基础上，是多个单链业务流程的封装，因此可将各单链业务流程看成多链的子流程，故多链协同业务流程需要包含所有参与协同的单链业务流程信息，以及各单链数据资源的访问接口、输出接口和输入、输出信息。

业务流程整合规则是对流程设定、执行等行为进行约束的规则集合。要实现支持动态可配置的多链协同业务流程的整合，从流程层来看，需要对流程中的活动节点、节点间关联关系、节点状态等进行动态配置。从服务层来看，需要对服务界面元素、元素间关联关系等进行配置。从数据层来看，需要将各服务页面所涉及的数据资源进行关联。因此，将多核服务价值链协同业务流程的整合过程分为数据集配置、服务配置、服务映射组装和单链业务流程整合 4 个步骤，如图 2.4.11 所示。

数据集配置包括对业务数据、多链协同访问控制数据及业务流程执行控制数据的配置。服务配置是多核服务价值链企业群结合自身业务需求，对服务层模型进行实例化，并对实例化后的模型进行存储的动态过程。在完成服务配置后，需要将这些服务进行组装并注册到平台相应的业务功能下才能实现服务访问，企业要选定服务归属的业务节点，并建立业务节点与服务之间的映射关系。多链协同业务流程的建立需要首先建立线性单链的业务流程整合方法，分别完成流程节点用户角色的权限、节点驱动条件及执行条件等的配置。

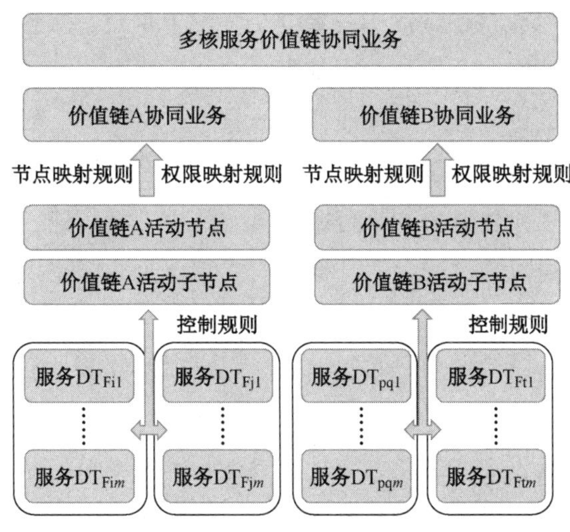

图 2.4.11　多核服务价值链协同业务流程整合过程

配置完成后需要对业务流程进行执行控制，执行控制是对链条内部及参与多链协同的流程节点的驱动、执行等行为的控制。业务流程在执行时，首先加载用户的流程层模型，通过对模型的解析，控制流程节点的驱动、执行。如果流程节点满足执行条件，则加载服务层模型，解析该节点下企业的所有服务配置实例，并基于配置的数据结构，将企业的数据层模型映射到服务视图，完成流程节点服务和数据的装载及呈现。

此外，核电装备作为一种复杂系统，受其结构复杂性、功能复杂性和行为复杂性等多重耦合效应影响，在核电装备全生命周期的各个阶段，都存在企业集群跨时空、跨领域协同作业的业务需求。在核电装备价值链企业群协作过程中，应重点解决不同企业间异构业务系统数据接口带来的业务数据获取困难与理解偏差问题，因此提出基于价值链协同平台的业务数据交互解决方案，主要包括以下方面。

（1）针对平台现有数据交互解决方案对业务数据不能及时传递，导致业务流程处理时间过长的问题，设计了数据监控过程，以后台工作线程的方式运行在服务器系统中，当业务数据发生改变时自动触发任务，执行预定义的数据交互工作。这样的设计保证了业务数据能实时同步到业务处理的另一方，同时不会对服务器中的业务服务系统产生过大影响。

（2）针对平台现有数据交互解决方案在增加平台企业用户或增加数据交互项时配置的

新增和修改操作复杂的问题，设计了数据交互接口与数据交互规范，为数据交互设计了界面友好、简单易懂、操作快速的柔性化配置功能，使企业的数据管理员可以轻松地通过网页端的配置功能生成和修改自己企业中的数据交互配置项目。数据交互配置项目以 JSON 格式保存在各云服务企业端服务器和云服务平台端服务器上，并且配置以云服务平台端为中心服务器通过用户凭证进行同步，保证了配置的完整性，防止配置项目的丢失。

（3）针对平台现有数据交互解决方案中两个云服务企业端之间无法绕过云服务平台端进行数据交互的问题，以价值链协同平台服务器为中心，将其他云服务企业端服务器视为分布式节点，每个节点可以通过平台服务器获取本节点企业已授权的其他企业的数据交互配置项目，然后挑选这些数据交互配置项目进行订阅操作。节点在订阅了数据交互配置项目之后就可以不通过平台服务器与发布数据交互配置项目的节点进行数据交互操作，减小了价值链协同云平台服务器的业务和处理运算压力。

（4）针对平台现有数据交互解决方案缺乏对交互中的错误处理、交互的运行状况、交互数据的统计分析的问题，设计了数据重传机制，包括基于数据校验技术的数据校验失败重传、未收到接收确认重传、接收方更新失败重传；对数据交互过程中发生的各种事件（如数据发送和接收异常）、接口收到的异常请求、系统的其他异常信息和数据交互正常流程的数据进行记录，并以图形化和数字化的形式展现给各企业的数据管理员及平台管理员，方便管理人员掌控数据交互过程和数据交互历史信息。

由于业务数据的实时监控会对数据库服务器造成一定的额外负载，对于业务流程中对送达时间没有及时性要求的业务数据，应该采用常规的数据交互方式进行传送。常规数据交互方式与实时数据交互方式的根本区别在于对业务数据进行监控的方法，通过设计配置编辑中可切换多种数据监控的方法，将常规数据交互方式融入平台设计中。

综上所述，基于价值链协同平台的业务数据交互解决方案需要采用以云端服务器为数据交互控制中心、各企业端服务器为数据交互节点的分布式部署架构，如图 2.4.12 所示，数据交互控制中心与各数据交互节点通过 Internet 互相连接，共同组成数据交互组件。根据企业应用的实际需求，数据交互组件应同时采用 B/S 和 C/S 架构进行设计，其中 B/S 架构用于数据交互的配置和管理，C/S 架构用于实现对业务数据的监控、提取、打包加密和网络传输。

基于价值链协同平台的业务数据交互组件的使用角色包括云服务企业端的数据管理员和云服务平台端的平台管理员。云服务企业端的系统分布式部署于各企业用户所在的内网服务器中，企业用户通过内网对数据交互权限进行配置、管理和监控，图 2.4.13 展示了企业中心数据库与生产部门数据库协同交互原理。不同企业端系统通过云服务平台实现跨企业、跨系统数据发送和接收，提高了价值链企业群的业务协同效率。

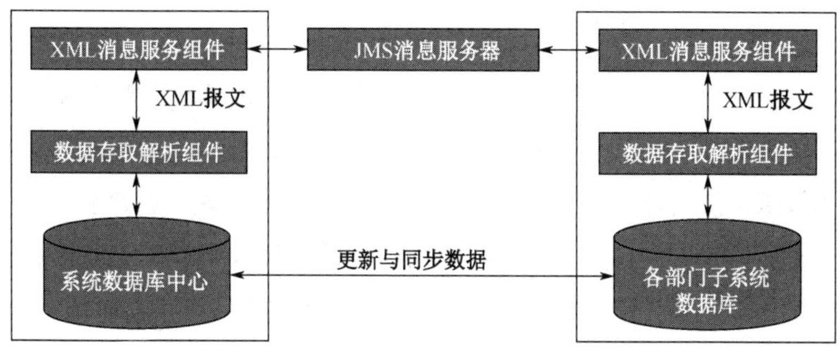

图 2.4.12　业务数据交互解决方案分布式部署架构

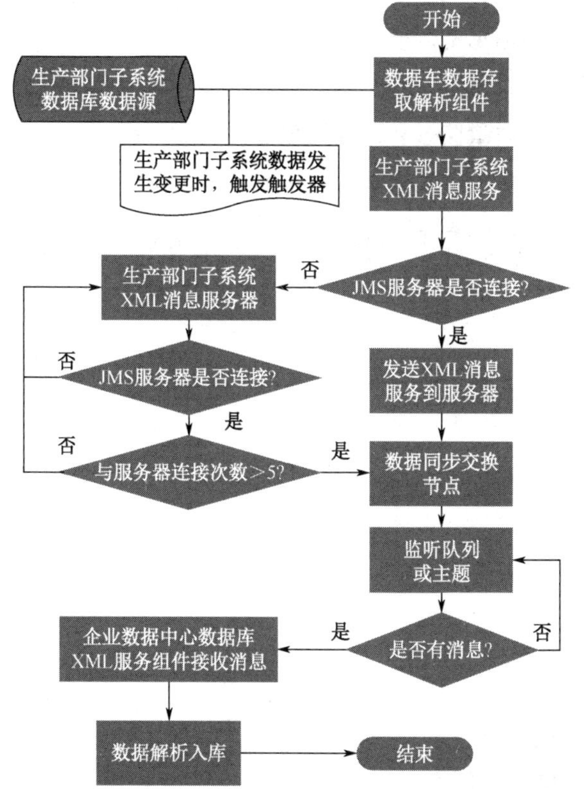

图 2.4.13　企业中心数据库与生产部门数据库协同交互原理

2.5 核电装备全生命周期价值链协同方法体系

围绕核电装备全生命周期价值链跨企业、跨领域的协同需求，以及数据交互失信、质量管控失源、运行维护失控的技术挑战，本节提出核电装备全生命周期价值链协同方法体系，如图 2.5.1 所示，包括全生命周期数据空间构建与协同治理、三跨环境下协同质量管控与全价值链追溯、多模态数据驱动的智能运维与全链闭环反馈，旨在实现核电装备全生命周期价值链异构数据价值挖掘、多域质量演化追溯、运维服务智能决策三项技术创新与突破。第一，基于全生命周期数据空间构建与协同治理，实现对核电装备大规模多源异构数据资源进行标准化表征，从应用层面维护全生命周期跨领域数据交换的一致性，打破价值链不同类型企业主体间的信息资源壁垒。第二，三跨环境下协同质量管控与全价值链追溯面向核电装备多基地制造企业群，通过探索核电装备多域质量演化特性和缺陷传播路径，提升价值链企业成员正向质量监管和逆向质量追溯能力，推动核电装备质量管理水平和效率不断提高。第三，基于多模态数据驱动的智能运维与全链闭环反馈，建立以运行数据为

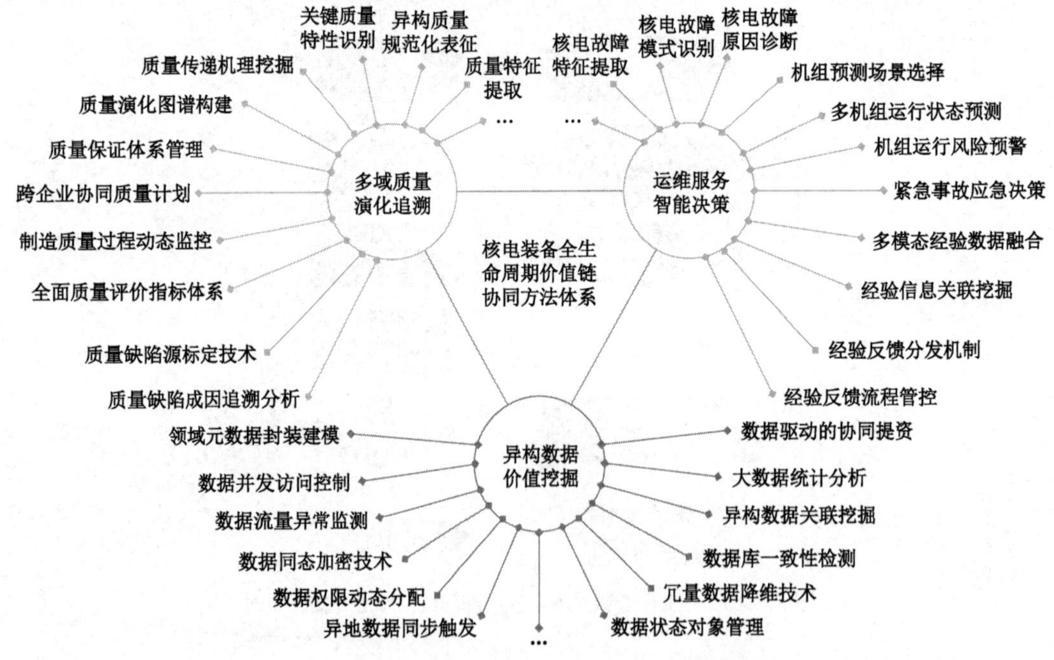

图 2.5.1 核电装备全生命周期价值链协同方法体系

中心的核电装备状态预测模型，为停堆换料、故障调试和机组延寿等运维服务提供决策依据，并将全流程运维知识反馈到设备设计与制造早期阶段，形成完整、高效的全生命周期闭环管控体系。这些技术和方法分别从数据交互、质量管控和状态预测三方面，由表及里、循序渐进地推动价值链参与企业深入开展生产服务合作，实现核电装备全生命周期价值效益最大化。

2.5.1 全生命周期数据空间构建与协同治理

随着信息化、数字化技术的发展，核电装备企业纷纷实施信息化与生产业务融合，在核电装备全生命周期各阶段部署业务系统。然而，由于各业务系统相对独立和分散，造成不同系统之间一方面存在数据的重复录入，另一方面缺乏有效数据关联的尴尬局面。针对核电装备全生命周期各阶段业务系统面临的数据分布偏差和知识语义差异等问题，制定全生命周期数据空间构建与协同治理方法体系，如图 2.5.2 所示。首先，构建面向核电装备全业务流程的价值链协同数据空间，制定核电装备多维度元数据体系，完善数据-业务双向映射及动态演化机制；其次，基于数据资源编目技术明确数据资源的访问路径和所属权限，建立数据质量检测、响应与修复模型，实现对核电装备全生命周期价值链数据资源的标准化管控。在此基础上，提出核电装备多维多视角知识分类体系，形成大规模异构知识要素抽取与动态关联方法，构建满足价值链上不同企业主体业务协同需求的个性化知识网络，并进一步研究知识网络内部演化、动态补全与多域融合集成方法，实现多业务关联知识推送服务，提升知识网络服务质量与应用价值。

1. 数据空间集成

核电装备全生命周期价值链上的单位和部门众多，业务配合关系复杂，而且不同核安全等级的核电装备数据管理要求与实现技术差异较大，导致核电装备数据模式异构和数据版本多变。针对核电装备数据资源存在多重复杂性耦合（场景复杂、结构复杂、状态复杂）的特点，首先，制定面向全生命周期各阶段的元数据模型，包括标准元数据、等级元数据和属性元数据，形成统一的元数据基准体系，减少不同阶段的数据模式差异，提升数据资源规范化和结构化程度。其次，针对核电装备数据资源在不同阶段呈现的多模态特性（如工程图、表格、键值对、时序、3D 模型），提出数据空间多模态数据融合方法，以核电装备 PBS 分解形成的产品结构树模型为语义纽带，挖掘分散在全生命周期各阶段同类不同源数据资源的时空关联关系，建立底层业务数据与产品模型对象的双向映射机制，实现核电装备全生命周期异地数据资源集成与关联。

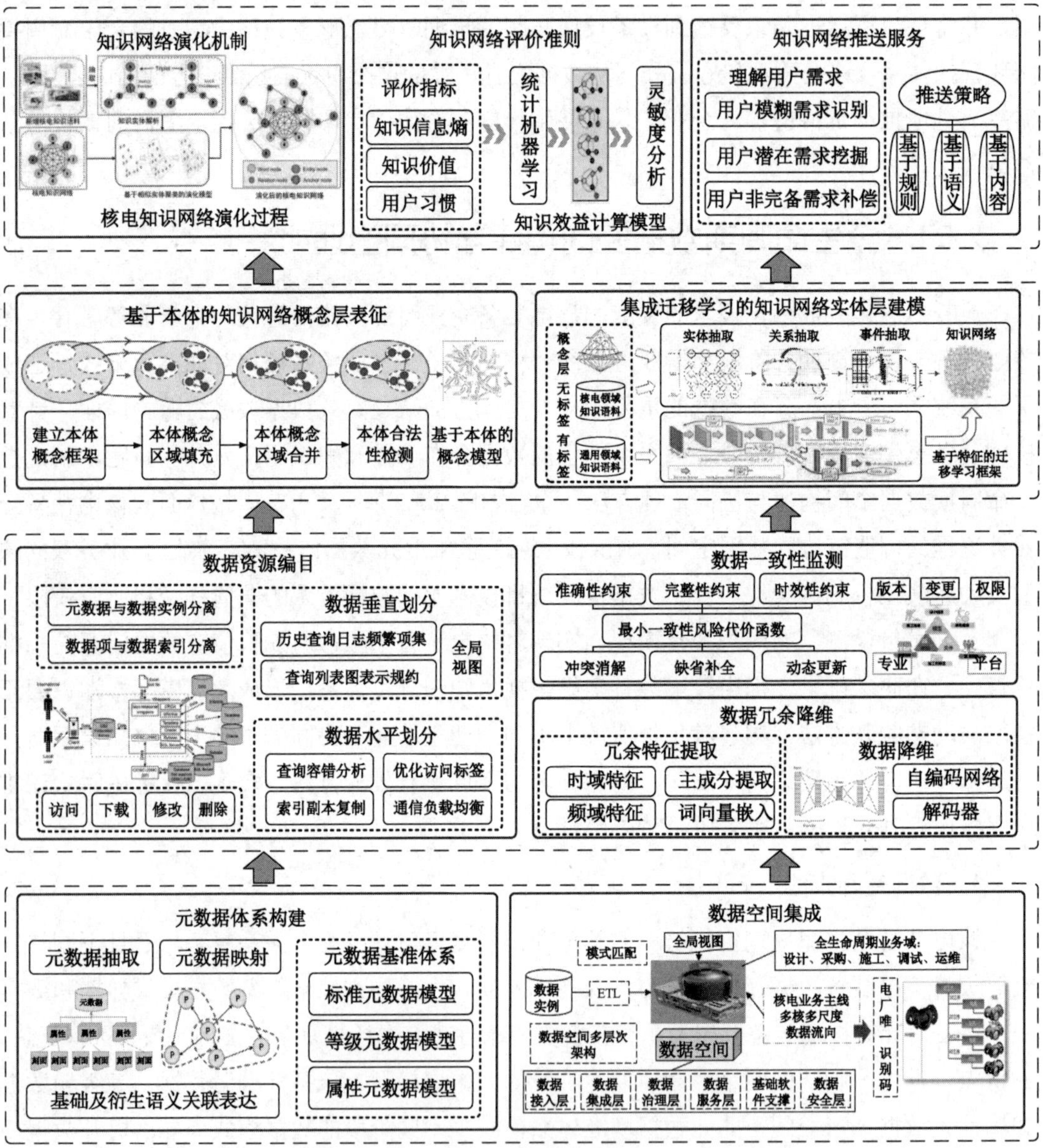

知识网络演化机制
核电知识网络演化过程
知识网络评价准则
评价指标
知识信息熵
知识价值
用户习惯
统计机器学习
灵敏度分析
知识效益计算模型
知识网络推送服务
理解用户需求
用户模糊需求识别
用户潜在需求挖掘
用户非完备需求补偿
推送策略
基于规则
基于语义
基于内容

基于本体的知识网络概念层表征
建立本体概念框架
本体概念区域填充
本体概念区域合并
本体合法性检测
基于本体的概念模型
集成迁移学习的知识网络实体层建模
概念层
无标签
有标签
核电领域知识语料
通用领域知识语料
实体抽取
关系抽取
事件抽取
知识网络
基于特征的迁移学习框架

数据资源编目
元数据与数据实例分离
数据项与数据索引分离
数据垂直划分
历史查询日志频繁项集
查询列表图表示规约
全局视图
数据水平划分
查询容错分析
优化访问标签
索引副本复制
通信负载均衡
访问
下载
修改
删除
数据一致性监测
准确性约束
完整性约束
时效性约束
版本
变更
权限
最小一致性风险代价函数
冲突消解
缺省补全
动态更新
专业
平台
数据冗余降维
冗余特征提取
时域特征
主成分提取
频域特征
词向量嵌入
数据降维
自编码网络
解码器

元数据体系构建
元数据抽取
元数据映射
元数据基准体系
标准元数据模型
等级元数据模型
属性元数据模型
基础及衍生语义关联表达
数据空间集成
模式匹配
全局视图
全生命周期业务域：
设计、采购、施工、调试、运维
数据实例
ETL
核电业务主线多核多尺度数据流向
电厂唯一识别码
数据空间多层次架构
数据空间
数据接入层
数据集成层
数据治理层
数据服务层
基础软件支撑
数据安全层

图 2.5.2　全生命周期数据空间构建与协同治理方法体系

2. 数据资源治理

数据资源治理是打破核电装备全生命周期数据壁垒，提升数据认知、分析和应用价值的关键手段之一。核电装备全生命周期数据资源海量且异地分散存储，基于数据资源编目技术对数据空间中蕴含的超大规模异构数据进行统一编码、分割和调度，实现核电装备全流程数据资源规范化管控，支撑价值链上企业对异地数据资源的高效检索、定位和获取，提升企业数据交换的安全性及数据访问的便捷性。此外，为了保障数据空间中数据资源的可靠性，结合核电装备企业严格的技术状态管理流程，建立空值检查、规范性检查、值域检查、逻辑检查等多维度数据质量检测模型，进一步提出基于联邦学习的数据一致性检测与修复方法，对质量不合规的数据记录进行修复和补偿，实现核电装备全生命周期数据资源统一治理和高效利用。

3. 知识网络表征与构建

核电装备海量的数据资源需要转化为支撑企业生产运营的知识与规则，才能最大限度地发挥应用价值。首先，建立核电装备知识网络的概念层模式，基于 MECE 原则、IDEF5 建模法等本体分析方法，从核电装备通用知识、专业知识、辅助知识等不同维度，以及核电站岛别、系统、部门、专业、阶段等不同视角出发，建立核电装备领域本体概念模型，实现核电装备知识概念的有序关联表征，为知识网络的分层分域、实体关系和属性定义提供依据。其次，利用 CBOW、Glove、BERT 等深度学习框架建立端到端的知识网络抽取与表示计算模型，包括分布式表示、上下文编码和标签解码器三部分，从制备的核电装备异构知识语料中抽取知识实体、关系和事件。为了解决核电领域数据标签极其匮乏的问题，提出集成迁移学习算法，从带标签的通用知识语料中捕获知识语义和句法信息，指导核电装备知识实体及其关联关系的半监督自动抽取，实现核电装备知识网络的动态自组织链接。

4. 知识网络智能应用服务

受业主需求变更和业务活动调整的影响，所建立的核电装备全生命周期价值链知识网络需要及时更新、扩展与优化，才能保障核电装备企业知识服务的正常运转。此外，如何提升知识推送服务的精准性和自主性是改善知识网络服务性能的重要议题。首先，围绕知识网络中共性关键知识的变异、内部选择、传播和继承等演化特征，提出基于相似实体聚类的知识网络演化方法，构建知识网络的动态演化机制、品质稽核机制和融合补全策略。其次，针对全生命周期不同阶段业务间知识语义冲突问题，利用共指消歧技术实现知识实体指称项与语义对象的跨业务匹配对齐，在此基础上提出知识网络多维度量化评判准则。最后，建立多种类型的知识匹配策略和推送方式，根据用户需求和偏好进行多渠道知识推送服务，提升知识网络的智能化水平和应用价值。

2.5.2 三跨环境下协同质量管控与全价值链追溯

核电装备质量形成过程跨领域、跨平台、跨企业（简称“三跨”）级联效应显著，具有往复迭代、多维交互的典型特征，造成质量特性隐匿波动、回溯机理不清、潜在质量风险难以识别等问题，因此探明三跨环境下质量特性波动、传递与回溯机理，构建基于质量数据模型的质量状态演化链，实现协同质量管控和质量事件追溯对于核电装备全生命周期价值链协同至关重要。三跨环境下协同质量管控与全价值链追溯方法体系如图 2.5.3 所示。

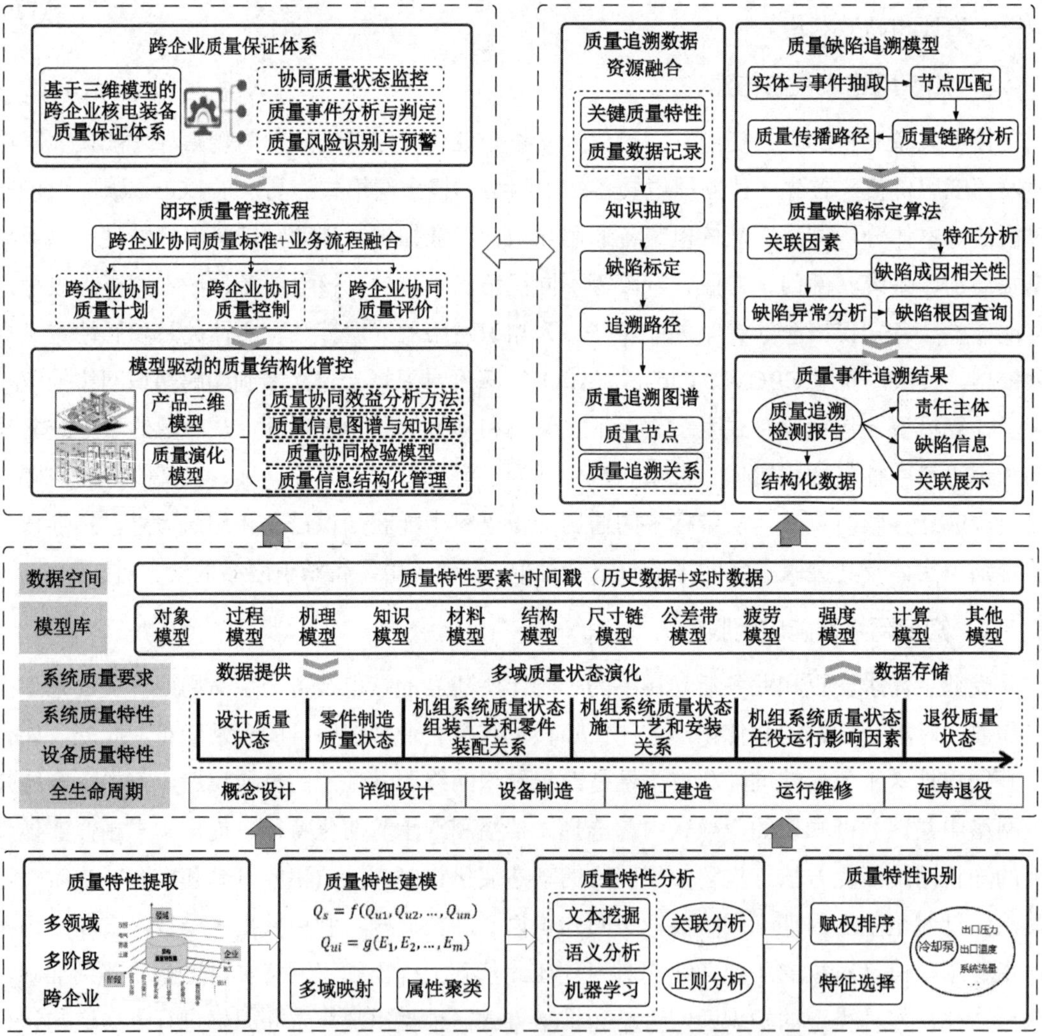

跨企业质量保证体系
基于三维模型的跨企业核电装备质量保证体系
协同质量状态监控
质量事件分析与判定
质量风险识别与预警
闭环质量管控流程
跨企业协同质量标准+业务流程融合
跨企业协同质量计划
跨企业协同质量控制
跨企业协同质量评价
模型驱动的质量结构化管控
产品三维模型
质量演化模型
质量协同效益分析方法
质量信息图谱与知识库
质量协同检验模型
质量信息结构化管理
质量追溯数据资源融合
关键质量特性
质量数据记录
知识抽取
缺陷标定
追溯路径
质量追溯图谱
质量节点
质量追溯关系
质量缺陷追溯模型
实体与事件抽取
节点匹配
质量传播路径
质量链路分析
质量缺陷标定算法
关联因素
特征分析
缺陷成因相关性
缺陷异常分析
缺陷根因查询
质量事件追溯结果
质量追溯检测报告
责任主体
缺陷信息
关联展示
结构化数据
数据空间
质量特性要素+时间戳（历史数据+实时数据）
模型库
对象模型 过程模型 机理模型 知识模型 材料模型 结构模型 尺寸链模型 公差带模型 疲劳模型 强度模型 计算模型 其他模型
数据提供
多域质量状态演化
数据存储
系统质量要求
系统质量特性
设备质量特性
全生命周期
设计质量状态
零件制造质量状态
机组系统质量状态组装工艺和零件装配关系
机组系统质量状态施工工艺和安装关系
机组系统质量状态在役运行影响因素
退役质量状态
概念设计 详细设计 设备制造 施工建造 运行维修 延寿退役
质量特性提取
多领域
多阶段
跨企业
质量特性建模
$Q_s = f(Q_{u1}, Q_{u2}, \dots, Q_{un})$
$Q_{ui} = g(E_1, E_2, \dots, E_m)$
多域映射
属性聚类
质量特性分析
文本挖掘
语义分析
机器学习
关联分析
正则分析
质量特性识别
赋权排序
特征选择
冷却泵
出口压力
出口温度
系统流量
…

图 2.5.3 三跨环境下协同质量管控与全价值链追溯方法体系

首先，研究面向设计、制造、施工等阶段的跨域质量特性提取、规范和识别方法，形成关键质量特性集。其次，构建设计质量演变本体模型与制造质量演化数据模型，揭示质量状态演化路径，形成质量状态演化图谱。在此基础上，提出跨领域活动见证、跨平台信息传递和跨企业流程协同的质量管控方法，实现协同质量管控；建立质量缺陷追溯模型，刻画质量缺陷的可传播路径与追溯关联关系，实现质量缺陷和质量异常事件的可追溯。

1. 关键质量特性识别

核电装备的质量特性是指与明示、隐含或必须履行的需求或期望有关的装备的固有特征。在质量控制研究中，质量特性识别是对产品质量特性进行筛选和分析，找出对产品质量控制具有重要影响的关键质量特性的过程。关键质量特性是决定和影响产品最终质量的少数重要质量特性，它源于客户需求，并在产品设计、生产中不断被细化、分解，最终形成零部件的关键质量特性、关键工艺质量特性等。针对核电装备价值链上多企业、多领域、多阶段协同产生的大量多源异构质量信息处理难的问题，利用迁移学习的方法，初步提取出质量文本中的质量特性相关术语，通过对抗网络采样与训练，对提取的质量特性与要素等实体进行筛选与生成，形成质量特性集；研究基于知识图谱的关键质量特性识别方法，构建质量特性知识图谱，将关键质量特性识别问题转化为图谱上的关键节点判定问题，对质量特性节点进行重要度排序，以得到关键质量特性，为核电装备全生命周期价值链质量状态演化和过程控制奠定基础。

2. 多域质量状态演化

核电装备质量特性在全生命周期不同阶段具有不同的载体，存在复杂的非线性跨域耦合关系。在设计阶段，通过提取产品设计过程的相关质量信息，如材料模型、结构模型、属性模型等，将质量信息融合，构建设计质量本体结构模型，揭示此阶段的质量演化过程。在制造、建造、调试阶段，提取三个阶段产生的质量见证记录、质量报告、设备试验报告、完工报告等多源异构质量数据，构建质量数据本体模型，刻画制造、建造、调试阶段的质量数据演化链。为了表征质量状态在价值链不同阶段的演化特性，以设计、制造、建造、调试为父质量节点，以各阶段的业务活动为子质量节点，挖掘质量状态在不同节点间的相互关联关系，建立多域质量状态演化图谱。

3. 协同质量管控

分析三跨环境下核电装备建造过程中质量活动的特点，针对性地建立协同质量管控方法，有利于提升质量管控整体水平。针对业务涉及多领域合作的问题，以协同质量价值优化为导向，构建协同质量价值链模型，通过系统动力流图仿真分析，设计协同质量价值增值策略，促进协同水平提升；设计一种防范主观人因失效的协同质量智能见证方法，将智能制造技术应用到防人因失效中，形成跨领域、跨企业协同质量管控方法。针对质量信息在多层、异构平台间流动，难以高效管控和利用的问题，规定协同质量计划编制方法，深入分析传递特点及影响因素，探明跨主体传播与内化机制，通过建立协同质量信息供应模型优化质量信息传递路径，形成跨平台质量信息传递方法。针对核电装备建造过程中参与企业数量多、管控难的问题，建立多主体协同质量活动的整体架构，实现设计、制造、施工、调试等全过程协同质量管控，形成跨企业质量流程对接方法。

4. 质量缺陷标定与全价值链追溯

首先，设计满足核电装备质量追溯需求的标准化知识表达形式，依据其价值链各阶段的质量 NCR 记录、历史质量缺陷、质量见证履历等数据，采用信息抽取和语义解析技术挖掘出质量故障现象、故障对象和产生阶段、关联企业等，形成质量追溯知识图谱，对质量追溯业务所需要的关键质量数据和流程节点信息进行统一表征和管理。其次，基于质量缺陷数据训练关联挖掘模型，实现质量缺陷成因、关联关系分析及关键流程标定，支撑质量缺陷可追溯性和时效性。最后，基于质量追溯知识图谱训练质量追溯模型，提取知识实体与事件信息，分析质量缺陷诱因与可能涉及的阶段，深入挖掘“质量现象-对象-产生阶段”的链路关系，实现质量缺陷成因分析与精准追溯。

2.5.3 多模态数据驱动的智能运维与全链闭环反馈

核电装备在役运行时间长达 60 年，其运行状态和运维事件经验对价值链演进优化具有重要意义，因此需要打破从研发设计、设备制造到运行服务的数据分散、业务分离的局面，建立面向全生命周期的运维决策和闭环反馈技术，优化运维事件经验全生命周期闭环反馈系统，实现核电装备运行服务向智能化、全局化转型升级。为了解决当前核电装备运行服务跨阶段难泛化的问题和经验反馈全链条不贯通的技术瓶颈，制定多模态数据驱动的智能运维与全链闭环反馈方法体系，如图 2.5.4 所示。首先，建立多模态数据和多域知识耦合模型，提出多核数据演化协同推理机制，实现数据驱动的核电装备智能决策与预测运行。其次，提出基于语义的精准反馈机制，构建面向全价值链多核优化的运维经验闭环反馈通道，实现可迁移、可贯通的核电装备运行服务与经验反馈，提高核电装备长役期运维决策的科学性和对设计制造环节支持的适应性。

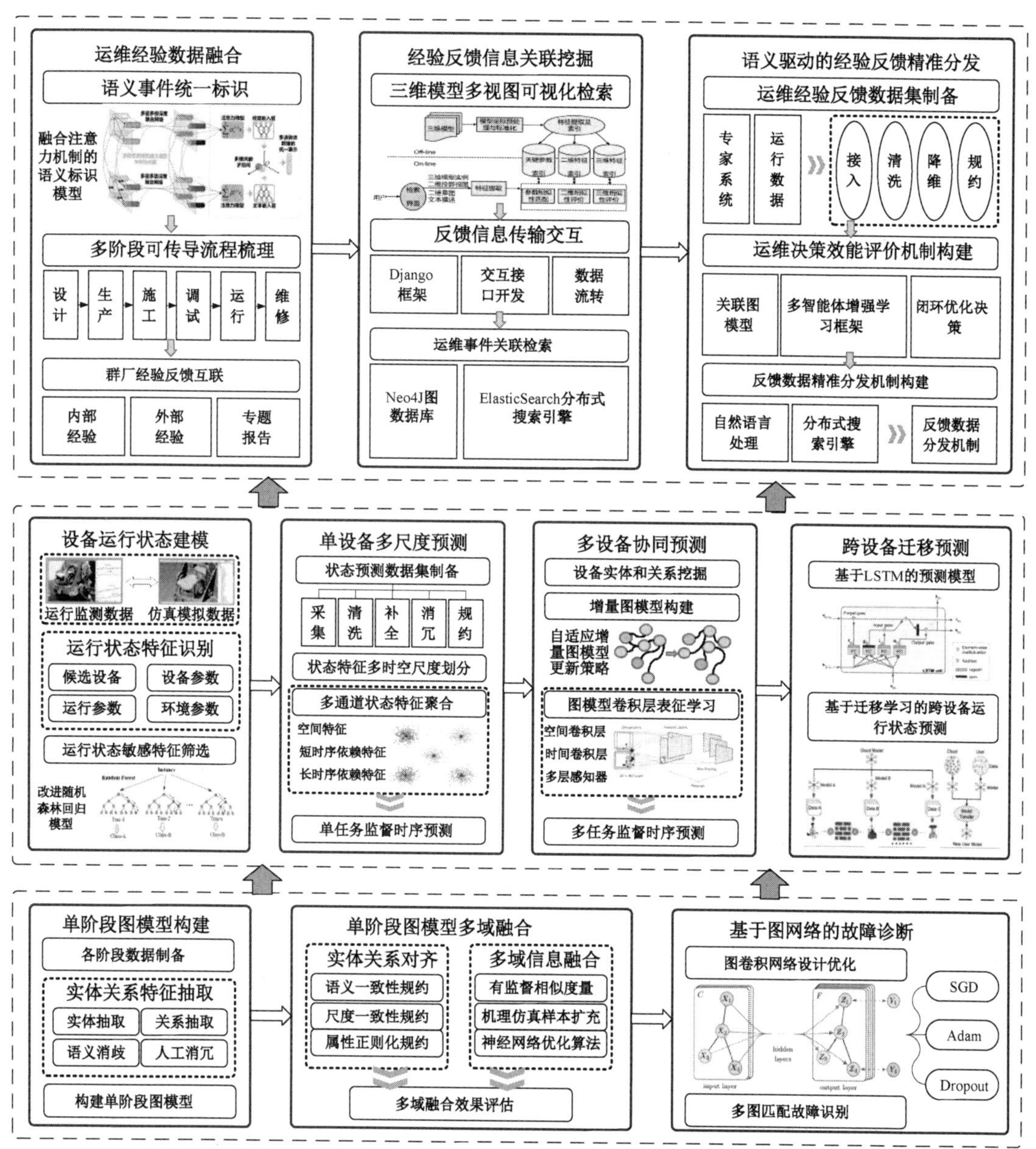

图 2.5.4　多模态数据驱动的智能运维与全链闭环反馈方法体系

1. 故障状态诊断

为了解决当前核电装备故障等级划分模糊、识别粒度不精细、不同从业者表述习惯不一致等难题，首先，采用异构图模型对核电装备全生命周期各阶段的属性信息及关联关系进行表征，基于数据统计分布和实体特征抽取构建单阶段知识空间图模型。其次，对各阶段的图模型进行融合与集成，基于多域空间映射方法建立语义、尺度一致性规约及属性正则化规约机制，实现不同阶段图模型实体、关系和属性对齐。最后，利用图卷积网络对核电装备故障状态进行诊断分析，针对核电装备故障特征的复杂性，建立多尺度、多层级的图卷积网络结构，设计支持多任务故障诊断的目标函数，包括多任务学习效能评价、正则化评价、训练平衡性评价等，并利用度量学习方法构建故障特征信息的哈希索引，支持对潜在故障的快速识别和原因排查。

2. 运行状态预测

核电企业对于机组运行可用性和稳定性具有严格要求，因此必须加强对机组运行状态的监控和主动预测，及时发现潜在的故障风险，避免因设备重大故障导致停机事故。首先，对单台核电装备的动态运行过程进行建模，基于随机森林、决策树、条件随机场等机器学习方法，识别出核电装备运行状态关键参数，包括流量、温度、背压等，建立核电装备单任务运行状态预测模型。其次，在模型训练过程中，提出迭代预测和跨步预测两种时序预测策略，同时利用仿真数据和真实数据交替训练，对仿真数据域和真实数据域分布偏差进行补偿，进一步提升模型的泛化性。由于单任务模型无法捕捉到核电机组系统多台设备之间的时序、空间交互作用，因此预测结果存在偏差。针对这一问题，采用基于多栈 LSTM、双向 LSTM 等的多视角、多尺度时序预测模型和集成学习框架，对核电装备运行状态的时空特性进行同质化划分，设计多任务集成的核电装备运行状态预测模型，实现对核电机组系统多设备运行状态的协同预测，有效支持运营企业对核电装备综合健康状态的实时监控。

3. 运维经验反馈

运维经验反馈是指将核电站在运行和维修过程中出现的设备故障和人因失误，按照规定的标准界定为不同级别的事件，分析其产生原因并采取纠正措施，防止同类事件的重复发生。首先，对核电装备全生命周期各阶段的业务流程进行梳理，厘清阶段内部的业务运行逻辑，明确其关键业务活动并确定输入、输出接口；基于业务接口关系选择运维事件在全生命周期各阶段的主要特征和数据记录，建立训练数据集及测试数据集；针对运维事件全生命周期的丰富特征和多模态数据，设计多层级融合的深度神经网络模型，通过添加注意力机制将多模态的经验反馈数据嵌入统一的数据子空间，实现经验反馈信息的一致表征和有效交互。其次，利用三维模型在生命周期全流程的一致性原则，提出基于多层渐进式图模型的度量学习方法，对全生命周期各阶段的产品三维模型进行有效表征，并衡量其相似性，在此基础上定义支撑运维经验闭环反馈的跨阶段多业务消息传递模式，打破核电装备运维经验反馈跨阶段信息获取的壁垒，提升经验反馈数据的规范性和有效性。

参考文献

[1] PORTER M E. Competitive advantage: Creating and sustaining superior performance[M]. New York: The Free Press, 1985.

[2] 尚臣，田齐伟，毛欢，等. 国产先进压水堆核电厂通用调试导则的设计方法[J]. 核动力工程，2020, 41(02): 150-154.

[3] 宁思宇，黄德忠，吴珍. 成本控制视角下核电企业价值创造的路径研究[J]. 现代商贸工业，2020, 41(22): 15-17.

[4] LIU P K, CHU P H, HOU J C. Accommodation issue of nuclear power in China: Status quo, barriers and solutions[J]. Energy strategy reviews, 2018, 22: 166-178.

[5] XING J, SONG D Y, WU Y X. HPR1000: Advanced pressurized water reactor with active and passive safety[J]. Engineering, 2016, 2(1): 79-87.

[6] LIU J, LIU J H, ZHUANG C B, et al. Construction method of shop-floor digital twin based on MBSE[J]. Journal of manufacturing systems, 2021, 60: 93-118.

[7] MADNI A M, SIEVERS M. Model-based systems engineering: Motivation, current status, and research opportunities[J]. Systems engineering, 2018, 21(3): 172-190.

[8] HENDERSON K, SALADO A. Value and benefits of model-based systems engineering (MBSE): Evidence from the literature[J]. Systems engineering, 2021, 24(1): 51-66.

[9] HU Z C, LU J Z, CHEN J W, et al. A complexity analysis approach for model-based system engineering[J]. IEEE international conference of system of systems engineering, 2020: 501-506.

[10] LEE T, CHA J M, KIM J Y, et al. Plant modeling based on SysML domain specific language[J]. IEEE international symposium on systems engineering, 2017: 245-249.

[11] YANG Z J, DU H C, LIU Y, et al. Use the Harmony-SE approach to extend the advantages of MBSE[J]. IEEE international conference on industrial electronics and applications, 2021:

223-227.

[12] XU X D, ZHANG S J, HAI X H. Cabin pressurization control system design of civil aircraft by model-based systems engineering[J]. Chinese automation congress, 2017, 100: 3035-3040.

[13] XING J, LIU Z, MA W M, et al. Scaling analysis and evaluation for the design of integral test facility of HRP1000 containment (PANGU)[J]. Nuclear engineering and design, 2021, 373: 111035.

[14] YANG Z D, ZHOU L Y, ZHOU J, et al. Simulation research on passive safety injection system of marine nuclear power plant based on compressed gas[J]. Annals of nuclear energy, 2020, 145: 107552.

[15] WANG X S, SUN L, LIU M R, et al. Evaluation of passive safety injection system performance under larger break LOCA for Qinshan PWR[J]. Frontiers in energy research, 2021, 9: 695773.

[16] JONES D, SNIDER C, NASSEHI A, et al. Characterising the digital twin: A systematic literature review[J]. CIRP journal of manufacturing science and technology, 2020, 29: 36–52.

[17] GRIEVES M. Digital twin: Manufacturing excellence through virtual factory replication[EB/OL]. http: //www. apriso. com/library/Whitepaper_Dr_Grieves_DigitalTwin_ManufacturingExcellence. php. 2014.

[18] TAO F, ZHANG H, LIU A, et al. Digital twin in industry: State-of-the-Art[J]. IEEE transactions on industrial informatics, 2019, 15(4): 2405–2415.

[19] Leiva C. Demystifying the digital thread and digital twin concepts[M], Industry week, 2016.

[20] 陶飞，张萌，程江峰，等. 数字孪生车间——一种未来车间运行新模式[J]. 计算机集成制造系统，2017, 23(1): 1-9.

[21] GABOR T, BELZNER L, KIERMEIER M, et al. A simulation-based architecture for smart cyber-physical systems[J]. IEEE international conference on autonomic computing, 2016: 374-379.

[22] LU Y, LIU C, WANG I K, et al. Digital twin-driven smart manufacturing: connotation, reference model, applications and research issues[J]. Robotics and computer-integrated

manufacturing, 2020, 61(2): 101837.

[23]MELESSE T Y, PASQUALE V D, RIEMMA S. Digital twin models in industrial operations: A systematic literature review[J]. Procedia manufacturing, 2020, 42: 267–272.

[24] ROY R B, MISHRA D A, PAL SK, et al. Digital twin: Current scenario and a case study on a manufacturing process[J]. International journal of advanced manufacturing, 2020, 107(9): 3691–3714.

[25] SCHLEICH B, ANWER N, MATHIEU L, et al. Shaping the digital twin for design and production engineering[J]. CIRP annals, 2017, 66(1): 141–144.

[26] HE B, BAI K J. Digital twin-based sustainable intelligent manufacturing: A review[J]. Advances in manufacturing, 2021, 9(1): 1–21.

[27] VACHALEK J, BARTALSKY L, ROVNY O, et al. The digital twin of an industrial production line within the industry 4. 0 concept[J]. International conference on process control, 2017: 258–262.

[28] BOJE C, GUERRIERO A, KUBICKI S, et al. Towards a semantic construction digital twin: Directions for future research[J]. Automation in construction, 2020, 114(6): 103179.

[29] WANG B. The future of manufacturing: A new perspective[J]. Engineering, 2018, 4(5): 722–728.

[30] EMUAKPOR O S, GEORGE T, BECK J, et al. Material property determination of vibration fatigued DMLS and cold-rolled nickel alloys[J]. ASME turbo expo: power land sea air, 2014.

[31] DEBROY T, ZHANG W, TURNER J, et al. Building digital twins of 3D printing machines[J]. Scripta materialia, 2017, 135: 119–124.

[32] MAJUMDAR P K, FAISALHAIDER M, REIFSNIDER K. Multi-physics response of structural composites and framework for modeling using material geometry[A]. AIAA/ASME/ASCE/AHS/ ASC structures, structural dynamics, and materials conference[C]. Boston: The american institute of aeronautics and astronautics, 2013.

[33] RICKS T M, LACY T, PINEDA, E J, et al. Computationally efficient solution of the highfidelity generalized method of cells micromechanics relations[A]. XIAO X, LOOS A, LIU D. 30th annual technical conference[C]. 2015.

[34] QI Q, TAO F, ZUO Y, et al. Digital twin service towards smart manufacturing[J]. Procedia CIRP, 2018, 72: 237–242.

[35] QI Q, TAO F, HU T, et al. Enabling technologies and tools for digital twin[J]. Journal of manufacturing systems, 2021, 58: 3-21.

[36] HOEBER H, ALSEM D. Life-cycle information management using open-standard BIM[J]. Engineering construction & architectural management, 2016, 23(6): 696–708.

[37] CHEN Y, JUPP J. Model-based systems engineering and through-life information management in complex construction[J]. IFIP international conference on product lifecycle, 2018: 80–92.

[38] 庄存波，刘检华，熊辉，等. 产品数字孪生体的内涵、体系结构及其发展趋势[J]. 计算机集成制造系统，2017, 23(4): 753-768.

[39] PETERS S, FORTIN C, MCSORLEY G. A novel approach to product lifecycle management and engineering using behavioural models for the conceptual design phase[A]. FORTIN C, RIVEST L, BERNARD A, BOURAS A. Product lifecycle management in the digital twin era. PLM 2019. IFIP advances in information and communication technology[C]. Springer, cham, 2019: 159–169.

[40] MABKHOT M M, AL-AHMARI A M, SALAH B. Requirements of the smart factory system: A survey and perspective[J]. Machines, 2018, 6(2): 23.

[41] NASIR M F M, RAHIM A R A, HAMZAH H S. Supply chain management framework development for new multiple life cycle product development[A]. IEEE international conference on industrial engineering and engineering management[C], 2016: 812–816.

[42] LIM K Y H, ZHENG P, CHEN C H. A state-of-the-art survey of digital twin: Techniques, engineering product lifecycle management and business innovation perspectives[J]. Journal of intelligent manufacturing, 2020, 31(6): 1313–1337.

[43] AWOUDA A, ALIEV K, CHIABERT P, et al. Practical implementation of industry 4. 0 based on open access tools and technologies[A]. FORTIN C, RIVEST L, BERNARD, BOURAS A. Product lifecycle management in the digital twin era. PLM 2019. IFIP advances in information and communication technology[C]. Springer, cham, 2019: 94–103.

[44] BARRIOS P, EYNARD B, DANJOU C. Towards a digital thread between industrial internet

of things and product lifecycle management: Experimental work for prototype implementation [A]. IFIP international conference on product lifecycle management[C], 2019: 273–282.

[45] GOTO S, YOSHIE O, FUJIMURA S. Empirical study of multi-party workshop facilitation in strategy planning phase for product lifecycle management system[A]. FORTIN C, RIVEST L, BERNARD, BOURAS A. Product lifecycle management in the digital twin era. PLM 2019. IFIP advances in information and communication technology [C]. Springer, cham, 2019: 82–93.

[46] SINGH V, WILLCOX K E. Engineering design with digital thread[J]. AIAA journal, 2018, 56(11): 4515–4528.

[47] HELU M, HEDBERG T J, BARNARD A F. Reference architecture to integrate heterogeneous manufacturing systems for the digital thread[J]. CIRP journal of manufacturing science and technology, 2017, 19: 191–195.

[48] HEDBERG T J, BARNARD A F, HELU M, et al. Toward a lifecycle information framework and technology in manufacturing[J]. Journal of computing and information science in engineering, 2017, 17(2): 021010.

[49] SIEDLAK D J L, PINON O J, SCHLAIS P R, et al. A digital thread approach to support manufacturing influenced conceptual aircraft design[J]. Research in engineering design, 2017, 29(2): 285–308.

[50] BONE M, BLACKBURN M, KRUSE B, et al. Toward an interoperability and integration framework to enable digital thread[J]. Systems, 2018, 6(4): 46.

[51] SCHLUSE M, PRIGGEMEYER, M, ATORF L, et al. Experimentable digital twins-Streamlining simulation-based systems engineering for industry 4. 0[J]. IEEE transactions on industrial informatics, 2018, 14(4): 1722-1731.

[52] CERRONE A, HOCHHALTER J, HEBER G, et al. On the effects of modeling as-manufactured geometry: Toward digital twin[J]. International journal of aerospace engineering, 2014: 1-10.

[53] ZHENG Y, YANG S, CHENG H. An application framework of digital twin and its case study[J]. Journal of ambient intelligence and humanized computing, 2018, 10(3): 1141–1153.

[54] IVANOV D, DOLGUI A. A digital supply chain twin for managing the disruption risks and resilience in the era of industry 4.0[J]. Production planning & control, 2020, 32(9): 775–788.

[55] TAO F, QI Q, LIU A, et al. Data-driven smart manufacturing[J]. Journal of manufacturing systems, 2018, 48: 157–169.

[56] BORKY J M, BRADLEY T H. 基于模型的系统工程有效方法[M]. 高星海，译. 北京：北京航空航天大学出版社，2019.

[57] CALDER A, WATKINS S G. Information security risk management for ISO27001/ISO27002 [M]. UK: IT Governance Publishing, 2010.

[58] KATSIKOGIANNIS G, MITROPOULOS S, DOULIGERIS C. An identity and access management approach for SOA[J]. IEEE International Symposium on Signal Processing and Information Technology, 2016: 126–131.

[59] DETLEF G, GERT R, ALEXANDER K. Information management in product development workflows - A novel approach on the basis of pseudonymization of product information[J]. Procedia CIRP, 2014, 21: 467–472.

[60] ALAM K M, SADDIK A E. C2PS: A digital twin architecture reference model for the cloud-based cyber-physical systems[J]. IEEE access, 2017, 5: 2050–2062.

[61] SCHLUSE M, ATORF L, ROSSMANN J. Experimentable digital twins for model-based systems engineering and simulation-based development[A]. IEEE international systems conference[C]. 2017: 1–8.

[62] FOURGEAU E, GOMEZ E, HAGEGE M. Managing the embedded systems development process with product lifecycle management[J]. Complex systems design & management asia, 2016, 426: 147–158.

[63] ASHTARI T B, TOBIAS J, BENJAMIN L, et al. An architecture of an intelligent digital twin in a cyber-physical production system[J]. Automatisierungstechnik, 2019, 67(9): 762–782.

[64] TAO F, CHENG J, QI Q, et al. Digital twin-driven product design, manufacturing and service with big data[J]. The International Journal of Advanced Manufacturing Technology, 2018, 94(9): 3563–3576.

[65] ZIMMERMAN P, GILBERT T, SALVATORE F. Digital engineering transformation across the department of defense[J]. The journal of defense modeling and simulation, 2019, 16(4): 325-338.

[66] TAYLOR N, HUMAN C, KRUGER K, et al. Comparison of digital twin development in manufacturing and maritime domains[J]. Service oriented, holonic and multi-agent manufacturing systems for industry of the future, 2019: 158–170.

[67] RANCHAL R, BHARGAVA B. Protecting PLM data throughout their lifecycle[A]. SINGH K, AWASTHI A K. Quality, reliability, security and robustness in heterogeneous networks. lecture notes of the institute for computer sciences, social informatics and telecommunications engineering[C]. Berlin, Heidelberg: Springer, 2013: 633–642.

[68] AMERI F, DUTTA D. Product lifecycle management: Closing the knowledge loops[J]. Computer-aided design and applications, 2005, 2(5): 577–590.

[69] VAZ C R, SELIG P M, VIEGAS C V. A proposal of intellectual capital maturity model (ICMM) evaluation[J]. Journal of intellectual capital, 2019, 20(2): 208–234.

[70] BIAHMOU A, STJEPANDIC J. Towards agile enterprise rights management in engineering collaboration[J]. International journal of agile systems and management, 2016, 9(4): 302–325.

[71] STAIKOPOULOS A, CLIFFE O, POPESCU R, et al. Template-based adaptation of semantic web services with model-driven engineering[J]. IEEE transactions on services computing, 2010, 3(2): 116-130.

第3章

核电装备全生命周期数据空间构建与知识建模挖掘方法

3.1 引言

核电企业是知识密集型企业，其业务领域涉及设计、物项采购、合同商务、工程建设、运行维修等，工作人员需要具备的学科知识涉及物理学、传热学、水化学、电气、仪控和材料学等，因此需要用数以万计的术语来描述核电站及其相关业务。然而，这些术语散落在专业人员头脑中或各类技术文件和标准中，至今未能形成核电工程术语及其关系全局图，辅助专业人员以“纵览全貌”的方式熟悉和了解核电站本身结构及相关业务等。同时，在核电装备构建的过程中，专业人员需要掌握设计、制造、安装、调试、运行等方面的大量知识。综上所述，核电行业发展至今，仍缺少能描述和表达“核电站及其相关业务的术语和逻辑语义关系”的有效方法和工具。

本章针对核电装备大规模多专业异构数据资源集成管理缺乏适应性、知识分类及表征能力不足、知识匹配服务准确度低等问题，系统梳理核电装备全生命周期数据资源与知识管理的需求与挑战，提出核电装备领域元数据统一表征方法，从多专业协同及异地协同两个角度，建立多源异构数据空间数据集成模型，实现核电装备数据空间质量稽核；从产品结构对象的分类维度、专业领域的分类维度、需求重要性/使用频次的分类维度对核电知识体系进行建模，构建融合自然语言和其他类型文本的初始知识语料库，深入研究知识网络动态关联方法，实现基于实体聚类的核电装备知识网络演化；从场景特征感知和用户画像建模两个角度进行个性化知识主动推送，实现核电知识的快速有效查询，提升知识网络的服务质量与应用价值，突破多源异构数据空间动态构建、大规模知识网络表征建模、多类

型知识挖掘与智能推送等技术与方法。

3.2 核电装备全生命周期数据资源与知识管理需求与挑战

3.2.1 核电装备数据空间与知识工程内涵

数据是对客观事实进行记录的物理符号及其组合，数据本身无特定含义，只是记录事物的性质、形态、数量、特征的抽象符号[1]。而信息是对数据进行加工处理后得到的，是对客观世界运动状态及其状态改变的反映。因此，数据是构成信息的原始材料，并非所有的数据都是信息[2]。在大数据、人工智能、工业互联网等与传统工业深度融合的背景下，数据已成为最终的生产要素[3]。

知识是在信息的基础上形成的，但信息绝对不等同于知识。只有将反映自然现象和社会现象的信息经过加工，上升为对自然和社会发展客观规律的认识，这种再生信息才构成知识。要发挥知识的作用，则需要了解和掌握相关信息。信息概念的范围远大于知识概念的范围，信息是构成世界（包括无机自然界、生命世界、精神世界和人类社会）的基本要素之一；知识仅属于精神活动的领域，只是自为、再生信息的表现形式，并且知识的获得依赖对自在信息的辨识、把握、处理和改造。

一般意义上的知识管理，多以知识为研究对象，以知识流的视角研究知识的鉴别（鉴）、创造、获取（采）、存储（存）、共享（享）与应用（用），关注重点多停留于知识本身，即将一般文档管理的思维延续至知识管理，对业务侧仅提供知识检索、查询的服务[4]。

知识工程是依托信息技术，最大程度地实现信息关联和知识关联，并将关联的知识和信息作为企业智力资产以人机交互方式进行管理和利用，在使用中提升其价值，以促进技术创新和管理创新，提升企业的核心竞争力，推动企业持续发展的全部相关活动。

核电站研发建设过程中的数据资源与知识管理涉及的范围相当广，从工程设计、设备制造、建筑安装、调试直至满功率运行，管理持续时间长。设备制造、建筑安装、调试甚至运行维护都要以设计数据为依据。核电装备协同设计以数据和模型为核心，通过统一的设计基础数据库和规范的设计流程，为全专业设计提供先进的数字化协同设计工具、方法和计算服务，以实现各专业在统一平台上开展数字化协同设计，有效提升了设计院信息化水平，促进了设计质量和设计效率显著提升[5]。

1. 核电站总体设计数字化管理

核电站总体设计涵盖设计业务、工作流程、协同编辑、设计工具和数据管理的全要素，实现数据协同、文件协同、业务协同、工具集成的完整功能，管控设计全过程，积累设计数据，有效提升设计质量和设计效率。总体设计的主要架构包括总体技术、总体运行灾害分析、环境保护等内容。总体设计的建设目标和内容主要包括设计主数据管控、核电站系统功能分析分配和核电站失电分析等。在设计主数据管控方面，针对传统的基于文件的管理存在查询不方便、升级周期长、更新不及时等问题，分析结构化文件中的有效数据，进行结构化数据管理，实时展示数据变化，方便查询与修改。在核电站系统功能分析分配方面，利用信息系统，完成核电站功能分析分配的设计工作，将系统功能分析分配的过程和结果结构化，形成树状组织。在核电站失电分析方面，针对不同专业间以文档提资的形式交换基础数据存在查询不方便、版本不一致等问题，将失电分析的基础数据结构化，进行结构化数据管理。

2. 核电站系统设计数字化管理

核电站系统设计是其他专业类设计甚至整个核电站建造过程的输入/源头。核电站系统设计数字化管理是以自动化的流程图绘制、数据协同及管理软件为核心，将设计活动与设计流程相关联，覆盖核电站工艺系统设计全专业、全部门的业务流程，通过对设计数据和流程的管控，服务于工艺系统的流程图绘制、系统协同设计及工程数据集成管理[6]。通过自主开发的核电站系统设计数据管理系统，实现在线系统设计、统一设计管控及数据协同，进而实现工艺图纸智能化、报表自动化及图数一体化，为核电站系统设计提供数字化的设计生产服务。

3. 核电站布置设计数字化管理

核电站布置设计可划分为不同的阶段，根据各专业的设计范围和工作流程，在各阶段对三维模型数据进行检查和发布，同时保存中间成果，必要时检查过程数据的准确性。通过数据的检查和发布，确保综合布置初步设计过程中没有遗漏项，同时验证布置设计过程和结果能否匹配。

电厂三维设计管理系统（Plant Design Management System，PDMS）是目前通用的先进工程设计管理工具，对核电工程项目而言，它不仅可以缩短工程设计时间，还可以提高设计质量、减少设计差错。核电站三维协同设计依托 PDMS 开展，不仅能够形成完整的核电站三维模型，而且能记录完整的多专业设计工程参数，为核电站设计、施工、调试、运行、检修和退役全生命周期的数据管理提供基础。核电站设计要实现系统设计、布置设计、仿真分析的一体化集成，必须坚持以数据为中心、以网络为依托、以协同设计为技术支撑，联合多专业一起开展统一平台、统一数据格式的三维设计。开发基于 PDMS 的三维协同设计平台可以提高核电站设计质量，降低设计、运行、管理、维修的各项成本，从而全面提高核电站的价值效益。

核电站三维协同设计平台主要包括以下 7 个部分，各部分通过开发接口实现数据联动和设计协同。

（1）布置设计：开展三维布置设计的主要工具，负责整个核电站的全专业布置设计，包括土建、管道、电气、桥架、暖通、仪控、支吊架和设备等设计模块。

（2）材料管理：负责核电站的材料管理，包括材料编码、设计选用、数据统计、采购和管理等方面，主要依据项目资源管理系统进行建设。

（3）核电设备三维设计：负责核电站三维设备设计，主要以设备协同平台和设备设计软件为核心进行三维设备设计。

（4）电仪设计：负责核电站电气和仪控设计，采用自主研发方式，建立核电站电仪设计平台。

（5）系统设计：负责核电站系统设计和工艺流程设计，建立核电站系统设计体系。

（6）仿真分析：以成熟的商业软件为基础，针对核电站进行各专业的仿真分析，包括力学分析、工程模拟、流体计算等。

（7）设计数据中心：存储和管理整个核电站的数据，并以设计数据中心为桥梁实现各专业之间的设计协同。

为了保证各专业设计之间的有效协同，核电站全部专业三维布置，包括总体、土建、设备、工艺管道、暖通、电气、仪控和辐屏，都基于三维模型进行协同设计，实现各设计专业之间的无缝连接。

4. 核电站设备设计数字化管理

核岛设备是核电站的重要组成部分，压力容器内部放置了反应堆的堆芯，是核电站的“心脏”。核岛设备设计不仅具有一般复杂工业产品设计的特点，还具有安全性和可靠性要求高、技术等级高、质量要求高等鲜明的行业特点。

核电设计院主要负责以下设备设计工作（一个核电项目所涉及的核岛非标设备约200种）。

（1）一回路设备：RPV、SG、PZR、CRDM。

（2）容器及换热器（核级、非核级）：贮存罐、再生式热交换器。

（3）设备重型支撑件及保温装备：RPV、SG、PZR、ACC等设备的重型支撑、保温器。

（4）机电设备：阀门、电梯、机器人等。

（5）专用工具与设备：主设备专用工具、环吊、MSTM。

（6）燃料操作设备：燃料操作及存储系统、燃料传递系统设备等。

（7）三废料处理设备：自动滤芯封装工具等。

核电站设备设计基本过程如下：首先从外部专业获取设计输入，其次是通过强度计算确定设备的几何尺寸，最后开展三维模型设计，并对设计的模型进行仿真分析，验证其各项性能。

核电站设备设计的特点在于：

（1）单个设备组成复杂，部件繁多。

（2）各环节内部及环节之间需要不断迭代和优化，设计变更较多。

（3）仿真分析类型较多，包括应力分析、动力学分析、疲劳分析、断裂分析、热工水力分析等。

核电站设备设计的挑战在于：

（1）核电装备系统复杂，设计周期长，涉及学科多。

（2）核电装备设计仍处于“单兵作战”的各专业独立设计模式，设计过程缺乏规范化、协同化管控。

（3）设计数据缺乏有效利用，数据独立存在、缺乏关联，数据价值难以挖掘，设计经验难以沉淀和共享。

核电站设备设计数字化管理的实施内容主要包括以下几方面：

（1）设备设计全景图（27大类、150余小类）：核电设备设计活动的全景图，用于规范设计过程，直观展示设计进展。

（2）设备过程管控：包括设计任务、设计（进度）统计、技术决策/审批、设计提资。

（3）仿真分析流程化：抽象不同专业、不同领域的仿真分析过程，建立统一的流程模板。定制仿真设计流程模板，将数据、数据关系、数据规则、设计软件、脚本、设计步骤统一封装，用户只需要实例化对应的设计模板即可开展设计工作，实现仿真设计过程规范

化和标准化。支持自定义流程，实现设计经验沉淀和推广。通过流程数据管理，支持不同设计流程间的数据交互、链接、引用，解决上下游迭代设计的数据协同问题。

（4）多专业设计分析工具集成：集成18款商用软件、170款自研软件，成功应用于主泵泵壳、核电容器设备设计。对于重复工作的建模/仿真过程，定制开发专用软件，通过参数化输入即可实现快速建模/仿真。

（5）向导式强度校核计算（协同计算）：传统计算散落在各个独立的本地计算单元（PC）上，常出现版本不一致现象（横向版本不一致），通过开发标准化计算模板（9套规范、170份校核模板），实现统一管理计算公式、集成材料（多源）数据、自动生成计算报告。

（6）三维模型结构设计：传统三维模型通过公共文件夹存储，基于命名格式区分设计版本，缺乏协同化设计，设计数据难以共享。采用PDM系统，打通PDM、SolidWorks的接口，实现模型集成和版本管控，通过关键数据连接映射，实现PDM系统与设计平台的连接和数据联动。

（7）设计数据管理：对于二维模型库、三维模型库、材料数据库、文件库、设计流程模板库，按照“项目-设计阶段-设备”维度管理各项数据，同时建立数据联系，形成数据链，实现数据增值；对于不同版本、不同迭代过程的数据，支持多个版本数据的并行存储，实现迭代数据对比和追溯。

（8）打通数据接口（跨平台多专业设计）：打通设计数据总线，消除信息孤岛，实现数据互联互通，构建协同研发环境。

5. 核电站其他设计专业数字化管理

电气设计包含基础数据管理、工程管理、主接线设计、中低压系统设计、电气二次设计和平面设计六大功能模块。通过规范化、电子化的设计流程和数据管理模式，实现全面的数字化电气协同设计。通过电气设计法规、标准及知识集成，实现电气专业设计缺陷自动排除和设计验证的智能化、自动化。

仪控设计包含基础数据管理、工程管理、仪表设计、控制逻辑图设计、电缆施工设计、画面设计和报警卡设计七大功能模块，实现全面的数字化仪控设计，支撑仪控设计与上游工艺系统专业和下游设计单位的数据交互，同时实现仪控设计的自动纠错和数据检查。

土建设计基于同一数据模型，集成厂址、总图、建筑和结构等专业的设计数据和软件。同时，土建设计通过自有模型或集成其他专业的设计模型实现全厂三维模型总装。通过统一的基础元件库、规范化的设计流程，为土建设计及相关专业提供数字化协同设计工具、方法，实现集约化管控土建设计成果。

辐屏设计集成了辐屏专业的数字化设计工具，是辐屏专业唯一合法设计文件生产渠道。

技经设计由门户、任务、流程、知识和设计工具等模块构成，为技经专业设计业务提供一体化设计服务，对业务流程、设计工具、过程及成果文件、数据、知识、经验等进行集中管理，实现技经设计的集约化、流程化、协同化，规范设计过程。

3.2.2 核电装备全生命周期数据资源与知识管理需求

在核电装备数据资源与知识管理中，按照生产业务（核电工程设计、建造、调试等）、公司职能经营业务两大类业务需求，梳理各类业务的重点知识需求业务环节、业务岗位及知识类别，盘点内部已有的各类知识资源，按照“整合、加工、服务”的思维推进内部知识的应用。通过信息化手段（知识管理系统、本体构建系统、搜索中心，以及与各类业务系统的集成对接），实现知识的“手动伴随、智能检索、自动推送（按岗位推送、按业务流程节点推送、按平台界面推送）”等。

创新决定着企业及社会组织的未来竞争力与技术发展方向，而技术创新是其中的重要内容[7]。随着新一代信息和通信技术的发展，应基于知识库、通用语义关系及行业语义关系，依托计算机辅助创新工具开展专项技术验证，为企业内部技术创新助力赋能。

1. 核电装备数据资源管理现状与业务需求

核电装备设计阶段涉及的部门、单位众多，配合关系复杂，不同核安全等级的核电装备质量管理方法差异很大，在不同信息化平台之间存在大量动态的内部和外部接口，导致核电装备数据来源繁多、数据格式异构、数据语义复杂且版本多变。核电装备布置设计具有不断反复、螺旋上升的特点，涉及专业众多、各类接口繁多、交互过程复杂，是核电设计中耗费工时最多的活动。三维布置的主体设计内容有土建/钢结构、工艺系统机械设备及管道、通风设备及风管、电气和仪控设备、电缆桥架、仪表管道等。除这些主体设计内容外，还有房间、防火分区、安装分区、辐射分区等辅助设计内容。以管道为例，管道编号、管道特征参数、管道阀门和仪表接口、在线管道附件（法兰、限流孔板、测量孔板、喷淋头等）、支架结构及支架功能、位置、编码、焊缝信息、保温需求及厚度等信息均要在三维模型中实现数据集成。

将多专业、多物项布置在有限的空间内，难免存在很多问题，如最基本的碰撞检查、布置避让，若不采用信息化手段，实现布置设计模型实时可视，协同效率将十分低下。设计部门通常采用各类专业化工具，如针对地质、地形、总体、初步设计、管道、应力计算、仿真计算、项目进度、文档管理等的工具。从表面上看，各类专业化工具很有针对性且好上手，但从设计院协同和项目全生命周期的角度来看，存在信息不一致、格式不统一、数据关联性缺失、迭代沟通耗时、变更困难等隐性成本和风险。由于设计协同缺失，工程师们要从传统的串行设计转为并行设计显得十分困难，只能单纯地通过增加迭代次数来弥补，这就会造成在校审和会签上浪费大量时间。

在核电装备设计过程中，数据技术状态控制是影响数据质量的核心问题之一，其所涵盖的数据量庞大、参与者众多、接口信息复杂，并直接指导物资采购与现场安装等活动，因而是数据质量管理的优先领域[8]。“华龙一号”首堆设计在基于 PDMS 的三维布置设计平台上全面开展，在实际设计过程中面临以下问题：第一，各专业设计产生的三维设计物项多，物项模型复杂，每类物项还有对应的设计状态、校审设计活动，最终形成的设计参数、属性等数据达到百万数量级；第二，“华龙一号”首堆设计属于自主设计，设计过程中面临大量的设计迭代，经常出现由于专业接口变化、设计优化等导致设计方案修改；第三，面对海量设计数据，以及频繁的设计迭代，加上项目进度的压力，人因失误率比较高。

核电设计院一般采用抽查的方式开展数据质量检查，设计成品的数据量庞大，设计流程和接口复杂，即使抽查 10%设计成品也需要很大的人力投入，并且质量检查工作需要周期性开展。然而，三维布置设计平台尚不具备数据空间同步功能，因此，更高效地完成设计模型数据同步，实现数据质量自动化批量检查，成为现阶段核电站数据资源管理的核心需求。

2. 核电装备知识资源管理现状与业务需求

1）核电装备知识资源组织与结构化管理

由于核电装备具有多重复杂性耦合的特点（场景复杂、结构复杂、状态复杂），核电装备知识网络的构建首先需要建立包含设计阶段所有知识的领域本体模型，领域本体建模的主要工作是人工收集大量领域概念，并分析不同概念间的关系。知识表征和抽取技术可为智能系统表征知识，从而使智能系统获得解决复杂问题的能力。知识图谱（Knowledge Graph，KG）技术是近年来兴起的热门人工智能技术，被广泛应用于知识表达、自动推理、对话生成、自动问答等人工智能系统中，受到学术界和工业界人士的极大关注[9]。

核电装备设计知识是在实践中不断总结形成、具有参考意义的数据信息资源，大部分处于分库分类存储状态，知识间仅有单一的“纵向分类继承”关系，而更为丰富多元、错综繁杂的多维度聚类、前后摘引、推理演绎等关系无法呈现。尽管有人采用画板工具、人工定期绘制图谱的方式予以呈现，但实践证明，这种方式的投入产出比、图谱关系的动态时效性无法保证。核电装备布置设计是整个核电设计过程的重要环节，一般需要根据参考电站进行翻版设计，即对部分布置设计知识进行重用，因此需要通过管道布置图、设备就位图、土建接口图等理解设计人员的设计意图，还需要通过语义推理等方法理解布置设计的过程信息、设计原理、设计约束等与设计推理直接相关的信息，这些信息层次复杂、规模庞大，在布置设计活动产生的信息中占绝大部分。通过对知识网络中多维语义信息的深入研究，将布置设计环节涉及的所有知识资源进行语义表示与关联建模，可以为布置设计知识的共享、融合和推送提供有力的技术支撑。

2）核电装备知识资源应用与智能服务

随着知识网络技术的成熟，基于知识网络的应用也逐渐丰富起来，包括跨语种认知检索、智能专家系统、知识推送系统等。在制造、电力传输等传统行业，结合知识网络优化现有技术的研究也不断涌现。目前，知识服务已成为很多行业和领域的热门研究，针对协同设计中的知识服务，近年来国内外学者也做出了大量成果[10]。

知识不仅是一种社会积累，也是一种可以创造价值的资产。现代社会，人们越来越重视知识的价值，在知识的重用和共享方面取得了一定的成绩，也越来越重视将智能设计系统与知识相结合的智能设计技术。随着知识工程在核电装备全生命周期得到广泛应用，以及对基于知识的工程技术的研究深入，基于知识的应用和服务技术开始在核电设计业务中发挥作用，机器学习、深度学习等技术也逐渐被应用到核电工程的大部分领域，这使得核电业务系统共享继承、融合推理等功能的实现更加方便。

3.2.3 核电装备知识管理和知识工程实施面临的挑战

核电企业是知识密集型企业，其业务领域涉及设计、物项采购、合同商务、工程建设、运行维修等，工作人员需要具备的学科知识涉及物理学、传热学、水化学、电气、仪控和材料学等。为了维护核安全，核电企业所采用的都是非常成熟的技术，而且在机组运行期间不允许随意变更，所以只要将其中蕴含的知识提炼出来，就可以在机组全生命周期内有效利用。核电企业非常重视文档管理和信息管理，文档管理和信息管理的水平都非常高，这为知识管理的实施打下了良好的基础。核电企业开展知识管理并在业务领域受益，将取得可观的经济效益和社会效益。

核电工程设计是根据核电工程的要求，对建设工程所需的技术、经济、环境、资源等条件进行综合分析、论证，编制工程设计文件的活动，具体而言，是指根据批准的设计任务书，按照国家的有关政策、法规、技术规范，在规定的场地范围内，对拟建工程进行详细规划、布局，把可行性研究中推荐的最佳方案具体化，形成图纸、文字，为工程实施提供依据。

按照常规的设计流程，核电设计一般包括概念设计、初步设计、详细设计和竣工文件编制几个阶段[11]。有时在概念设计之后，还会进行总体设计。核电站由100多个子项、300多个系统组成，其建设是一项庞大的系统工程，从立项到满功率运行至少需要七八年时间。为了达到安全、经济的目标，在核电站设计中常常要求应用成熟的技术。核电站的设计应采用已被实践证明是安全的或通过验证证明是安全的技术。最有效的方法是选取一个已经建成、运行良好的核电站作为翻版[12]。这就是“参考电站”。参考电站的系统设计、厂房布置、设备要求、控制条件等都是确定的，这非常有利于设计的开展、施工的准备和核安全部门的审批，能为工程建设带来极大的方便。目前国内大部分在建核电站均采用翻版加改进的路线，以翻版为主，同时实施适度改进。由于采用翻版加改进的设计路线，部分设计知识可以进行重用，即基于过去的知识和经验进行设计，知识管理能够辅助进行知识重用，而知识重用对于提高设计效率有很大帮助。

1. 核电装备概念设计阶段

概念设计即利用设计概念并以其为主线贯穿全部设计过程的设计方法[13]。概念设计是完整而全面的设计过程，它通过设计概念将设计者繁复的感性和瞬间思维上升为统一的理性思维，从而完成整个设计。该阶段的主要任务是确定与参考电站的不同之处（厂址适应性、改进项、规范变化、新技术），并做出设计方案。对无参考电站的新建核电站，有必要进行概念设计，以确定各系统和子项的设计方案。

对于核电站这样复杂的工程项目，开展概念设计是非常必要的。概念设计可被视为初步设计的准备阶段，所以又称预初步设计。概念设计一般在项目前期准备过程中就开展，国外通常要花很长时间来开展概念设计，而在我国通常不注意这个阶段的工作，或者将其作为总体设计的一部分来开展，往往使后面的初步设计显得仓促。

概念设计的一部分工作成果可作为可行性研究的重要依据，也可作为总体设计的内容，为后续的初步设计奠定基础。概念设计的开展使早期的现场准备工作更具针对性，如四通一平设计、现场的总体规划设计等。概念设计可以为早期的设备招标提供依据，有些设备不能等到初步设计出设备规格书后再去招标，这些设备的资料将作为初步设计的输入，这样的设备往往需要提早招标，如主设备、汽轮机、发电机等。

2. 核电装备总体设计阶段

总体设计阶段的主要任务是确定适用的法规和标准，确定总体方案和总参数，编制招标技术文件，确定总体设计准则与布置准则[14]。其意义在于进一步落实和深化方案设计，为以后的初步设计和现场施工做好准备；同时，明确改进项目和业主的具体经济及技术要求，为继续开展工程设计统一技术条件，明确设计分工和接口，确定部分主要设备的技术条件。由于总体设计在审批程序中没有要求，各工程实际开展的总体设计不完全相同，对于有参考电站的工程无须进行各系统的总体设计，或者简单地梳理一下总参数即可。如果已经进行了概念设计，则可将概念设计的成果纳入总体设计。对于无参考电站的项目，如果没有进行概念设计，则应在这个阶段对主要系统进行方案设计。

总体设计实际不是工程设计的一个阶段，由于核电项目的复杂性，通常在核电项目中由几家设计单位共同进行工程设计，在开展工程设计前，需要进行一次总体设计，把项目带总体性的内容确定下来，同时制定统一的设计规则，建立统一的设计平台和设计管理平台。

总体设计的主要内容如下：

（1）确定核电站规模，包括系统组成、子项组成和总参数；

（2）确定总平面布置，特别是海工方案、地基处理和施工用地规划等；

（3）落实主要设备及设备采购方案；

（4）确定新建核电站与参考电站的不同点，以及由此产生的影响；

（5）确定设计分工、设计进度、设计管理相关程序。

3. 核电装备初步设计阶段

初步设计阶段是我国基本建设程序规定的设计阶段，是工程设计非常重要的阶段，在这一阶段各系统、子项的技术方案必须落实，主要设备规格书和设备材料清单要编制完成，具备对外招标采购的条件[15]。

1）初步设计的任务

在核电站初步设计阶段，通常一方面按照核电站需要的各类工程文件进行设计，另一方面专门编制上报文件供审评用。具体任务包括：落实建厂规模和总体技术方案，完成全厂建、构筑物组成和总平面设计，为征地移民、场地准备、土石方工程、施工单位招标和施工准备创造条件，完成主要工艺系统设计和厂房布置，为施工图设计提供依据；提出主要设备的技术规格书或技术条件，编制初步的设备材料清单，为设备订货和主要材料的落实提供依据；编制工程概算，满足投资控制和招标的要求；确定生产组织和人员编制，为人员招聘与培训及辅助设施的建设提供依据；编制工程建设进度，为资金筹措、投资计划和各种资源的配备提供依据；初步设计阶段编制的专项设计文件要为国家审管部门审评工作创造条件。

2）初步设计的依据

主要依据如下：可行性研究报告及国家和上级主管部门审批可行性研究报告的批文；可行性研究阶段开展的各项勘察、调查和试验研究工作，经有关部门组织审查后的成果报告及审查结论；经电力部门审查的电网接入系统的方案和批文；国家审管部门和行业主管部门发布的设计与建造法规、标准；项目业主与工程总承包单位之间的合同。

3）初步设计审查

投资是企业行为，因此初步设计一般需要得到投资方的批准，投资方作为投资主体，要审查核电项目的初步设计。针对翻版项目，投资主体主要审查改进项和投资概算。

4. 核电装备详细设计阶段

详细设计是设计工作中工作量最大、设计周期最长、设计接口最复杂、设计内容最多的部分。详细设计的主要任务如下：根据初步设计及其审批文件的要求，编制满足工程项目要求的施工图及相关文件，为现场施工、设备采购、安装调试提供全方位的设计图纸、技术文件等。详细设计的内容包括堆芯设计（核设计、热工水力设计、反应堆源项及辐射屏蔽设计、燃料组件及其相关组件设计）、机械流体系统设计、设备设计（非标设计和标准设计）、仪表和控制系统设计、电气系统设计、通风设计、厂房布置设计、土建设计等。

5. 核电装备知识资源管理面临的挑战

核电装备制造，作为一种传统、复杂的离散型制造，其业务具有“生命周期长、参与人员多、实物对象复杂、技术专业性强、人（人员）机（工具）物（对象）事（工作）交互程度高”等显著特点。

核电业务性质、信息技术发展进程，决定了传统核电知识工程多以“纯人工模式”推进开展，知识的创建、升版、评审、发布、推荐、收藏、搜索、评价、订阅、图谱、模板设计与权限控制，都由人工完成并表现出以下特征。

1）知识资源富集孤岛

核电行业已实施开发了若干信息平台，建立了完整、多元的知识资源体系，包括图纸、法规、专利、论文、标准、程序、工具书、指南、手册、情报、模板、培训讲义、报告、技术成果、经验反馈、题库等，内容存量巨大、增量翻倍。知识资源载体类别丰富多元，包括电子文件、图像、音频、视频、网页、流程与表单等。这些知识资源表现形式各不相同，呈异构态，结构化数据、半结构化数据和非结构化数据交杂在一起。同时，按照不同的管理模式、借助不同的信息平台进行仓储式分库存储，交由不同归口方组织进行统筹管理。归口方、信息平台、管理模式、数据结构等方面的差异，导致行业内形成一座座知识孤岛。多库分散存储导致知识壁垒严重，本质相同或相近的知识原料在各库中反复存储。

2）知识资源整合应用手段传统

由于集中存储实施难度大、成本高，加上各知识资源牵头方对自身利益的考虑，核电知识工程多采用“分库存储、各自检索”。

（1）知识存储：各知识库按照分库分类、内部检索的原则，注重并依赖知识分类，只允许将某个知识资源归属到一个类别下，采用“通过一个标签定位置、一个鸡蛋只可放到一个篮子中”的原则，以确保本库内各知识资源的唯一性。实际上，知识资源标签多元、归属多维。随着知识资源的积累，“一个标签定终身”方式的局限性愈加明显。知识关系基于分库分类存储，知识间仅有“纵向分类继承”关系，而更为丰富多元、错综繁杂的多维度聚类、前后摘引、推理演绎等关系无法呈现。尽管有人采用画板工具、人工定期绘制图谱的方式予以呈现，但实践证明，这种方式的投入产出比、图谱关系的动态时效性无法保证。

（2）知识搜索：多采用基于关键字的检索，要求知识用户能够准确表达出自己的应用诉求，即给出准确的关键词，这种搜索方式对知识用户的要求较为苛刻。同时，知识资源创造者、知识资源牵头方、知识用户针对同一知识资源的创造、应用在时间或空间上是孤立的，由于三者在工作经历、学历、专业背景等方面的差异，对同一知识资源的理解、表述就存在偏差，因此针对同一知识资源的标记关键词也未必完全相同。

（3）知识应用方式：主要有人工推荐、手动伴随、置顶、专题、热点、个人收藏/订阅，这些方式均“以人为主”，且知识、业务之间存在断层，使知识应用的效果大打折扣。

3）各方关注但未形成合力

在企业组织支持方面，知识工程是一项生产辅助型工作，既具有管理特征，又与技术业务密切相关。知识工程需要持续投入，纯人工推进模式投入大、见效慢，因此在上级组织或领导支持方面处于不利局势。

在员工参与方面，核电谨慎保守的行业文化、核电从业者的性格与专业背景、本职生产工作的繁重，导致员工参与知识梳理和应用的主观意愿低，需要一定的氛围才肯参与。即便内部设置了主题讨论组、论坛、社区等技术交流平台，活跃度也无法保持。

各类知识资源的牵头方只是本组织中知识群体的一部分，牵头方能够创造的“人人贡献知识、人人应用知识”的氛围有限，最终会演变成“员工参与意愿低而导致牵头方无法营造氛围、缺少氛围而导致员工不愿参与”的双向负反馈效应。

4）知识资源数量与质量间存在两难抉择

面对“员工参与意愿低而导致牵头方无法营造氛围、缺少氛围而导致员工不愿参与”的双向负反馈效应，牵头方只能在知识资源的数量和质量间做两难抉择。

“编校审批的严格精耕式（知识创建经过编校审批流程）”能够在一定程度上保证知识资源的品质，但会降低员工参与知识创建和应用的主观意愿。“完全放任粗放式（知识创建不经过编校审批流程）、考核指标制、激励诱导式”则能保证知识资源数量可观，但由于校核机制的缺失或利益的驱动，则会催生一些劣质知识资源。

5）效果评价主观成分高

纯人工模式下的知识工程对人的依赖程度较高。然而，知识工程属于智力型劳动、隐蔽性活动。业务工作成功与否，与是否正确应用了新知识，没有直接关联。短期效果无法通过科学客观的技术手段来直接定量测量，只能通过一些表观现象来间接定性判断。

因此，针对知识工程效果的评价，一般依托相关信息平台的统计报表，或者从管理角度设置评价指标、人工填写问卷或打分。其中，相关信息平台的统计报表只能载明知识创建和应用的部分环节，无法实现全周期同口径评价；人工填写问卷或打分，由于主观理解的差异，知识资源创造者、知识资源牵头方、知识用户各自的“评价标尺、主观感受不同”，导致评价结果存在一定程度的失准。上述因素均不同程度加大了纯人工模式下知识获取、应用的难度与成本。面对已积累的海量知识资源、翻倍的知识增量、多元而个性化的知识应用需求，纯人工模式下知识工程的局限性日益凸显，其实施效果远不及最初预期。

目前，核电装备设计、生产、管理和服务的智能化水平仍然偏低，制约了核电企业安全和经济两大核心指标的持续优化，核电装备知识资源管理和知识工程实施中具体存在的问题可以总结为以下几个。

（1）数据多源异构。核电装备制造企业数据量庞大、参与者众多、接口信息复杂，内外部海量数据多源异构，标准不统一、体系性差，导致数据融合、认知、分析、挖掘不充分。

（2）知识资源多库分散存储。核电行业已实施开发了若干信息平台，但知识资源多库分散存储，导致知识壁垒严重，本质相同或相近的知识原料在各库中反复存储。

（3）知识资源应用不足。分库分类存储导致知识之间的多维度聚类、前后摘引、推理演绎等关系无法呈现，知识网络动态时效性无法保证，且知识、业务之间存在断层，使知识应用的效果大打折扣。

（4）知识工程对人的依赖程度较高。纯人工模式下的知识工程对人的依赖程度较高。由于主观理解的差异，知识资源创造者、知识资源牵头方、知识用户的评价标尺不同，导致评价结果存在一定程度的失准。

针对以上几个问题，要重点研究核电装备全生命周期数据空间构建与知识建模挖掘技术和方法，挖掘核电装备数据资源和知识管理的核心内容和关键要素，提升核电装备知识管理和应用服务的效率和质量。

3.3 核电装备数据空间构建与治理方法

3.3.1 核电装备领域元数据统一表征

元数据的作用是描述数据信息。元数据是“数据的数据”（Data about Data），是通过结构化的方式对数据对象的属性特征进行描述的数据。通过元数据可以快速检索、访问数据库，可以有效利用海量数据资源，从而满足用户对不同类型数据的需求，以及交换、更新、检索和数据库集成等操作。目前元数据的发展呈多元化格局，元数据大致可以分为两类：一是以详细描述信息资源为目标的元数据，二是以检索信息资源为目标的元数据。以详细描述信息资源为目标的元数据在满足检索、选择和定位信息资源的同时，对信息资源的各类特征及关系进行尽可能详细的描述。以检索信息资源为目标的元数据强调检索功能，分析信息资源的检索特征，主要解决用户的检索问题，使用户能真正检索到其所需要的信息资源，其中最具代表性的元数据格式为统一资源标识符（Uniform Resource Identifier，URI）。

借助元数据描述数据空间正是为了应对核电装备数据空间的复杂性。使用元数据能够促进数据空间管理效率的提高，也能促进数据空间利用率的提高，帮助用户更准确和便利地使用数据空间，并实现更规范地管理数据空间。

1. 核电装备领域元数据描述框架

核电装备领域元数据按照模型专业划分主要涉及土建结构数据、设备数据、工艺管道数据、暖通风管数据、电缆桥架数据、仪表管数据、支架数据等。图 3.3.1 展示了核电装备领域元数据分类描述框架，为元数据模型的构建奠定了基础。

基于核电装备领域元数据分类描述框架，以工艺管道专业为例，构建核电装备管道元数据模型，见表 3.3.1。工艺管道核心数据涉及层次结构划分、命名规则制定、点集设置、型集设置和参数设置 5 个方面，具体包括层次结构、命名规则、入口点和出口点、弯头、公称直径、外径、连接形式等数据。

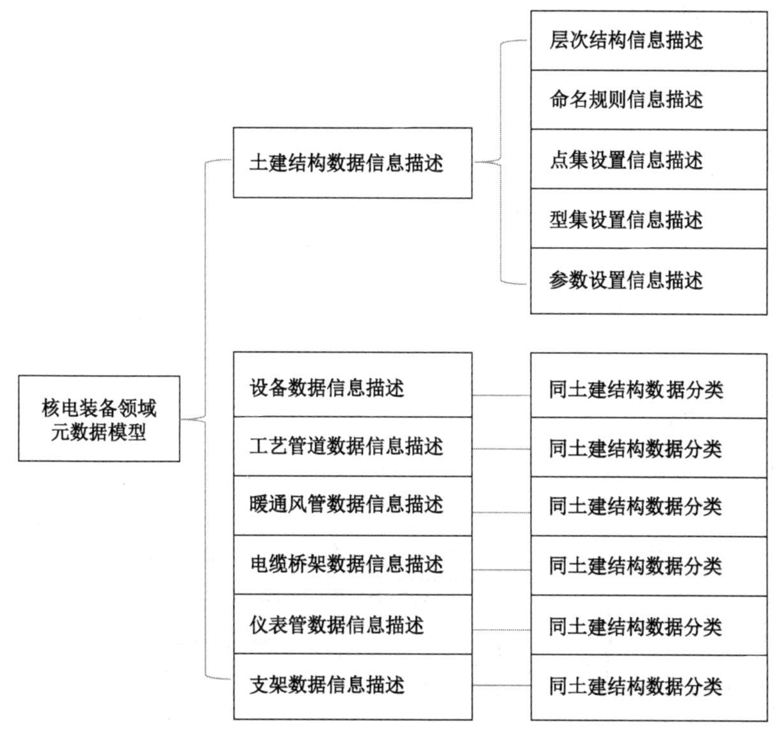

图 3.3.1 核电装备领域元数据分类描述框架

表 3.3.1 核电装备管道元数据模型

序 号	元 素 名	定 义	示 例
A	工艺管道数据信息	描述工艺管件相关信息	
└A01	层次结构	根据软件规则划分元件各层次	CATA,CATE,SCOM
└A02	命名规则	规范各层次的名称	ASME 16.9-2003
└A03	点集	关键点设置	
A0301	入口点	流体介质流入点	P1
A0302	出口点	流体介质流出点	P2
└A04	型集	管件外形设置	
A0401	弯头	弯头管件	SCTO
└A05	参数	管件必要参数	
A0501	公称直径	管件的公称直径	DN100
A0502	连接形式	管件间连接形式	BWD（对焊）
A0503	外径	管件的外径	114.3mm

2. 核电装备 PDMS 数据库

基于上述元数据模型，构建核电装备 PDMS 数据库，主要包括元件库和等级库两部分。元件库记录了标准元件的外形参数、工业标准和保温属性等数据，等级库定义了标准元件所属的类别和等级。

元件库包含标准工艺管道、标准设备、标准支架、标准托盘元件、电缆管元件、仪表管阀件等，共计 355 类。

为了提高元件库的访问和查询效率，缩小元件的选型范围，降低元件误选率，构建了等级库。以工艺管道专业为例，所有管道元件都是从元件库中选取得到的，而连接元件库和设计数据库的纽带就是等级库。设计模型与元件库的关联关系如图 3.3.2 所示。

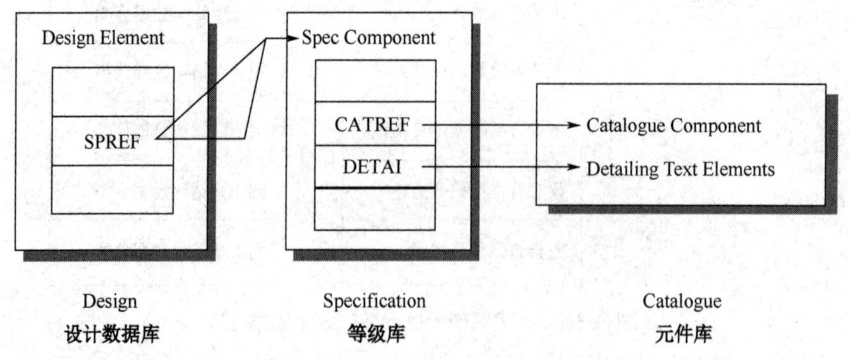

图 3.3.2 设计模型与元件库的关联关系

等级库建设流程如图 3.3.3 所示，先由各设计专业编制出版等级表，再由信息技术专业根据等级表创建等级规则，校审通过后方可发布。各设计专业出版的等级表的层次结构、命名规则要求如下：

（1）基础数据等级应在 PDMS 软件 SPECON 模块中完成；

（2）所有基础数据等级应使用统一规范的编码进行命名；

（3）父级与子级之间的模型命名应有一定继承关系。

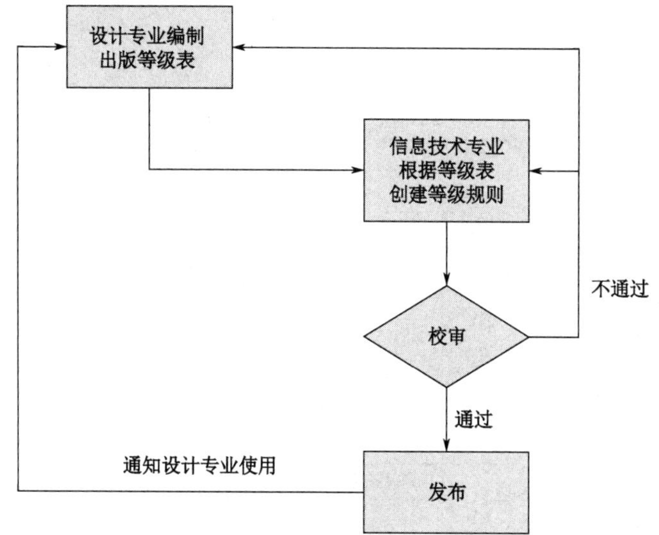

图 3.3.3　等级库建设流程

以工艺管道专业为例，标准管部件等级命名规则见表 3.3.2。

表 3.3.2　标准管部件等级命名规则

序　号	层　次	命 名 规 则	示　例
1	SPEC	等级名称	DC0150A
2	SPCO	等级名称/材料编码:短代码,尺寸	DC0150A/PR19186:RE,100,50
3	SDTE	材料编码_图例符号	PR19186_REBW
4	SMTE	材料编码_图例符号_材料符号	PR19186_REBW_MAT

进一步，等级元件对象应关联外形对象、材料对象、描述对象和相关的特性对象，如图 3.3.4 所示。

工艺管道等级号一般由规范等级、管道材料、压力等级（磅级）三部分组成，部分等级号后面还有一位附加字符表示不同壁厚或使用范围。工艺管道等级号格式如图 3.3.5 所示。

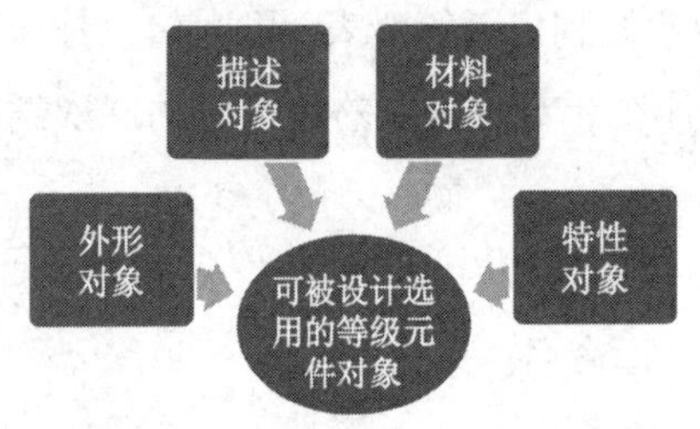

图 3.3.4　等级元件对象关联关系

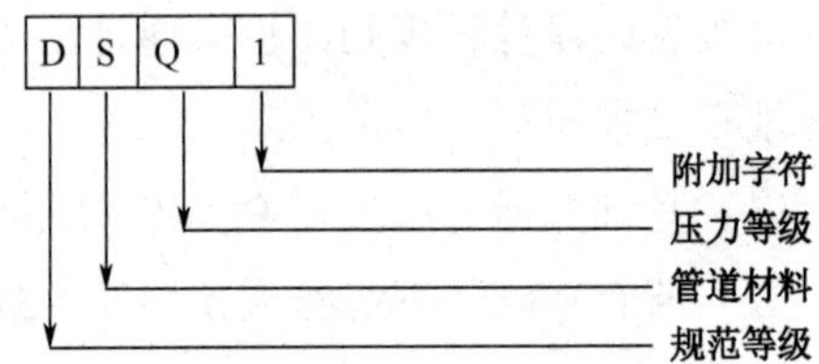

图 3.3.5　工艺管道等级号格式

工艺管道等级表见表 3.3.3。

表 3.3.3　工艺管道等级表

物项	公称尺寸 NPS（in）	壁厚 SCH	连接形式	描　述	材　料	材料标准	尺寸标准
管道	1/4″～24″	SCH10S	BW	SMLS	Z2CN18.10	M3304	ASME B36.19M
弯管	1/4″～24″	同管道	BW	最小弯曲半径 5D	Z2CN18.10		
弯头	1/2″～24″	同管道	BW	SMLS，LR45°，90°	Z2CN18.10	M3317	ASME B16.9
	4″，10″			SMLS，SR45°，90°			
大小头	1/2″～24″	同管道	BW	SMLS，同心和偏心	Z2CN18.10	M3317	ASME B16.9
	1/2″×1/4″			见非标图			
三通	1/2″～24″	同管道	BW	SMLS	Z2CN18.10	M3317	ASME B16.9
	1/4″，3/8″			等径三通，见非标图			
管帽	1/2″～24″	同管道	BW	EM	Z2CN18.10	M3317	ASME B16.9
法兰	1/2″～24″	同管道	BW	FO，WN，RF CLASS 150#	Z2CN18.10	M3301	ASME B16.5
法兰盖	1/2″～24″			FO，Blind，RF CLASS 150#	Z2CN18.10	M3301	ASME B16.5
8 字盲板	6″			RF，CLASS 150#	Z2CN18.10	M3301	ASME B16.48
法兰密封垫					Z2CND17.12/石墨		见相应技术规格书
全螺纹螺柱					X6NiCrTiMoVB 25-15-2	M5110 M5140	ASME B16.5 ISO 724
螺母					X12Cr13	M5120 M5140	ISO 4032 ISO 724
止动垫圈					022Cr19Ni10		GB/T 855

创建的工艺管道等级文件示例如图 3.3.6 和图 3.3.7 所示。

DSQ1.TXT

```
$S-
$(  BORE UNITS MM     $)
$(  DISTANCE UNITS MM     $)

OLD SPECIFICATION /DSQ1
VERSION 1151
MATREF =0
FLUREF =0
RATING 150.000
LINETYPE NULL
BSPEC /GN_SS_3A
BLTM 'NEW'
DESCRIPTION 'RCC-M 3,Z2CN18.10,CL150'
NOMREF =0
BRREF =0
REDREF =0

TEXT 'PIPING'

HEADING
NAME        TYPE      PBOR0     SHOP     STYP     RADI      CATREF     DETAIL     MATXT     CMPREF     BLTREF     TMPREF     PRTR$
EF
DEFAULTS
   -            -           -        =     STF       -
*/PD02243:BD5,8 BEND        8.00     TRUE   TEXT 'BD5'   68.50    /C_ABB0100BB    /PD02243_PB5D    /PD02243_PB5D_MAT /PD02$
243_CMP    =0           =0           =0
*/PD00515:BZ,8 BEND       8.00      FALS   BZ   0.00     /C_COBC1000BB    /PD00515_PB3D    /PD00515_PB3D_MAT /PD00515_CMP   $
 =0           =0           =0
*/PD02244:BD5,10 BEND        10.00     TRUE   TEXT 'BD5'   85.50    /C_ABB0100CC    /PD02244_PB5D    /PD02244_PB5D_MAT /PD0$
2244_CMP    =0           =0           =0
*/PD00516:BZ,10 BEND       10.00     FALS   BZ   0.00     /C_COBC1000CC    /PD00516_PB3D    /PD00516_PB3D_MAT /PD00516_CMP   $
  =0           =0           =0
*/PD02236:BD5,15 BEND        15.00     TRUE   TEXT 'BD5'   106.50   /C_ABB0100DD    /PD02236_PB5D    /PD02236_PB5D_MAT /PD0$
2236_CMP    =0           =0           =0
*/PD00041:BZ,15 BEND       15.00     FALS   BZ   0.00     /C_COBC1000DD    /PD00041_PB3D    /PD00041_PB3D_MAT /PD00041_CMP   $
```

图 3.3.6　工艺管道等级文件示例 1

CE　DSQ1　　Headings　ELBO

Name	TYPE	PBOR0	SHOP	STYP	ANGL	Part Ref	Catalogue Ref	Detail Ref	Material Ref	Component Ref	E
/DSQ1/PE14675:E4L,15	ELBO	15	TRUE	E4L	45	=0/0	C_AAEJ200DD	DN15 SCH10S Elbow 45° LR Smls BW RCC-M 3 Z2CN18.10 B16.9	Z2CN18.10	PE14675_CMP	=
/DSQ1/PE15376:EL,15	ELBO	15	TRUE	EL	90	=0/0	C_AAED200DD	DN15 SCH10S Elbow 90° LR Smls BW RCC-M 3 Z2CN18.10 B16.9	Z2CN18.10	PE15376_CMP	=
/DSQ1/PE14676:E4L,20	ELBO	20	TRUE	E4L	45	=0/0	C_AAEJ200EE	DN20 SCH10S Elbow 45° LR Smls BW RCC-M 3 Z2CN18.10 B16.9	Z2CN18.10	PE14676_CMP	=
/DSQ1/PE15377:EL,20	ELBO	20	TRUE	EL	90	=0/0	C_AAED200EE	DN20 SCH10S Elbow 90° LR Smls BW RCC-M 3 Z2CN18.10 B16.9	Z2CN18.10	PE15377_CMP	=
/DSQ1/PE14677:E4L,25	ELBO	25	TRUE	E4L	45	=0/0	C_AAEJ200FF	DN25 SCH10S Elbow 45° LR Smls BW RCC-M 3 Z2CN18.10 B16.9	Z2CN18.10	PE14677_CMP	=
/DSQ1/PE15378:EL,25	ELBO	25	TRUE	EL	90	=0/0	C_AAED200FF	DN25 SCH10S Elbow 90° LR Smls BW RCC-M 3 Z2CN18.10 B16.9	Z2CN18.10	PE15378_CMP	=
/DSQ1/PE14678:E4L,32	ELBO	32	TRUE	E4L	45	=0/0	C_AAEJ200GG	DN32 SCH10S Elbow 45° LR Smls BW RCC-M 3 Z2CN18.10 B16.9	Z2CN18.10	PE14678_CMP	=
/DSQ1/PE15379:EL,32	ELBO	32	TRUE	EL	90	=0/0	C_AAED200GG	DN32 SCH10S Elbow 90° LR Smls BW RCC-M 3 Z2CN18.10 B16.9	Z2CN18.10	PE15379_CMP	=
/DSQ1/PE14679:E4L,40	ELBO	40	TRUE	E4L	45	=0/0	C_AAEJ200HH	DN40 SCH10S Elbow 45° LR Smls BW RCC-M 3 Z2CN18.10 B16.9	Z2CN18.10	PE14679_CMP	=
/DSQ1/PE15380:EL,40	ELBO	40	TRUE	EL	90	=0/0	C_AAED200HH	DN40 SCH10S Elbow 90° LR Smls BW RCC-M 3 Z2CN18.10 B16.9	Z2CN18.10	PE15380_CMP	=
/DSQ1/PE14680:E4L,50	ELBO	50	TRUE	E4L	45	=0/0	C_AAEJ200JJ	DN50 SCH10S Elbow 45° LR Smls BW RCC-M 3 Z2CN18.10 B16.9	Z2CN18.10	PE14680_CMP	=
/DSQ1/PE15381:EL,50	ELBO	50	TRUE	EL	90	=0/0	C_AAED200JJ	DN50 SCH10S Elbow 90° LR Smls BW RCC-M 3 Z2CN18.10 B16.9	Z2CN18.10	PE15381_CMP	=
/DSQ1/PE00127:E4L,65	ELBO	65	TRUE	E4L	45	=0/0	C_AAEJ200KK	DN65 SCH10S Elbow 45° LR Smls BW RCC-M 3 Z2CN18.10 B16.9	Z2CN18.10	PE00127_CMP	=
/DSQ1/PE00134:EL,65	ELBO	65	TRUE	EL	90	=0/0	C_AAED200KK	DN65 SCH10S Elbow 90° LR Smls BW RCC-M 3 Z2CN18.10 B16.9	Z2CN18.10	PE00134_CMP	=
/DSQ1/PE00128:E4L,80	ELBO	80	TRUE	E4L	45	=0/0	C_AAEJ200LL	DN80 SCH10S Elbow 45° LR Smls BW RCC-M 3 Z2CN18.10 B16.9	Z2CN18.10	PE00128_CMP	=

图 3.3.7　工艺管道等级文件示例 2

3.3.2　核电装备跨专业多源异构数据集成

目前，核电设计院的系统设计、布置设计和力学计算等工作是由不同专业负责的，由于不同专业往往使用独立的设计软件，各软件具备很强的专业性，因此造成了专业间、设计软件间的信息壁垒，很难实现专业间数据互通。大型核电站的设计需要解决多专业间的信息集成与交换。

1. 多专业协同

核电项目设计协同涉及布置、暖通、电气、仪控等近20个专业，专业间设计迭代频繁。传统以电子邮件、Excel文件、图纸传递信息的专业间设计协同方式，已成为制约设计效率提升的瓶颈。

以多专业孔洞提资为例，本书通过研究虚拟物项技术，依托三维布置设计平台解决专业间在线数字化提资的难题。在三维布置设计平台中，开辟一块专用数据区域，依据三维布置设计平台管理程序，建立各布置专业的虚拟物项设计管理层，同时约定虚拟物项建模规则、命名规范等。虚拟物项隶属于独立的三维设计数据库，虽有实际的形状与占位信息，但不作为设计成品输出，而是作为一个集成多专业设计信息的提资流转载体，通过这个三维虚拟载体实现可视化模式下多专业间的开孔或埋件提资。

三维设计专业与非三维设计专业间的设计数据协同，本质上是三维布置设计平台与其他设计平台间的数据协同，比较典型的例子就是三维管道布置设计专业与管道力学计算专业之间的设计协同。本书提出了数字化提资的协同思路，即从收资专业工作环境（平台、软件或工具）对设计输入数据的需求出发，由提资专业在线输出或加工构造出相应的结构化数据，直接用于收资专业的设计输入，实现点对点数据传递，相比于传统的二维提资，直接省去了中间数据处理环节。

以管道力学计算为例，管道布置专业在三维布置设计平台上输出结构化数据，经过提资数据校审，力学计算系统接收数据作为管道力学计算的输入，构建管道力学计算输入模型，然后启动力学计算软件完成计算。当然，构建管道力学计算模型的输入，不仅需要工艺管道布置数据，还需要系统、三废等专业的提资，也可运用数字化提资的思路，实现专业平台间数据的高效协同利用。

2. 异地协同

核电项目设计涉及国内外多个设计分包单位、设备供应商、下游承包商间的协同数据共享及数据安全管控，由于各单位地处不同区域，出现设计问题时往往不能快速沟通解决。

因此，本书提出了异地数据协同方案，包括异地间通信网络铺设、平台延伸、数据分配、数据同步、数据移交等内容。网络通信速率直接决定项目三维布置设计协同数据同步效率。

搭建异地协同网络首先需要确定主数据库服务点的部署位置。主端（Hub）是整个平台的“大脑”，作为平台管理中心，负责管理各个异地端或卫星端（Satellite）的服务部署和数据部署。异地数据协同框架如图 3.3.8 所示。

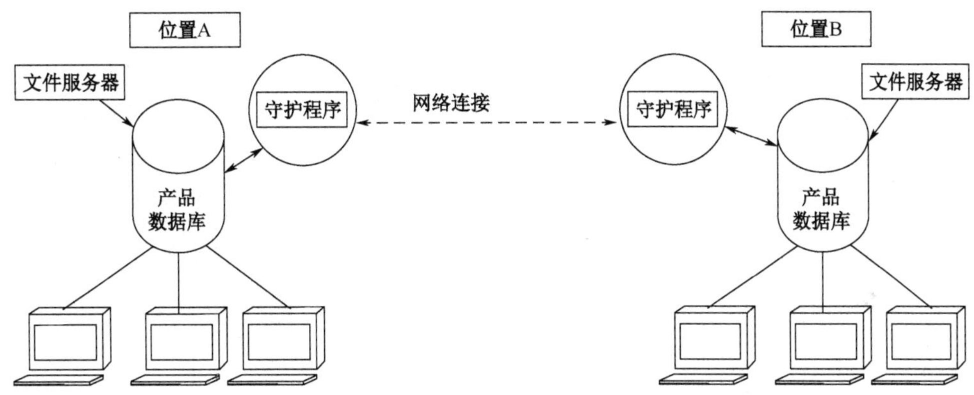

图 3.3.8 异地数据协同框架

各地开展独立的本地化服务器及客户端部署，项目数据存放在本地服务器上，这样可以保障本地客户端连接和访问项目的效率。在各地服务器间建立通信服务以实现平台通信。异地协同设计平台数据协同主要包括平台通信、权限分配、数据同步等内容，其基本逻辑原理如图 3.3.9 所示。

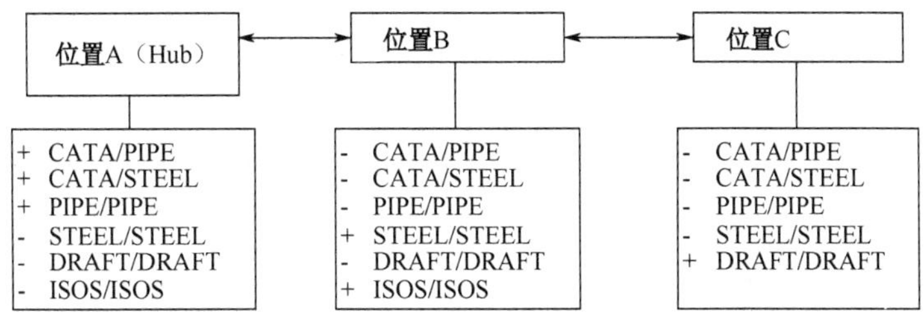

图 3.3.9 异地协同逻辑原理

1）平台通信

以位置 A 作为主端，建立参与异地协同设计的单位专线网络，形成各个异地端与主端的通信网络，满足数据同步频率需求的最低网络带宽要求，保证网络通信的服务端口畅通，符合 Global 通信协议的基本要求。

2）权限分配

为实现各端平台本地化搭建部署，首先需要在主端建立覆盖各专业设计范围的完整数据库目录，其次根据设计分工对各个异地端进行数据库可见性分配，最后对异地端的数据库进行读写权限配置。权限分配完成意味着异地端可以开展各自分工范围内的三维布置设计工作。

3）数据同步

为实现各地间项目数据的一致性，保证所有参与设计的人员都在相同的平台环境下工作，平台还需要定期开展数据同步。数据同步由主权限端向无修改权限端方向进行，以确保各端的模型永远是最新的设计成果。当主权限端数据库发生修改，与其他端数据库不一致时，平台会自动触发数据库增量同步机制。为提高数据同步效率，管理人员可以制定同步策略，如将项目同步安排在非工作时间自动进行，这样可减少工作时间同步占用网络通信资源，也能够减少 PDMS 服务器的数据处理量，有利于提高服务器的运行效率。

3.3.3　核电装备数据空间数据质量稽查

在核电工程设计中，数据技术状态控制是影响数据质量的核心问题之一，其所涵盖的数据量庞大、参与者众多、接口信息复杂，并直接指导物资采购与现场安装等活动，因而是数据质量管理的优先领域。核电设计业务流程涉及大量 CAD 模型，其中蕴含大量工程信息，如几何拓扑结构信息、形状特征信息、尺寸公差信息等，从影响角度可以划分为几何拓扑数据、形状结构数据、属性数据、零件工艺数据[16]。在核电装备协同设计环境下，需要实现数据交换过程中业务逻辑和数据副本同步，保证在动态的数据共享环境中模型数据的一致性与完整性。

数据空间同步最主要的难点在于模型信息的提取与识别。模型信息的提取主要有 4 种方式：CAD 软件分析工具、模型格式转换、读取二进制文件、CAD 软件二次开发。例如，针对型钢与风管、风管法兰之间的检查，暖通专业提出的原始需求见表 3.3.4，表中提供了须与风管完全贴合的支架类型及须与法兰完全贴合的支架类型。

表 3.3.4　型钢与风管、风管法兰之间的检查需求

物项类别	错误代码	检查内容	检查规则
暖通支架	HS001	型钢是否与风管完全贴合	（1）须与风管完全贴合的支架类型：S001、S002、S003、S004、S005、S006、S007、S008、S101、S102、S103、S104、S105、S106、S107、S108、S109、S301、S302、S303、S304、S305、S306、S307、S308、S401、S402、S403、N001、N002、N003、N004
			（2）须与法兰完全贴合的支架类型：S701、S702、S703、S704、S705、S706、S707、S708、S709、S710、S711、S801、S802、S803、S804、S805、S806、S807、S808、S809、S810、N005

通过 EM5 抗震支架图集和 EM5 非抗震支架图集（如图 3.3.10 所示）对暖通支架进行分析得出的共性规律如下。

- A4：四根梁与风管严格接触类型。
- A3：三根梁与风管严格接触类型。
- A2：两根梁与风管严格接触类型。
- A1：一根梁与风管严格接触类型。
- B：与风管严格接触同时与风管法兰严格接触类型。

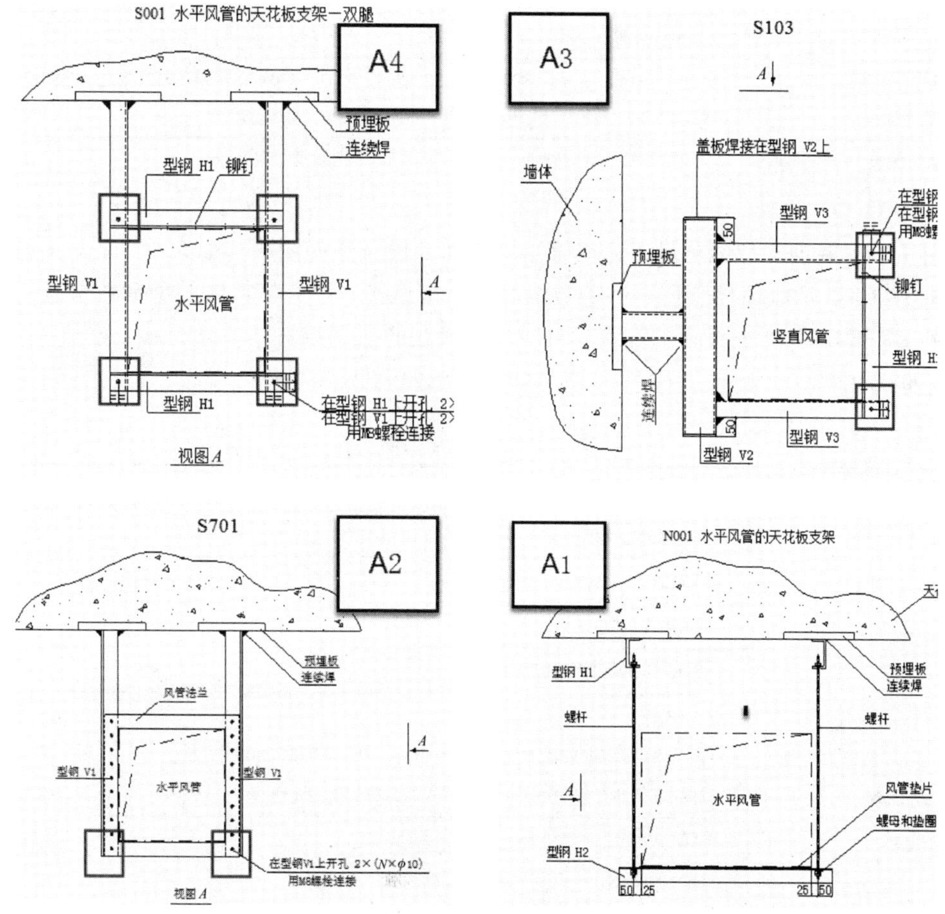

图 3.3.10　暖通支架结构图集

支架分类见表 3.3.5。

表 3.3.5　支架分类

检查规则	分类	支架类型
须与风管直段相接触的支架类型	A4	S114、S111、S406、S113、S112、S404、S001、S002、S003、S004、S005、S006、S007、S008、S101、S102、S104、S105、S106、S108、S109、S301、S302、S303、S304、S305、S306、S307、S308、S401、S402、S403、S712、N004
	A3	S103、S107、N002、N003
	A2	S811、S815、S813、S313、S701、S702、S703、S704、S705、S706、S707、S708、S709、S710、S711、S803、S804、S806、S807、S808、S810、N005
	A1	N001、S801、S802、S805、S809
须与法兰完全贴合的支架类型	B	S701、S702、S703、S704、S705、S706、S707、S708、S709、S710、S711、S801、S802、S803、S804、S805、S806、S807、S808、S809、S810、N005

注：支架只要不与风管冲突，是可以建在弯头、变径管、偏心管等部件法兰或其直管段上的。

图 3.3.11 展示了型钢与风管、风管法兰之间的检查流程图，其中：

- ATEXT 是碰撞检查后返回的数组，表示与风管直段严格接触的型钢数量。
- ERRTEXT 表示支架未与风管直段严格接触的型钢数量。

标准输出模式（见表 3.3.6），以支架“/3BSB24SV0338”为例说明。

表 3.3.6　标准输出模式

结果	返回值示例
Y	<BOOLEAN> True
	<ARRAY>- Unset and Empty
	<ARRAY>- Unset and Empty
N	<BOOLEAN> FALSE
	<ARRAY> [1]　<STRING> '/3BSB24SV0338-V1,/3DVL5133GLB0006' [2]　<STRING> '/3BSB24SV0338-V2,/3DVL5133GLB0006'
	<ARRAY> [1]　<STRING> '未与风管直段严格接触' [2]　<STRING> '未与风管直段严格接触'

针对支架内部检查，暖通专业提出的原始需求见表 3.3.7，需要判断 EM5 抗震支架图集和 EM5 非抗震支架图集中的型钢与型钢、型钢与风管法兰是否齐平。

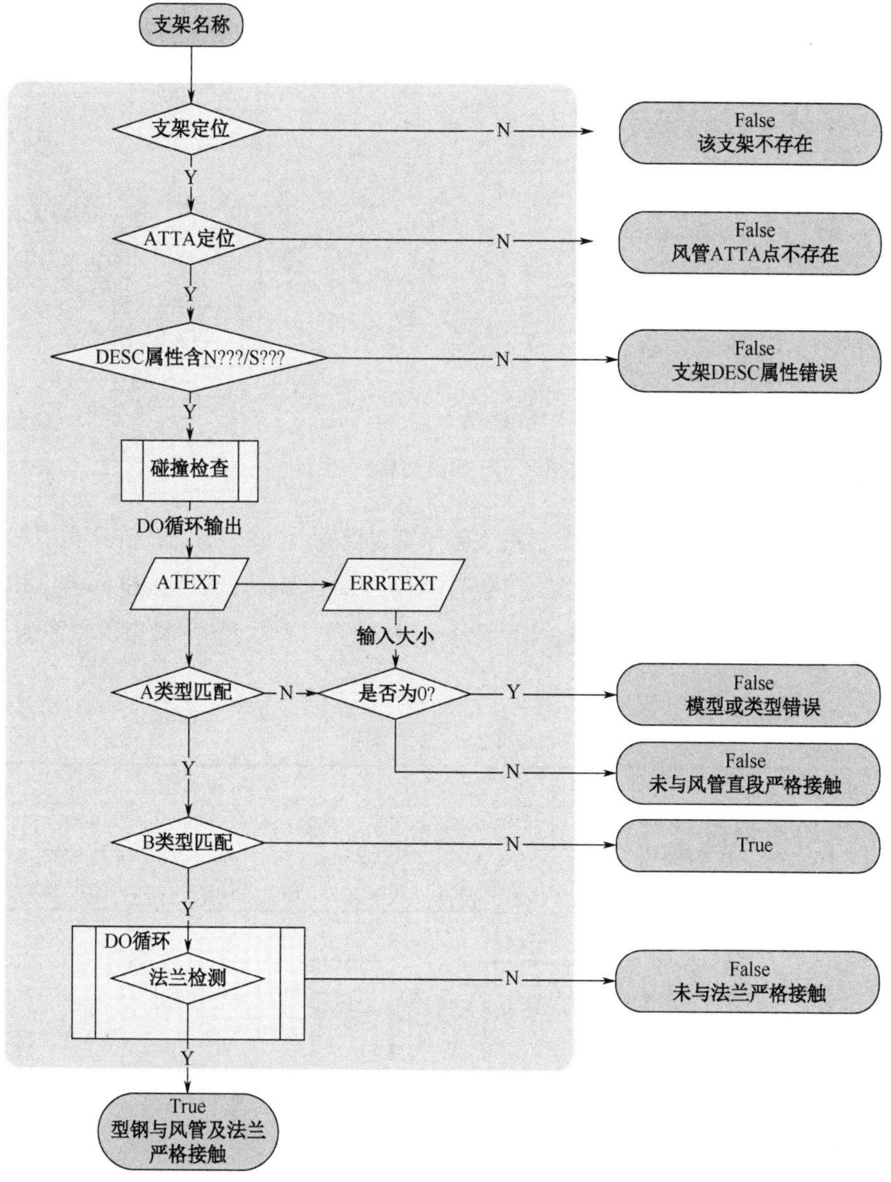

图 3.3.11 型钢与风管、风管法兰之间的检查流程图

表 3.3.7 支架型钢边缘齐平检查需求

物项类别	错误代码	检查内容	检查规则
暖通支架	HS003	支架型钢边缘齐平	型钢与型钢、型钢与风管法兰需要保持齐平的地方已在 EM5 抗震支架图集和 EM5 非抗震支架图集中用线框标出，详见图 3.3.12

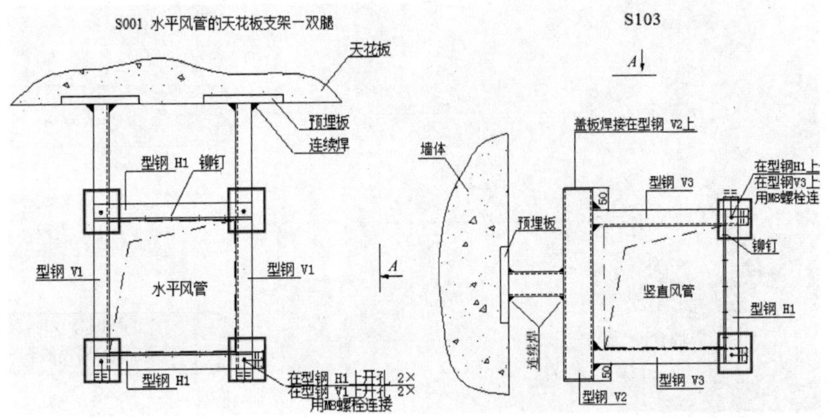

图 3.3.12 暖通支架结构图集

由 EM5 抗震支架图集和 EM5 非抗震支架图集可以发现，需要检查的支架类型见表 3.3.8，其中角钢数量（angleBarNum）分别为 3、4、5。当 angleBarNum = 3 和 angleBarNum = 4 时，构造的型钢样式示意图如图 3.3.13 所示，对应的型钢边缘齐平检查流程图如图 3.3.14 所示。

表 3.3.8 支架类型

物项类别	检查内容	分类	支架类型
暖通支架	型钢边缘是否齐平	C	S001、S002、S003、S004、S005、S006、S007、S008、S101、S102、S103、S104、S105、S106、S107、S108、S109、S301、S302、S303、S304、S305、S306、S307、S308、S401、S402、S403、N003、N004、N005

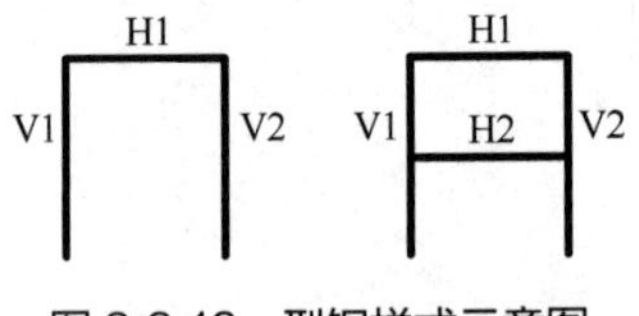

图 3.3.13 型钢样式示意图

其中：

- sctnsParallel 为数组，表示平行钢数量。
- sctnsParallel[1]为数组，表示水平方向平行的角钢数量。
- sctnsParallel[2]为数组，表示竖直方向平行的角钢数量。
- Size1 表示 sctnsParallel 的大小。
- Size2 表示 sctnsParallel[1]的大小。
- Size3 表示 sctnsParallel[2]的大小。

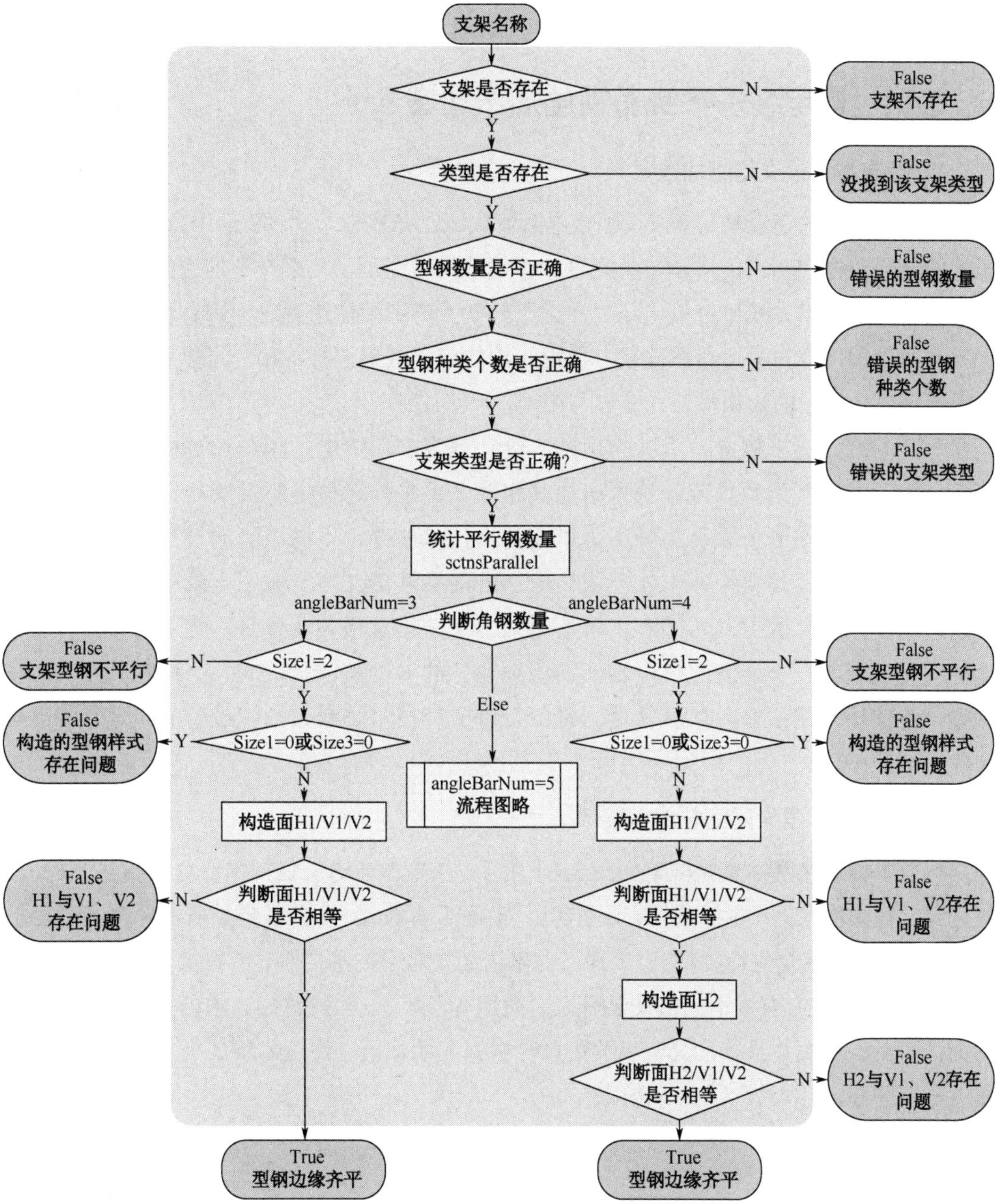

支架名称
支架是否存在
N
False
支架不存在
Y
类型是否存在
N
False
没找到该支架类型
Y
型钢数量是否正确
N
False
错误的型钢数量
Y
型钢种类个数是否正确
N
False
错误的型钢
种类个数
Y
支架类型是否正确?
N
False
错误的支架类型
Y
统计平行钢数量
sctnsParallel
angleBarNum=3
判断角钢数量
angleBarNum=4
False
支架型钢不平行
N
Size1=2
Size1=2
N
False
支架型钢不平行
Y
Else
Y
False
构造的型钢样式
存在问题
Y
Size1=0或Size3=0
Size1=0或Size3=0
Y
False
构造的型钢样式
存在问题
N
angleBarNum=5
流程图略
N
构造面H1/V1/V2
构造面H1/V1/V2
False
H1与V1、V2
存在问题
N
判断面H1/V1/V2
是否相等
判断面H1/V1/V2
是否相等
N
False
H1与V1、V2存在
问题
Y
构造面H2
Y
判断面H2/V1/V2
是否相等
N
False
H2与V1、V2存在
问题
True
型钢边缘齐平
True
型钢边缘齐平

图 3.3.14 型钢边缘齐平检查流程图

3.4 核电装备数据空间知识网络建模方法

3.4.1 核电装备多维多视角知识图谱表征

1. 核电本体语义网络构建背景

经过数十年的建设与运营，我国核电工业领域已在核电站建设、运维方面积累了大量、异构的经验数据和知识语料。与此同时，该领域的知识正以“爆炸”的态势持续增长。然而，由于沉淀应用方式传统单一，“知识原料”生产者和使用者之间因背景和经验差异对术语和概念的理解与描述存在偏差，使得知识的应用效果大打折扣，难以有效支撑专业人员进行精准、有效的知识检索、获取与应用。

与此同时，鉴于核电站本身物理结构复杂程度高，核电站相关业务横跨多个专业与组织，因此需要利用数以万计的术语及其相互关系来描述核电站及其相关业务。然而，这些术语都散落在专业人员头脑中，以及各类技术文件、不同层级的技术标准、核电行业主题词库与术语词典中，未能形成核电站术语及其语义网络关系全景图，辅助专业人员以“纵览全貌”的方式熟悉和了解核电站本身结构及相关业务等。综上所述，我国核电工业领域缺少一个能表达核电站及其相关业务的术语和逻辑语义拓扑结构关系的语义网络，将该语义网络嵌入信息软件工具中，可实现技术资料、知识经验的快速查询获取和便捷沉淀应用。

2. 核电本体语义网络总体框架

核电本体语义网络总体框架如图 3.4.1 所示。核电本体语义包括术语及其相互关系。术语分为工程实物术语（包括系统、设备等）、工程活动术语（覆盖核电站研发、设计、建造、调试、运行、维修全生命周期）、工程文件术语（如通用技术文件、专有技术文件、关键过程文件等）、业内专有术语（如安装分区、质保等级、安全等级等）。术语关系分为上位、下位、同义、相关关系等，其中相关关系可根据起始术语、终达术语的类别及业务逻辑关系进一步细分。

3. 知识图谱嵌入

近年来，随着相关技术的迅速发展，大量知识图谱（如 Freebase、DBpedia、YAGO、NELL）被创建出来并成功应用于多个垂直领域，如语义解析、命名实体识别、信息抽取等。

知识图谱是由实体和关系（不同类型的边）组成的多关系图，其中的事实可以用三元组（头实体、关系和尾实体）表示，两个实体由特定关系连接，如（AlfredHitchcock,DirectorOf, Psycho)。尽管三元组在表示结构化数据方面很有效，但其底层符号特性通常使知识图谱难以操作。

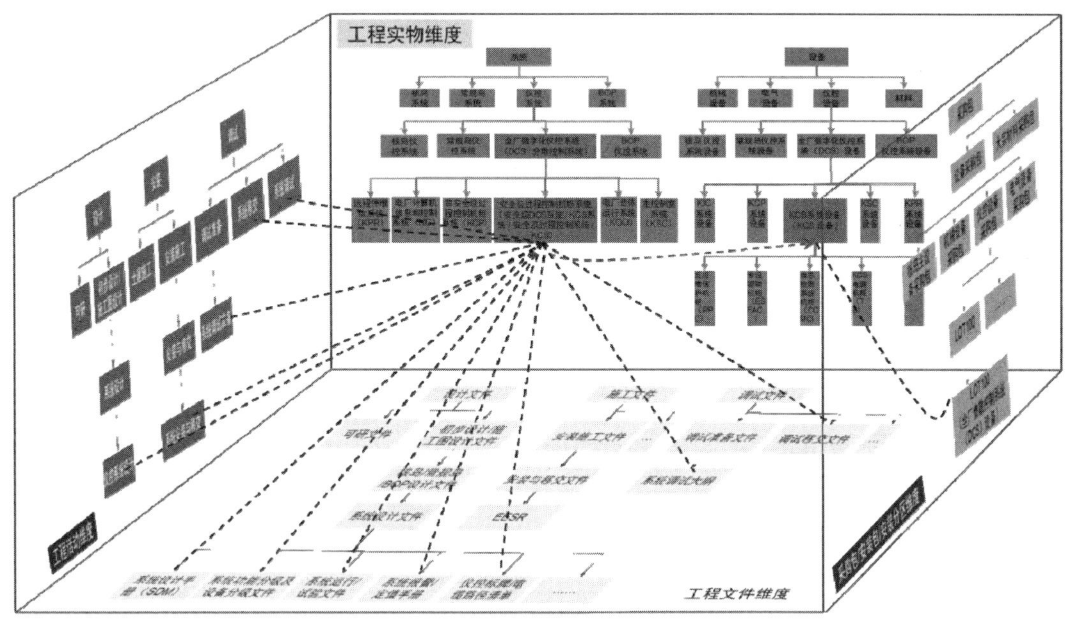

图 3.4.1　核电本体语义网络总体框架

知识图谱嵌入是将包含实体和关系的知识图谱组件嵌入连续向量空间中，从而在保持知识图谱固有结构的同时简化操作。实体和关系嵌入可以进一步用于具体的知识挖掘与表征任务，如关系抽取、实体分类、实体解析和知识图谱补全。目前大多数可用的技术仅根据知识图谱中观察到的事实（三元组）来执行嵌入任务。具体来说，给定一个知识图谱，首先表示连续向量空间中的实体和关系，其次为每个事实定义一个评分函数来衡量其合理性。实体和关系嵌入可以通过最大化观察到的事实的总体可信性来获得。在整个过程中，学习到的嵌入只需要在每个单独的事实中兼容，对下游任务没有足够的预测性。因此，利用实体类型、关系路径、文本描述等额外的信息来学习更多的预测性嵌入是目前研究的热点之一。

4. 基于事实的知识图谱嵌入

现有的大多数技术都使用存储在知识图谱中的事实（三元组）来执行嵌入任务，一个典型的知识图谱嵌入方法包括以下三个步骤。

（1）表示实体和关系：需要指定实体和关系在连续向量空间中的表示形式，实体通常表示为向量或通过多元高斯分布对其进行建模，而关系通常被视为向量空间中的运算，可以表示为向量、矩阵、张量、多元高斯分布等。

（2）定义评分函数：需要对每个事实(h,r,t)定义一个评分函数来衡量其合理性，知识图谱中观察到的事实往往比未观察到的事实得分更高。

（3）学习实体和关系嵌入。重点解决一个优化问题，使观察到的事实的总体可信性最大化。

目前这种嵌入技术大致分为两类：平移距离模型和语义匹配模型。前者使用基于距离的评分函数，后者使用基于相似度的评分函数。下面具体介绍这两种嵌入模型的特点和区别。

平移距离模型使用基于距离的评分函数。在通过关系进行翻译之后，用两个实体之间的距离来衡量一个事实的可信性。TransE 是最具代表性的平移距离模型，它将实体和关系表示为同一个空间中的向量。给定一个事实(h,r,t)，该关系被解释为一个平移向量，以便嵌入的实体可以用低误差连接，即$h+r\approx t$。其评分函数定义为$f_r(h,t)=-||h+r-t||_{1/2}$。虽然 TransE 简单高效，但并不能有效地处理一对多、多对一、多对多等复杂的关系。为了克服 TransE 的缺点，一种有效的策略是允许实体在涉及不同关系时具有不同的表示。TransH 引入了关系特定的超平面，并将实体建模为向量，每个关系都是一个向量和一个带有法线向量的超平面。给定一个事实(h,r,t)，首先将实体表示投影到超平面上，得到$h_{\perp}=h-w_r^{\mathrm{T}}hw_r$和$t_{\perp}=t-w_r^{\mathrm{T}}tw_r$，如果$(h,r,t)$成立，则假设投影在超平面上的关系有低误差联系，即$h_{\perp}+r\approx t_{\perp}$。其评分函数被定义为$f_r(h,t)=-||h_{\perp}+r-t_{\perp}||_2^2$。TransH 通过引入投射到特定关系超平面的机制，实现了实体在不同关系下拥有不同的向量表示。TransR 与 TransH 在实现思路、技术支撑方面存在很多相似之处，但它引入了关系特定空间，而不是超平面。在 TransR 中，实体被表示为实体空间中的向量，每个关系都与一个特定的空间相关联，并被建模为该空间中的平移向量。给定一个事实(h,r,t)，TransR 首先将实体表示投射到特定关系的空间中，即$h_{\perp}=M_rh$和$t_{\perp}=M_rt$。其评分函数被定义为$f_r(h,t)=-||h_{\perp}+r-t_{\perp}||_2^2$。尽管 TransR 在建模复杂关系方面功能强大，但它为每个关系引入了一个投影矩阵，复杂度较高。之后，

TransD 通过将投影矩阵进一步分解为两个向量的乘积，TransSparse 通过对投影矩阵进行稀疏化来简化 TransR。知识库中的关系和实体的语义本身具有不确定性，而过去的模型中都忽略了这个因素。He 等[17]使用高斯分布来表示实体和关系，其中高斯分布的均值表示的是实体或关系在语义空间中的中心位置，而高斯分布的协方差则表示该实体或关系的不确定度，并将实体和关系表示为从多变量高斯分布中抽取的随机向量。通过测量 $t\text{-}h$ 和 r 这两个随机向量之间的距离来为一个事实评分，并用 KL 散度或计算概率的内积来进行测量。

语义匹配模型使用基于相似度的评分函数，通过匹配实体的潜在语义和向量空间表示中的关系来衡量事实的可信性。RESCAL（双线性模型）将每个实体与一个向量关联起来，以捕获其潜在语义，每个关系表示为一个矩阵，该矩阵对潜在因素之间的交互作用进行建模。之后，DistMult 将关系矩阵简化为对角矩阵来简化 RESCAL，但简化后的模型只能处理对称的关系，这显然对于一般的知识图谱是不能完全适用的。而 HolE（Holographic Embeddings）使用了循环式计算的方式，既保留了 RESACAL 的表示能力，也和 DistMult 一样效率高而简单。使用神经网络来评估语义匹配度也是一种很常见的方法，SME（Semantic Matching Energy）使用神经网络体系结构进行语义匹配。给定一个事实(h,r,t)，它首先将实体和关系投射到输入层的向量嵌入中，然后经过一系列神经网络层的线性变换之后计算其点积。NTN（Neural Tensor Network）是另一种神经网络架构，给定一个事实(h,r,t)，它首先将实体投射到输入层的向量嵌入中，其次将两个实体与关系特定张量 M_r（及其他参数）组合，映射到一个非线性隐含层，最后通过一个关系特定的线性输出层进行评分。NTN 是迄今为止最具表达能力的模型，但其参数过多，处理大型知识图谱效率较低。MLP（Multi-layer Perceptron）是一种更简单的方法，其中每个关系（及实体）都与单个向量相关联，给定一个事实(h,r,t)，向量嵌入 h、r 和 t 连接在输入层，并映射到非线性隐含层，然后由线性输出层生成分数。NAM（Neural Association Model）使用 deep 架构进行语义匹配。给定一个事实(h,r,t)，它将头实体的嵌入向量和输入层中的关系连接起来，在 deep 神经网络隐含层的前馈过程之后，通过匹配最后一个隐含层的输出和尾实体的嵌入向量来给出分数。

5. 基于额外信息的知识图谱嵌入

正如上文所提到的，目前大多数可用的技术仅根据知识图谱中观察到的事实来执行嵌入任务，因此可能对下游任务没有足够的预测性。事实上，可以利用额外信息来进一步改进任务，如实体类型、关系路径、文本描述及逻辑规则。

实体类型信息在知识图谱中都是可用的，并且是以三元组的形式存储的，如“核反应堆”的实体类型是设备，而“核燃料”的实体类型是物质。Shu[18]等提出了语义平滑嵌入（Semantic Smooth Embedding，SSE），它要求同一类型的实体在嵌入空间中相互靠近，如“压水堆”应该更接近“沸水堆”而不是“燃料棒”。SSE 采用拉普拉斯特征映射和局部线性嵌入两种流形学习算法对这种平滑假设进行建模。实验表明，在 KG 嵌入和下游任务中，SSE 方法均优于直接方法。SSE 的一个主要限制是假定实体的语义类别是非分层的，并且每个实体只属于一个类别。Xie[19]等设计了类型嵌入知识表示学习（Type-embodied Knowledge Representation Learning，TKRL），能够处理层次实体类别和多个类别标签。但由于将每个类别与特定的投影矩阵关联，其空间复杂度较高。实体类型也可以用作不同关系的头部和尾部位置的约束，例如，关系“使用”头实体的类型应该是设备（核反应堆），尾实体的类型应该是物质（如核燃料）。

考虑到实体之间的多跳关系，可以将关系路径作为附加信息对知识图谱进行嵌入，关系路径通常被定义为一个关系序列 $r_1 \to r_2 \to \cdots \to r_l$，图上两个实体可以通过它连接起来。例如，BornIn→LocatedIn 是一条通过中间节点 Leytonstone 连接 AlfredHitchcock 和 England 的路径。关系路径包含丰富的语义线索，对于 KG 补全非常有用。Lin[20]等提出了 TransE 对关系路径建模的扩展，称为基于路径的 TransE（PTransE）。实验表明，通过进一步整合关系路径，PTransE 在 KG 补全和关系抽取方面的表现明显优于 TransE。Gu[21]等提出了一个类似的框架，其思想是使用实体对构建三元组，该实体对不仅与关系连接，而且与关系路径连接。例如，给定一对实体 (h,t) 和它们之间的路径 $p = r_1 \to r_2 \to \cdots \to r_l$，可以构造一个新的三元组 (h,p,t)。为了对这种路径连接的三元组进行建模，Gu[21]等对 TransE 和 RESCAL 进行了扩展。在合并关系路径提高模型性能的同时，大量路径带来了严重的复杂性挑战，需要一些剪枝和采样机制来进行提速。

实际技术研究与应用过程中，在大多数知识图谱中都有对实体的简明描述，这些描述包含关于实体的丰富语义信息。Wang 等[22]提出了一种将实体表示为其描述的平均词向量（而不仅仅是它们的名称）的方法，但其将文本信息与知识图谱事实分开建模，因此无法利用它们之间的交互。Wang[23]提出了一个联合模型，在嵌入过程中可以更好地利用文本信息。其关键思想是将给定的 KG 与一个辅助文本语料库对齐，然后联合进行 KG 嵌入和词嵌入。因此，实体/关系和单词是在同一个向量空间中表示的，它们之间的内积（相似性）之类的操作是有意义的。联合嵌入利用了来自结构化 KG 和非结构化文本的信息。因此，KG 嵌入

和词嵌入可以相互增强。此外，通过对这两类信息进行对齐，联合嵌入可以预测出超出 KG 的实体，即 Web 文本中出现但 KG 中尚未包含的短语。Wang 等[24]提出了一种文本增强的 KG 嵌入（Text-enhanced KG Embedding，TEKE）模型。给定一个 KG 和一个文本语料库，TEKE 模型对语料库中的实体进行标注，并构造一个由实体和词组成的共现网络，通过结合文本上下文嵌入。TEKE 模型被证明优于 TransE、TransH 和 TransR 的原始模型。除上述额外信息类型外，逻辑规则、实体属性、时序信息、图结构等也可作为额外信息进行知识图谱嵌入。

3.4.2 基于领域本体的核电装备知识要素抽取

1. 知识抽取的概念

知识抽取（Knowledge Extraction，KE）涉及的“知识”通常是清楚的、事实性的信息，这些信息来自多源、异构的知识语，而对不同数据源进行知识抽取的方法各有不同。可以从结构化数据（如关系型数据库）、半结构化数据（如商品列表、JSON 数据）和非结构化数据（如文本、视频、图像、语音）中抽取知识。知识抽取任务包括命名实体识别（Named Entity Recognition，NER）和关系抽取（Relation Extraction，RE）等。

命名实体识别是知识抽取中的一项重要任务，在给定纯文本的情况下，识别实体并将其分类为预定义的语义类别。例如，给定一个句子“我们离开劳瑞斯顿花园时是 1 点钟，夏洛克·福尔摩斯带我去见苏格兰场的格雷森”，命名实体识别模型将预测“劳瑞斯顿花园”是一个地点，“夏洛克·福尔摩斯”和“格雷森”是人，“苏格兰场”是一个组织。关系抽取是知识抽取中的一项常见任务，可以抽取来自非结构化文本的实体对之间的语义关系。关系通常存在于两个或多个相关实体之间，这取决于所调查的领域。下面以核电设备论文中的一小段文字为例对知识抽取进行说明，“本文介绍的一种自主研制的高碱度低氢型超低杂质的埋弧焊焊剂（牌号为 TYF-13）具有优良的深窄坡口适应能力，能焊接大部分低合金钢，获得的焊缝强度、韧性匹配良好；通过搭配自主研发的核电用埋弧焊焊丝可满足三代核电站设备 SA-508 GR.3 CL.1（16MND5）钢强辐照区焊缝的焊接，适用于反应堆压力容器、堆芯补水箱等主设备的焊接制造。”命名实体识别模型的目标是识别出“反应堆压力容器”实体而不是“反应堆”和“压力容器”实体。“埋弧焊焊剂（牌号为 TYF-13）”“埋弧焊焊丝”和“SA-508 GR.3 CL.1（16MND5）”均被识别为核电设备实体，“低合金钢”被判定为实物实体。关系抽取是进一步对实体进行分类，如提取出所有关系为

"has_attribute"的三元组，得到一个特定关系的三元组，如（埋弧焊焊丝，has_attribute，低合金钢）、（埋弧焊焊丝，has_attribute，反应堆压力容器）和（埋弧焊焊丝，has_attribute，堆芯补水箱）。

2. 命名实体识别

命名实体识别是核电领域信息抽取的关键环节。针对结构化、半结构化和非结构化数据的命名实体识别，可看成一个序列标注问题，其方法主要分为两类：①传统的命名实体识别方法；②基于深度学习的命名实体识别方法。

传统的命名实体识别方法又可分为基于规则的命名实体识别方法和基于统计机器学习的命名实体识别方法。其中，基于规则的命名实体识别方法需要领域专家根据语义和语法规则等构造出实体识别规则模板。规则可以基于特定领域的词典和语法-词汇模式设计。Grishman 等[25]利用包含国家、城市和公司等组织机构名称的词典开发了一种基于规则的英文信息抽取系统。Collins 等[26]提出的 DL-CoTrain 方法，旨在借助机器自动发现和生成规则，利用无监督方法对种子规则集进行扩展。类似地，Cucerzand 等[27]也提出了一种基于迭代学习的 Bootstrapping 算法，在没有其他特定语言信息、标记器或工具的情况下，其性能具有竞争力。

基于统计机器学习的命名实体识别方法是在大数据的基础上将统计学习方法应用到机器学习中，并通过人工精心挑选和设计的特征、专业技术人员提供的业务特征与行业规则进行初始化调参，基于此结合业务场景对算法模型进行针对性训练，让机器学习并识别来自看不见数据的相似模式。特征提取在有监督的信息抽取系统中至关重要，良好的人工特征表示可以有效提升信息抽取效果。基于特征的机器学习算法已被广泛用于信息抽取，包括隐马尔科夫模型（Hidden Markov Model，HMM）、最大熵（Maximum Entropy，ME）模型、支持向量机（Support Vector Machine，SVM）、决策树（Decision Tree，DT）和条件随机场（Conditional Random Fields，CRF）。

Zhou 等[28]提出了一种隐马尔科夫模型和基于 HMM 的组块标记器，建立了一个用于识别和分类名词、时间和数量的信息抽取系统。该系统可以有效地集成 4 种不同的子特征，从内部单词信息到语义信息，从地名词典到文档的宏观上下文，为命名实体识别问题捕获内部和外部证据，并在 MUC-6 和 MUC-7 英语命名实体识别任务上具有明显优于基于手工规则的性能。Curran 等[29]提出基于最大熵模型的标记器，可处理不同的、重叠的特征，且在参数上使用高斯先验，以在大特征空间上进行有效平滑。Talha[30]等提出基于支持向量机

的亚马逊信息抽取方法，其中线性 SVM 精度最高，但文本中的词汇歧义性导致系统无法正确定位所有命名实体，会错误地注释或遗漏一些实体。Qin[31]等将命名实体识别任务看成一个分类问题，采用决策树来识别命名实体。Mo[32]等提出了一种基于条件随机场的缅甸信息抽取方法。Patra[33]等提出由树核驱动的内核函数执行命名实体识别任务，通过将两个单词映射到另一个维度的特征空间以建立其隐式关系，提高整体效率。CRF 是一种无向图模型，通过选择最大化条件概率 $p(y^*|x^*)$的标签序列 y^*来标记观察序列 x^*，避免了标签偏差问题。Nuo[34]等提出了一种结合缅甸语实体词上下文逻辑关系约束的 CRF 模型，利用整数线性规划方法计算最短路径标注序列，实现命名实体识别。

上述基于统计机器学习的命名实体识别方法各有所长，HMM 模型简单、参数较少、训练和识别速度快，并且使用 Viterbi 算法加快了寻找最代标签序列的速度，但准确率一般，存在标签偏差问题；ME 模型可以灵活设置约束条件，同时具有较好的通用性，但计算开销比较大；CRF 是命名实体识别中的主流模型，其目标函数同时考虑了输入的状态特征函数和标签转移特征函数，使用 Viterbi 算法来寻找最优标签序列，利用上下文特征信息对某一位置进行标注，解决了 HMM 中存在的标签偏差问题，目前已被广泛应用于不同领域的文本，如生物医学文本、语言文本和化学文本等。

目前，基于深度学习的方法已成为命名实体识别领域的主流，主要分为 3 个步骤：分布式输入表示、上下文编码和标签解码器。

1）分布式输入表示

分布式表示用于表示低维实值密集向量中的单词，其中每个维度表示一个潜在特征。分布式表示从文本中自动学习、捕获单词的语义和句法属性。主流的分布式输入表示可以分为词级向量表示、字符级向量表示、融合两种方式和词典信息的混合向量表示。常见的词级向量表示模型有 skip-gram、CBOW、word2vec、Glove、fastText。Lample[35]等提出的命名实体识别的神经体系结构采用 skip-n-gram 预训练的词向量初始化查找表，与随机初始化词嵌入相比效果提升显著。Malik[36]使用 CBOW 训练乌尔都语单词向量，用于乌尔都语命名实体识别和分类，显著提升了识别和分类效果。

对比词级向量表示，字符级向量表示可推断词表外的单词表示，有效解决词汇量限制问题，并可提供单词形态信息，如前缀、后缀、时态等，且可提高模型训练速度。其缺点在于缺少词级语义信息和边界信息，如字符“吉”和词“吉他”，显然词“吉他”可为模型提供更好的先验知识。此外，变长的输入序列会导致计算速度下降。

目前，字符级向量表示模型主要有两类：基于 CNN 的模型和基于 RNN 的模型。Kim[37]

等提出字符级 CNN 模型，利用子词信息可消除对形态标记或人工特征的需要，且可生成新单词。Ronran 等[38]提出的基于单词和字符特征的两层双向 LSTM-CRF 模型和 Ma[39]等提出的双向 LSTM-CNNs-CRF 模型，使用 CNN 卷积层对分类后的字符特征编码，然后采用最大池化层获得单词特征表示。研究表明，CNN 可从单词字符中有效提取形态信息（如单词前缀或后缀）并将其编码成向量表示。

为了更好地捕获上下文信息，Lample[35]等和 Sui[40]等通过双向 LSTM 连接从左到右和从右到左的 LSTM 隐式状态，获得上下文表示。Rei[41]等使用门控机制将字符级表示与词嵌入结合，可动态确定使用嵌入向量中的信息量。Tran[42]等提出具有堆叠残差 LSTM 和可训练偏置解码的命名实体识别模型，通过词级和字符级 RNN 提取词特征。

虽然字符级命名实体识别方法的准确率高于词级命名实体识别方法，但其还有很大提升空间。因此，很多学者对字符特征向量表示进行改进，添加单词信息特征、字典信息特征、部首特征、词汇相似性等附加特征，以增强文本中命名实体间的相关性，提高模型效率。Zhang[43]等提出 Lattice LSTM 方法，首次将词典和词向量信息引入字符级 LSTM 模型，有效提升了识别性能，但存在信息损失、可迁移性差和不能并行化的问题。之后，Gui[44]等提出 LR-CNN 模型，采用 CNN 替代 RNN，解决不能并行计算的问题，同时采取 Rethinking 机制，增加 Feedback Layer，调整词汇信息权值，并引入注意力机制以更好地融入词汇信息，提高了模型效率。Ma[45]等提出一种将词汇信息融入字符向量表示的简捷、有效方法，与其他引入词汇信息方法相比性能更好、推理速度更快，且便于迁移到其他序列标注框架。

2）上下文编码

目前，命名实体识别上下文编码器有 CNN、RNN、预训练语言模型、Transformer 和图神经网络。基于卷积神经网络的命名实体识别模型可自动提取单词上下文的局部特征，并行计算效率高，但存在难以处理长距离依赖问题，以及优先考虑文本局部特征导致大量信息丢失问题。因此，很多学者[46]对 CNN 结构进行改进，以捕获更多的上下文信息。Zhao[47]等将命名实体识别转换为简单的词级多分类任务，提出了一种基于多标签卷积神经网络（MCNN）的疾病命名实体识别方法。Strubell[48]等提出了基于迭代空洞卷积的快速、准确的实体识别方法，以损失部分信息为代价扩大卷积核的感受野，使模型捕获更多上下文信息，同时提高了计算效率。

针对 CNN 难以捕获序列中长距离上下文信息的问题，Chen[49]等提出了一个基于 CNN 的门控关系网络（GRN），与 CNN 相比具有更强大的捕获全局上下文信息能力，并且可在

整个句子中执行并行计算。Yan[50]等应用门控机制构建了一个基于 ResNet 和 DRN 的混合堆叠深度神经块 MoGCN，以更宽的视野捕捉更多局部特征，性能领先。

基于循环神经网络的模型在序列数据建模方面表现出色，特别是双向 RNN 可有效利用特定时间范围内的信息。但其采用线性序列结构进行编码，导致无法执行并行计算，大量非实体词信息参与实体识别过程也阻碍了重要实体特征信息的获取。因此，很多学者通过改进 RNN 变体（LSTM/GRU）的结构、添加注意力机制等来缓解上述问题。Pei[51]等在双向 LSTM-CRF 框架中添加了注意力机制，以增大文本中关键特征的权重。Ronran[38]等提出两层双向 LSTM-CRF 模型，在不使用任何词典的情况下，在 CoNLL-2003 上取得了 91.10% 的成绩。类似地，Seti[46]等采用双向 LSTM 作为上下文编码层，采用自注意力机制模型捕获文本的全局语义信息，减少层与层之间语义信息传递的累积误差，增强文本中命名实体之间的相关性。Deng[52]等提出一种基于自注意的双向门控递归单元（BiGRU）和胶囊网络（CapsNet），在不依赖外部字典信息的情况下具有更好的性能。Alsaaran[53]等提出一种基于 BERT-BGRU 的阿拉伯命名实体识别方法，在 ANERCorp 数据集及合并的 ANERCorp 和 AQMAR 数据集上表现最优。

前述深度学习方法依赖大量的标注数据训练，成本高且容易出现人为错误。而神经语言模型采用无监督学习进行预训练，有效解决了标注数据缺乏问题。Parvez[54]等构建了一个基于 LSTM 的语言模型，通过将其分解为两个实体类型模型和实体复合模型来学习候选词的概率分布。Peters[55]等提出一种语言模型增强序列标记器（TagLM），使用预训练的神经语言模型扩充序列标签模型中的标记表示，并嵌入 CRF-BiLSTM 模型中。Liu[56]等提出基于知识增强的语言模型（KALM），利用知识库中的可用信息和门控机制来增强传统的 LM，通过使用模型中隐藏的实体类型信息，以完全无监督的方式识别命名实体。

预训练语言模型适用于命名实体识别，如 BERT 及其变体 RoBERTa、ALBERT 和 T5 是基于双向 Transformer 架构的大规模神经网络，以无监督方式使用开放数据集进行训练。Sun[57]等提出一个大规模预处理的中文自然语言处理模型 ChineseBERT，利用汉字的字形和拼音信息来增强模型，从表面字符形式中捕捉上下文语义并消除汉语复音字符歧义。Zhu[58]等将词典信息融合到中文 BERT 中，提出一种 Lex-BERT 模型，使用特殊标记来识别句子中单词的边界，修改后的句子将由 BERT 直接编码。

Li[59]等提出以 BERT 为主干的统一的机器阅读理解（MRC）命名实体识别框架，通过微调模型就可处理重叠或嵌套的实体。Liang[60]等提出 BERT 辅助的远程监督开放域命名实体识别方法，首次利用预训练的语言模型（ELMo、BERT、XLNet）实现远程监督的开放域命名实体识别。Xue[61]等提出一个命名实体识别特有的预训练框架 CoFEE，将由粗到细自动挖掘的实体知识注入 BERT 预训练模型中，可分为三个阶段：通过实体跨度识别任务预热模型、利用基于地名录的远程监督策略训练模型提取粗粒度实体类型、通过聚类挖掘细粒度的命名实体知识。CoFEE 预训练框架可用于无标签和低资源场景。Li[62]等引入一个平面点阵 Transformer（FLAT）来融合中文命名实体识别的词汇信息，将点阵结构转换成一组跨度，引入特定位置的编码，避免了词汇信息损失并提高了性能。

基于图神经网络的命名实体识别模型适合处理图结构数据，如文档间的结构信息、层次分类和依赖树。Gui[63]等提出具有全局语义的基于词典的图神经网络（LGN），将词典知识与相关字符连接以捕获局部特征，使用全局中继节点捕获全局句子语义和长距离依赖，可有效解决中文词歧义问题。Cetoli[64]等提出基于图卷积网络的命名实体识别方法，使用双向 GCN 提升双向 LSTM 的性能。Tang[65]等提出单词-字符图卷积网络，使用交叉 GCN 块同时处理两个方向的单词-字符有向无环图，结合自注意力网络排除图中的琐碎信息，其操作可在所有节点上并行化。

针对中文命名实体识别缺乏实体边界分隔空间的问题，Lee[66]等提出基于多嵌入增强多图神经网络（ME-MGNN）的命名实体识别方法，集成不同粒度的多个嵌入以扩展字符表示，并将其输入多个门控图序列神经网络以识别命名实体。Sui[40]等提出一种基于字符的协作图网络，图层中有三个单词-字符交互图：包含图（C-graph）对字符和自匹配词汇之间的联系进行建模；转换图（T-graph）在字符和最近上下文词汇之间建立连接；格子图（L-graph）通过多跳隐式捕获自匹配词汇和最近上下文词汇的部分信息。该网络在大部分中文命名实体识别数据集上取得了最佳性能。

3）标签解码器

标签解码器用于命名实体识别模型的最后阶段。目前，标签解码器架构可分为二元分类器 softmax、条件随机场、递归神经网络和指针网络。早期的命名实体识别模型多使用 MLP+softmax 作为标签解码器。Xia[67]等提出一个多粒度命名实体模型，用两层全连接神经网络将候选实体分类为预定义的类别。Li[62]等采用两个 softmax，一个预测每个标签是不是起始索引，另一个标记每个令牌是不是结束索引，为给定上下文和特定查询输出多个开始索引和多个结束索引，缓解实体重叠问题。条件随机场是一个以观察序列为条件的全局随机场，已被广泛用于基于特征的监督学习。目前，大部分基于深度学习的命名实体识别模型均选择 CRF 层作为标签解码器，从训练数据集中学习约束，以确保最终预测的实体标签序列有效，如应用在双向 LSTM 层之后、CNN 层之后及 GCN 层之后。指针网络是 Vinyals[68]

提出的用于学习输出序列条件概率的神经网络模型，其中元素是与输入序列中位置相对应的离散标签。指针网络将注意力作为指针选择输入，将序列元素作为输出，解决变长输出词典问题。Zhai[69]等使用指针网络作为标签解码器，在分割和标记方面均取得了不错的效果。对比上述模型，指针网络的主要缺点在于贪婪解码，当前步骤的输入需要前一步骤的输出，无法实现并行，影响计算速度；CRF 是最常见的标签解码器，在捕获标签转换依赖关系方面功能强大，但实体类型数量很大时计算成本很高。

深度神经网络模型不需要人工特征，但需要大规模标记数据集进行训练，数据集人工标注成本高。领域自适应是解决这个问题的最有效途径之一，利用来自相关源域的丰富标记数据来增强基于目标域的模型的泛化能力。Lee[70]等在实体抽取中引入迁移学习，将预训练好的实体抽取模型迁移到其他场景，效果良好。Yang[71]等提出多任务跨语言的联合训练模型，在任务和语言间共享网络架构和模型参数，提高了模型性能。Jia[72]等研究了用于多任务学习的多细胞合成 LSTM 结构，使用单独的细胞状态对每个实体类型进行建模。借助实体类型单元，可以在实体类型级别进行跨领域知识迁移。基于迁移学习的方法存在以下局限性：当源域和目标域文本特征分布差别过大时，通过迁移学习进行微调可能导致过拟合；特定领域的信息通常被忽略。因此，Hao[73]等提出一个半监督的可迁移命名实体识别框架，将领域不变的潜在变量和领域特定的潜在变量分开，在跨领域和跨语言的命名实体识别方面表现最佳。

Lai[74]等提出基于图注意力网络的实体关系联合抽取模型 ERIGAT，可有效提取多跳节点信息。Carbonell[75]等提出利用图神经网络实现半结构化文档中命名实体识别和关系预测的方法，可从半结构化文档中提取结构化信息。Luo[76]等提出无监督的神经网络识别模型，从预训练的单词嵌入中获取信息，结合基于强化学习的实例选择器区分阳性句子和有噪声句子，对粗粒度标注进行细化，在不使用标注词典或语料库的情况下性能良好。针对命名实体识别的过拟合问题，Wang[77]等提出一种用于命名实体识别的对抗训练 LSTM-CNN 方法。Muis[78]等提出可处理重叠和不连续实体的超图模型，Wang[79]等用 LSTM 扩展了超图模型，Dai[80]等提出一种基于迁移的非连续神经模型，这些命名实体识别模型可有效排除重叠和不连续实体。Li[81]等提出了基于跨度的联合模型，以端到端的方式识别重叠和不连续实体，人工干预少且可实现并行。Zhang[82]等提出统一的多模态图融合（UMGF）方法，可以为命名实体识别捕获多模态语义单元之间的各种语义关系。

3. 关系抽取

关系抽取的主要目标是根据上下文对实体之间的关系进行分类。关系抽取的开创性探索在于统计方法，如模式挖掘、基于特征的方法和图模型。最近，随着深度学习的发展，神经模型被广泛应用于关系抽取并取得了良好的效果。这些关系抽取方法缩小了非结构化文本和结构化知识之间的差距，并在几个公共基准测试中显示了它们的有效性。尽管现有的关系抽取方法取得了成功，但它们中的大多数仍然在简化的环境中工作。这些方法侧重于训练具有大量人工标注数据的模型。然而，核电领域的应用环境要复杂得多：①收集高质量的人工标注数据成本较高；②许多长尾关系无法提供大量的训练示例；③大多数事实是通过由多个句子组成的长上下文来表达的；④使用预定义的集合来覆盖那些具有开放式增长的关系是困难的。因此，要为实际部署构建有效且强大的关系抽取系统，仍有一些更复杂的场景需要进一步研究。事实上，已经有各种各样的工作在探索可行的方法，并在现实场景中表现出更好的关系抽取能力。下面从利用更多的数据信息、更有效地学习和处理更复杂的上下文三方面展开介绍。

1）利用更多的数据信息

有监督模型缺乏大规模、高质量的训练数据，因为人工标注数据成本高。为了缓解这个问题，远程监督（Distant Supervision，DS）被用来通过将现有的知识图谱与纯文本对齐来自动标记数据。这种启发式方法可以方便地构造大规模训练示例，但这种自动贴标机制也会引入错误标签。现有的缓解噪声问题的方法可以分为三大类：①采用多实例学习的方法，将句子与相同的实体对结合起来，从中选择信息实例；②利用额外的上下文信息对 DS 数据进行降噪，如将 KG 作为外部信息来指导实例选择；③利用复杂的机制和训练策略来改进远程监督的 NRE 模型。

2）更有效地学习

大多数关系只有非常有限的关系事实和相应的句子。少样本学习（Few-shot Learning）是一种非常适合这种需求的学习方法，它专注于用少量的训练数据学习任务。目前少样本学习主要有以下两种方法。

（1）度量学习：在现有数据上学习语义度量，并通过将查询与训练示例进行比较来分类查询，大多数度量学习模型都是在句子层面上进行距离测量的。

（2）元学习：又称“学习如何学习”，旨在通过在元训练数据上获得的经验掌握参数初始化和优化的方法。

3）处理更复杂的上下文

大多数关系事实只能从复杂的文本语境中提取，而不能从单句中提取，目前提取多个句子之间的关系主要有三种方法：①利用从各种句法结构中提取的文本特征（如共引用注释、依存关系树）来连接文档中的句子；②构建句子间实体图，利用实体间的多跳路径来推断正确的关系；③利用图结构的神经网络为交叉句子依赖关系建模以提取关系，从而提高记忆和推理能力。

4. 事件抽取

现有的方法大多采用 CNN、RNN 对文本特征进行建模以抽取事件。Chen[83]等提出了一种基于动态多池化卷积神经网络（Dynamic Multi-pooling Convolutional Neural Network，DMCNN）的模型。该模型包含两条从原始文本中学习语义特征的通道，分别对应词汇级特征和句子级特征。DMCNN 引入了词表示模型来捕捉词的语义规律，并采用基于 CNN 的框架来捕捉句子层面的线索，同时利用动态多池化层来探索 CNN 遗漏的信息。该模型设计了以下特征：①上下文词特征，即每个词的嵌入向量；②位置特征，定义为当前词到预测的触发参数或候选参数的相对距离，每个距离值由一个嵌入向量表示；③事件类型特征，触发器分类阶段预测的事件类型也被认为是事件参数识别的一个重要特征。DMCNN 将自动学习的特征拼接到最终的分类器中进行事件触发预测和事件参数识别。Feng[84]等采用了一种将 CNN 与 LSTM 结合的混合神经网络。实验表明，该神经网络与语言无关，在英语、汉语和西班牙语的事件抽取中都能取得很好的效果。Liu[85]等提出了联合多事件抽取（Joint Multiple Events Extraction，JMEE）框架，该框架可以联合抽取多个事件触发器和参数。该方法引入了句法捷径来增强信息流，并设计了基于注意力机制的图卷积网络来实现信息集成。Liu[86]等进一步将该方法扩展到跨语言事件检测模型，他们发现语法信息具有多语言不变量的属性，可以用于有效的多语言迁移学习。

核电领域业务复杂，数据来源多、结构多样、体量大，为了稳健、高效地抽取核电领域的知识要素，本书采用基于深度学习的知识要素抽取方法。知识要素抽取分为两部分：①命名实体识别，即识别出文本中的实体；②关系抽取，即对识别出来的实体构建对应的关系。可以先做命名实体识别，再做关系抽取。但是，这种流程会造成实体识别错误，从而造成关系构建错误，因此本书将命名实体识别和关系抽取相结合，采用联合学习的方式。核电领域知识要素抽取框架如图 3.4.2 所示，其中包含以下三个模块。

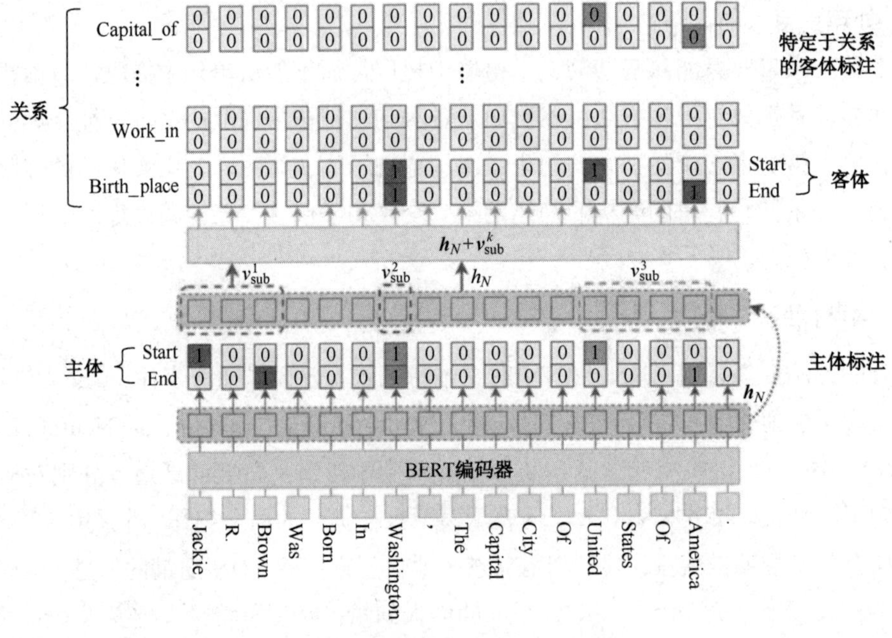

图 3.4.2　核电领域知识要素抽取框架

（1）BERT 编码器模块：对句子编码，获取每个词的隐含层表示，可以采用 BERT 的任意一层。这部分是可以替换的，如用 LSTM 替换 BERT。

（2）主体标注模块：对 BERT 编码器模块获取到的词嵌入解码，构建两个二分类的分类器预测主体的开始和结束索引位置，对每个词计算其作为开始和结束的概率，大于阈值则标记为 1，否则标记为 0。

（3）特定关系的客体标注模块：框架同时识别出主体的关系和相关的客体。解码的时候不仅考虑 BERT 编码的隐含层向量，还考虑识别出的主体特征。对于识别出的每个主体，对应的每种关系会解码出其客体的开始和结束索引位置。

3.4.3　基于实体聚类的核电装备知识网络演化

1. 知识网络演化

随着核电工程建设业务的持续发展，核电工程建设方面已积累了大量的宝贵经验、知识素材和知识原料。这些知识与信息快速增长，知识门类在高度分化的同时又逐渐交叉融合，已形成一个复杂的网络，该网络也成为个体或组织获得知识资源并保持可持续竞争优势的根源。

知识网络最早出现在文献计量学领域，Garfield[87]认为科学引证网络可以在一定程度上反映科学知识之间的演变关系，并基于科学论文的引用关系构建引文知识网络，提出了引证网络分析法并构建了科学引文数据库。经国内外学者研究表明，某个领域内的知识并不是以完全独立或游离的状态存在的，而是基于潜在的关联关系而存在的，同时呈现出一定的集群性和团簇性。并且，知识间的关联关系会随着领域知识的变化而变化，从而使得知识聚类也在不断演化变迁。一方面，领域内的高频知识、核心知识会使得关联知识不断聚集；另一方面，在知识演化过程中必然会产生新的知识，并且随着一些主题的消亡，必然会有一些知识消亡，这些变化也必然会疏解领域知识的聚集状态。随着领域知识的不断发展，知识子种群之间交叉重叠的部分会不断上升，并且会聚集成更大的知识群落。

2. 知识网络演化面临的挑战

任何领域内的知识单元都会形成一定程度上的知识聚类，因为知识之间可以通过直接关联或间接关联建立关系，从而使领域内的知识单元不再离散。并且，新的知识会在这种关联关系的基础之上产生，这种新生的知识更能反映出领域在特定时期内的知识生成、衰落、衍生、融合等变化。因此，如何从时间序列的视角对领域知识聚类问题进行动态分析，把握和揭示领域知识发展过程中知识聚类的演化特征与规律，是知识网络演化领域中的一个挑战。

除此之外，领域内部知识网络结构特征中个体知识网络组织化效果评估的理论研究体系尚未形成，组织内部知识网络结构与个体知识转移之间的相互影响方式尚未明确，个体知识组织化、组织内部知识网络特征和组织绩效三者之间的关系等也有待更加深入的研究。伴随核电领域海量、异构、多样化的信息资源的出现，知识处理和信息过载问题日趋严重，如何精准获取用户需求，规范整合信息资源与语义处理，智能化地为用户提供高效的知识服务也是一个重大挑战。

3. 知识网络演化方法

在大数据背景下，知识网络演化分析技术已成为提高知识利用和信息处理效率的一种有效手段。知识网络演化模型可用于探讨和发现知识发展脉络的关键特征，早期研究是利用统计分析及仿真的手段对演化过程进行解释，其反映了知识网络的时空结构变迁，有利于将外在结构与内在作用的机理联系起来。经典的引证网络和合作网络都是知识网络的一种显性表征。

知识网络具有小世界网络结构和不均匀连通性，增长和优先机制是理解其形成和演化的关键。目前主要利用 BA 模型及其改进模型来研究演化机理问题。引证网络可以反映知识的流动和先后关系，并且 50%的引证和论文发表时间有关，即人们更加偏好引用经典文献和近期文献，其他则是随机的。因此，很多学者通过引入全局性的度择优和局部性的时间择优对知识网络演化进行分析。考虑到一些高质量论文可以在短时间内获得大量引用，因此节点的内部属性也可作为择优的一种手段。新增节点的数量变化可用线性、对数、指数、Logistic 等增长函数来模拟增长机制。合作网络体现了知识创造主体之间的协作关系，结合网络的局部结构特征和节点的外部属性信息可以建立混合择优模型。一种方法是从结构信息中抽象出许多属性，然后将它们与外部属性放在一起构建模型；另一种方法是量化不同属性对连边形成的贡献，然后找到融合不同的外部信息和结构信息的方法，提高模型解释真实网络的准确性。后者更有价值，也更具挑战性。

知识网络作为复杂网络的一种具体表现形式，其演化分析方法主要是在复杂网络计算基础上的网络结构时序演变特征的测度，因此其计算指标主要包括度分布指数、网络密度、平均最短路径、网络聚类系数、网络连通性与网络匹配性等。一般来说，知识网络演化过程具有非线性、自组织的特点。安宁[88]等采用网络聚类系数的分析方法，从随机因素、度相关性、邻近关联角度对知识网络演化过程进行分析，并发现聚类系数与知识网络是不是规则网络无关，其中起到关键作用的是知识节点相互之间具备直接关联关系的聚类模体（封闭三元组）。实验结果表明，领域知识聚类的状态在小世界网络和无标度网络之间摇摆演化，领域知识在演化过程中保持高聚类的特性。理解领域内相关实体及其内在联系通常是至关重要的，实体和连接可能会随着时间或其他有序维度而演变，表明动态行为和变化趋势。例如，在生物科学文献中，对一种疾病的研究可能在一段时间内集中于特定的基因，然后由于技术上的突破而转移到其他一些基因。捕捉这样的实体、连接及其变化趋势可以实现各种任务，包括分析概念演变、预测未来事件和检测离群值。Yang[89]等对时变网络的推理进行了研究并提出了基于查询的知识摘要的实体演化网络构建，将实体建模为一个进化马尔科夫随机场中的变量，并通过估计潜在的逆协方差矩阵来检测它们的内在联系，同时利用稳健的非超常转换来处理文档中的有序离散实体观察。该模型可以捕捉实体间真实的条件连接，而其计算效率与标准图形套索相同。

3.5 核电装备数据空间知识精确挖掘与智能推送方法

3.5.1 核电装备异构知识语义关联建模

核电装备布置设计资源中的多源异构数据之间存在各种复杂的关联关系，表现为大量的文本、图像、算法等复杂对象并存，各类知识资源形成了复杂的关联关系与组织结构，跨平台、多模态知识资源之间高度交互融合[90]。核电装备布置设计是一个动态、循环、可变的复杂过程，为了实现布置设计知识的融合与推送，需要对布置设计异构知识进行有效的关联表达[91]。本节建立如图 3.5.1 所示的核电装备布置设计异构知识关联模型。

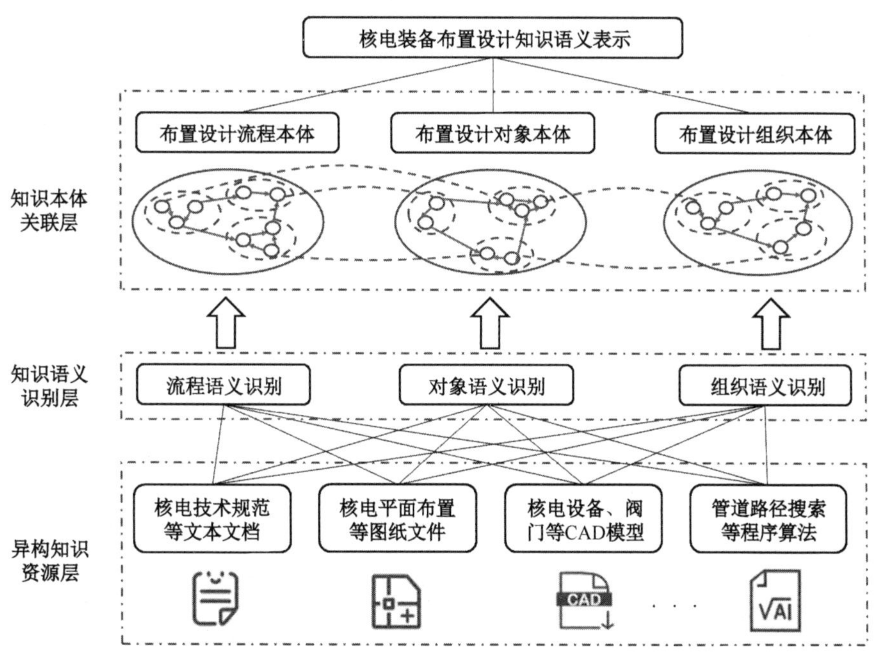

图 3.5.1　核电装备布置设计异构知识关联模型

该模型主要包含异构知识资源层、知识语义识别层、知识本体关联层及核电装备布置设计知识语义表示 4 个部分。在核电装备布置设计过程中，绝大部分设计知识来源于异构知识资源，这些资源根据载体类型可以分为文本类、多媒体类、程序类。异构知识资源是生产业务领域（如布置设计）重要的知识载体，更是生产业务领域（如布置设计）的重要组成与支撑。异构知识资源的重要性主要体现在：布置设计人员可以在布置设计过程中通过查阅和参考与布置设计对象、布置设计流程相关的知识资源，提取和应用异构载体中隐含的关联知识；在布置设计流程中会产生海量的设计知识，这些知识需要在异构设计资源层中进行记录和整理，使布置设计知识得到有效的固化积累，这有利于知识管理和应用的持续发展。通过对异构知识资源层的构建，为关联和推送资源载体所承载的知识奠定基础[92]。

知识语义识别层主要为知识本体关联层提供支持，根据流程、对象和组织进行语义识别。其中，知识语义识别中包含的类别对应核电布置设计知识的最底层概念，流程语义识别对应布置设计业务流程中的设计任务，对象语义识别对应布置设计对象中的系统和设备。通过语义识别与特征提取等方法，实现布置设计流程、布置设计对象、布置设计组织和异构知识资源的关联。

知识本体关联层主要包含布置设计流程本体、布置设计对象本体和布置设计组织本体，功能是映射实现布置设计流程、布置设计对象和布置设计组织三者之间的关联。不同布置设计对象的特征描述有很大差别，这些特征可通过核电技术文档、平面布置图、三维模型等布置设计知识资源来说明；布置设计对象是按照面向系统功能的分解方式进行层次划分的，因此在布置设计过程中，各种布置设计对象都有相应的布置设计流程，布置设计人员参与布置设计对象的布置设计流程，最终的布置设计结果形成对应的布置设计案例。

1. 融合领域词典的文本资源预处理

由于布置设计知识资源中包含大量非结构化数据，所以首先需要对领域文本进行预处理，将它们分割成独立的词、词组，使预处理后的文本满足后续的概念与关系提取的格式要求。本节采用自然语言处理技术对布置设计领域文本进行预处理，主要包括文本断句、文本分词和删除停用词，预处理过程如图 3.5.2 所示。

文本断句和分词是将领域文本分割成具有意义的最小独立单元的过程[93]。中文文本断句和分词就是将文本中的连续子序列按照一定的规范组合成词序列。在对布置设计领域文本进行术语提取之前，需要先对文本内容进行拆分。针对语句末尾存在的断句符号，包括各种中英文、半角和全角句号、问号、省略号、感叹号等，采用正则表达式来完成断句操作。

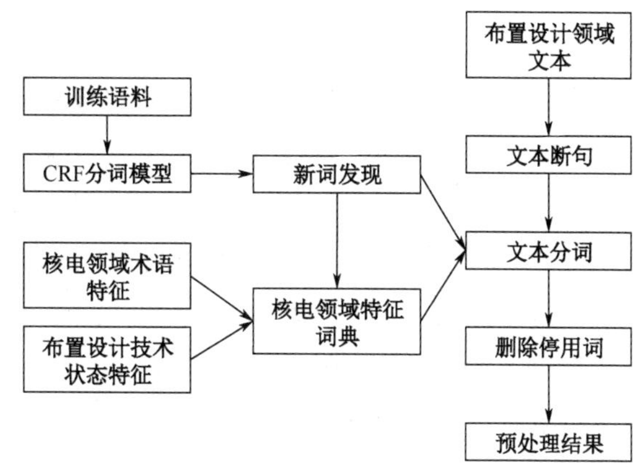

图 3.5.2 布置设计领域文本预处理过程

通过结合数理统计方法和自然语言处理技术，对布置设计领域文本进行分词操作。布置设计领域文本分词的主要思路如下：把文本分词看成序列标注问题，将布置设计领域知识特征加入文本分词训练语料，训练并得到 CRF 分词模型，从而有效融合布置设计领域特征与分词模型，以提高布置设计领域文本分词的准确率。CRF 是一种概率无向图模型，是在给定一组随机变量 X 的条件下，求得另一组随机变量 Y 的马尔科夫随机场，它有效回避了隐马尔科夫模型和最大熵模型中存在的标注偏置问题，可以有效利用文本上下文信息，因此在解决序列标注问题方面表现出良好的性能[94]。

本节主要基于线性链条件随机场（Linear-chain CRF）[95]，在条件概率 $P(Y|X)$ 中，X 是给定的观测序列，Y 是输出序列。线性链条件随机场的定义如下：设 $X=(X_1,X_2,\cdots,X_n)$ 和 $Y=(Y_1,Y_2,\cdots,Y_n)$ 为线性链表示的随机变量序列，在给定随机变量序列 X 的情况下，随机变量 Y 的条件概率分布 $P(Y|X)$ 构成条件随机场，即满足马尔科夫性：

$$P(Y_i X, Y_1, Y_2, \cdots, Y_n) = P(Y_i X, Y_{i-1}, Y_{i+1}) \qquad i=1,2,\cdots,n$$

则称 $P(Y|X)$ 为线性链条件随机场，其参数化形式如下：

$$P(y|x) = \frac{1}{Z(x)} \exp\left(\sum_{i,k} \lambda_k t_k (y_{i-1}, y_i, x, i) + \sum_{i,l} \mu_l s_l (y_i, x, i)\right)$$

$Z(x)$ 为规范化因子：

$$Z(x) = \sum_y \exp\left(\sum_{i,k} \lambda_k t_k (y_{i-1}, y_i, x, i) + \sum_{i,l} \mu_l s_l (y_i, x, i)\right)$$

式中，t_k 为局部特征函数，依赖当前节点与上一节点特征，权重系数为 λ_k；s_1 为节点特征函数，只依赖当前节点特征，权重系数为 μ_l；$Z(x)$ 表示所有状态序列集合。

基于线性链条件随机场的布置设计领域文本分词通过学习从观测序列到标注序列概率

函数的映射关系，将语句分词转化为序列标注问题，从而实现领域文本的分割。针对文本分词面临的核电装备布置设计领域适应性不强的问题，考虑将核电领域术语特征和布置设计技术状态特征融合为核电领域特征词典，并将特征词典标注后融入训练语料，重新训练文本分词模型。在核电布置设计领域，目前对文本分词的相关研究较少，因此本节抓取了大量核电领域相关国家标准、行业标准和电力名词相关语料数据，并从中选取核电领域术语特征语料。此外，核电装备布置设计包含的大量技术状态数据，记录了一回路中设备、管道、阀门等装备的布置信息和关联属性。因此，为了满足核电装备布置设计工程项目中分词的性能需求，从核电机组布置设计中选取相关技术状态特征数据，并融入核电领域特征词典。

为了提高后续领域本体学习性能，同时降低布置设计语料库的存储成本，需要删除文本中的杂质，主要是删除停用词。停用词虽然在领域文本中频繁出现，但没有实际利用价值，删除停用词可以减少停用词对工作的负面影响。停用词主要包括副词、介词、情态助词和连词等，可以根据停用词表进行删除。

2. 综合语义与统计重要度的本体概念提取

本体概念是构成领域本体的基本单元，因此构建布置设计领域本体的第一步就是提取领域相关概念[96]。布置设计领域本体概念由相似语义的术语集合而成。针对核电布置设计领域术语在不同知识资源之间分布的差异性，并考虑到领域术语之间的语义关联关系，本节提出一种基于语义聚类的布置设计领域本体概念提取方法。首先结合 TextRank 算法对词语语义关联性进行聚类，然后基于改进的 TF-IDF 算法计算词语的统计权重，综合得到布置设计领域术语，最后从领域术语中形成并归纳领域本体概念。基于语义聚类的布置设计领域本体概念提取流程如图 3.5.3 所示。

TextRank 算法是一种基于语义图判断词语重要度的方法[97]。其主要思路如下：把词看成节点，并根据词节点之间的共现关系构建词图模型，从而基于图的排序迭代算法计算词节点权重。针对布置设计知识资源预处理结果，对语料库中词语间共现关系进行图形化表示，首先根据词节点集合 V 与词之间的边集合 E 构建词图 $G=(V,E)$，E 由词语间共现关系决定，然后利用公式迭代计算词节点 v_i 的权重 $\mathrm{WS}(v_i)$：

$$\mathrm{WS}(v_i)=(1-d)+d\times\sum_{v_j\in\mathrm{In}(v_i)}\frac{w_{ji}}{\sum_{v_k\in\mathrm{Out}(v_j)}w_{jk}}\mathrm{WS}(v_j)$$

式中，$d\in[0,1]$ 为阻尼系数，代表词节点间指向概率，可以保证迭代计算收敛，通常取值

0.85；w_{ji} 为两词节点之间边的权重；$In(v_i)$ 表示词节点 v_i 的前驱词节点集合；$\mathrm{Out}(v_j)$ 示词节点 v_j 的后继词节点集合。令 p_{ji} 表示词节点 v_i 向词节点 v_j 的跳转概率：

$$p_{ji} = \frac{w_{ji}}{\sum_{v_k \in \mathrm{Out}(v_j)} w_{jk}}$$

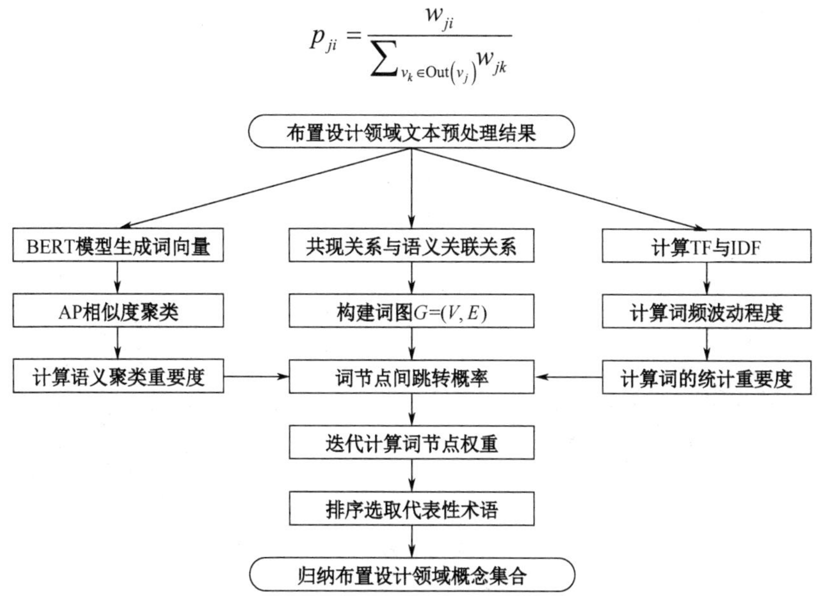

图 3.5.3　基于语义聚类的布置设计领域本体概念提取流程

初始的 TextRank 算法把节点之间边的权重都设为 1，即词节点间跳转概率 $p_{ji} = \frac{1}{\left|\mathrm{Out}(v_j)\right|}$，但这样会把词节点间的跳转简单设置为相邻词节点间无差别平均传播。通过引入节点词向量语义聚类重要度与统计重要度来对 p_{ji} 进行优化计算[98]。词向量是一种对文本词语进行向量化形式表达的模型，BERT 模型是一种典型的词向量模型，对词向量的语义表达比经典的 word2vec 模型更加准确，因此可采用 BERT 模型生成词向量来表示词语的语义。

根据核电机组布置设计的领域特征，本节将核电领域中的本体概念划分为布置设计对象、布置设计流程、布置设计组织、布置设计资源 4 个维度，如图 3.5.4 所示。

通过给各个维度的聚类中心词节点分配较大的权重，使其在 TextRank 算法的迭代计算过程中有更高的跳转概率。首先，基于近邻传播（Affinity Propagation，AP）聚类算法对词向量进行相似度聚类，词节点的相似度可以表示两词节点间的差别程度，因此通过余弦距离计算词节点的相似度：

$$s(i,j)=\cos\left(\overrightarrow{v_i},\overrightarrow{v_j}\right)=\frac{\overrightarrow{v_i}\cdot\overrightarrow{v_j}}{\|\overrightarrow{v_i}\|\overrightarrow{v_j}}$$

式中，$\overrightarrow{v_i}$ 示词节点 v_i 对应的词向量。两词节点的余弦距离越大，说明它们的相似度越高，关系越密切。

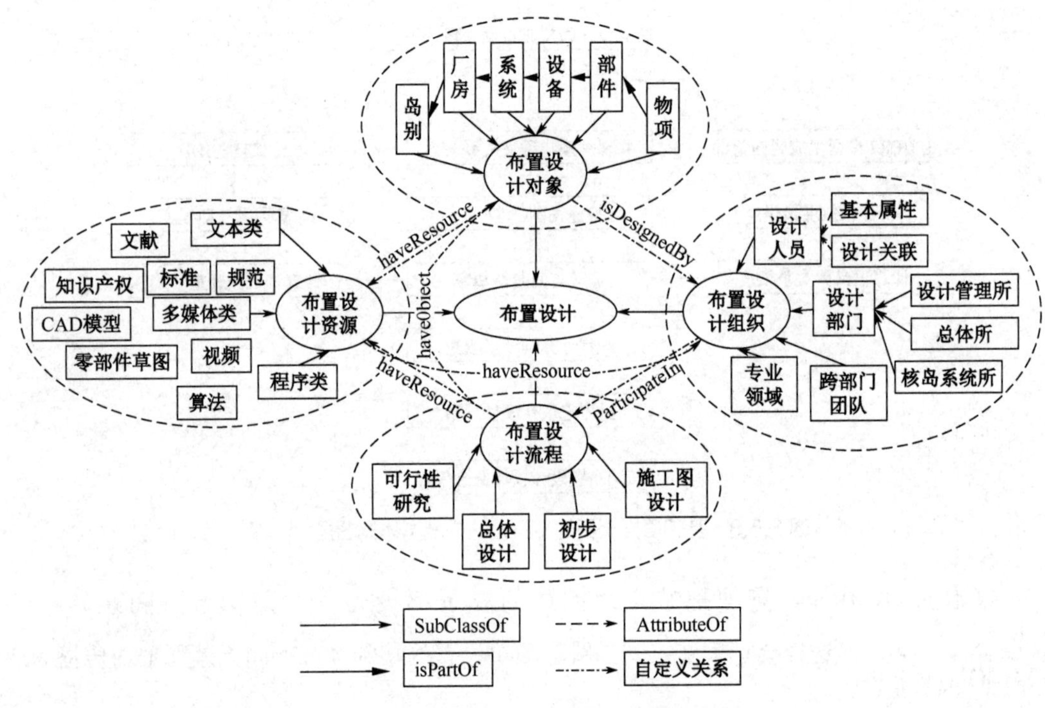

图 3.5.4　核电机组布置设计本体核心视图

在计算得到词语的语义聚类重要度之后，接着计算词语的统计重要度。TF-IDF 算法是一种通过结合词频（TF）与逆向文档频率（IDF）来判断领域词语重要度的方法，其主要思路如下：如果某个词语在某个文档中的词频比较高，且在语料库中其他文档中的词频比较低，则表示该词语对该文档与语料库中其他文档有比较好的区别能力。同时，考虑到布置设计领域术语在不同的文档中词频波动较大，非领域术语的词频波动较小，将词频波动程度引入 TF-IDF 算法。利用如下公式计算 TF 值：

$$\mathrm{tf}_{jg}=\frac{n_{jg}}{\sum_k n_{kg}}$$

式中，n_{jg} 表示词 v_j 在领域语料库 G 中某个文档 g 中的出现次数；分母表示文档 g 中所有词出现次数之和。

利用如下公式计算词语的 IDF 值：

$$\mathrm{idf}_j = \log\frac{|G|}{\left|\{G : v_j \in G\}\right|}$$

式中，$|G|$ 表示语料库中的文档总数；$\left|\{G : v_j \in G\}\right|$ 表示语料库 G 中含有词 v_j 的文档数。利用如下公式计算 v_j 词频波动程度：

$$\sigma_j = \sqrt{\frac{1}{|G|}\sum_{g=1}^{|G|}\left(\mathrm{tf}_{jg} - \overline{\mathrm{tf}_j}\right)^2}$$

进而基于如下公式计算出词 v_j 的统计重要度：

$$p_{ji}^{\mathrm{s}} = \frac{w_{\mathrm{s}}(v_i)}{\sum_{v_k \in \mathrm{Out}(v_j)} w_{\mathrm{s}}(v_k)}$$

此时，词节点间的语义聚类重要度跳转概率和统计重要度跳转概率都已确定，按照如下公式求得两种重要度的加权和，得到综合跳转概率：

$$p_{ij} = \alpha \times p_{ji}^{\mathrm{c}} + \beta \times p_{ji}^{\mathrm{s}}$$

式中，$\alpha + \beta = 1$，表示影响力比例系数，通过实验确定。

计算出综合跳转概率之后，按照前面的权重计算公式进行迭代并得到收敛后的结果，排序后选取代表性术语，并提供给相关专家进行分析，归纳出核电机组布置设计领域本体概念集合。

3. 领域本体概念分类与非分类关系识别

布置设计领域本体的另一个核心构成要素是概念之间的关系，其支撑知识推送、语义检索等功能的实现。概念之间的关系可分为分类关系与非分类关系。其中，分类关系指概念间的层次关系，如上下位关系等；非分类关系指分类关系以外的所有关系，如因果关系等[99]。

在领域本体学习中，常见的关系抽取方法有基于规则的方法、基于词典的方法、基于聚类的方法等，每种方法都有各自的优点、缺点和适用条件[100]。本节针对不同类型概念之间的语义关系，提出了相应的学习方法，得到了布置设计领域本体概念关系集合。

1）领域本体概念分类关系识别

领域本体概念分类关系识别的目的是为概念构建层次关系，它和领域本体概念共同构成领域本体骨架。针对核电装备布置设计领域的特点，本节主要结合概念聚类与规则推理方法对本体概念分类关系进行识别。

针对布置设计领域本体概念提取结果，对提取出来的领域本体概念和概念间相似度进行图形化表示，根据领域本体概念词节点集合 V_c 与概念之间的边集合 E_c 构建概念关系词图 $G_c = \left(V_c, E_c\right)$，$E_c$ 由概念词语间语义相似度关系决定。基于上文介绍的 AP 聚类算法生成概念词向量聚类中心点集合，并结合布置设计领域专家知识，确定领域本体顶层分类概念。将确定的顶层分类概念作为根节点，基于 Prim 算法获取概念关系图的最大生成树[101]，根据树的边集合可以得到包含上下位关系的节点对集合。对于领域本体概念词对 v_{ci} 和 v_{cj}，利用余弦相似度表示通过最大生成树中的边集合得到分类关系的相似重要度，计算公式如下：

$$w_{r1}\left(v_{ci}, v_{cj}\right) = \cos\left(\overrightarrow{v_{ci}}, \overrightarrow{v_{cj}}\right)$$

针对布置设计领域概念关系图的最大生成树中未表达的概念分类关系，通过在核电知识资源库与 Web 资源中查找来进行概念节点分类关系的抽取。首先，针对分类关系构建中文语言模板[102]，将分类关系划分为属种关系、实例关系及整体部分关系，见表 3.5.1。其次，将查找结果与分类关系语言模板关键词进行匹配，并利用如下公式计算分类关系的关联重要度：

$$w_{r2}\left(v_{ci}, v_{cj}\right) = \frac{\log\left(\mathrm{val}\left(v_{ci}, v_{cj}\right)\right)}{1 + \log\left(\mathrm{val}\left(v_{cj}, v_{ci}\right)\right)}$$

式中，$\mathrm{val}\left(v_{ci}, v_{cj}\right)$ 表示概念词对与分类关系语言模板关键词在查找结果中的匹配数量。

表 3.5.1　分类关系语言模板

关　系	语 言 模 板
属种关系	X 是/作为……一个/一门/一种/一类……Y X 属于 Y Y 之 X
实例关系	Y，例如/如 X
整体部分	X 组成/构成 Y
关系	Y（……）分为（……）X Y（……）分类（……）X Y（……）有/包含/包括（……）X

此时，领域本体概念分类关系的相似重要度和关联重要度都已确定，按照以下公式求得这两种重要度的加权和：

$$w_r\left(v_{ci}, v_{cj}\right) = \alpha \times w_{r1}\left(v_{ci}, \mathrm{v}_{cj}\right) + \beta \times w_{r2}\left(v_{ci}, v_{cj}\right)$$

式中，$\alpha + \beta = 1$，通过实验确定。

通过设置领域本体概念分类关系重要度阈值，去除本体间的冗余分类关系，最后结合规则推理与领域专家知识对分类关系进行修正，得到领域本体概念分类关系集合。

2）领域本体概念非分类关系识别

由于领域本体概念非分类关系不存在明确的定义规则，因此非分类关系的识别比分类关系复杂。非分类关系主要反映概念间的某些语义关系，主要包括两种。一种是通用关系，如等价关系、近似关系、因果关系、同义关系、反义关系等[103]。另一种是布置设计领域特有的关系，如物理位置关系、时间顺序关系等，且大多数非分类关系属于第二种。本节主要基于关联规则方法识别领域本体概念非分类关系，主要步骤包括对共现频率较高概念词对的识别，以及对相应关系标签的识别。

针对布置设计领域概念词对在领域知识文本语句中的共现关系，基于关联规则方法对概念词对进行识别。关联规则采用“$A \to B$”形式的蕴含式表达，其中$A \in V_c, B \in V_c$且$A \cap B \neq \phi$，抽取概念词对主要通过预设最小支持度和最小置信度，挖掘领域知识资源库中满足要求的所有关联规则。其中，支持度表达规则的有用性，计算公式如下：

$$\text{Support}(A \to B) = \text{Support}(A \cup B) = P(A \cup B)$$

置信度表达规则的确定性，计算公式如下：

$$\text{Confidence}(A \to B) = P(B \mid A) = \frac{\text{Support}(A \cup B)}{\text{Support}(A)}$$

设置合适的支持度与置信度阈值后，基于关联规则算法挖掘出概念集合中符合规则的概念词对，并对识别得到的概念词对集合进行过滤操作，以消除概念间分类关系的影响。

在识别领域概念词对之后，需要对概念词对之间的关系标签进行识别。作为描述和连接概念词对的语义纽带，关系标签与概念词对通常也呈现共现性。依据关系标签与概念词对之间的语义关联关系，基于得到的概念词对集合进一步识别得到关系标签。从语句依存句法分析的角度来看，关系动词是语句中支配其他成分的核心词，因此基于点互信息来衡量概念词其关系动词的相关程度，计算公式为如下：

$$\text{PMI}(C, \text{verb}) = \log \frac{P(C, \text{verb})}{P(C) \cdot P(\text{verb})}$$

式中，C表示概念词对$\langle v_{ci}, v_{cj} \rangle$；verb表示关系动词；$P(C, \text{verb})$表示概念词对与关系动词的共现概率，可以在确定关系动词的情况下由概念词对出现的概率$P(C \mid \text{verb})$与关系动词出现的概率$P(\text{verb})$相乘求得。通过设置关系动词的点互信息阈值，过滤掉重要度较低的关系，从而完成关系标签的识别。

3.5.2　核电装备知识案例特征挖掘

核电装备知识网络是由数以万计的术语节点、数以千万计的术语关系、数以亿计的知识语料相互交织映射而成的。作为该网络图谱的微观缩影，反应堆冷却剂系统布置设计案例知识庞杂，不仅包括布置设计总体目标、核岛布置技术方案，还包括机械、仪控、电气、暖通、给排水、工艺设备和管道等方面的具体布置措施。反应堆冷却剂系统布置设计案例特征提取的目的是识别案例中具有独特意义的信息，如布置设计采用的技术、方法、材料等。在核电布置设计领域，设计成果具有结构复杂、安全保密要求高等特点，其案例的形式也比较复杂，使得案例特征提取难度较大，利用传统的关键词提取技术并不能有效识别和表达案例的语义信息，因此需要构建高效的反应堆冷却剂系统知识案例收集策略，实现核电装备知识网络动态增量扩展。

本节根据核电机组反应堆冷却剂系统布置设计的特点，提出一种多源域迁移下的核电装备知识案例特征提取方法，如图 3.5.5 所示。该方法的核心思想包括以下几方面。

（1）基于对抗迁移网络提取低资源的核电布置设计知识特征。将标注语料规模较大的电力工业、动力工程与原子能技术领域数据集作为源域数据集，将反应堆冷却剂系统布置设计知识数据集作为目标域数据集，基于领域特征提取方法学习目标域和源域的领域特征信息，利用共享特征提取器学习目标域和源域的共同信息，共同信息中隐含一定的共享特征。

（2）引入对抗训练、广义资源对抗判别器、非均衡调控等学习机制，解决目标域和源域之间数据规模不平衡问题，并提升对低资源、复杂知识特征的识别能力。

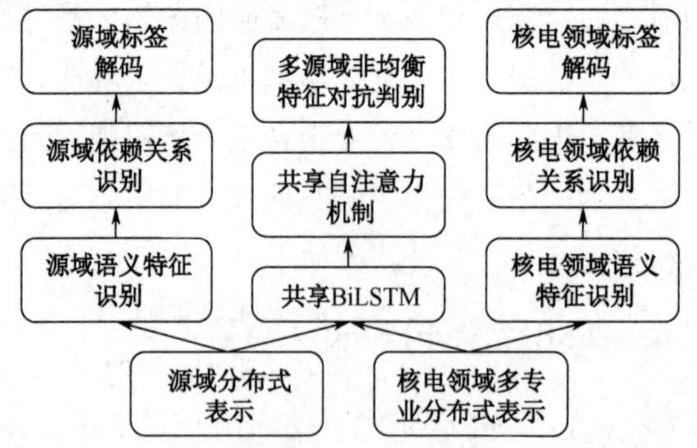

图 3.5.5　多源域迁移下的核电装备知识案例特征提取方法

1. 考虑长短时记忆的领域共享特征识别

长短时记忆（Long Short-term Memory，LSTM）网络是循环神经网络（Recurrent Neural

Network，RNN）的一种特殊变体结构，其单元结构如图 3.5.6 所示[104]。LSTM 网络是一种新型深度学习神经网络，擅长捕捉较长文本的序列特性，并得到全局特征。RNN 是一类递归神经网络，它的输入为序列数据，并以序列演进的方向递归，而且所有循环单元为链式连接。LSTM 模型的网络结构和标准 RNN 相似，以时间步为概念处理字符文本等序列型结构。LSTM 模型通过加入门控机制循环结构单元来控制历史信息的积累速度，并更新现有信息以实现对更长时间序列历史信息的跟踪。LSTM 模型中的门结构包括输入/候选门、遗忘门、输出门，由前馈网络层和激活函数构成，用来提供控制信息流或重置状态的功能。LSTM 模型中还包含记忆单元，用于存储历史信息，克服了标准 RNN 在梯度反向传播的过程中面临长序列问题时产生的梯度消失、梯度爆炸情况，解决了长距离依赖的问题，因此可以基于 LSTM 网络结构，对输入序列开展语义特征的提取。

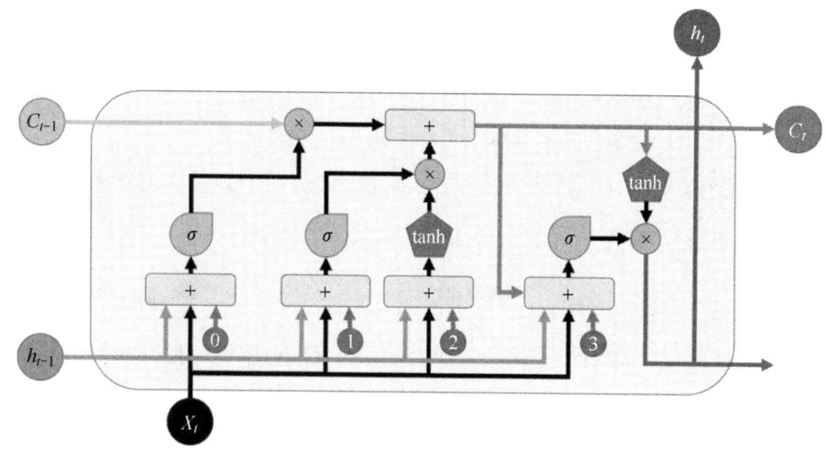

图 3.5.6 LSTM 网络单元结构

本节将源域（电力工业、动力工程与原子能技术领域数据集）与目标域（核电装备布置设计知识数据集）的文本语句 $S=\{s_1,s_2,\cdots,s_m\}$ 作为模型的输入序列，将句子 s_i 表示为字序列 $W=\{w_1,w_2,\cdots,w_n\}$，用 x_i 表示每个字 w_i 的字嵌入，LSTM 网络的建模流程如下。

（1）计算 LSTM 模型中的遗忘门值 f_t。遗忘门是通过拼接 t 时刻的输入 x_t 和 $t-1$ 时刻的隐含层状态向量 h_{t-1}，然后经过线性变换和激活函数得到的。它实际上用于控制上一时刻的内部状态需要丢弃多少信息，进而影响当前网络的记忆单元状态值，计算公式如下：

$$f_t=\sigma\left(W_\mathrm{f}x_t+U_\mathrm{f}h_{t-1}+b_\mathrm{f}\right)$$

式中，W_f 表示当前时刻输入 x_t 和遗忘门间的权值参数，U_f 表示单元隐含层状态和遗忘门间的共享权重，b_{f} 表示遗忘门偏置项，这三项由模型学习得到。σ 表示 sigmoid 激活函数，计算公式如下：

$$\sigma(x)=\frac{1}{1+\mathrm{e}^{-x}}$$

（2）计算 LSTM 模型中的输入门值 i_t。输入门也是通过拼接 t 时刻的输入 x_t 和 $t-1$ 时刻的隐含层状态向量 h_{t-1}，然后经过线性变换和激活函数得到的。它实际上用于控制当前数据输入对记忆单元状态值的作用，因此决定了当前候选状态有多少数据信息需要记忆，计算公式如下：

$$i_t=\sigma\left(W_{\mathrm{i}}x_t+U_{\mathrm{i}}h_{t-1}+b_{\mathrm{i}}\right)$$

式中，W_{i} 表示当前时刻输入 x_t 和输入门间的权值参数，U_{i} 表示单元隐含层状态和输入门间的共享权重，b_{i} 表示输入门偏置项。

（3）计算当前时刻 t 的记忆单元候选状态值 $\widehat{c_t}$。它与输入门值按位相乘，为存储新数据信息做准备，计算公式如下：

$$\widehat{c_t}=\tanh\left(W_{\mathrm{c}}x_t+U_{\mathrm{c}}h_{\mathrm{t}-1}+b_{\mathrm{c}}\right)$$

式中，权重和偏置参数 W_{c}、U_{c}、b_{c} 与前两个步骤相似，由模型学习得到。不同的是，此处的激活函数为双曲正切函数，计算公式如下

$$\tanh(x)=\frac{\mathrm{e}^{x}-\mathrm{e}^{-x}}{\mathrm{e}^{x}+\mathrm{e}^{-x}}$$

（4）计算当前时刻记忆单元状态值 c_t。与传统的 RNN 相比，LSTM 模型引入新的内部状态 c_t，它用于传递线性循环信息，梯度可沿内部状态平稳传递，避免了时间步太长导致的梯度消失。隐含层外部状态用于非线性输出数据信息，内部状态由遗忘门与输入门共同控制，计算公式如下：

$$c_t=f_t\odot c_{t-1}+i_t\odot\widehat{c_t}$$

式中，$\odot$ 表示逐点乘积，由输入门调节当前时刻的记忆单元候选值，由遗忘门调节上一时刻的自身状态。

（5）计算 LSTM 模型中的输出门值 o_t。输出门用于控制记忆单元状态值，决定它的输出内容，计算公式如下：

$$o_t=\sigma\left(W_{\mathrm{o}}x_t+U_{\mathrm{o}}h_{t-1}+b_{\mathrm{o}}\right)$$

式中，权重和偏置参数 W_{o}、U_{o}、b_{o} 与前两个步骤相似，由模型学习得到。最后计算 t 时刻的输出值 h_t，计算公式如下：

$$h_t = o_t \odot \tanh(c_t)$$

由于知识案例文本的前文数据信息和后文数据信息同等重要，因此利用双向长短时记忆（Bi-directional Long Short-term Memory，BiLSTM）网络来获取目标域和源域之间的语料集共享语义特征。BiLSTM 语义特征表示公式如下：

$$\overrightarrow{h_i} = \text{LSTM}\left(\overrightarrow{h_{i-1}}, x_i\right)$$

$$\overleftarrow{h_i} = \text{LSTM}\left(\overleftarrow{h_{i-1}}, x_i\right)$$

$$h_i = \overrightarrow{h_i} \oplus \overleftarrow{h_i}$$

式中，$\overrightarrow{h_i}$ 和 $\overleftarrow{h_i}$ 表示前向 LSTM 单元和后向 LSTM 单元在位置 i 的隐含层表示；h_i 表示 BiLSTM 单元隐含层表示，由 $\overrightarrow{h_i}$ 与 $\overleftarrow{h_i}$ 拼接而成。

由于不同的源域来自多个行业，直接合并不同源域训练同一个模型可能引入噪声，干扰领域特征建模结果。因此，本节采用领域独有特征建模和领域共享特征建模相结合的方法，如图 3.5.7 所示。对于领域独有特征，由各领域的 BiLSTM 来建模各自的语义特征。对于核电装备布置设计领域和源域间可共享的特征，需要另外添加一个 BiLSTM 进行抽取。核电装备布置设计领域特征建模过程描述如下：

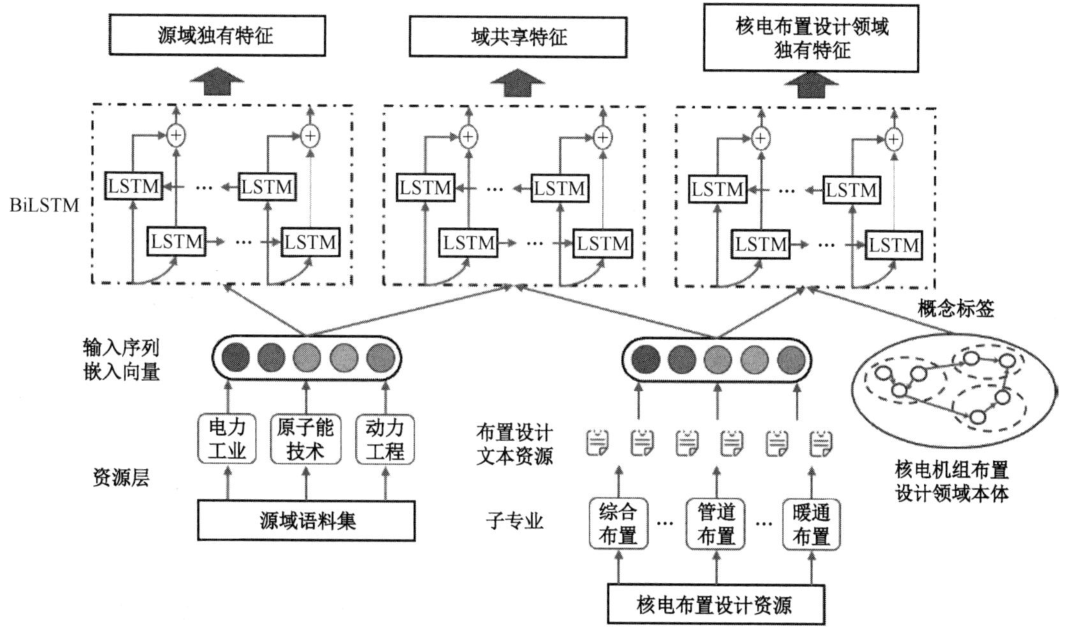

图 3.5.7　核电装备布置设计领域特征建模

$$h_i^{\mathrm{S}} = \mathrm{BiLSTM}\left(x_i^{\mathrm{S}}; \theta_{\mathrm{S}}\right)$$

$$h_i^{\mathrm{T}} = \mathrm{BiLSTM}\left(x_i^{\mathrm{T}}; \theta_{\mathrm{T}}\right)$$

$$h_i^{\mathrm{C}} = \mathrm{BiLSTM}\left(x_i^{\mathrm{S}}, x_i^{\mathrm{T}}; \theta_{\mathrm{C}}\right)$$

式中，h_i^{S} 表示源域独有特征；h_i^{T} 表示目标域独有特征；h_i^{C} 表示域共享特征；θ_{S}、θ_{T}、θ_{C} 表示 BiLSTM 训练参数。

2. 自注意力机制驱动的特征依赖关系识别

自注意力机制来源于人脑视觉区域信息加工机理的启发。人类的注意力是有限的，无法在短时间内注意到信息源的每个细节。例如，当人们识别某个事物时，首先注意的是整体，然后将注意力集中到某个具有代表性的特征区域上。其本质就是在数据处理过程中，从复杂的数据中发现最有价值的信息，以提高资源的分配效率。当人们把注意力放在最重要的部分上时，就会忽略掉不相关的细节。这种从复杂的信息中提取关键部分，并且减少所需计算量的技术，被称为“自注意力机制”，目前已被广泛应用到各种自然语言处理工作中。2014 年，Bahdanau 等将自注意力机制引入机器翻译，并获得了很好的效果。

本节基于自注意力机制与 LSTM 中提取的语义特征，进一步识别词语间的依赖关系，从而获得句子的结构信息。自注意力机制可以用如下公式表示：

$$\mathrm{Attention}\left(\boldsymbol{Q}, \boldsymbol{K}, \boldsymbol{V}\right) = \mathrm{softmax}\left(\frac{\boldsymbol{Q} \times \boldsymbol{K}^{\mathrm{T}}}{\sqrt{\mathrm{d}}}\right)\boldsymbol{V}$$

式中，$\boldsymbol{Q}$、$\boldsymbol{K}$、$\boldsymbol{V}$ 分别表示查询（Query）矩阵、键（Key）矩阵和值（Value）矩阵。

令 h_{S}' 表示源域 BiLSTM 通过自注意力层的输出，h_{T}' 表示目标域 BiLSTM 通过自注意力层的输出，h_{C}' 表示共享 BiLSTM 通过自注意力层的输出。将通过自注意力层输出的域独有特征与域共享特征进行拼接，公式如下：

$$h_{\mathrm{S}}'' = h_{\mathrm{S}}' \oplus h_{\mathrm{C}}'$$

$$h_{\mathrm{T}}'' = h_{\mathrm{T}}' \oplus h_{\mathrm{C}}'$$

式中，$\oplus$ 是向量拼接运算符。

3. 多源域非均衡特征判别

本节引入对抗网络模型以保证共享 BiLSTM 所提取的特征是各领域的共同特征，而不会掺杂单个领域的独有特征。生成对抗网络（Generative Adversarial Network，GAN）由 Ian Goodfellow 提出的一种无监督模型[105]，它的强大能力可以免去烦琐的数据标记工作。生成对抗网络基于博弈论中的“零和”博弈思想，博弈双方为生成器和判别器。生成器是为了实现给定的生成目标而设计的，并且可以将任何网络结构用作生成器。判别器用于分辨所产生的数据的真正出处，从而区分什么是真数据、什么是假数据。生成对抗网络的基本结构如图 3.5.8 所示。

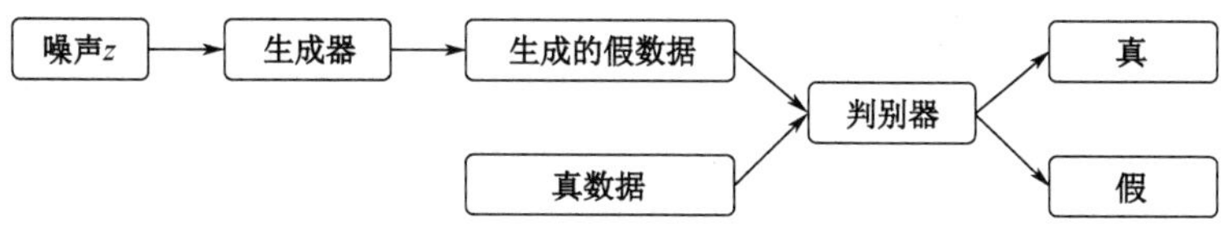

图 3.5.8 生成对抗网络的基本结构

生成器接收一个服从标准高斯分布的噪声 z，并输出生成的假数据 $G(z)$，尽量使生成的假数据 $G(z)$的分布接近真数据的分布，以达到欺骗判别器的目的；而判别器尽可能判断输入的是真数据 x 还是生成的假数据 $G(z)$，这样就形成一个对抗网络，经过多轮训练，最终达到平衡。如果生成器输出的数据分布与实际的数据分布非常相近，那么判别器就不能分辨这些数据的真假。生成对抗网络的优化函数如下：

$$\min_{G}\max_{D}V\left(G,D\right)=E_{x\sim P_{\text{data}}}\left[\log D\left(x\right)\right]+E_{z\sim P_{g}}\left[\log\left(1-D\left(G\left(z\right)\right)\right)\right]$$

式中，P_{data} 表示真数据服从的分布；P_g 表示噪声 z 服从的分布；$E_{x\sim P_{\text{data}}}$ 表示计算真数据在 $\log D\left(x\right)$ 上的期望；$E_{z\sim P_g}$ 表示计算假数据 $G\left(z\right)$ 在 $\log\left(1-D\left(G\left(z\right)\right)\right)$ 上的期望。

共享 BiLSTM 属于生成器，在网络上加入一个判别器，用以识别生成器所产生特征的来源域。对抗网络模型的最终目标就是让判别器无法识别出特征的来源域，尽可能地保证所捕获特征的纯净。常规对抗判别器虽然可以排除共享特征中的杂质，但其并未考虑到源域与目标域的数据规模不平衡问题。若此不平衡问题在训练过程中被忽略，则会导致随机梯度下降的优化使模型更倾向于源域，不利于案例特征的自动识别。为了解决这一问题，本节设计了广义资源对抗判别器，其基本结构如图 3.5.9 所示。

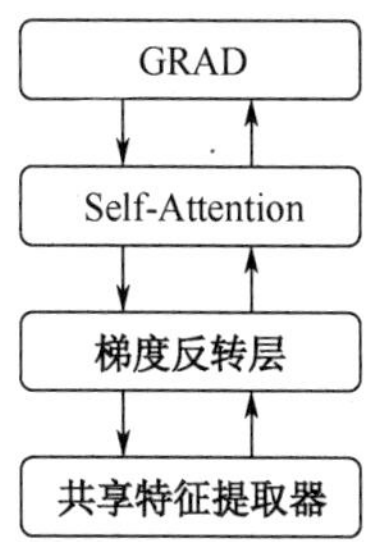

图 3.5.9 广义资源对抗判别器的基本结构

广义资源对抗判别器利用权值α来平衡不同资源训练规模间巨大差异的影响，并给出每个样本相应的自适应权值，使得模型的训练更侧重于困难的样本。在参数更新过程中，梯度反转层使梯度负向传播，从而削弱了广义资源对抗判别器的识别能力。最终，实现从源域和目标域中抽取的共享特征表达更为相容，且广义资源对抗判别器不能识别出特征的来源，共享特征抽取的结果与域无关。利用自注意力机制将共享特征抽取的输出序列编码成单一向量，再利用线性变换将其映射到标量 r 上，广义资源对抗判别器损失函数的公式如下：

$$L_{\text{GRAD}} = -\sum_{i}\left\{I_{i\in D_{\text{S}}}\alpha\left(1-r_i\right)^{\gamma}\log r_i + I_{i\in D_{\text{T}}}\left(1-\alpha\right)r_i^{\gamma}\log\left(1-r_i\right)\right\}$$

式中，$I_{i\in D_{\text{S}}}$和$I_{i\in D_{\text{T}}}$是标识函数，用于表示该特征来自源域或目标域的数据集合；参数α用来度量源域与目标域造成的损失贡献；参数γ用来度量困难与简单样本的损失贡献；参数$\left(1-r_i\right)^{\gamma}$（或$r_i^{\gamma}$）通过测量实际标签与预测值的差别来控制单个样本的损失贡献。

4. 多源域非均衡调控机制

考虑到核电知识本体概念标签间的相互依赖关系，本节设计了一种多源域非均衡调控机制，从源域和目标域的相似性出发，根据源域和目标域的分布差别，在每个源域中引入非均衡调控参数，非均衡地利用源域特征信息，实现在迭代时利用与目标域相近的源域特征，同时对不相关的源域特征进行抑制，使各个源域得到合理利用，从而更准确地识别目标域特征。

这里选取两个源域做简单说明，如图 3.5.10 所示。首先，对各源域和目标域同时输入文本序列，将源域 i、j 分别和目标域的最小批次数据进行特征提取，并分别计算领域距离，从而判定不同源域和目标域间的相似性。源域和目标域间的距离越短，则表示相似程度越高。其次，通过比较不同领域距离的大小，对领域 i 增加一个非均衡调控参数 w_{b}^{i}，并以此参数作为下一批次网络训练的源域权值，从而保证网络在迭代中不断地获取与目标域相近的源域信息。在训练过程中，损失函数的公式如下：

$$L = \sum_{k=1}^{N} w_{\text{b}}^{k} L_{\text{S}}^{k} + L_{\text{T}} + L_{\text{GRAD}}$$

式中，w_{b}^{k}表示第 k 个源域的非均衡调控参数；$L_{\text{S}}^{k} = -\sum_{i}\log p(y_{\text{S}}^{k} \mid h_{\text{S}}^{"})$表示第 k 个源域的损失函数；$L_{\text{T}} = -\sum_{i}\log p(y_{\text{T}} \mid h_{\text{T}}^{"})$表示目标域的损失函数；$y_{\text{S}}^{k}$表示第 k 个源域的预测标签序列；y_{T}表示目标域的预测标签序列。

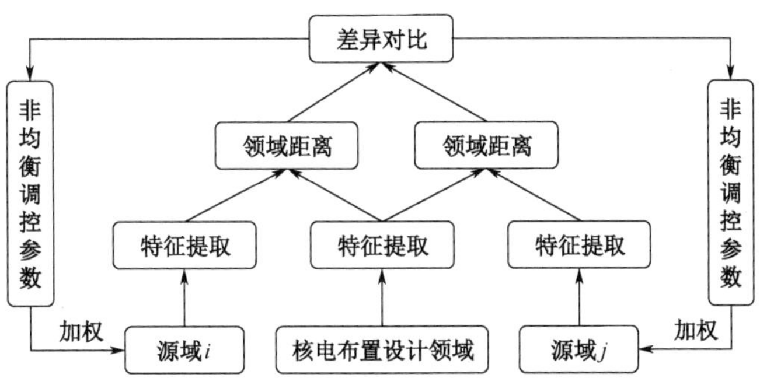

图 3.5.10　多源域非均衡调控机制

最后，采用 CRF 层作为解码器，并以特征编码层的输出作为 CRF 层的输入。通过 CRF 层对概念标签的解码，得到核电布置设计文本资源特征项集合，接着统计特征项出现的频率，将频率较高的特征项映射到其对应的本体概念，建立特征词与本体概念之间的映射关系。

3.5.3　核电装备知识资源主动推送

核电装备布置设计过程涉及专业众多、各类接口繁多、交互过程复杂，且如此多的物项需要布置在有限的空间内，难免存在很多问题，如最基本的碰撞检查和布置避让。从表面上看，各类专业化软件工具很有针对性且好上手，但从布置设计资源共享的角度来看，存在信息不一致、格式不统一、数据关联性缺失、迭代沟通耗时、变更困难等隐性成本和风险。若不采用信息化手段对布置设计资源进行共享，则会大大降低布置设计人员的协同效率。核电装备布置设计知识资源主动推送是指根据布置设计人员的偏好，主动推送相关资源项，从而降低布置设计人员获取资源的难度与复杂性，提高布置设计人员的工作效率。

1. 布置设计人员资源序列偏好表示

为了能从长期的交互记录中把布置设计人员隐式资源项序列偏好表示出来，基于 Item2vec 算法，以嵌入向量表示布置设计资源项之间的相似性，并通过学习布置设计人员长期操作日志形成的资源项交互序列来提高嵌入表示的质量。Item2vec 算法将布置设计人员的长期资源项操作日志所构建的序列，与 word2vec 词向量模型中的句子进行类比[106,107]，并将交互序列中的每一资源项与词向量模型中的单词进行类比。Item2vec 算法按照布置设计人员交互日志中各资源项的先后次序进行嵌入，以使所产生的资源项嵌入向量可以在低维空间内按照相似度进行聚类，有共同上下文的资源项嵌入距离更近。给定反应堆冷却剂系统布置设计人员交互序列$\left\{\text{it}_1^u,\cdots,\text{it}_t^u,\cdots,\text{it}_{n_u}^u\right\}$，其中，$\text{it}_t^u$表示布置设计人员$u$在$t$时刻产生交互的资源项，$n_u$表示布置设计人员的交互资源项记录长度。基于 Item2vec 算法为序列中的资源项生成嵌入向量，算法的目标函数如下：

$$\frac{1}{n_u}\sum_{k=1}^{n_u}\sum_{j\neq k}^{n_u}\log p\left(\text{it}_j^u \mid \text{it}_k^u\right)$$

式中，$p\left(\text{it}_j^u \mid \text{it}_k^u\right)$为 softmax 函数，公式为如下：

$$p(\text{it}_j \mid \text{it}_k)=\sigma\left(\text{it}_k^{\mathrm{T}}\text{it}_m\right)\prod_{m=1}^{N}\sigma\left(-\text{it}_k^{\mathrm{T}}\text{it}_m\right)$$

式中，$\sigma(x)$表示 sigmoid 激活函数；N表示负例的数量。

通过 Item2vec 算法得到布置设计人员资源项交互序列it_t^u的嵌入向量$\boldsymbol{q}_t^u$，在此基础上对序列数据的前向与后向上下文进行表示，以捕获和表征布置设计人员交互序列数据的时间依赖性，抽象表示布置设计人员的特征画像。在训练模型的各个时间步，将各输入参数的传递结果作为隐含层的输出：

$$\boldsymbol{h}_t^u=\text{BiLSTM}\left(\boldsymbol{q}_t^u;\theta\right)$$

式中，θ表示 BiLSTM 训练参数。通过模型训练将交互序列编码为隐含层状态向量$\boldsymbol{h}_t^u$，该向量对t时刻的布置设计人员资源序列偏好进行建模。因此，定义$\boldsymbol{h}_t^u$为布置设计人员u的序列偏好表示，作为布置设计人员的基础画像表示。布置设计人员资源序列偏好表示模型如图 3.5.11 所示。

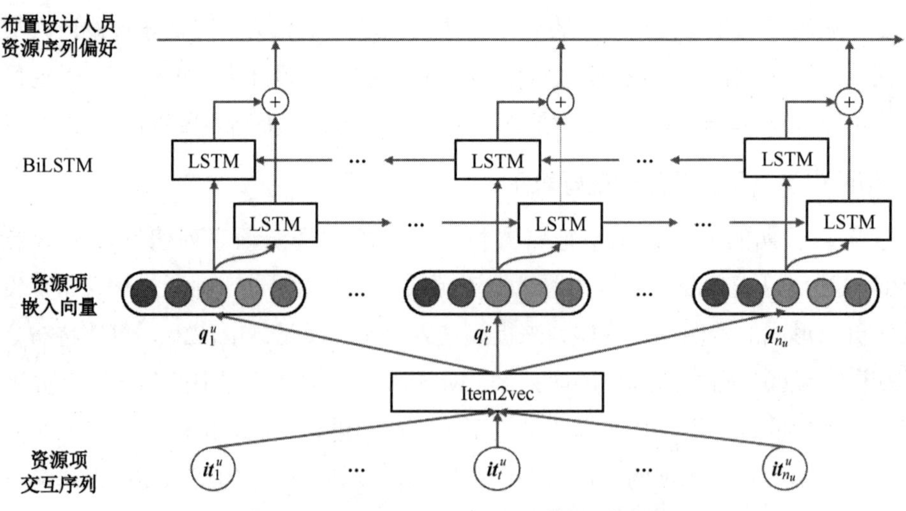

图 3.5.11　布置设计人员资源序列偏好表示模型

2. 布置设计人员案例特征偏好表示

布置设计人员基础画像在捕获资源项特征维度的细粒度优先级方面功能较弱，而布置设计人员的特征偏好对于知识资源推送的可解释性和性能有巨大提升。尽管 BiLSTM 模型包含门控机制循环结构单元，但它在记忆和处理长期数据信息方面的能力仍然有限。受神经网络与外部存储器集成的启发，本节引入布置设计知识网络中的本体与特征信息，并通过键值对记忆网络来存储和表征布置设计人员的特征偏好。

记忆网络使用外部内存，可以将其视为非常大的插槽阵列，用于显式存储和记忆信息。借助外部内存，记忆网络更有能力捕获和建模长期数据特征。为了进一步改善上下文结构和知识信息的存储，键值对记忆网络提出将内存插槽拆分为键向量和值向量，然后将键向量与存储器中的值向量相关联[108]。本节通过在键向量中存储布置设计本体属性信息，在值向量中存储布置设计人员特征偏好，实现对布置设计人员特征级别的中长期偏好演变进行建模。

键值对记忆网络通过一组向量对$\left\{\left(\boldsymbol{k}_1,\boldsymbol{v}_1^u\right),\cdots,\left(\boldsymbol{k}_A,\boldsymbol{v}_A^u\right)\right\}$来对布置设计人员特征偏好进行建模，其中，$\boldsymbol{k}_A$表示布置设计本体属性的键向量，$\boldsymbol{v}_A^u$表示与布置设计本体属性相对应特征实例的值向量。通过组合键向量或值向量形成共享键记忆矩阵$\boldsymbol{K}$（简称键矩阵）和表示布置设计人员资源特征偏好的值记忆矩阵$\boldsymbol{V}^u$（简称值矩阵）。键矩阵表征的是布置设计本体属性集合，所以所有布置设计人员共享键矩阵$\boldsymbol{K}$。值矩阵$\boldsymbol{V}^u$设置为每个布置设计人员特有，因为每个布置设计人员对布置设计特征有不同的偏好。

在t时刻将上一公式中 BiLSTM 模型的布置设计人员资源序列偏好表示$\boldsymbol{h}_t^u$作为对键值对记忆网络的查询，用于寻址和访问键矩阵$\boldsymbol{K}$中键向量的内存，并得到布置设计人员对不同本体属性的偏好权重。布置设计人员资源序列偏好表示$\boldsymbol{h}_t^u$可能与键矩阵$\boldsymbol{K}$并不兼容（如维度等），通过多层感知机来实现非线性变换，即

$$\tilde{\boldsymbol{h}}_t^u=\mathrm{MLP}\left(\boldsymbol{h}_t^u\right)$$

使用变换后的向量$\tilde{\boldsymbol{h}}_t^u$，读取操作可以用如下公式表示：

$$\boldsymbol{m}_t^u\leftarrow\mathrm{READ}\left(\left\{\left(\boldsymbol{k}_1,\boldsymbol{v}_1^u\right),\cdots,\left(\boldsymbol{k}_A,\boldsymbol{v}_A^u\right)\right\},\tilde{\boldsymbol{h}}_t^u\right)$$

式中，$\boldsymbol{m}_t^u$表示在给定资源序列偏好表示$\boldsymbol{h}_t^u$的情况下，布置设计人员u在t刻的资源特征偏好向量。因此，定义$\boldsymbol{m}_t^u$为布置设计人员u的资源特征偏好表示，根据布置设计人员对本体属性的偏好权重，对特定值向量进行线性组合，计算公式如下：

$$\boldsymbol{m}_t^u \leftarrow \sum_{a=1}^{A} w_{t,u,a} \cdot \boldsymbol{v}_a^u$$

式中，$w_{t,u,a}$ 表示 t 刻布置设计人员 u 本体属性 a 的偏好权重，计算公式如下：

$$w_{t,u,a} = \frac{\exp\left(\gamma \tilde{\boldsymbol{h}}_t^u \cdot \boldsymbol{k}_a\right)}{\sum_{a'=1}^{A} \exp\left(\gamma \tilde{\boldsymbol{h}}_t^u \cdot \boldsymbol{k}_{a'}\right)}$$

式中，γ 表示比例因子。

$\boldsymbol{h}_t^u$ 强调资源序列偏好，而 $\boldsymbol{m}_t^u$ 则强调资源特征偏好，两者相辅相成，可以更好地表征布置设计人员画像。一旦键值对记忆网络收到布置设计人员与资源项之间的新交互记录，则嵌入一个参考向量来进行写入操作，然后根据如下公式更新关联的布置设计人员特征偏好值向量：

$$\left\{\boldsymbol{v}_1^u, \cdots, \boldsymbol{v}_A^u\right\}^{\text{new}} \leftarrow \text{WRITE}\left(\left\{\left(\boldsymbol{k}_1, \boldsymbol{v}_1^u\right), \cdots, \left(\boldsymbol{k}_A, \boldsymbol{v}_A^u\right)\right\}^{\text{old}}, \boldsymbol{e}_i\right)$$

式中，$\boldsymbol{e}_i$ 是新交互资源项的嵌入表示。通过读取和写入操作，可以更新和维护布置设计人员特征偏好的演变过程。值向量存储布置设计人员偏好的本体属性相对应的特征实例。每当布置设计人员与新的资源项进行交互时，分解其在知识图谱中的嵌入 $\boldsymbol{e}_i$ 属性。布置设计本体属性的更新计算公式为如下：

$$\boldsymbol{e}_a^i = \boldsymbol{e}_i + \boldsymbol{r}_a$$

式中，$\boldsymbol{e}_a^i$ 是本体属性的更新向量，由 3.5.2 节中的布置设计知识图谱特征表示学习得到，对于每个特征实例，使用资源项嵌入向量与关系特征表示向量之和的形式进行表示。

对于写入操作，目标是根据当前时刻 t 交互的资源项来更新对各个布置设计资源特征的偏好程度。本节通过计算得到一个门向量 z_a，进而确定要为布置设计人员资源特征偏好值向量中每个特征实例更新的信息比例。每个特征实例的门权重计算公式如下：

$$z_a = \text{sigmoid}\left(\boldsymbol{v}_a^{u\top} \cdot \boldsymbol{e}_a^i\right)$$

通过更新权重 z_a 和更新向量 $\boldsymbol{e}_a^i$，相应地更新布置设计人员资源特征偏好值矩阵 $\boldsymbol{V}^u$ 中的每个值向量：

$$\boldsymbol{v}_a^u \leftarrow \left(1 - z_a\right) \cdot \boldsymbol{v}_a^u + z_a \cdot \boldsymbol{e}_a^i$$

更新过程完成后，便可得到布置设计人员资源特征偏好表示。

上述内容通过对布置设计人员的资源序列偏好和资源特征偏好进行表征建模，全面刻画了布置设计人员对于知识资源的综合偏好，既体现了布置设计人员对资源序列的偏好，又体现了布置设计人员对核电装备知识案例属性的偏好，从而实现了核电装备知识资源主动推送，提高了知识资源推送的精确度和丰富度。

参考文献

[1] 杨一鸣. 电子口碑对企业品牌资产的影响机制研究[D]. 天津：天津大学，2020.

[2] 刘启原. 数据库与信息系统的安全[M]. 北京：科学出版社，2000.

[3] 刘琳. 新能源风电发展预测与评价模型研究[D]. 北京：华北电力大学，2013.

[4] 方伟光. 基于本体的机电产品设计知识管理系统研究[D]. 南京：南京航空航天大学，2016.

[5] 申屠军，李小燕. 核电数字化设计体系的组成和数据管理[J]. 仪器仪表用户，2017, 24(11): 68-72.

[6] 王剑飞. 核电建造阶段的工程进度信息管理系统的设计与实现[D]. 成都：电子科技大学，2014.

[7] 张艳辉，李宗伟，陈滇. 社会网络与企业技术创新绩效的关系研究：以苏州电子信息产业为例[J]. 管理评论，2012, 24(6): 42-49.

[8] 周志钢，杨帆. 核电工程三维布置设计数据的技术状态控制[J]. 企业技术开发，2015, 34(9): 4-6.

[9] CHEN X, JIA S, XIANG Y. A review: Knowledge reasoning over knowledge graph[J]. Expert systems with applications, 2020, 141: 112948.

[10] WANG H, WANG Z, HU S, et al. DUSKG: A fine-grained knowledge graph for effective personalized service recommendation[J]. Future Generation Computer Systems, 2019, 100: 600-617.

[11] 李朝君，左嘉旭，陈妍，等. 浅析核电厂设计阶段和运行阶段的可靠性保证大纲[A]. 中国核学会2013年学术年会[C]. 2013(3): 48-53.

[12] 程浩. 核电厂核岛布置初步设计内容与深度探讨[J]. 低碳世界，2017(21): 60-61.

[13] 金莹，孙昊昉. 计算机辅助概念设计过程中的创新设计[A]. 2007“振兴东北地区老工业基地”专家论坛[C]. 2007: 132-135.

[14] 全国核能标准化技术委员会. 压水堆核电厂反应堆总体设计准则：EJ/T 320-1998[M].

北京：中国标准出版社，1998.

[15] 王志. 浅谈核电自主设计开发项目初步设计阶段的组织管理[J]. 中国核工业，2006(1): 30-32.

[16] 柴震. 三维模型数据质量检查技术研究[D]. 北京：北京理工大学，2015.

[17] HE S, LIU K, JI G, et al. Learning to represent knowledge graphs with gaussian embedding[A]. Proceedings of the 24th ACM international on conference on information and knowledge management[C]. New York: ACM, 2015: 623-632.

[18] SHU G, QUAN W, WANG B, et al. Semantically Smooth Knowledge Graph Embedding[A]. ZONG C, STRUBE M. Proceedings of the 53rd annual meeting of the association for computational linguistics and the 7th international joint conference on natural language processing [C]. 2015.

[19] XIE R, LIU Z, SUN M. Representation learning of knowledge graphs with hierarchical types[M]. Palo Alto, CA: AAAI Press, 2016.

[20] LIN Y, LIU Z, LUAN H, et al. Modeling Relation Paths for Representation Learning of Knowledge Bases[J]. Computer science. 2015.

[21] GU K, MILLER J, LIANG P. Traversing Knowledge Graphs in Vector Space[J]. Computer science, 2015.

[22] WANG Y, LIU Y, ZHANG H, et al. Leveraging lexical semantic information for learning concept-based multiple embedding representations for knowledge graph completion[A]. SHAO J, YIU M, TOYODA M, ZHANG D, WANG W, CUI B. Web and big data. APWeb-WAIM 2019. Lecture notes in computer science[C]. New York, USA: Springer, cham, 2019: 382–397.

[23] WANG Z, ZHANG J, FENG J, et al. Knowledge Graph and Text Jointly Embedding[A]. Proceedings of the 2014 conference on empirical methods in natural language processing[C]. Doha, Qatar: Association for computational linguistics, 2014.

[24] WANG Z, JUAN-ZI L. Text-Enhanced Representation Learning for Knowledge Graph[J]. Palo Alto, CA: AAAI Press, 2016.

[25] GRISHMAN R. The NYU system for MUC-6 or where's the syntax?[R]. Stroudsburg, Pa. ,

USA: USA: Association for Computational Linguistics, 1995.

[26] COLLINS M, SINGER Y. Unsupervised models for named entity classification[A]. Proceedings of the joint sigdat conference on empirical methods in natural language processing and very large corpora[C]. Stroudsburg, Pa. , USA: Association for computational linguistics, 2002.

[27] CUCERZAN S, YAROWSKY D. Language independent named entity recognition combining morphological and contextual evidence[A]. Proceedings of the 1999 joint SIGDAT conference on EMNLP and VLC[C]. Stroudsburg, Pa. , USA: Association for computational linguistics, 1999: 90-99.

[28] ZHOU G D, SU J. Named entity recognition using an HMM-based chunk tagger[A]. Proceedings of the 40th annual meeting of the association for computational linguistics[C]. Stroudsburg, Pa. , USA: Association for computational linguistics, 2002: 473-480.

[29] CURRAN J R, CLARK S. Language independent NER using a maximum entropy tagger[A]. Proceedings of the seventh conference on natural language learning at HLT-NAACL 2003[C]. Stroudsburg, Pa. , USA: Association for computational linguistics, 2003: 164-167.

[30] TALHA M, BOULAKNADEL S, ABOUTAJDINE D. Performance evaluation of SVM-based amazighe named entity recognition[A]. Proceedings of international conference on advanced machine learning technologies and applications[C]. Berlin, Germany: Springer-verlag, 2018: 232-241.

[31] QIN W, YUAN C F. Identification of Chinese unknown word based on decision tree[J]. Journal of chinese information processing, 2004, 18(1): 14-19.

[32] MO H M, NWET K T, SOE K M. CRF-based named entity recognition for myanmar language[A]. Proceedings of international conference on genetic and evolutionary computing[C]. Berlin, Germany: Springer-verlag, 2016: 204-211.

[33] PATRA R, SAHA S K. A kernel-based approach for biomedical named entity recognition[J]. The scientific world journal, 2013.

[34] NUO Y, YAN X, YU Z, et al. A Khmer NER method based on conditional random fields

fusing with Khmer entity characteristics constraints[A]. Proceedings of the 29th chinese control and decision conference [C]. Washington, D. C. , USA: IEEE, 2017: 7464-7471.

[35] LAMPLE G, BALLESTEROS M, SUBRAMANIAN S, et al. Neural architectures for named entity recognition[J]. arXiv preprint arXiv: 1603. 01360, 2016.

[36] MALIK M K. Urdu named entity recognition and classification system using artificial neural network[J]. ACM transactions on asian and low-resource language information processing, 2017, 17(1): 1-13.

[37] KIM Y, JERNITE Y, SONTAG D, et al. Character-aware neural language models[A] Proceedings of the thirtieth AAAI conference on artificial intelligence[C]. Menlo Park, Cal. , USA: AAAI Press, 2016.

[38] RONRAN C, LEE S. Effect of character and word features in bidirectional lstm-crf for ner[A]. 2020 IEEE international conference on big data and smart computing[C]. Washington, D. C. , USA: IEEE, 2020: 613-616.

[39] MA X, HOVY E. End-to-end sequence labeling via bi-directional lstm-cnns-crf[J]. arXiv preprint arXiv: 1603. 01354, 2016.

[40] SUI D, CHEN Y, LIU K, et al. Leverage lexical knowledge for Chinese named entity recognition via collaborative graph network[A]. Proceedings of the 2019 conference on empirical methods in natural language processing and the 9th international joint conference on natural language processing[C]. Stroudsburg, Pa. , USA: Association for computational linguistics, 2019: 3830-3840.

[41] REI M, CRICHTON G K O, PYYSALO S. Attending to characters in neural sequence labeling models[J]. arXiv preprint arXiv: 1611. 04361, 2016.

[42] TRAN Q, MACKINLAY A, YEPES A J. Named entity recognition with stack residual lstm and trainable bias decoding[J]. arXiv preprint arXiv: 1706. 07598, 2017.

[43] ZHANG Y, YANG J. Chinese NER using lattice LSTM[J]. arXiv preprint arXiv: 1805. 02023, 2018.

[44] GUI T, MA R, ZHANG Q, et al. CNN-Based chinese NER with lexicon rethinking[A]. Proceedings of IJCAI[C]. San Francisco, Cal. , USA: Morgan kaufmann, 2019: 4982-4988.

[45] MA R, PENG M, ZHANG Q, et al. Simplify the usage of lexicon in Chinese NER[J]. arXiv preprint arXiv: 1908. 05969, 2019.

[46] SETI X, WUMAIER A, YIBULAYIN T, et al. Named-entity recognition in sports field based on a character-level graph convolutional network[J]. Information, 2020, 11(1): 30.

[47] ZHAO Z, YANG Z, LUO L, et al. Disease named entity recognition from biomedical literature using a novel convolutional neural network[J]. BMC medical genomics, 2017, 10(5): 75-83.

[48] STRUBELL E, VERGA P, BELANGER D, et al. Fast and accurate entity recognition with iterated dilated convolutions[J]. arXiv preprint arXiv: 1702. 02098, 2017.

[49] CHEN H, LIN Z, DING G, et al. GRN: Gated relation network to enhance convolutional neural network for named entity recognition[A]. Proceedings of the AAAI conference on artificial intelligence[C]. Menlo Park, Cal. , USA: AAAI Press, 2019: 6236-6243.

[50] YAN C, SU Q, WANG J. MoGCN: Mixture of gated convolutional neural network for named entity recognition of chinese historical texts[J]. IEEE access, 2020, 8: 181629-181639.

[51] PEI Y, ZHIHAO Y, LING L, et al. An attention-based approach for chemical compound and drug named entity recognition[J]. Journal of computer research and development, 2018, 55(7): 1548.

[52] DENG J, CHENG L, WANG Z. Self-attention-based BiGRU and capsule network for named entity recognition[J]. arXiv preprint arXiv: 2002. 00735, 2020.

[53] ALSAARAN N, ALRABIAH M. Arabic named entity recognition: A BERT-BGRU approach[J]. Cmc-computers materials & continua, 2021, 68(1): 471-485.

[54] PARVEZ M R, CHAKRABORTY S, RAY B, et al. Building language models for text with named entities[J]. arXiv preprint arXiv: 1805. 04836, 2018.

[55] PETERS M E, AMMAR W, BHAGAVATULA C, et al. Semi-supervised sequence tagging with bidirectional language models[J]. arXiv preprint arXiv: 1705. 00108, 2017.

[56] LIU A, DU J, STOYANOV V. Knowledge-augmented language model and its application to unsupervised named-entity recognition[J]. arXiv preprint arXiv: 1904. 04458, 2019.

[57] SUN Z, LI X, SUN X, et al. ChineseBERT: chinese pretraining enhanced by glyph and pinyin information[J]. arXiv preprint arXiv: 2106. 16038, 2021.

[58] ZHU W, CHEUNG D. Lex-BERT: Enhancing BERT based NER with lexicons[J]. arXiv preprint arXiv: 2101. 00396, 2021.

[59] LI X, FENG J, MENG Y, et al. A unified MRC framework for named entity recognition[J]. arXiv preprint arXiv: 1910. 11476, 2019.

[60] LIANG C, YU Y, JIANG H, et al. Bond: Bert-assisted open-domain named entity recognition with distant supervision[A]. Proceedings of the 26th ACM SIGKDD international conference on knowledge discovery & data mining[C]. New York, N. Y. , USA: ACM, 2020: 1054-1064.

[61] XUE M, YU B, ZHANG Z, et al. Coarse-to-fine pre-training for named entity recognition[J]. arXiv preprint arXiv: 2010. 08210, 2020.

[62] LI X, YAN H, QIU X, et al. FLAT: Chinese NER using flat-lattice transformer[J]. arXiv preprint arXiv: 2004. 11795, 2020.

[63] GUI T, ZOU Y, ZHANG Q, et al. A lexicon-based graph neural network for chinese ner[A]. Proceedings of the 2019 conference on empirical methods in natural language processing and the 9th international joint conference on natural language processing[C]. Stroudsburg, Pa. , USA: Association for computational linguistics, 2019: 1040-1050.

[64] CETOLI A, BRAGAGLIA S, O'HARNEY A D, et al. Graph convolutional networks for named entity recognition[J]. arXiv preprint arXiv: 1709. 10053, 2017.

[65] TANG Z, WAN B, YANG L. Word-character graph convolution network for chinese named entity recognition[J]. IEEE/ACM transactions on audio, speech, and language processing, 2020, 28: 1520-1532.

[66] LEE L H, LU Y. Multiple embeddings enhanced multi-graph neural networks for chinese healthcare named entity recognition[J]. IEEE journal of biomedical and health informatics, 2021.

[67] XIA C, ZHANG C, YANG T, et al. Multi-grained named entity recognition[J]. arXiv preprint arXiv: 1906. 08449, 2019.

[68] VINYALS O, FORTUNATO M, JAITLY N. Pointer networks[J]. arXiv preprint arXiv: 1506. 03134, 2015.

[69] ZHAI F, POTDAR S, XIANG B, et al. Neural models for sequence chunking[A]. Proceedings of the AAAI conference on artificial intelligence[C]. Menlo Park, Cal. , USA: AAAI Press, 2019.

[70] LEE J Y, DERNONCOURT F, SZOLOVITS P. Transfer learning for named-entity recognition with neural networks[J]. arXiv preprint arXiv: 1705. 06273, 2017.

[71] YANG Z, SALAKHUTDINOV R, COHEN W. Multi-task cross-lingual sequence tagging from scratch[J]. arXiv preprint arXiv: 1603. 06270, 2016.

[72] JIA C, ZHANG Y. Multi-Cell compositional LSTM for NER domain adaptation[A]. Proceedings of the 58th annual meeting of the association for computational linguistics[C]. Stroudsburg, Pa. , USA: Association for computational linguistics, 2020: 5906-5917.

[73] HAO Z, LV D, LI Z, et al. Semi-supervised disentangled framework for transferable named entity recognition[J]. Neural networks, 2021, 135: 127-138.

[74] LAI Q, ZHOU Z, LIU S. Joint entity-relation extraction via improved graph attention networks[J]. Symmetry, 2020, 12(10): 1746.

[75] CARBONELL M, RIBA P, VILLEGAS M, et al. Named entity recognition and relation extraction with graph neural networks in semi structured documents[A]. 2020 25th international conference on pattern recognition [C]. Washington, D. C. , USA: IEEE, 2021: 9622-9627.

[76] LUO Y, ZHAO H, ZHAN J. Named entity recognition only from word embeddings[J]. arXiv preprint arXiv: 1909. 00164, 2019.

[77] WANG J, XU W, FU X, et al. ASTRAL: adversarial trained LSTM-CNN for named entity recognition[J]. Knowledge-based systems, 2020, 197: 105842.

[78] MUIS A O, LU W. Learning to recognize discontiguous entities[J]. arXiv preprint arXiv: 1810. 08579, 2018.

[79] WANG B, LU W. Combining spans into entities: A neural two-stage approach for recognizing discontiguous entities[J]. arXiv preprint arXiv: 1909. 00930, 2019.

[80] DAI X, KARIMI S, HACHEY B, et al. An effective transition-based model for discontinuous NER[J]. arXiv preprint arXiv: 2004. 13454, 2020.

[81] LI F, LIN Z, ZHANG M, et al. A Span-Based Model for Joint Overlapped and Discontinuous Named Entity Recognition[J]. arXiv preprint arXiv: 2106. 14373, 2021.

[82] ZHANG D, WEI S, LI S, et al. Multi-modal Graph Fusion for Named Entity Recognition with Targeted Visual Guidance[A]. Proceedings of the AAAI conference on artificial intelligence[C]. Menlo Park, Cal. , USA: AAAI Press, 2021: 14347-14355.

[83] Chen Y, Xu L, Kang L, et al. Event extraction via dynamic multi-pooling convolutional neural networks[A]. The 53rd annual meeting of the association for computational linguistics [C]. Stroudsburg, Pa. , USA: Association for computational linguistics, 2015.

[84] FENG X, GUO J, QIN B, et al. Effective deep memory networks for distant supervised relation extraction[A]. IJCAI [C]. San Francisco, Cal. , USA: Morgan kaufmann, 2017: 1-7.

[85] LIU X, LUO Z, HUANG H. Jointly multiple events extraction via attention-based graph information aggregation[J]. arXiv preprint arXiv: 1809. 09078, 2018.

[86] LIU J, CHEN Y, LIU K, et al. Neural cross-lingual event detection with minimal parallel resources[A]. Proceedings of the 2019 conference on empirical methods in natural language processing and the 9th international joint conference on natural language processing[C]. Stroudsburg, Pa. , USA: Association for computational linguistics, 2019.

[87] GARFIELD E. Citation indexes for science. A new dimension in documentation through association of ideas? [J]. International journal of epidemiology, 2006, 35(5): 1123-1127.

[88] 安宁，滕广青，白淑春，等. 领域知识聚类性的动态演化分析[J]. 图书情报工作，2018, 62(10): 85-93.

[89] Yang C, Gan L, Wang Z, et al. Query-specific knowledge summarization with entity evolutionary networks[A]. Proceedings of the 28th acm international conference on information and knowledge management[C]. New York, USA: ACM, 2019: 2121-2124.

[90] 熊回香，杨滋荣，蒋武轩. 跨媒体知识图谱构建中多模态数据语义相关性研究[J]. 情报理论与实践，2019(2): 13-18+24.

[91] 陈晓杰. 面向产品智能设计的知识推送技术研究及应用[D]. 杭州：浙江大学，2018.
[92] 傅柱. 产品概念设计中基于知识流的语义化知识管理关键技术及其应用研究[D]. 南京：南京理工大学，2018.
[93] 汪波. 基于中文文本的领域本体学习研究[D]. 重庆：重庆大学，2019.
[94] MILLER D R H, LEEK T, SCHWARTZ R M. A hidden Markov model information retrieval system[A]. Proceedings of the 22nd annual international acm sigir conference on research and development in information retrieval[C]. New York, USA: Association for computing machinery, 1999: 214-221.
[95] WALLACH H M. Conditional random fields: An introduction[J]. Technical reports, 2004, 53(2): 267-272.
[96] STUDER R, BENJAMINS V R, FENSEL D. Knowledge engineering: Principles and methods[J]. Data & knowledge engineering, 1998, 25(1-2): 161-197.
[97] MIHALCEA R, TARAU P. Textrank: Bringing order into text[J]. Conference on empirical methods in natural language processing, 2004: 404-411.
[98] DEVLIN J, CHANG M W, LEE K, et al. Bert: Pre-training of deep bidirectional transformers for language understanding[J]. arXiv preprint, 2018. doi. org/10. 48550/arXiv. 1810. 04805.
[99] 王向前，桂冬冬，李慧宗. 面向文本的本体自动构建研究综述[J]. 图书馆理论与实践，2019, 234(4): 45-50.
[100] 严行. 基于本体的绿色建筑技术设计案例推理系统研究[D]. 重庆：重庆大学，2019.
[101] PRIM R C. Shortest connection networks and some generalizations[J]. The bell system technical journal, 1957, 36(6): 1389-1401.
[102] 唐琳，郭崇慧，陈静锋，等. 基于中文学术文献的领域本体概念层次关系抽取研究[J]. 情报学报，2020, 9(4): 387-398.
[103] 李志义，李德惠，赵鹏武. 电子商务领域本体概念及概念间关系的自动抽取研究[J]. 情报科学，2018, 36(7): 85-90.
[104] HOCHREITER S, SCHMIDHUBER J. Long short-term memory[J]. Neural computation, 1997, 9(8): 1735-1780.

[105] GOODFELLOW I, POUGET-ABADIE J, MIRZA M, et al. Generative adversarial nets[A]. Proceedings of the 27th international conference on neural information processing systems[C]. 2014: 2672-2680.

[106] 秦飞巍. 基于语义的异构三维 CAD 模型检索[D]. 杭州：浙江大学. 2014.

[107] BARKAN O, KOENIGSTEIN N. Item2vec: Neural item embedding for collaborative filtering[A]. IEEE international workshop on machine learning for signal processing[C]. 2016: 1-6.

[108] MILLER A, FISCH A, DODGE J, et al. Key-value memory networks for directly reading documents[A]. Proceedings of the 2016 conference on empirical methods in natural language processing[C]. Austin, Texas: Association for computational linguistics, 2016: 1400–1409.

第4章

基于三维模型一体化及状态演化的协同质量管控和追溯方法

4.1 引言

由于核电装备存在放射性物质释放的潜在风险，因此，国家核安全局要求所有参与建造的单位不仅要通过 ISO9001 认证，还要受 HAF003 等核安全质量法规的严格约束。与一般机电装备相比，在三跨复杂环境下，核电装备的研发设计、生产制造和运维服务往复迭代、多维交互，质量形成过程具有状态隐匿波动、关联耦合关系复杂等特征。核电装备的复杂性与特殊性也带来一般质量管理之外的特殊问题：一方面，零召回的高安全标准对所有参与建造的单位提出了很高的协同质量管控要求；另一方面，超长役期要求质量缺陷源实现全价值链追溯。但目前核电装备的协同质量业务尚不规范，质量状态演化规律不清、传递与回溯机理不明，潜在质量风险难以识别，协同管控与追溯流程割裂，尚未形成闭环反馈。此外，现有的质量管控还面临跨领域质量特性难识别、状态演化过程难表征、管控过程难协同、全价值链缺陷追溯智能化程度低等问题。

本章探索基于三维模型一体化的跨领域协同质量特性识别技术，构建基于质量特性与先验性知识、过程性知识的质量状态演化知识图谱，通过协同质量价值和智能制造技术建立协同质量管控体系，优化升级协同质量管控和全价值链追溯模式，突破基于三维模型一体化及状态演化的协同质量管控和追溯技术，形成面向核电等行业的全价值链协同质量管控与追溯解决方案。

4.2 核电装备协同质量管控与追溯的需求及挑战

4.2.1 核电装备协同质量管控的内涵与特征

核安全文化是国际原子能机构在总结切尔诺贝利事故教训时提出的概念，涉及决策、管理和运行过程中各层次人员的安全素养。2015 年，国家核安全局、国家能源局和国家国防科技工业局联合发布《核安全文化政策声明》，指出“核安全文化是指相关组织和个人以‘安全第一’为根本方针，以维护公众健康和环境安全为最终目标，达成共识并付诸实践的价值观、行为准则和特性的总和”[1]。中国奉行“理性、协调、并进”的核安全观，其内涵核心为“四个并重”，即“发展和安全并重、权利和义务并重、自主和协作并重、治标和治本并重”，它是现阶段中国倡导的核安全文化的核心价值观，是国际社会和中国核安全发展经验的总结[2]。

我国核电企业始终遵循“安全第一、质量第一”的根本方针，从核安全角度出发，将“凡事有章可循，凡事有据可查，凡事有人负责，凡事有人监督”（简称“四个凡事”）的质量文化与价值观贯彻到价值链上的所有企业，通过跨企业质量保证体系（简称“质保体系”）管理，实现价值链上各主体质保体系的无缝对接和质量要求的严格落实。

核电站建造是一项高度复杂的系统工程，涉及数十万个零部件和 800 多家供应商，具有时间跨度长、参与企业多、业务领域广、信息多源异构等特点。核安全法律法规规定了使物项达到相应质量要求所必需的基本活动、保证建立和实施质保大纲所必需的活动、验证质量要求达成程度并形成相应文件证据所必需的监督活动[3]，与传统的“谁出问题谁负责”的供应链型质量管控模式[4]相比，核电装备具有“零召回”的严格质量要求，因此管控活动焦点前移，更加强调构建“多方协作，责任共担”的新型企业间质量关系，也由此形成了协同质量管控模式[5]，核电装备协同质量管控是通过跨领域质量业务协同、跨平台质量信息传递、跨企业质量流程对接，对企业的核心能力和资源进行整合，以此促进数据信息和业务流程的联动，提高价值链企业的协同水平。

（1）跨领域质量业务协同：核电装备建造全过程的核心业务有设计、采购、施工和调试等，涉及多种关键技术和多学科知识，各环节的活动往往由跨领域且拥有技术优势的设计单位、供应商或施工承包商完成。集成产品有各自严格的质量管理体系，质量管控业务涉及跨领域协同合作，各核心质量业务间衔接合理与否将直接影响协同质量管理水平，而

跨领域质量业务协同水平影响价值链整体质量。

（2）跨平台质量信息传递：核电装备包含数量庞大的零部件，并呈现多级产品结构，数以千计的参与企业形成千核级企业群，内部的多级供应体系信息化程度参差不齐。虽然有统一的共享规范，但质量信息在多层、异构平台间流动，往往存在数据冗杂、结构化程度低、难以复用等问题。

（3）跨企业质量流程对接：核电装备质量要求严格，在供方准入、过程监督、结果评审等方面都有严格的质量流程，但生产商与集成商各自拥有不同的质量业务流程，彼此之间的流程对接以逐件生产、逐件交付的离散化方式进行。在实际操作中通常依据供应商等级和零部件等级，采取驻厂见证、停工待检、线上见证等跨企业流程对接方式。

核电装备协同质量管控致力于打通以下核心质量业务场景。

（1）核电跨企业设计制造协同业务场景。

针对核电企业群协同需求，建设基于协同质量价值、三维模型一体化和数据协同的跨企业设计制造协同系统，为满足跨企业设计制造协同需求，需要实现设计与制造单位的数据共享和交互协作，分析设计端三维模型和图纸关系，提取质量参数及其要素信息，从中识别并筛选出关键质量特性，对需要外发的三维模型进行唯一性、安全性和有效性处理，并将三维模型、规范标准、技术说明和质量要求传递给制造厂；制造厂根据质保及技术要求，参考关键质量特性信息，编制质量计划，协同质量见证业务活动，质量活动执行过程中可以实时查看已签点和未签点情况，包括详细的签点通知单和待签情况统计。

（2）核电全价值链协同质量管控与追溯业务场景。

为提升核电装备精细化管控水平与过程可追溯性，需要实现跨企业、跨平台质量状态实时监控及关键质量过程记录，从而构建质量特性库，从中识别出关键质量特性，形成质量状态演化图谱；结合协同质量价值最大化目标，推进质保体系的协同，构建多主体协同质量活动框架；基于供应链关系与质量事件信息，构建质量追溯分析模型，支持质量缺陷源标定及跨企业追溯；基于全价值链质量缺陷追溯和反馈优化，实现质量缺陷与源头、根因、传播路径之间的关联关系的完备表征。

4.2.2 核电装备协同质量管控与追溯的必要性及需求分析

1. 核电装备协同质量管控与追溯的必要性分析

核安全不仅是核电的生命线，更是国家安全的重要组成部分，而制度震慑是保障核安全强有力的手段。我国密切跟踪国际原子能机构和核电发达国家最新安全要求，不断更新相关法规和标准，形成了法律、行政法规、部门规章相衔接，法规要求和技术标准相补充，中央和地方相结合的法规和标准体系，始终保持国际先进水平[6]。我国核安全法律法规体系如图 4.2.1 所示。

图 4.2.1　我国核安全法律法规体系

建立健全核电装备质量管理体系对于核安全法律法规的有效落实极为重要。核电企业在 HAF003 等国家核安全法规、导则及技术文件的要求下，结合 ISO9001 质量标准的指导，形成了由核设施营运单位、核电工程公司、承包商、分包商组成的安全质量责任体系。为了更加严格地执行核安全法律法规与标准，保证核电质量管理体系有效运转，必须把好核电工程建设的质量关，针对设计、制造、施工等阶段开展协同质量管控。

设计阶段涉及的部门、单位众多，多专业配合关系复杂，设计质量具有专业性、隐蔽性和滞后性。设计过程涉及辐射屏蔽、仪控、堆工、力学等多个专业领域，设计人员皆为知识工作者，设计在人脑或电脑中完成，设计过程不易显现，质量信息极为隐蔽，设计成果存在的某些质量隐患可能在建造甚至核电站运行后才显现出来，属于事后爆发。设计阶段采用合适的协同手段进行质量管控显得尤为重要。三维模型基本信息和质量要求数据向下游传递时尚未实现跨平台融合，制造商接收多数据源设计成果后需要进一步处理。通过三维模型一体化实现核电装备全生命周期的模型共享，即从设计、制造、施工到运维全过程共享同一个三维模型，保证数据的唯一性和一致性。

制造阶段存在质量数据异构多源、级联耦合、质量缺陷来源复杂等问题，需要对核电装备制造阶段产生的数据进行结构化分析与管理，建立制造阶段的缺陷管控追溯模式。核

电装备制造阶段质量形成是一个耦合关系复杂且存在动态不确定性的过程，为解析此阶段的关键质量状态指标，需要通过处理多源异构质量数据，挖掘质量数据在制造阶段的相互关联关系，分析质量状态的演化趋势。同时，为从核电装备复杂制造工序与质量状态波动中准确标定缺陷成因，需要深度挖掘缺陷数据，从历史缺陷数据中提取重要特征，构建可解释性强的缺陷成因分析模型，实现缺陷传播路径分析与缺陷源精准标定，与质量状态管控共同保障制造阶段的质量安全。

施工阶段存在质量活动参与方众多、过程管控烦琐、业务衔接不畅、质量事件难以追溯等问题，需要围绕施工过程质量业务，分析企业间业务流所形成的质量价值关系，通过智能制造技术及系统的支持，建立核电装备智能建造协同质量管控模式。在核电施工过程中，应针对实际业务需求，理清任务间接口关系，明确各参与方责任，以协同质量价值优化为导向，形成协同见证防人因失误屏障，推进质保体系的深化实施。为降低质量信息跨平台传递阻力，需要深入分析传递特点及影响因素，优化传递路径。要应用智能化技术深度挖掘历史质量记录，基于质量数据找到质量事件，发生质量事件后及时发现、追溯并进行整改，通过全价值链质量主体的横向联动及质量业务的纵向贯通为核电协同质量管控与质量全链追溯提供保障。

2. 核电装备协同质量管控与追溯的需求

由以上分析可以看出，核电装备协同质量管控与追溯的需求主要包括以下方面。

（1）迫切需要适用于核电建造的关键质量特性识别技术。核电装备质量管理涉及三跨环境下海量的质量信息和分散的数据来源，质量特性之间的关系更加复杂。在质量管控中，设置有不同级别的质量控制点。质量控制点的设置决定了产品质量的可控性，但随着其数量的增加，生产成本将呈几何级数增长，因此，需要判断质量数据的重要度，识别关键质量特性。识别影响产品性能的关键质量特性是质量改进与质量控制的先决步骤，要重点控制这些关键质量特性，为管控决策提供参考依据。

（2）迫切需要表征核电装备质量形成的质量状态演化技术。核电装备质量形成是一个耦合关系复杂且存在动态不确定性的过程，会产生大量的质量数据。运用知识图谱将制造质量知识以图结构的形式关联起来，把设计和制造质量诸要素之间复杂的语义关系直接、清晰地呈现出来，有助于质量形成过程的精细化管控，可以辅助企业选择合适的质量控制点，为质量活动提供科学、有效的依据。

（3）迫切需要核电装备全价值链协同质量管控方法。核电装备质量管控是一个极其重要且复杂的问题，面临跨领域业务协同、跨平台信息传递与跨企业流程对接三大需求，需要从实际出发，分析三跨环境下协同质量管控的特点，构建智能制造下的协同管控模式，推进实施以协同质量价值为导向的质保体系，建立企业内外部信息共享规则，构建质量见证防人因失误屏障，从而实现全价值链协同质量管控及其数字化与智能化。

（4）迫切需要突破跨企业质量缺陷源标定与全价值链追溯技术。随着核电装备全生命周期线上和线下质量记录数据的爆炸式累积，以及产业链供应商的不断变化，质量追溯成为一项极为复杂的工程。对质量不符合项进行高效责任追溯与根因分析是保障核电项目建设进度与长期稳定运行的关键，为此需要结合质量追溯业务模式深度挖掘质量追溯数据，突破跨企业质量缺陷源标定与全价值链追溯技术。

4.2.3　核电装备协同质量管控与追溯面临的挑战

核电装备结构组成复杂、建造工程庞大、失效后果危害严重，从某种意义上说，其设计、制造、施工、调试阶段的质量安全就是运行期的生命线，同时也对协同质量管控与追溯提出了新的挑战，具体表现在以下方面。

在质量控制方面，随着质量控制层级和环节数量的增加，生产成本也不断增长，同时会对生产制造进度造成一些影响。在质量计划中各层级对质量控制点数量的选取，会对生产成本造成影响。通常从逻辑上来说，质量监督的层级越多、监督方在质量计划中选取的控制点越多，消耗在设备产品上的成本就会越多。现有的质量控制更多地基于产品形成过程，如在生产制造、安装调试等环节对某些特征参数进行检查和验证。在核电装备全生命周期过程中，伴随质量活动会产生大量的质量数据，如设计过程中三维模型中的技术参数、产品制造过程中产生的质量检查和质量监督见证数据，以及安装调试过程中产生的质量监督见证数据等。面对海量的数据和分散的数据来源，核电装备质量特性之间的关系更加复杂，想要准确挖掘出不同阶段、相互关联系统之间的质量特性及其相互关联关系，仅依靠现有的数据管理和识别方式，不仅需要投入大量的人工成本，而且容易出错、难度很大。

在质量数据方面，传统的数据管理模式与信息化手段大多是对质量数据的记录和存储，数据冗余繁杂，数据挖掘并加以利用的程度较低，难以适应核电装备复杂的数据场景。主要表现包括：基于关系型数据库存储建造过程质量数据，较难发现数据中蕴含的信息；数据往往存储在多个数据库或系统中，较为分散且关联性差；质量文本数据信息化程度低。

在协同质量管控方面，由于参与企业质量保证体系庞杂、接口多、管理烦琐，管控过程中产生的数据信息冗杂、结构化程度低、难以复用，存在跨领域质量保证体系不统一、

跨平台质量信息传递不通畅及跨企业流程对接困难等问题，可能导致数据信息交流和传递不准确、不及时，使得过程质量在业主和各级监督层可信度低，从而不得不大量投入人力和资源进行数据确认和核查以满足核电站质量体系的要求。

在质量追溯方面，核电装备在运行过程中出现的任何缺陷和故障，不仅影响生产效率，而且可能引发安全事故。核电产业是兼具离散生产制造和连续生产制造特点的混合制造业，跨设计、采购、施工、调试阶段的流程复杂，导致存在质量缺陷标定困难、质量溯源周期较长等问题[7]。因此，质量管控贯穿核电装备全生命周期的各个阶段。通过分析核电装备质量管控过程中存在的问题，结合智能制造技术，研究核电装备质量追溯方法，对实现全价值链价值最大化具有重要意义。

4.2.4 核电装备协同质量管控与追溯解决思路

1. 智能制造下核电装备协同质量管控与追溯模式研究

我国在诸如大飞机、核电装备等复杂产品的质量管控中大力推进智能制造技术，从“传统离散型制造”向“智能建造”的生产模式转型升级，整合物联网、云计算、大数据等新一代信息技术，增强分散式全局控制能力，为实现三跨环境下协同质量管控水平提升提供了技术支持[8-10]。针对核电企业存在的协同环境复杂、质量业务衔接不畅和信息传递不及时等问题，构建如图 4.2.2 所示的核电装备智能建造协同质量管控与追溯模式。

依托智能制造技术下业务系统与质量管理系统的开发，实现核电建造数字化、业务管理规范化、人员管理严格化及质量追溯精准化，支撑建造过程的跨领域质量业务协同、跨企业质量流程对接、跨平台质量信息传递和跨阶段质量事件追溯。在智能平台的基础上，全过程广泛应用智能传感器、新一代智能数据采集设备等，收集相关质量数据，识别关键质量特性；通过物联网技术管理供应商，对物项进行实时跟踪；基于主观人因失效防范模型，建立质量风险点识别与协同质量智能见证体系，实现精细化施工；在发现质量缺陷时能及时评估缺陷带来的风险，并沿价值链回溯到责任单位和责任人。

该模式旨在促进设计、采购、施工、调试跨领域质量业务衔接与协同，理清不同平台间的接口关系，实现质量问题闭环管控，同时为质量追溯提供指导。

2. 核电装备协同质量管控与追溯业务流程框架

围绕核电装备质量，在设计、制造、施工、调试等一系列与质量形成相关的活动中，通过智能制造技术及系统支持，形成正向协同管控与逆向缺陷追溯业务流程框架，如图 4.2.3 所示。

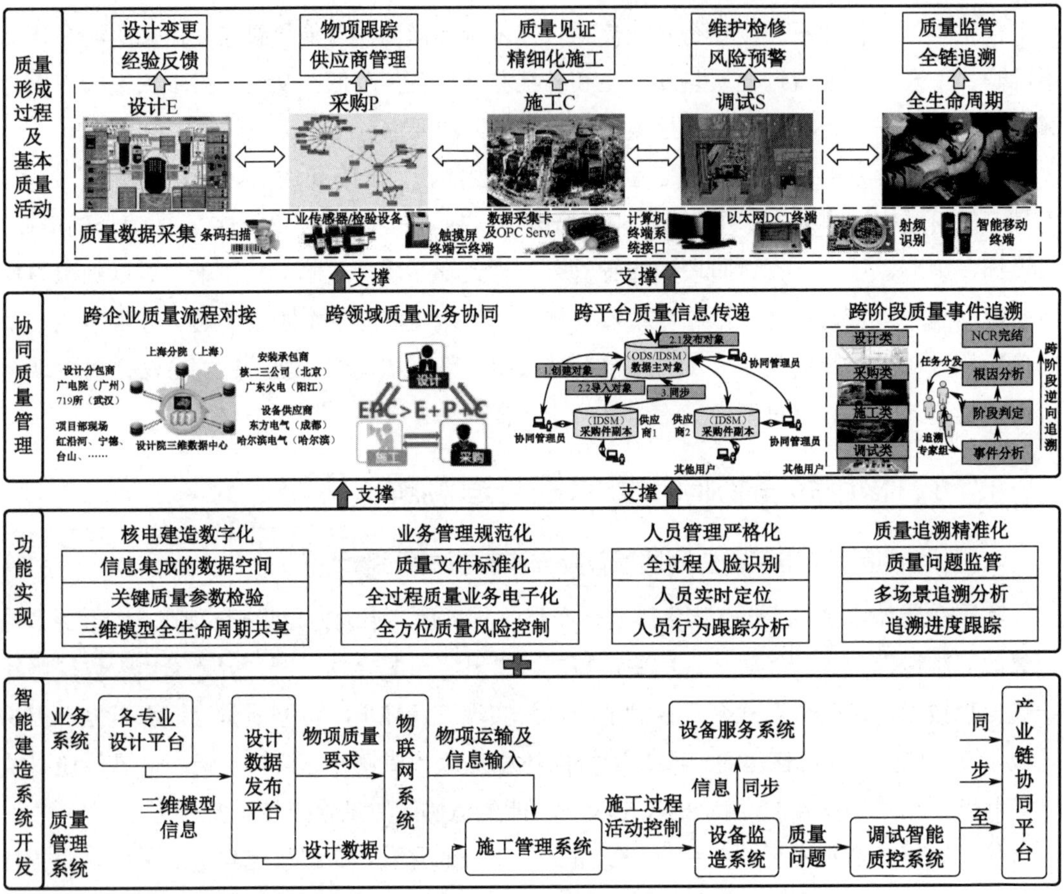

质量形成过程及基本质量活动
设计变更
经验反馈
物项跟踪
供应商管理
质量见证
精细化施工
维护检修
风险预警
质量监管
全链追溯
设计E
采购P
施工C
调试S
全生命周期
质量数据采集
条码扫描
工业传感器/检验设备
触摸屏终端云终端
数据采集卡及OPC Serve
计算机终端系统接口
以太网DCT终端
射频识别
智能移动终端
支撑
支撑
协同质量管理
跨企业质量流程对接
跨领域质量业务协同
跨平台质量信息传递
跨阶段质量事件追溯
支撑
支撑
功能实现
核电建造数字化
信息集成的数据空间
关键质量参数检验
三维模型全生命周期共享
业务管理规范化
质量文件标准化
全过程质量业务电子化
全方位质量风险控制
人员管理严格化
全过程人脸识别
人员实时定位
人员行为跟踪分析
质量追溯精准化
质量问题监管
多场景追溯分析
追溯进度跟踪
智能建造系统开发
业务系统
质量管理系统
各专业设计平台
三维模型信息
设计数据发布平台
物项质量要求
设计数据
物联网系统
物项运输及信息输入
施工管理系统
施工过程活动控制
设备服务系统
信息
同步
设备监造系统
质量问题
调试智能质控系统
同步至
产业链协同平台

图 4.2.2　核电装备智能建造协同质量管控与追溯模式

正向协同管控业务流程如下：提取三维模型的基本信息和质量要求，标定质量特性后将设计信息向下游发布；接收制造订单后，根据质保要求编制质量计划，进行跨企业协同质量见证与监督，实时监控关键质量特性参数，针对质量问题进行现场服务，并通过物联网技术协同传递物资；接收上游传递的质量数据，进行施工准备，并根据质量经验反馈和问题统计进行质量监管，实现质量正向协同。

逆向缺陷追溯业务流程如下：上述各阶段中若出现不符合项则发起质量追溯流程，判定质量不符合类别，分析质量事件的关联对象，判定质量追溯流程流转对象，并进行缺陷成因分析，发起跨企业、跨阶段协查，最终将过程中的质量经验反馈给各阶段的质量管控，实现质量逆向协同。

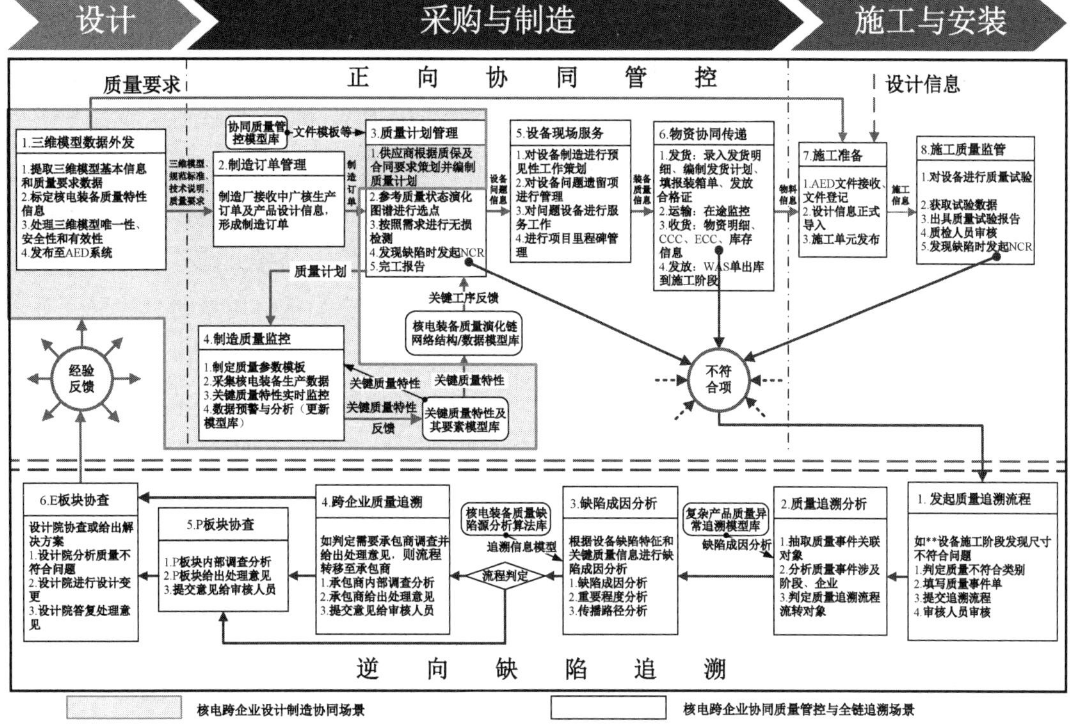

图 4.2.3 正向协同管控与逆向缺陷追溯业务流程框架

4.3 基于三维模型一体化的核电装备关键质量特性识别

4.3.1 核电装备关键质量特性识别总体架构

1. 三维模型一体化与关键质量特性

集成了完整产品定义信息的三维模型在产品全生命周期的大部分阶段得到了有效传递，三维模型一体化可以实现核电装备全生命周期模型共享，即从设计、采购、施工到运维全过程共享同一个三维模型。传统模式是设计院把上游要求和图纸、规程等以纸质文件或 PDF 文件的形式传递给制造厂，制造厂将其转化为内部的三维模型。三维模型一体化实现了上游三维设计模型直接向制造厂的传递，避免了将三维模型转化为二维工程图后再传递给制造厂，制造厂基于二维工程图重建三维模型的复杂流程，以及模型重建过程中的转译错误。由于核电装备全生命周期共享同一个三维模型，因此保证了数据的唯一性和一致性，为后续质量管控提供了良好的基础。

核电装备制造过程中包含过程参数、产品尺寸参数等质量特性，这些质量特性是影响产品整体质量水平的重要因素[11]。质量特性是产品固有特性和产品质量的载体，用以区分产品个体间质量的性质、性能与特点。核电装备的质量特性指与明示、隐含或必须履行的需求或期望有关的装备固有特征。核电装备关键质量特性是核电装备关键零部件性能指标及关键工艺参数所组成的集合，关键质量特性是决定和影响产品最终质量的少数重要质量特性，即朱兰博士所提出的“关键少数”。它源于顾客需求，并在产品设计、生产中不断细化、分解，最终形成零部件的关键质量特性、关键工艺质量特性等[12]。

核电装备关键质量特性是核电装备全生命周期价值链各阶段检验、评价和考核的依据[13]。价值链关注如何对价值链上的企业进行更高效的组织，通过技术和管理的创新增加产品和服务价值增值环节的数量和质量，尽量避免和减少价值减值环节，从而扩大整体价值[14]。核电装备零配件成品的数据量庞大，审查流程和接口复杂，即使是10%的检查率也需要大量的人力投入。因此，从价值链上多企业、多领域、多阶段协同过程产生的大量多维异构质量信息源中正确识别出关键质量特性，是提升核电装备质量保证工作效率和管控深度的有效手段。现有的质量管控主要基于数据驱动模型对过程质量中的某些性能或参数进行控制，但在核电装备建造过程中还会产生海量结构化、半结构化和非结构化的过程质量信息，这些信息包含完整的产品定义信息，如设备技术规格书、质量标准、质量计划、检验报告、完工报告等，形成设计三维模型中的技术参数、质量见证过程数据、安装测试数据等质量数据。对于结构化的数据表格可以直接使用，而对于半结构化和非结构化的质量表单和文本需要通过文本分析，如质量特性识别、质量体系图谱构建等，挖掘质量文本中的隐含信息以支撑质量管控决策。面对庞大的数据量和多元的数据来源，质量特性之间的关系更加复杂，且难以逐一度量如此多的质量特性，而采用文本挖掘技术识别关键质量特性，可以大幅降低试验成本，减少价值损失，从而扩大整体价值。

关键质量特性识别能够在安全性、寿命要求、规范性等方面满足核电装备的特殊需求，以保证核电站的安全可靠运行。

（1）高安全：核电行业是高风险行业，要求核电装备的设计、制造和运营具有极高的安全性能。通过关键质量特性识别，可以识别出与安全相关的关键特性，确保核电装备在正常运行和事故工况下能够安全可靠地运行。

（2）长役期：核电装备的设计寿命通常较长，需要在设计和制造阶段充分考虑材料的

耐久性和机械部件的寿命等特性。关键质量特性识别可以帮助确定与装备寿命相关的关键特性，确保核电装备在长期运行中具有稳定可靠的性能。

（3）严格的标准和规定：核电领域有严格的规范、标准和法规，对核电装备的质量和性能提出了高要求。关键质量特性识别可以帮助核电装备制造商和供应商遵守相关的标准和规定，确保装备符合法规要求。

2. 核电装备关键质量特性识别框架

首行，针对核电装备质量文本的特点，通过迁移学习从质量文本中提取出质量特性，形成初步的质量特性集；其次，通过对抗网络采样与训练，对提取出的质量特性与要素等实体进行筛选与生成，发现更多与设备有关的质量特性；最后，通过构建质量特性知识图谱，将关键质量特性识别问题转化为图谱上的关键节点判定问题，对质量特性节点进行重要度排序，进而得到核电装备关键质量特性。图 4.3.1 展示了核电装备关键质量特性识别框架，包括质量文本特点分析、质量特性提取、质量特性筛选、质量特性关联关系分析和关键质量特性识别。

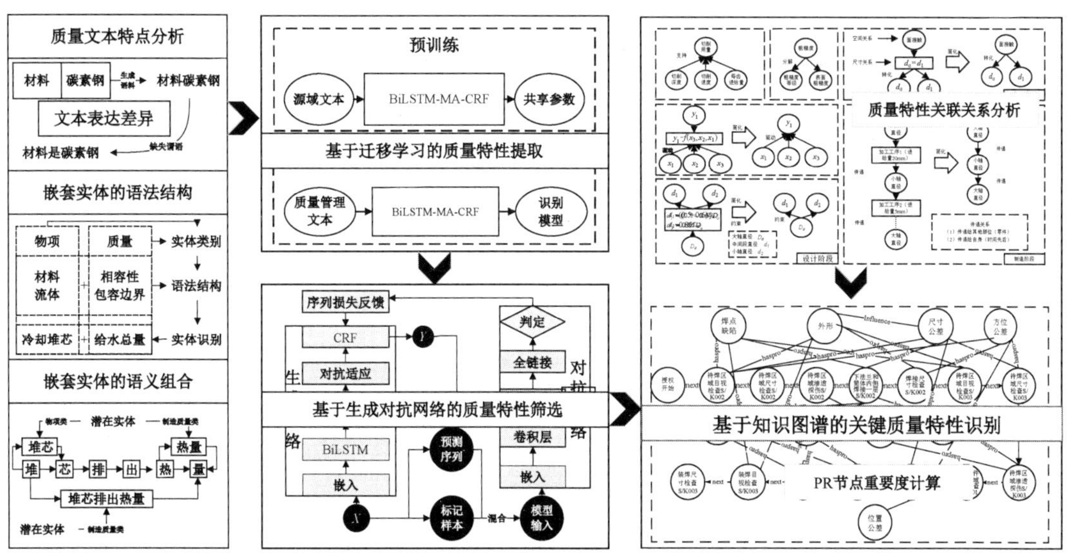

图 4.3.1　核电装备关键质量特性识别框架

4.3.2　核电装备质量特性提取

核电装备质量管理的对象是质量特性，因此提取文本中的质量特性是数据驱动质量管理的基础工作。因其内在特征有别于普通文本，故直接从核电装备质量文本中提取质量特性可能难以达到预期目标。

1. 核电装备质量文本的特点

核电装备质量文本包括设计规格书、技术规格书、质量计划、检验报告、完工报告等。质量文本分析常用的方法是基于命名实体识别的质量特性提取。目前命名实体识别的研究在新闻、医疗等领域取得了较好的效果，存在大量标注完备的语料，且命名实体分类相似，以人名、地名和机构名识别为主。由于不同领域的数据往往具有领域独特的特征，且缺乏足量的标注完备的领域语料库，导致模型训练很难直接开展[15]。

与普通领域质量文本相比，核电装备质量文本具有如下特点[16]，核电装备质量文本特点分析与分词方法设计如图 4.3.2 所示。

（1）实体的领域特殊性。核电领域的质量管理语料本身具有一定的复杂性，包含较多类型的实体和专有名词，如中子通量、反应堆、沸水堆、回路冷却系统等专有实体，其不常出现在通用领域词典中，标注样本也不够多，导致模型拟合结果存在较大偏差，难以准确识别出目标实体。

（2）嵌套实体的语法结构。嵌套实体通常遵循特定的质量管理领域语法结构，因此模型可以通过实体类别特征辅助识别嵌套实体。例如，“材料相容性”“流体包容边界”“冷却堆芯给水总量”等嵌套实体遵循“物项+制造质量/设计质量”的语法结构，“材料”“流体”“冷却堆芯”属于物项类实体，而“相容性”“包容边界”和“给水总量”属于制造质量/设计质量类实体。在标注文本中根据“材料相容性”“流体包容边界”等嵌套实体学习到语法结构，则可能识别出具有相同语法结构的嵌套实体“冷却堆芯给水总量”。通过迁移学习来学习更多的字词级的特征也可以提高实体识别的准确性。

（3）嵌套实体的语义组合。为了表示一个特定的成分，有时会用几个受限形容词来约束中心实体，使得嵌套实体的语义表达更复杂。例如，实体“热量”受物项类实体“堆芯”限制。一般的实体识别方法可能会识别出“堆芯”和“热量”两个实体，但只有嵌套实体“堆芯排出热量”才能完整表达实体语义。这增加了命名实体识别的难度，因为在制造质量类嵌套实体“堆芯排出热量”中包含潜在的物项类实体“堆芯”，且实体类型并不相同。很多实体短语中还可能包含多个潜在实体，命名实体识别模型可能会错误地将实体定义为与原实体类型不相符的类型。

（4）嵌套实体的部分重复。核电装备零部件的质量特性不是完全独立的，质量特性间的密切关系增强了质量文本的相关性，再加上特殊的语法组合规则，导致一些与主题密切相关的实体在不同的嵌套实体中重复出现。例如，“一回路压力边界管道”“反应堆冷却剂压力边界”“主泵压力边界”。模型不能仅通过实体“压力边界”识别出嵌套实体，长距离依赖增加了模型学习难度。

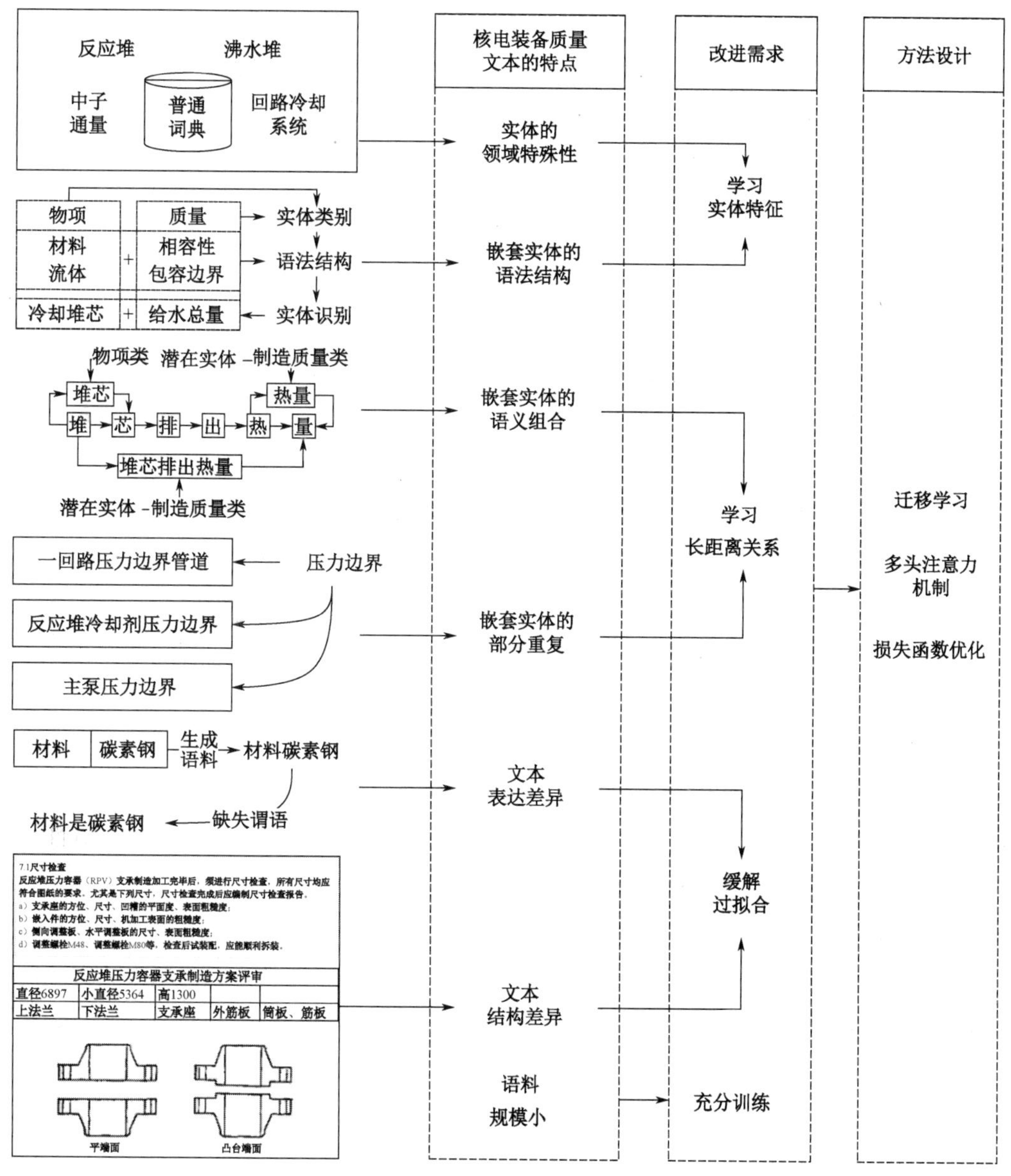

图 4.3.2　核电装备质量文本特点分析与分词方法设计

（5）文本表达差异。在质量文本中，经常使用表结构来表达质量特性和对应值之间的关系，这会使语料库中的文本表达不完整。例如，从两个独立列表中提取的文本是“材料碳素钢”，其完整表达应是“材料是碳素钢”，即缺失了谓语“是”。由于文本中缺少谓语，其分布特征也有别于正常文本的分布特征，而训练数据中的每个子集都可能包含这种特殊的分布特征，导致模型在拟合时反复调整，增加了模型学习难度。

（6）文本结构差异。核电装备质量文本包括质量标准文档、技术规格书、检验报告等，它们往往具有不同的结构范式。例如，质量标准文档由描述各种质量要求的句子组成，而检验报告中可能还包含以质量特性为标题的表格，技术规格书中可能将文本包含在产品的结构图中。不同结构范式生成的语料库差异较大，降低了模型在不同结构范式的质量文本间的可移植性。例如，句子生成的语料与正常的语料相似，而表格生成的语料存在不完整的表达，图表中包含的文本在生成语料时可能会随机嵌入其他完整的句子中。

2. 实体分类与数据预处理

1）实体分类

按核电装备价值链质量管理常用的检索项对相关实体进行分类，主要分为以下四大类。

（1）物项类（Item）是材料、零件、部件、系统、构筑物及软件等的通称。核电装备由核岛、常规岛及相关配套设施组成。以核岛为例，核岛包括反应堆冷却剂系统、余热排出系统等，而反应堆冷却剂系统由核反应堆压力容器、蒸汽发生器等组成，核反应堆压力容器内又有堆内构件、控制棒驱动机构等构件，以上各层级的核电装备相关系统、部件等都归入物项类。

（2）设计质量类（Function）是根据业主使用目的、有关监管要求和企业条件等确定的所需设计的等级或水平，它反映了预期目标的完善程度，表现为各种规格书和基准，体现了经过努力使产品预期的质量特性能适应用户实际需要的程度，如发电功率、放射性、冷却剂储量等。

（3）制造质量类（Parameter）描述的是制造、施工过程所达到的质量符合设计规格和适用标准的程度，是核电装备建造过程中依靠工艺、技术等手段符合设计要求的相关质量指标的集合，如材料相容性、焊缝尺寸、温度等。

（4）处理流程类（Process）描述的是核电装备整个研制过程的相关步骤，包括质量的形成与验证两个维度，是工艺流程、检验流程等的集合，如机加工、无损探伤、设计校审等。

2）数据预处理

文本分析中的主要处理对象是中文字符，较少关注符号、数字等信息，因此，在数据标注前首先需要对数据进行清理，以去除语料中的不可见字符及相关公式等。利用正则表达式可以匹配出需要的信息，快速过滤数据，这是常用的数据清洗方法。YEDDA（椰达，一款使用较多的命名实体语料标注工具）用于文本快捷注释，利用它可以非常有效地手动注释文本。可按照实体类别，使用 YEDDA 完成质量文本语料的数据标注。数据标注流程如图 4.3.3 所示。

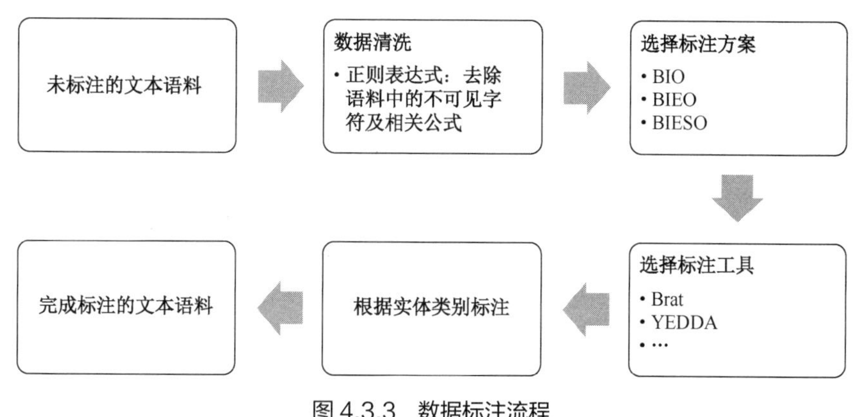

图 4.3.3 数据标注流程

标注后的语料不能直接用于计算，还需要生成其对应序列，流程如图 4.3.4 所示。以句子为单位读取语料内容，然后以字符为单位统计文本中的所有汉字并排序，建立字典，形成字符与索引一一对应的关系。将语料中的每个句子都映射为一个索引序列。因为建立的字典中字符与索引的对应关系是随机产生的，每次建立的字典中字符都可能具有不同的索引序号，所以，根据字典映射出的序列化的文本与字典具有对应关系，在进行模型预测后的输出处理时要用同一个字典输出文本序列。

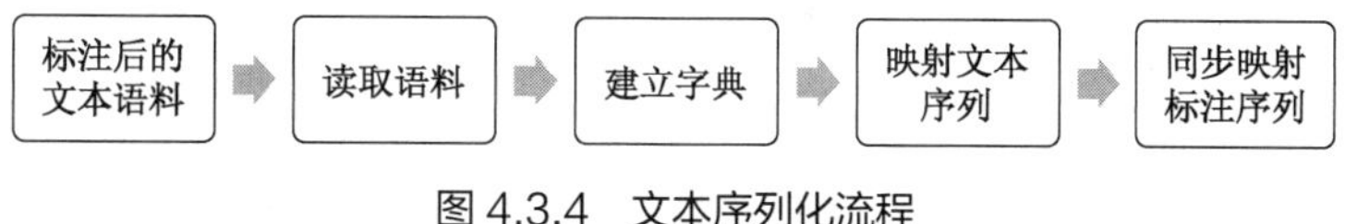

图 4.3.4 文本序列化流程

以字典映射文本形成序列后，还需要同步完成标注序列的映射。采取 BIO 与实体类别的联合标注方式，形成 9 个标注类别：{"O", "B-Items", "I-Items", "B-Parameter", "I-Parameter", "B-Function", "I-Function", "B-Process", "I-Process"}。

训练集中的文本并不是等长的，映射的文本序列与对应的标注序列也不是等长的。深度学习中模型主要通过矩阵乘积运算学习权重信息，以此设置序列的标准长度，将超过标准长度的句子序列截断，将不足标准长度的句子序列填充补足。

3. 基于迁移学习的质量特性提取模型构建与分析

通用模型质量特性识别准确率低，需要构建适用于质量文本的质量特性提取模型。核电装备质量管理受领域限制，语料规模不足，而迁移学习可以将模型在源域学习到的能力迁移至目标域，以此缓解质量领域语料不足的问题。基于迁移学习的质量特性提取模型需要先提取出核电装备质量文档中与核电装备要求有关的质量特性实体术语。模型学习需要大量语料，核电装备质量管理中公开的质量文本较少，难以建立起大规模的标注语料库，而在其他领域已有较为成熟的语料库，如 MSRA、PKU，通过迁移学习，将模型或知识重用于其他相关任务可以解决这个问题。因此，在基础的 BiLSTMCRF 模型中引入迁移学习机制，以缓解训练不充分的问题并学习更多的实体特征，结合多头注意力机制解决模型对长距离依赖的编码问题。

本节构建的基于迁移学习的质量特性提取模型框架如图 4.3.5 所示[17]，主要包括嵌入层、BiLSTM 层、多头注意力层和 CRF 层等。模型训练分为两步。首先是预训练，通过大规模公开的标记语料使模型学会从文本中提取字符特征、上下文关系、长距离依赖和序列约束。其次是迁移训练，迁移训练的目的是使预训练的模型适用于核电装备质量文本。

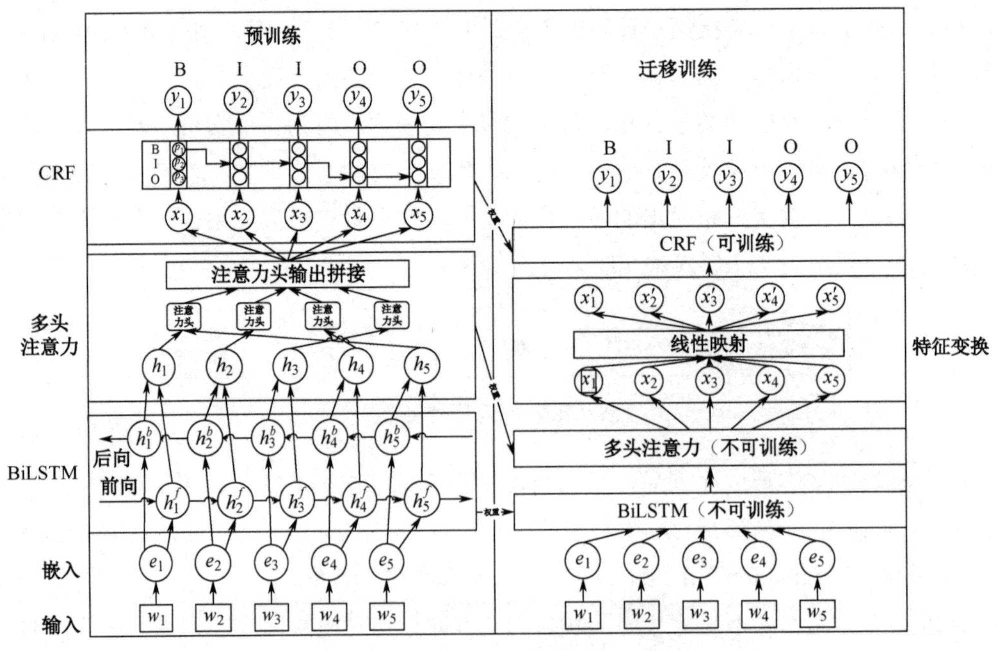

图 4.3.5 基于迁移学习的质量特性提取模型框架

4.3.3 核电装备质量特性筛选

1. 质量特性筛选模型构建

在核电装备质量管理中，基于迁移学习的质量特性提取模型能够初步提取出质量文件中的质量特性。考虑到核电装备质量管理中的质保分级控制策略，同时为了进一步提升深度学习模型性能，本节研究了基于生成对抗网络的质量特性筛选模型。图 4.3.6 展示了基于生成对抗网络的质量特性筛选模型框架，模型的目标是根据输入的质量文本预测出文本的标签序列，通过与标记样本的分布一致性判定，提高预测序列的准确性，主要包括生成网络识别、对抗网络判别及判别结果的反馈训练三部分。

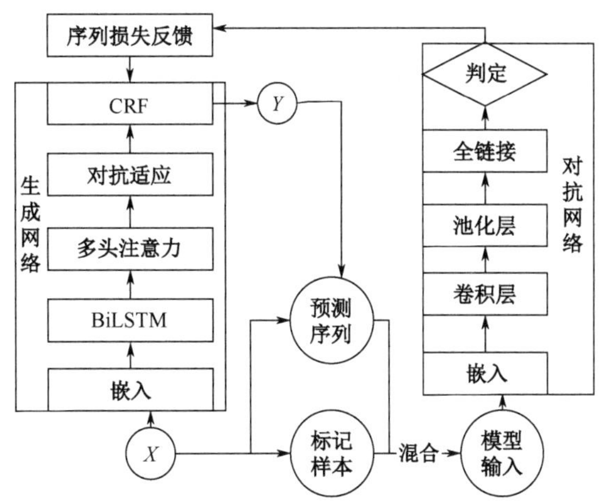

图 4.3.6 基于生成对抗网络的质量特性筛选模型框架

模型训练可以分为两个阶段。第一阶段是针对生成网络的模型预测训练，使用标记后的核电装备质量文本训练生成网络，使生成网络具备预测文本标签序列的能力，将标记文本的标签序列作为真样本，将生成网络预测的文本标签序列作为假样本；第二阶段是针对对抗网络的模型分类训练，首先使用真样本训练对抗网络的分类标准，然后输入假样本，对抗网络经过真、假样本的训练，可区分出两类样本的潜在差异并对其进行分类，输出判定结果。

为了让对抗网络相信假样本的潜在分布与真样本的分布一致生成网络，会优化对抗网络反馈的判定结果，提高假样本与真样本的相似性。在生成网络的“造假”能力提高后，优化对抗网络，以便更准确地发现假样本。质量特性提取模型经过多次训练后，输入核电装备质量文本，由生成网络预测标签序列，即可筛选出文本中的质量特性，最终输出核电装备质量特性集。

2. 基于生成对抗网络的质量特性筛选模型分析

生成网络为 4.3.2 节中的质量特性提取模型，能够预测文本中的质量特性实体；对抗网络是一个基于 CNN 的二分类判别网络，会对输入的混合文本序列进行判定。在质量特性提取模型中，模型优化是根据样本的预测结果与真实结果的损失更新，是一个对模型自身的优化迭代过程；而在质量特性筛选模型的生成网络中，对生成网络的优化需要根据对抗网络的分类结果更新，是一个联合训练过程，并在对抗训练中优化更新。生成对抗网络是一个更庞大的计算网络，如何在减少对模型预测精确率影响的情况下，缩小模型体量、提高训练效率也是一个需要考虑的问题。

在对抗训练中，生成网络生成的序列样本会不断趋近人工标记样本，以此提高生成网络预测精确率。在模型训练过程中，考虑到质量管理的分级控制策略，还增加了一个排序损失，对模型在训练过程中的真、假样本边距的影响进行修正，平衡模型在识别过程中的精确率与召回率，以满足不同质保等级的核电装备零部件的识别需求。通过 SeqGAN 强化学习策略连接生成网络与对抗网络进行联合训练，并通过实验分析不同质保等级下模型的识别性能。实验结果表明，经过生成对抗网络训练的模型能够更好地满足在价值链质量管理中筛选质量特性的需求。数据源采用核电工业质量保证书，模型训练集、验证集和测试集比例为 7∶1∶2。图 4.3.7 为模型输出结果示例。

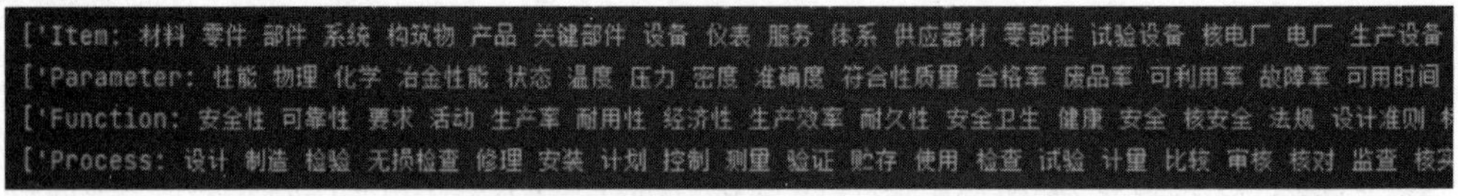

```
['Item: 材料 零件 部件 系统 构筑物 产品 关键部件 设备 仪表 服务 体系 供应器材 零部件 试验设备 核电厂 电厂 生产设备
['Parameter: 性能 物理 化学 冶金性能 状态 温度 压力 密度 准确度 符合性质量 合格率 废品率 可利用率 故障率 可用时间
['Function: 安全性 可靠性 要求 活动 生产率 耐用性 经济性 生产效率 耐久性 安全卫生 健康 安全 核安全 法规 设计准则
['Process: 设计 制造 检验 无损检查 修理 安装 计划 控制 测量 验证 贮存 使用 检查 试验 计量 比较 审核 核对 监查
```

图 4.3.7 模型输出结果示例

4.3.4 核电装备关键质量特性识别

1. 核电装备质量特性知识图谱构建

目前，关键质量特性识别研究主要集中在两方面：一是从产品质量出发，通过对质量特性参数进行特征选择，降维得到关键质量特性；二是从客户需求出发，通过量化主观因素加权得到关键质量特性[18]。基于产品质量的质量特性识别研究可以分为两类，分别是产品层次分解和数据挖掘，产品层次分解[19]是较为传统的方法，目前主流研究是数据挖掘中的特征选择算法[20]。在机器学习领域，特征选择算法主要用于高维数据的降维，这与复杂产品的质量特性识别问题相吻合，因为产品关键质量特性识别是一个数据降维的过程。但是，应用分类器度量特征子集有效性需要花费大量时间，导致该类算法的时间复杂度较高。

将知识图谱应用于关键质量特性识别的原因有如下几个。

（1）知识图谱可以充分挖掘质量文本数据之间的隐式关系，准确表达质量特性之间的关联关系，保证了挖掘出的质量特性之间相互联系的准确性。

（2）人具有主观性，有主观的情感判断，而知识图谱来源于客观的质量文本数据，可以提高决策的客观性。

（3）知识图谱是一种典型的图状知识结构，其能够通过图结构将信息、数据及连接关系聚集成知识网络，使得信息资源更易查询、理解及计算[21]。对构建好的知识图谱进行关联分析和图特征分析，分析图谱中两个节点间或多个节点间的关联关系和紧密程度，对图谱中单一节点或多个节点的图特征及属性特征进行统计计算，得到节点的重要度。

（4）现有方法在判定质量特性的重要度时，往往需要进行数据采集，而部分质量特性判定需要做一些破坏性试验，可操作性较低，利用知识图谱只需要分析历史质量文本，节约了试验投入和时间成本，对于一些资金投入多、建设周期长、机组系统复杂、不具备可破坏性的核电装备具有较好的适用性。

通过构建质量特性知识图谱，将关键质量特性识别问题转化为图谱上的关键节点判定问题，基于知识图谱的关键质量特性识别框架如图 4.3.8 所示。

1）质量特性波动传播本体模型构建

核电装备质量管理涉及海量的质量信息，质量特性之间的关系更为复杂。通过文献研究分析，将设计、制造、装配阶段质量特性之间的关联关系分为 6 种：支持、分解、转化、驱动、传递和约束，如图 4.3.9 所示。

设计阶段遵循的设计规则包括设计公式、设计标准及设计手册中明确规定的参数关系，基于此分析设计质量特性之间的关系，主要包括支持、分解、驱动和约束 4 种关系。当上级质量特性无法直接测量时，可以用多个下级质量特性来支持测量，如切削用量可以用切削深度、切削速度、每齿进给量来支持测量；粗糙度可以向下分解为粗糙度等级和表面粗糙度；某个质量特性可能与其他质量特性存在函数关系，此时某个下级质量特性发生波动时，会驱动上级质量特性发生相应变化；质量特性间可能存在一定的约束关系，如中间段直径、小轴直径与大轴直径之间存在约束关系。

数据获取
数据融合与加工
知识应用
实时生产数据
数据获取
NCR
设备参数
质量计划
工艺方案
函件
历史数据
设备规格书
质量计划及检验报告
质量文本特点
反应堆
沸水堆
中子通量
普通词典
回路冷却系统
物项
质量
材料
流体
相容性
包容边界
冷却堆芯
给水总量
实体类别
语法结构
实体识别
材料
碳素钢
生成语料
材料碳素钢
材料是碳素钢
缺失谓语
质量特性波动传播本体模型构建
知识存储
质量特性知识图谱构建
节点重要度判定
质量特性重要度
关键质量特性
质量特性集
节点可视化

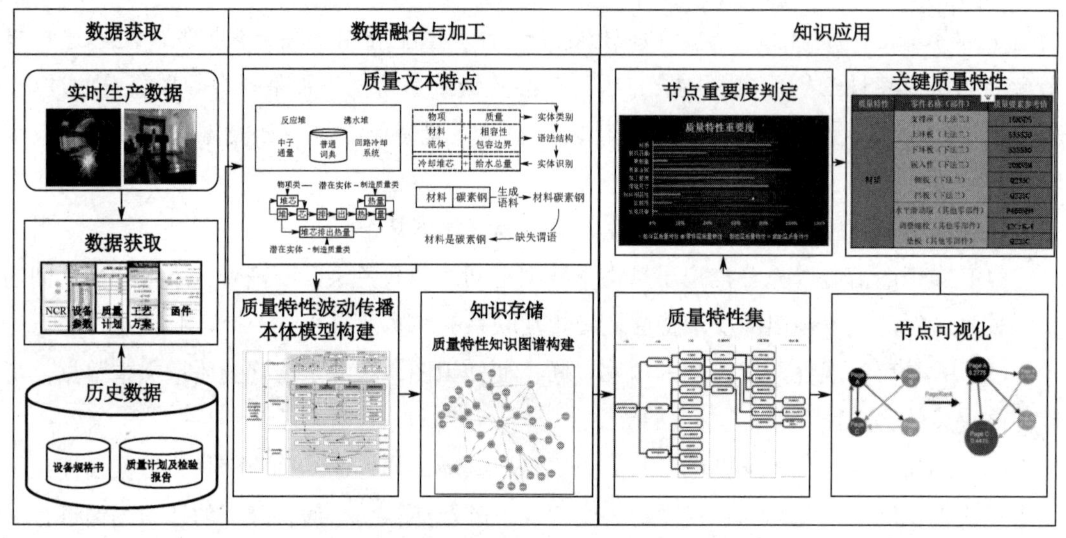

图 4.3.8　基于知识图谱的关键质量特性识别框架

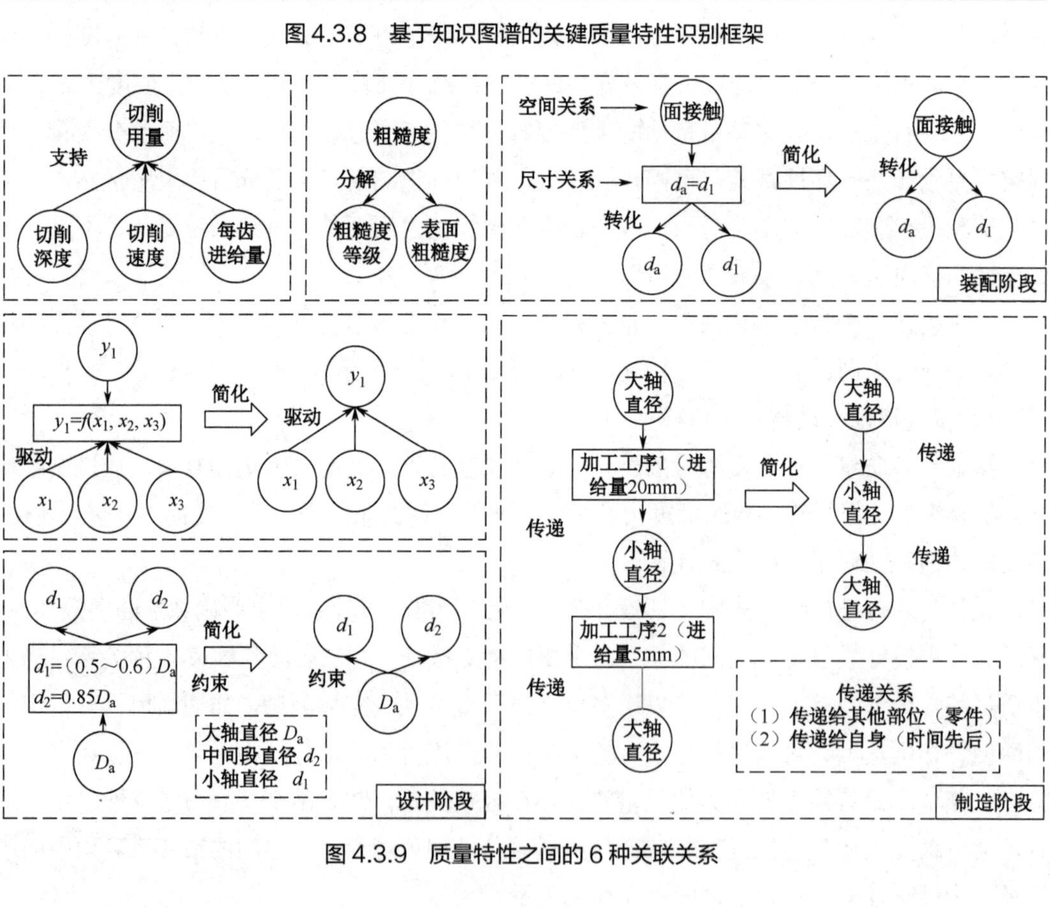

切削用量
支持
切削深度
切削速度
每齿进给量
粗糙度
分解
粗糙度等级
表面粗糙度
空间关系
面接触
尺寸关系
$d_a=d_1$
转化
d_a
d_1
简化
面接触
转化
d_a
d_1
装配阶段
y_1
$y_1=f(x_1, x_2, x_3)$
驱动
x_1
x_2
x_3
简化
y_1
驱动
x_1
x_2
x_3
d_1
d_2
$d_1=(0.5\sim0.6)D_a$
$d_2=0.85D_a$
D_a
简化
约束
大轴直径 D_a
中间段直径 d_2
小轴直径 d_1
d_1
d_2
约束
D_a
设计阶段
大轴直径
加工工序1（进给量20mm）
传递
小轴直径
加工工序2（进给量5mm）
传递
大轴直径
简化
大轴直径
传递
小轴直径
传递
大轴直径
传递关系
（1）传递给其他部位（零件）
（2）传递给自身（时间先后）
制造阶段

图 4.3.9　质量特性之间的 6 种关联关系

制造阶段质量特性间的关系主要是传递关系。随着加工工序的进行，某一质量特性可以传递给其他部位或零件，也可以传递给自身。例如，工序 1 为加工大轴，直径为 10cm；工序 2 为加工小轴，直径为 8cm。加工好大轴后进给 2cm，此时质量特性由大轴传递给小轴。工序 3 为将大轴直径加工至 9.5cm，实际加工是在大轴直径 10cm 的基础上进给 5mm，即将质量特性传递给自身。

装配阶段质量特性间的关系主要是转化关系。分析设计质量特性间的装配关系，将装配关系转化为尺寸关联关系。零件之间的装配关系通常表现为配合特征表面间的空间关系，主要包括相容、相离、相接三种形式，配合特征表面间的空间关系可表述为设计质量特性之间的尺寸关系。

这里以反应堆压力容器支承中嵌入件的制造过程为例，其属于典型的垂直现场应用，故采用自上而下的形式和七步法来构造本体，结合核电装备设计、制造、装配阶段质量特性之间的 6 种关联关系，构建核电装备质量特性波动传播本体模型，如图 4.3.10 所示。

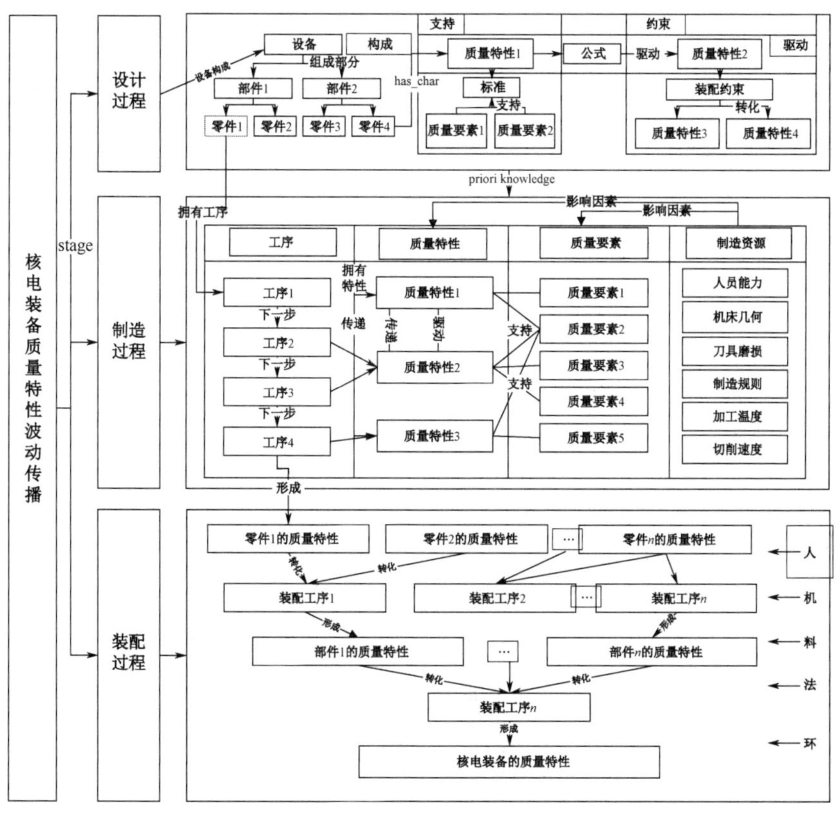

图 4.3.10　核电装备质量特性波动传播本体模型

2）质量特性知识图谱构建

采用深度学习的方式从设备规格书等文件中提取设计阶段质量特性间的关联关系。制造过程的关联性具体表现为质量特性影响因素对产品质量特性的影响，以及上道工序质量特性对下道工序质量特性的影响。质量特性之间及质量特性与其影响因素之间的关联性使得质量特性的波动原因更为复杂。前面已探究了质量特性之间的 6 种关联关系，接下来探讨一下质量特性影响因素对质量特性的影响。

制造过程包含多道工序，涉及人、机器、物料、环境等因素。列出每道工序中存在的影响因素和质量特性，采用定量与定性相结合的方法，得到多组影响因素和质量特性值，采用多元线性回归分析的方法，得到每个影响因素对质量特性的影响程度。利用 SIMCA 软件做多元线性回归分析，可以得到每个质量特性影响因素对质量特性的影响程度，如图 4.3.11 所示。图中 x_{11}～x_{17} 为第 1 道工序中的 7 个质量特性影响因素，x_{21}～x_{23} 为第 2 道工序中的 3 个质量特性影响因素，x_{31}～x_{33} 为第 3 道工序中的 3 个质量特性影响因素，y_1、y_2、y_3 为最终形成的 3 个质量特性，输入每个质量特性影响因素和质量特性归一化后的值，输出每个影响因素对不同质量特性的影响程度系数。

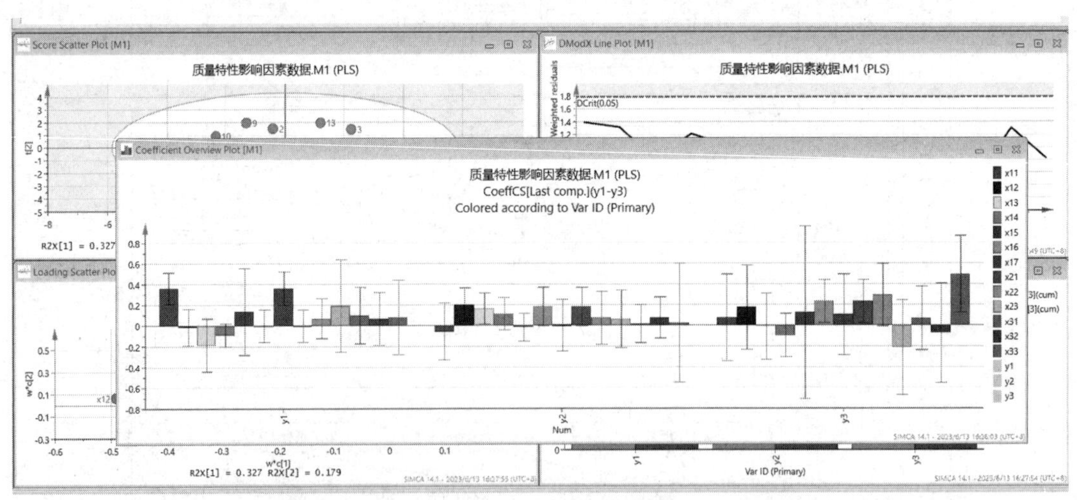

图 4.3.11　核电装备质量特性影响因素对质量特性的影响程度

从设计和制造过程出发，基于反应堆压力容器支承中的嵌入件对应的设备规格书、质量计划和设备参数，结合质量文本的特点，挖掘相关部件的质量特性关联关系，利用 Neo4j 数据库存储该关系，并使用可视化浏览器显示质量特性知识图谱，核电装备质量特性知识图谱示例如图 4.3.12 所示。

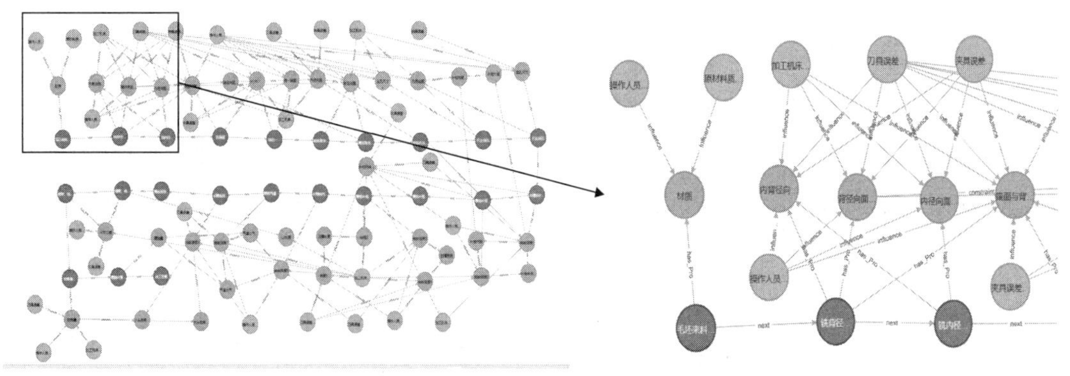

图 4.3.12　核电装备质量特性知识图谱示例

质量特性知识图谱是一种有向加权语义网络，知识图谱中有明确的节点和关系类型。质量特性知识图谱中有工序、影响因素、质量特性 3 类节点，以及工序-工序、工序-质量特性、影响因素-质量特性、质量特性-质量特性 4 类连接关系。其中，工序-工序、质量特性-质量特性这两种连接关系关注拓扑结构，不存在加权关系，边权均设为 1；工序-质量特性的边权取决于见证点类型（停工待检、审核制造商提交的完工报告、现场见证），对不同的见证点类型赋予不同的权重；影响因素-质量特性的边权主要采用多元线性回归分析得到每个影响因素与质量特性的权重。

2. 关键质量特性分析

基于构建好的知识图谱，利用关联分析和图特征分析深入了解知识图谱中知识元素之间的联系和属性。借鉴复杂网络参数分析的内容，建立一种质量特性节点重要度判别方法。这种方法可以对知识图谱中的节点进行分类和排序，从而确定哪些节点是最重要的。例如，在搜索引擎中，这种方法可以用来确定哪些知识元素在搜索结果中排名较高，以提供更准确和有用的信息。采用复杂网络中的改进 PR（PageRank）算法，得到每个节点的重要度值。经典 PR 算法假定指向一个页面的所有链接是同等重要的，即将重要度值平均分配给其外链接节点[22]。但在实际应用中，有些链接比其他链接更重要。对经典 PR 算法进行改进，同时考虑边权值和前后节点重要度值，将经典 PR 算法扩展为加权版本，然后通过算法迭代，最终计算出节点的重要度值，该值越大，对应的节点就越重要，根据帕累托原则，取前 20%作为关键节点，图谱上的关键节点对应的质量特性就是零部件的关键质量特性。

3. 反应堆压力容器支承关键质量特性识别案例分析

1）反应堆压力容器支承质量特性集的生成

质量特性集生成框架如图 4.3.13 所示，通过模型自动识别输入的质量文本中的质量特性，并输出质量词典，包括数据预处理、模型训练、质量特性提取和筛选三大模块。

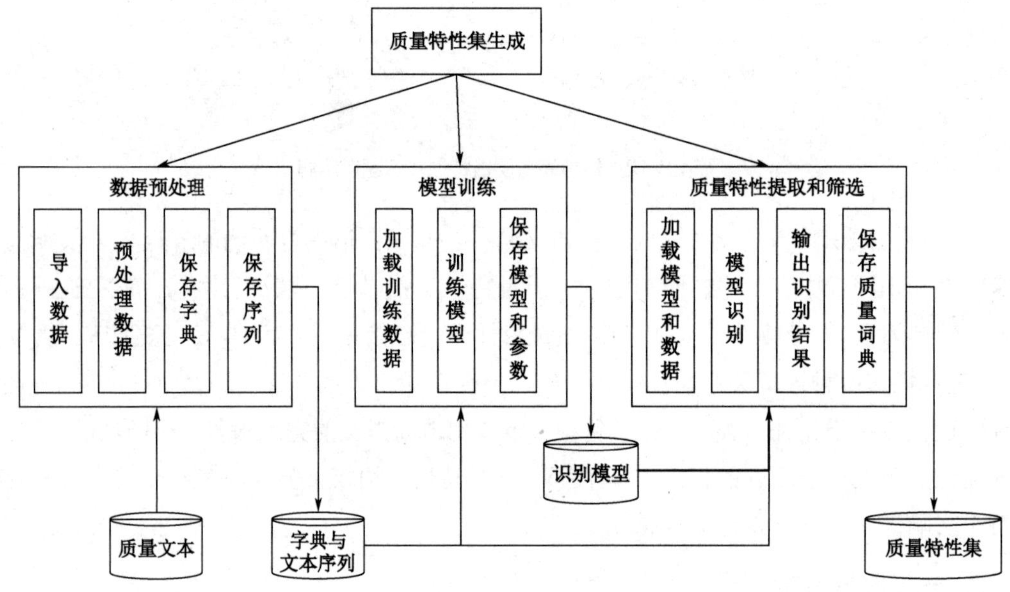

图 4.3.13　质量特性集生成框架

（1）数据预处理模块用于实现质量文本向对齐的序列的转换，主要操作包括导入数据、预处理数据、保存字典、保存序列。其输入为需要识别的质量文本，或者用于训练的质量文本，输出为转换后的文本序列及对应的字典文件。

（2）模型训练模块用于更新模型参数，主要操作包括加载训练数据、训练模型、保存模型和参数。其输入为转换后的文本序列及对应的字典文件，输出为模型文件。

（3）质量特性提取和筛选模块用于识别文本中的质量特性，主要操作包括加载模型和数据、模型识别、输出识别结果、保存质量词典。其输入为转换后的文本序列及对应的字典文件、模型文件，输出为质量词典。

数据源采用反应堆压力容器支承的设备规格书，模型训练集、验证集和测试集比例为 7∶1∶2。按照质量特性集生成框架，将生成的质量特性及其要素梳理整合成结构化数据，图 4.3.14 为反应堆压力容器支承质量特性集部分示例。

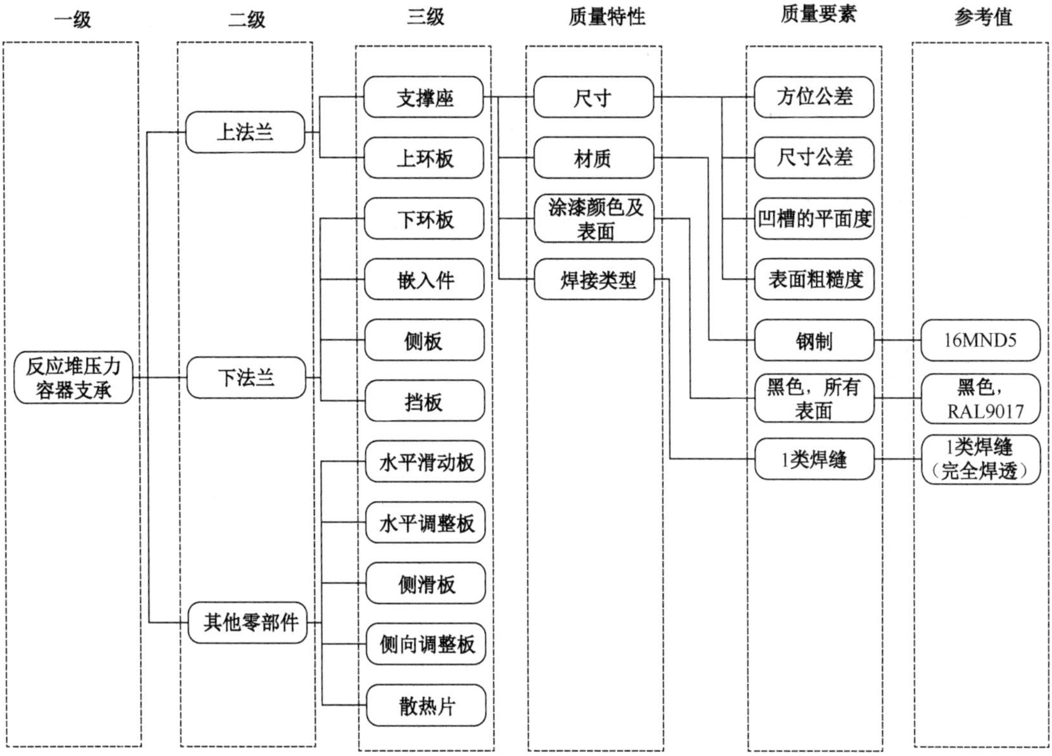

一级 二级 三级 质量特性 质量要素 参考值

反应堆压力容器支承

上法兰
支撑座
上环板

下法兰
下环板
嵌入件
侧板
挡板

其他零部件
水平滑动板
水平调整板
侧滑板
侧向调整板
散热片

尺寸
材质
涂漆颜色及表面
焊接类型

方位公差
尺寸公差
凹槽的平面度
表面粗糙度
钢制
黑色，所有表面
1类焊缝

16MND5
黑色，RAL9017
1类焊缝（完全焊透）

图 4.3.14 反应堆压力容器支承质量特性集部分示例

2）反应堆压力容器支承质量特性知识图谱构建

基于前面介绍的方法，利用 SIMCA 软件做多元线性回归分析，得到各影响因素的权重系数，如图 4.3.15 所示。

构建的反应堆压力容器支承质量特性知识图谱如图 4.3.16 所示。

3）反应堆压力容器支承关键质量特性识别

基于改进 PR 算法，计算节点的重要度值，图 4.3.17 展示了反应堆压力容器支承各质量特性节点重要度值。

根据帕累托原理确定关键节点，而关键节点对应的质量特性被认为是关键质量特性，可以为确定制造过程中的关键工序提供依据。

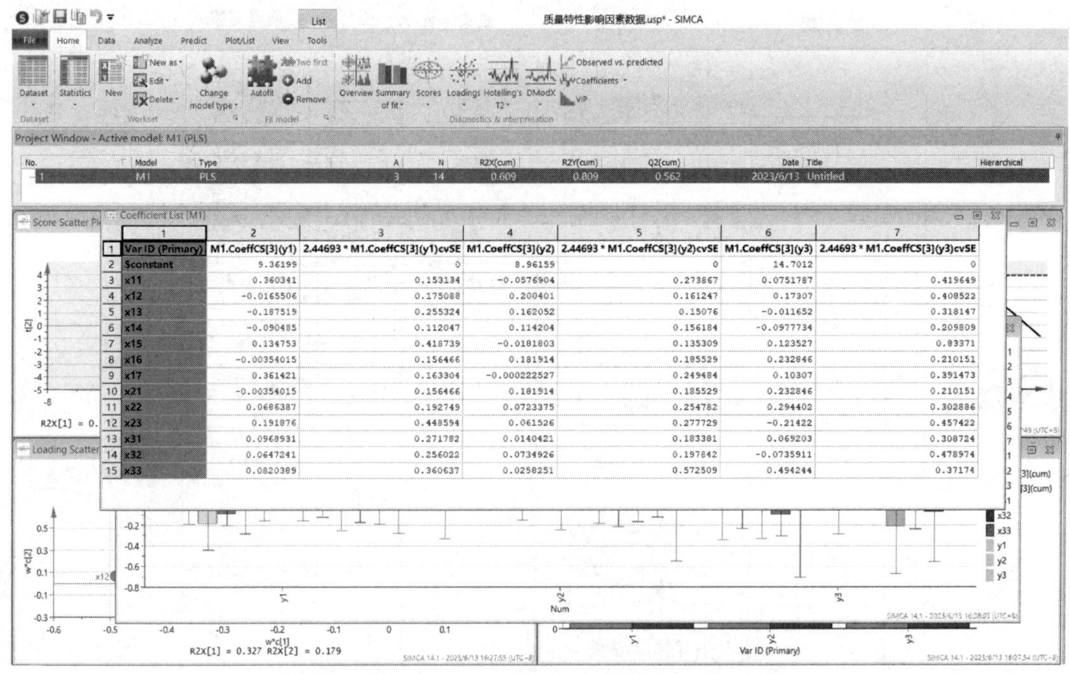

	1	2	3	4	5	6	7
1	Var ID (Primary)	M1.CoeffCS[3](y1)	2.44693 * M1.CoeffCS[3](y1)cvSE	M1.CoeffCS[3](y2)	2.44693 * M1.CoeffCS[3](y2)cvSE	M1.CoeffCS[3](y3)	2.44693 * M1.CoeffCS[3](y3)cvSE
2	$constant	9.36199	0	8.96159	0	14.7012	0
3	x11	0.360341	0.153134	-0.0576904	0.273867	0.0751787	0.419649
4	x12	-0.0165506	0.175088	0.200401	0.161247	0.17307	0.408522
5	x13	-0.187519	0.255324	0.162052	0.15076	-0.011652	0.318147
6	x14	-0.090485	0.112047	0.114204	0.156184	-0.0977734	0.209809
7	x15	0.134753	0.418739	-0.0181803	0.135309	0.123527	0.83371
8	x16	-0.00354015	0.156466	0.181914	0.185529	0.232846	0.210151
9	x17	0.361421	0.163304	-0.000222527	0.249484	0.10307	0.391473
10	x21	-0.00354015	0.156466	0.181914	0.185529	0.232846	0.210151
11	x22	0.0686387	0.192749	0.0723375	0.254782	0.294402	0.302886
12	x23	0.191876	0.448594	0.061526	0.277729	-0.21422	0.457422
13	x31	0.0968931	0.271782	0.0140421	0.183381	0.069203	0.308724
14	x32	0.0647241	0.256022	0.0734926	0.197842	-0.0735911	0.478974
15	x33	0.0820389	0.360637	0.0258251	0.572509	0.494244	0.37174

图 4.3.15　质量特性影响因素的权重系数示例

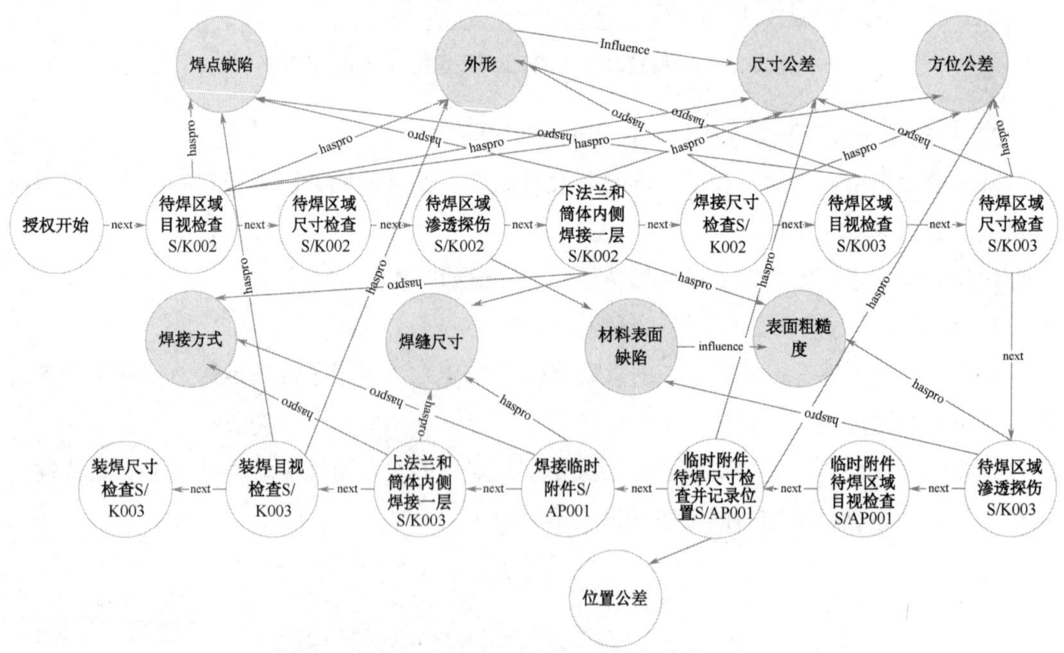

图 4.3.16　反应堆压力容器支承质量特性知识图谱

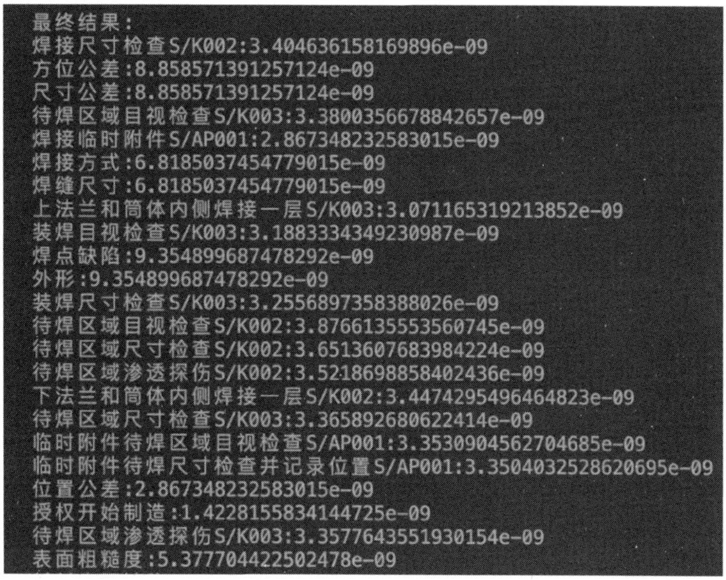

```
最终结果:
焊接尺寸检查S/K002:3.404636158169896e-09
方位公差:8.858571391257124e-09
尺寸公差:8.858571391257124e-09
待焊区域目视检查S/K003:3.3800356678842657e-09
焊接临时附件S/AP001:2.867348232583015e-09
焊接方式:6.8185037454779015e-09
焊缝尺寸:6.8185037454779015e-09
上法兰和筒体内侧焊接一层S/K003:3.071165319213852e-09
装焊目视检查S/K003:3.1883334349230987e-09
焊点缺陷:9.354899687478292e-09
外形:9.354899687478292e-09
装焊尺寸检查S/K003:3.2556897358388026e-09
待焊区域目视检查S/K002:3.8766135553560745e-09
待焊区域尺寸检查S/K002:3.6513607683984224e-09
待焊区域渗透探伤S/K002:3.5218698858402436e-09
下法兰和筒体内侧焊接一层S/K002:3.4474295496464823e-09
待焊区域尺寸检查S/K003:3.365892680622414e-09
临时附件待焊区域目视检查S/AP001:3.3530904562704685e-09
临时附件待焊尺寸检查并记录位置S/AP001:3.3504032528620695e-09
位置公差:2.867348232583015e-09
授权开始制造:1.4228155834144725e-09
待焊区域渗透探伤S/K003:3.3577643551930154e-09
表面粗糙度:5.377704422502478e-09
```

图 4.3.17　反应堆压力容器支承各质量特性节点重要度值

4.4 基于知识图谱的核电装备建造质量状态演化

4.4.1 核电装备质量状态演化先验模型

1. 质量先验性知识分析

核电装备建造过程会产生海量的随机、动态质量数据，其中包括大量的质量文本，而质量文本存在数据信息化困难、数据无法有效利用等问题。例如，与建造质量相关的经验总结或研究成果（设计阶段或制造阶段）多以自然语言文本的形式存在，难以与结构化的加工质量数据库关联，揭示质量形成过程；相关人员难以及时掌握这些知识，无法将这些数据熟练地应用到建造过程的质量协同管控中。因此，构建核电装备建造质量形成本体模型，有利于组织关联海量多源异构的质量数据，实现质量数据在知识层面上的联系与演化，有助于对质量形成过程的精细化管控。

先验通常与“经验”相对，可以理解成先于经验，且为后期构成经验提供保障。质量先验性数据是指为使装备的设计信息达到顾客对功能的诉求，以及使设计的装备易于加工建造等所产生的相关质量数据，是建造质量形成过程的先验信息。

设计阶段是决定核电装备能否满足用户要求的关键阶段，主要包括设计策划、设计输入、设计分析及设计输出 4 个环节。在这 4 个设计环节中所考虑的核电装备质量，如可靠性、互换性、加工建造难度及可维修性等，可以量化为具体的设计质量特性，如零件几何参数等。这些质量特性及其值是在设计过程中通过相关的质量知识得到的，以满足质量要求或标准。可将设计质量特性分解为不同的加工特性，并根据相关加工理论知识选择合适的加工方式以达到该质量特性的加工要求。零部件的质量因素直接影响核电机组的整体质量及质量波动，根据对质量的影响作用不同，设计阶段所涉及的质量因素可分为控制因素、标识因素、信号因素和误差因素 4 类。产品设计质量相关数据一旦确定，在建造过程中就不能随意更改，因此在构建建造质量形成知识图谱的过程中可以将先验性知识看成静态的，不会随着建造过程的推进而发生改变。

2. 核电装备设计质量信息分类

为使核电装备设计过程顺利进行，就需要不断地利用产生的质量信息来调节与保证设计过程的进度及状态。质量信息和质量管控过程是相辅相成、互为条件的。在设计过程中，伴随质量管控，产生的是质量特性集、质量特性间的关系、质量特性的相对重要度约束集、出现的质量问题、质量问题分析结果等信息，需要对这些信息进行合理有效的管理。高质量的设计要求为核电装备质量特性研究带来很多困难，如质量特性在设计过程中的传递、映射、波动，质量特性之间的耦合，关键质量特性的提取和质量控制系统设计等。本节从现有的设计信息中提取出设计质量信息，并以设计质量特性信息为核心，建立各种设计质量信息之间的关联关系，进而建立设计质量先验模型。核电装备设计质量信息可分为设计质量特性信息、质量特性变更信息、质量特性问题信息和设计质量评审信息[23]，如图 4.4.1 所示。

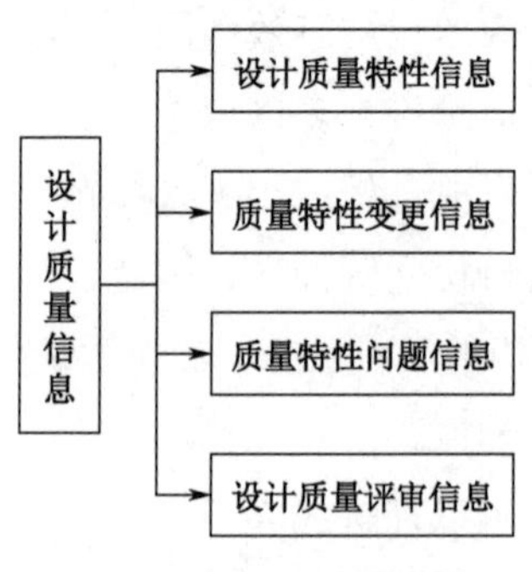

图 4.4.1　设计质量信息分类

（1）设计质量特性信息：主要指影响核电装备安全性、功能性和符合性的技术标准和信息，是设计质量信息的核心部分。按照核电装备的层级结构可以划分为需求质量特性、零件级质量特性、部件级质量特性和装备级质量特性。

（2）质量特性变更信息：核电装备有时需要进行设计更改，设计更改可能会导致设计质量特性发生变化，因此需要记录这些变更信息。

（3）质量特性问题信息：主要指设计质量特性曾遇到的质量问题，或者所涉及的零件、部件乃至整个核电装备曾发生的质量问题和故障及相应的解决方案。以前发生的质量问题的相关数据对于当前的产品设计具有非常重要的参考意义。在设计过程中可以针对这些问题采取相应的措施，达到预防控制的目的。

（4）设计质量评审信息：核电装备设计是一项庞大的系统工程，需要多学科、多领域的工程师协同工作，因此需要经验丰富的专家共同对产品设计进行评审。设计质量评审信息主要指核电装备设计过程中对各关键质量见证点的评审活动，有助于企业决策者分析核电装备的质量是否符合预期的效果。

3. 核电装备设计质量信息建模与演化

核电装备设计过程非常复杂，需要不断地求解与细化。同时，设计活动中产生的各种设计质量信息及企业原有的质量信息散布在企业信息系统的各个角落，缺乏有效组织。因此，本节利用产品结构树的理念对核电装备设计过程进行分析，产品结构树通常可分为产品层、部件层、零件层，并通过节点之间的关联关系建立联系。由于产品结构树可以清晰地表达产品的结构信息，而产品设计质量信息与产品结构之间又存在依附关系，因此可以将设计质量信息按照产品结构树的形式进行组织。结构树中的每一个结构对象都是设计质量信息的主体，集成了和该对象相关的所有设计质量信息，如尺寸信息、材料信息、精度要求、功能特性、需求特性、技术要求、设计方案等。

核电装备设计质量特性是在设计过程中形成的，在设计各阶段进行映射和反馈，最终形成整体设计质量[24]。核电装备设计质量模型如图 4.4.2 所示。

上述模型主要包含以下内容。

（1）明确企业需求：通过分析企业需求，统计相关质量要求，并按规则排序，以设计质量为目标进行决策，最终映射到核电装备的功能与结构设计质量特性中去。

（2）功能、结构设计质量特性：主要为功能与结构设计并形成总体设计方案。

（3）装备设计质量特性：在初步设计阶段，根据设计方案，分析所确定的设计是否达到基本要求。主要考虑各个装备部件所必须具备的可靠性、可装配性等。

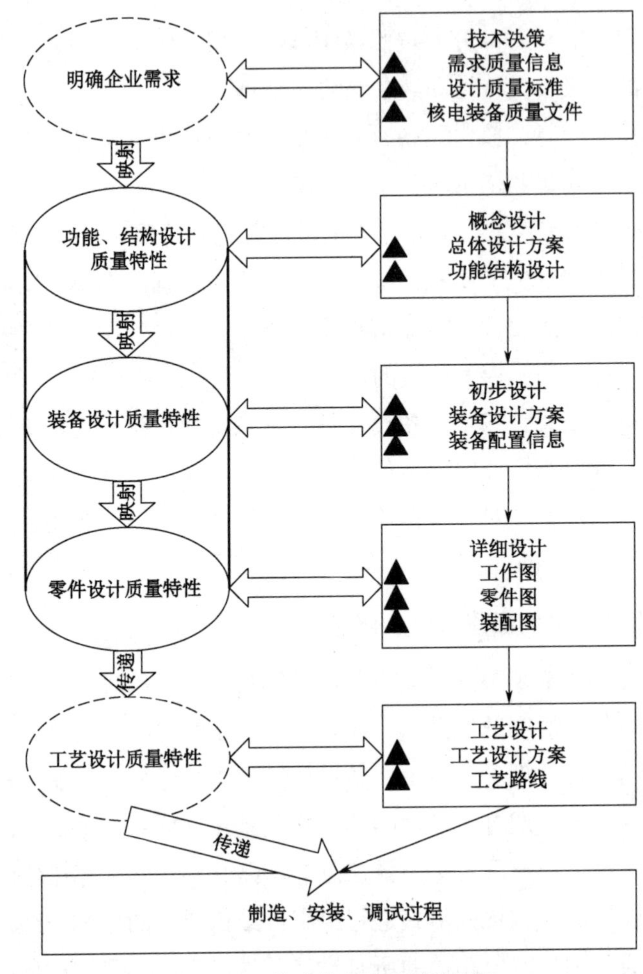

图 4.4.2　核电装备设计质量模型

（4）零件设计质量特性：主要包括设计零件的材料性能、表面粗糙度、尺寸精度、形状精度、位置精度等[25]。

（5）工艺设计质量特性：在工艺设计阶段，根据零件的设计质量特性，拟定加工工艺路线，选择各种加工工具、加工方法，如加工总余量、加工精度、工序余量等。

核电装备设计质量模型是一个动态模型，设计质量演化过程如图 4.4.3 所示。

在图 4.4.3 中，M1 表示产品需求阶段的质量信息模型，以企业需求文档、国家对核电装备的质量要求标准等为信息，描述产品需求特性与各种约束信息之间的关联关系[26]。M2 表示概念设计阶段的质量信息模型，对核电装备所要实现的功能结构、设计变量等关键问题进行分析，确定整体设计的技术指标。M3 表示初步设计阶段的质量信息模型，该模型在装备级质量模型的基础上增加了部件之间的结构关系，同时将装备级质量特性映射为部件级质量特性。根据可靠性分配原理，深入研究各部件间的关联关系，以可靠度、重要度、复杂度等作为依据，明确各功能系统的定量要求，并对其进行指标评价，从而构建模型。M4 表示详细设计阶段和工艺设计质量信息模型，主要为核电装备零件的详细设计、工艺方案与工艺路线。零件设计的质量特性应包含所有零件具有的性质，工艺路线则应根据实际要求进行设计，如工艺尺寸链、装配尺寸链等。最终设计质量可以通过映射向制造、安装、调试阶段进行传递，并随着时序不断演化。

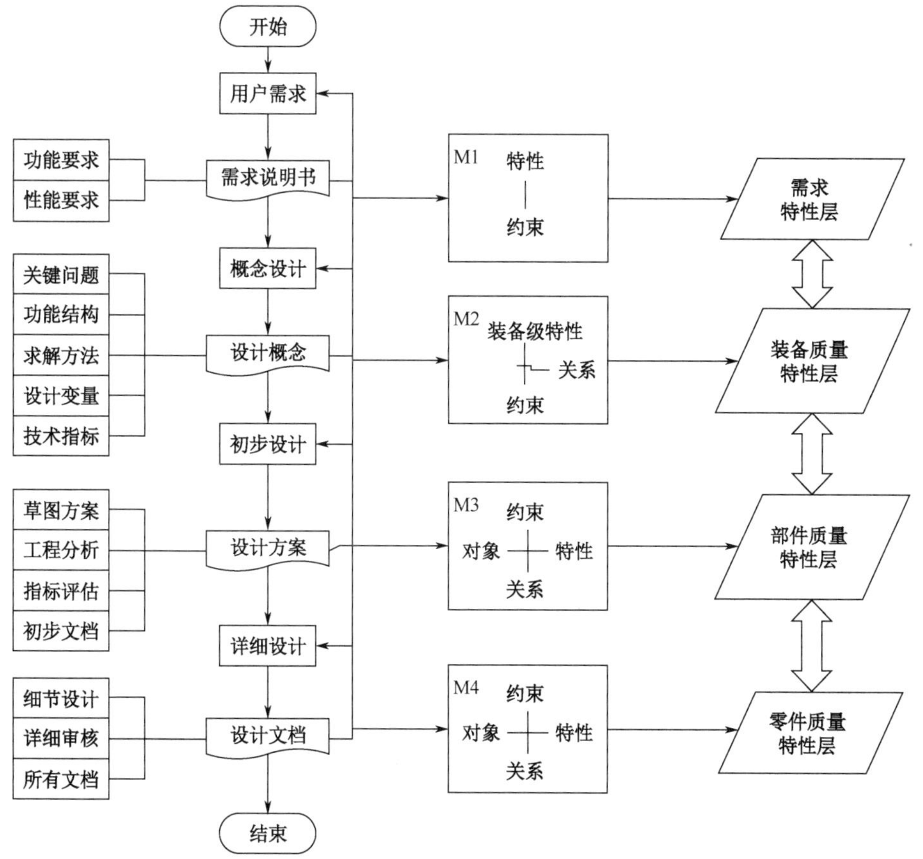

图 4.4.3　设计质量演化过程

4. 质量先验性知识本体模型构建

根据知识结构树模型，利用 Protégé 软件构建质量先验性知识本体模型。其中，质量先验性知识本体可以划分为两个子本体：设计过程质量知识子本体和产品结构知识子本体。

在质量管理活动中，质量因素决定产品质量的优劣。质量因素在设计过程中可分为控制因素、标识因素、信号因素和误差因素。这些质量因素可以构成产品质量设计模型的基本要素。其中，控制因素作为模型的设计参数，误差因素作为模型的噪声因素，信号因素作为模型的输入因素，质量特性作为模型的输出。

此外，产品设计是根据使用要求对产品的工作原理、结构、运动方式、力和能量的传递方式、各个零件的材料和形状尺寸、润滑方法等进行构思、分析和计算，并将其分解、映射、转化为具体的能够生产的零部件集合。通过产品功能分解，得到产品的组成结构，即零部件之间的层次关系，从而将质量特性按照层次关系不断分解，得到零部件的设计质量要求。每个零部件都有明确的结构关系，基于此关系可以有效地将建造过程中的质量数据关联起来，从而形成完整的建造质量知识网络。因此，有必要建立产品结构知识本体，将不同零部件的设计质量数据关联起来，并将各个零部件的设计质量数据与其建造过程中的质量数据关联起来。

综上所述，质量先验性知识本体模型如图4.4.4所示。

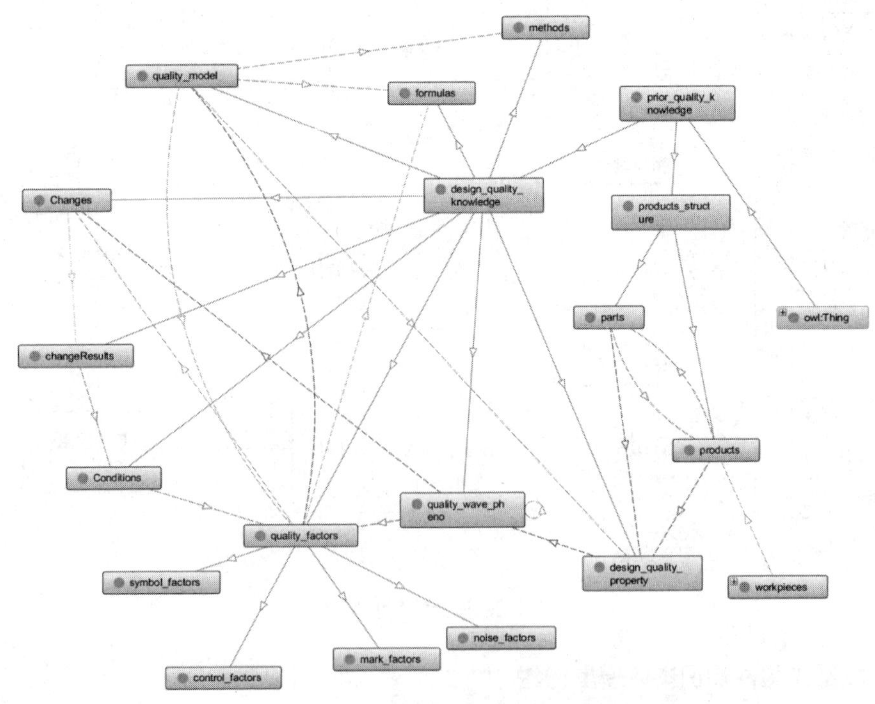

图 4.4.4　质量先验性知识本体模型

4.4.2 核电装备质量状态演化数据模型

1. 建造质量形成特点

分析面向建造阶段的质量形成过程，需要构建质量数据本体模型，即质量演化数据模型。针对结构模型驱动方法在复杂产品实际应用中难以精确建模的问题[27]，本节整合全生命周期质量特性数据，提出一种基于建造质量知识结构树的动态建模方法，首先对建造过程质量相关因素进行分析，然后定义并构建知识结构树模型，以此关联质量相关知识，最后构建建造过程质量知识本体模型，使用本体建模的方法描述产品建造工艺、设备次序关系和数据属性特征等内容。

建造质量演化过程是将离散的质量数据与知识集成为一个具有复杂关联关系的质量知识网络的过程。为了能够有效、统一地对质量形成过程进行描述，并为后续构建质量知识结构树做好准备，需要对建造阶段离散、冗杂、海量的质量数据进行分析并归类，实现对质量的有效组织。将设备可靠性、加工表面质量、加工精度等质量数据定义为建造质量先验性知识，即先验模型。将建造过程中的相关质量数据，如人员、设备、工艺、物料和环境等过程性数据定义为建造质量过程性知识。

核电装备建造阶段质量通常包括两方面：工序质量和产品质量。其中，工序质量反映了工序能够稳定地生产合格产品的能力，而产品质量则主要反映产品本身所具有的特性能够满足顾客需求的程度。在实际加工过程中，工序质量和产品质量之间存在交互作用，一方面，核电装备的最终质量是工序质量与产品质量的综合作用结果；另一方面，工序质量在一定程度上受到产品质量的影响，从而导致建造阶段质量存在耦合关系不清的问题，无法清晰地展示建造阶段质量演化过程。对建造质量相关知识的分析，有助于提高建造质量演化过程的透明度和可控性。

建造质量形成过程具有以下特点。

（1）建造过程包含多道工序，从空间形态上看，这些工序呈现出串联和并联两种结构；从质量形成的角度来看，每道工序涉及的资源是质量特性的载体，此处的“质量特性”为广义质量特性，既可能是最终核电装备的某个质量特性，也可能是影响核电装备质量特性的某个过程质量因素。

（2）建造质量形成过程具有动态聚合性。从质量的“过程性”特点可以看出，核电装备的每个质量特性均是在散布于建造过程各道工序中相关质量因素的共同影响下形成的。

因此，从静态视角出发，质量是指对核电装备设计时制定的各项质量特性的符合程度；从动态过程的层面来讲，建造质量是建造过程中不同类型质量特性变迁、耦合的产物。

（3）建造质量形成过程具有时序性，主要体现在建造过程和建造资源两方面。首先，各类质量特性无法在同一时刻进入环境，而是按照一定的设计要求（加工序列）依次参与到活动中，核电装备质量特性是所有工序质量综合作用的结果，因此建造过程具有时序性；其次，随着加工时间的持续增长，资源的状态会发生变化，如出现夹具或刀具磨损、传感器失调等现象，从而对建造质量的形成过程产生影响，因此建造资源也具有时序性。下游工序资源状态除了随加工时间变化，还会受到上游工序输出的质量特性的影响，如出现刀具磨损加快等情况，从而进一步影响质量形成过程，这种资源与工序之间的交互作用进一步增加了质量形成过程的复杂度。因此，核电装备建造质量形成过程是一个非线性、动态累积的过程。

随着核电装备的功能和结构越来越复杂，其加工过程越来越复杂，质量要求也越来越高，核电装备建造过程中的偏差传递规律反映了最终建造质量的形成规律。质量先验性知识作为建造质量形成过程的依据，用于分析质量演化规律，而质量过程性知识以实体零部件和加工过程为载体，用于实时描述质量形成过程。质量先验性知识和质量过程性知识从不同层面刻画了建造质量形成过程，两者紧密关联且可以相互转换，如图 4.4.5 所示。

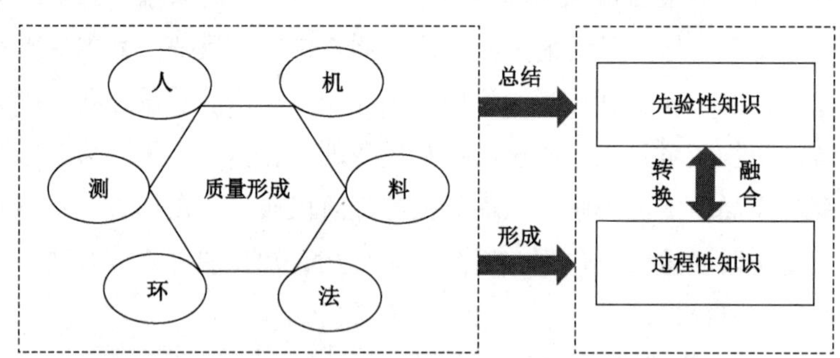

图 4.4.5　建造质量形成过程知识类型

2. 建造质量过程性知识分析

分析建造质量过程性知识就是分析建造过程中产生的各种数据，找准数据问题及其本身所具有的特点，可以更有效地组织数据，实现利用数据来反映生产加工过程中质量的实际状态，进而提高加工质量演化过程的可控性。

建造过程中的质量数据主要包括两部分：质量特性与质量特性的影响因素。质量特性是核电装备质量的固有特性，与质量要求有关，用于度量产品质量满足要求的程度。质量要求主要包括两部分：企业需求与标准要求。在设计阶段将企业需求转化为质量特性，并在建造阶段保证产品质量特性满足要求。在建造过程中，影响质量特性的因素错综复杂，具体可归纳为人、机、料、法、环、测（5M1E）6个方面。其中，设备和材料的选型、工艺方法和环境参数的制定，决定了建造质量在总体上满足技术标准的能力，即建造工序的过程能力指数。在生产阶段，工艺和环境的系统性偏差通常是由工人操作错误或相关设备的控制系统异常导致的。质量数据能够真实反映生产加工质量的实际状态，通过总结归纳，概括出建造过程的质量数据特点主要包含冗余性、海量性、时序性、多源异构性、复杂关联性。在这五大特点中，时序性和复杂关联性是较为突出的特点。对于时序性，由于生产作业是持续进行的，所以大部分数据会随着时间发生变化，如设备可靠性下降、加工质量下降等。对于复杂关联性，一方面，5M1E因素相互耦合，导致加工过程质量特性值波动，需要综合考虑工序间多质量特性节点；另一方面，根据不同的质量管理需求，对不同信息的采集颗粒度及要求不同，如在准备阶段需要采集与加工任务相关的基础信息及物料的状态信息，在加工阶段会采集设备状态监控数据及加工异常数据等。这些过程性知识虽然产生于不同阶段，但不是独立存在的，而是彼此相互关联的，以设备运行数据为例，它会与加工过程中的产品特征信息、使用的工艺方法、加工人员的操作信息等形成一个复杂的关联数据体。

基于上述分析，为直观全面地对建造过程质量状态进行描述，须先对过程性质量数据进行整理分类。因此，本节将过程性质量数据分为静态质量数据和动态质量数据，如图4.4.6所示。

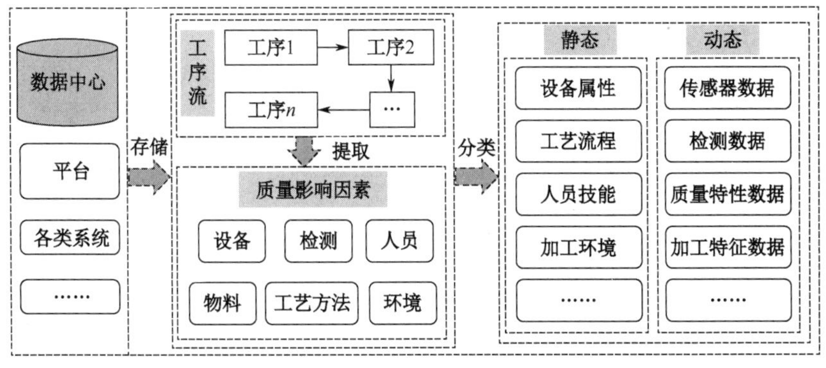

图4.4.6 过程性质量数据

1）静态质量数据

在建造过程中，静态质量数据是与质量特性相关联的数据，属于固有的质量数据，大致可以分为三类：生产人员数据、生产设备数据、加工工艺数据，主要包括设备名、设备基础属性、人员名、人员基础属性等。这些数据虽然不会随生产加工的进行而发生改变，但由于数据形式复杂多样，关联性强，在实际生产过程中总是被忽略或闲置，无法发挥出数据潜在的价值。

2）动态质量数据

在实际建造过程中，原材料质量不一致、加工负荷变化、设备磨损等都会导致加工过程质量受影响程度发生改变，且当前测量值与过去若干时刻测量值相关。这类质量数据与加工状态密切相关，随时间不断发生变化，具有较强的时序性和动态性。动态质量数据可分为三类：①状态监测类，如设备振动、切削力、转速、环境温度等；②加工过程类，如粗铣、精铣及钻孔等；③质量特性类，如粗糙度、同轴度等。以核电汽轮机叶片建造为例，如图 4.4.7 所示，这些数据从各方面、各要素和各环节描述了产品建造质量形成过程，数据描述存在明显的多维特性和相互关联性。虽然这些数据能够真实反映质量形成过程，但由于存在数据冗余且海量的特点，在实际管理中往往只是被简单地记录和存储，无法利用这些数据对质量问题进行及时处理和响应，导致质量管理滞后和质量形成不确定性强。

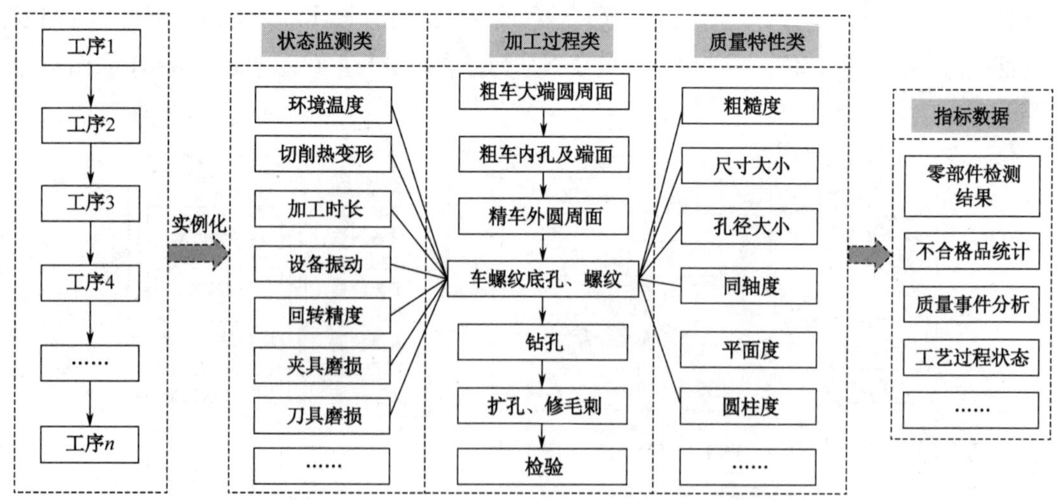

图 4.4.7　核电汽轮机叶片建造动态质量数据分类

3. 建造质量知识结构树建模及演化表征

通过对建造质量知识的分析可知，建造质量知识本体模型可以用来描述质量特性传递、耦合规律，即可以反映质量形成过程。质量数据是构成质量先验性知识和过程性知识的最小单元，反映建造阶段客观存在的离散的质量信息。但是，未经处理的质量数据无法清晰地体现建造质量知识之间的关联性、层次性，即知识孤立，缺乏联系；知识堆砌，缺乏层次。另外，由于建造质量形成过程的表现形式是实体零部件在过程参数的作用下不断达到质量目标的过程，包括质量特性在内的信息流是以加工过程中的实体零部件或工艺参数为载体的，故直接建立信息流层面的建造质量知识本体模型缺乏必要的信息过渡，可能会导致丢失部分知识、知识之间的关联关系和模型失真等问题，因此需要引入建造质量知识的结构树模型作为不同维度质量知识之间的桥梁，并对不同的知识进行层次划分。本节构建建造质量知识的结构树模型，该模型将不同维度的建造质量知识有机结合，通过树结构的形式进行可视化表达，从不同颗粒度和层次描述知识与知识之间的关联关系和层次关系。

先验类信息为建造过程质量形成提供了理论依据与支撑。特性类信息描述了建造质量本身的结构信息集，如总体结构、部件结构及配置、零件结构形状及尺寸等质量信息。影响类信息描述了在建造过程中影响质量的因素信息集，主要从人员、设备、材料、方法和环境几方面分析影响零件加工质量的因素信息。工序类信息描述了建造过程中质量信息产生的先后顺序，也是质量传递的载体。检验类信息描述了建造过程中检验记录的信息集，如产成品不合格率、部件不合格率、零件不合格率等。监测类信息描述了建造过程中产生的时序数据或记录，如工序加工开始时间及结束时间、设备使用时长、传感器数据等，该类信息能够反映加工过程的稳定性，与质量形成过程密切相关。基于上述内容，给出建造质量知识树结构，如图 4.4.8 所示。

传统的知识图谱能对多关系数据进行静态的关联和组织，能较好地反映知识之间的关系，但无法有效地表达知识的时间动态特征。因此，针对建造质量形成过程具有静态知识和动态时序知识的情况，本节构建了建造过程质量演化知识图谱（Knowledge Graph of the Quality Evolution in the Manufacturing Process，KG-QEMP），利用 KG-QEMP 可以形式化表示建造过程中的各类知识，有助于工作人员对质量知识的获取与管理，其结构如图 4.4.9 所示。

建造质量形成过程是一个复杂且不断变化的过程，其中存在大量动态的质量数据，且这些质量数据散布在不同的应用系统中，如果不采取统一的管理规定，就无法对设备的建造质量数据进行有效处理和分析。

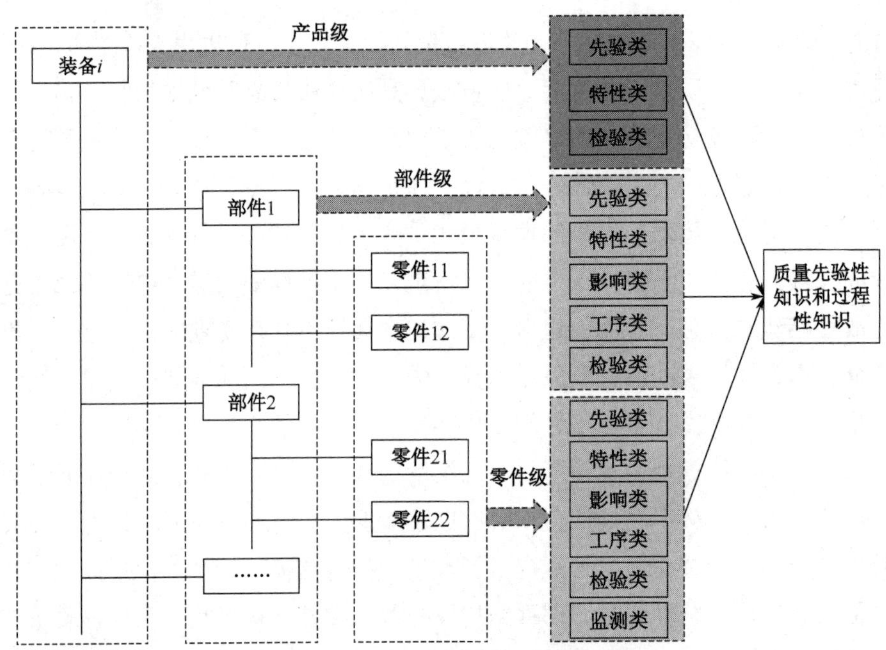

图 4.4.8　建造质量知识树结构

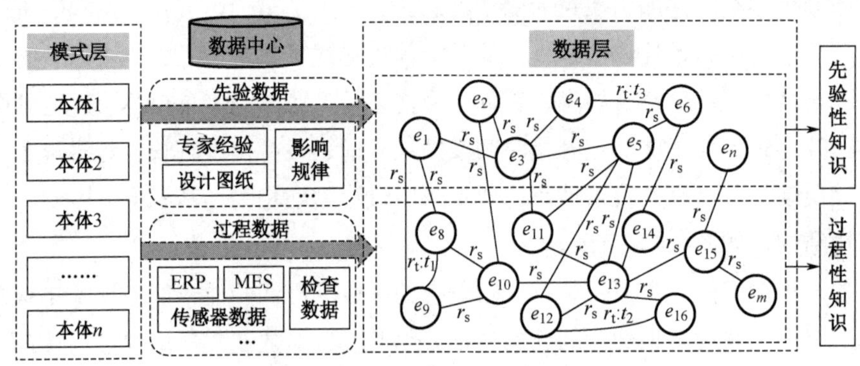

图 4.4.9　建造过程质量演化知识图谱结构

在设备的建造过程中，随着加工工序的进行，质量数据往往具有动态性、传递性、耦合性、时效性等演化特征，与生产过程和加工时间密切相关，因此各环节生成的建造质量数据就需要添加相关时间信息和逻辑关系。建造质量数据往往存放在数据库中，是生成过程性知识的重要数据来源。通过这些数据生成建造质量过程性知识，将多源、多维、多类型的质量数据有机地关联起来，为质量演变图谱的构建提供良好的数据基础。

4. 质量过程性知识本体模型构建

过程性知识本体包含以下子本体：主要建造资源知识子本体、建造质量特性知识子本体和建造工序知识子本体。过程性知识本体建模就是将建造质量形成过程中产生的各种数据及数据之间的联系用本体的形式直接、准确地刻画出来，并与先验性知识本体模型共同组成建造质量形成知识图谱的模式层。

将人员、物料、设备、工艺方法、环境、测量实体这些质量因素，通过对象关系“hasele_T”与建造工序实体建立关系，通过“hasattr”建立工序及质量因素实体之间的关系，同时利用“is_T”建立质量因素实体的所有属性或参数对应的数值间的关系。

在建造过程中，每道工序都有其对应的质量特性指标，各工序加工结束后所形成的质量特性不完全相同，而且存在不同工序的质量特性之间相互影响的情况，即上游工序所形成的质量特性会影响下游工序质量特性的形成，或者上游工序质量特性与下游工序质量特性相互配合，从而形成新的质量特性。由此可以看出，质量特性之间存在传递或配合关系。具体实现过程如下：定义对象属性“propertyeffect”表示“process_quality_property”之间的相互影响关系，并在该属性下派生属性“deliveryeffect”和“groupeffect”，分别表示质量特性之间的传递关系和配合关系。同时，数据属性“is_T”将“process_quality_property”与其对应的指标/属性值相关联。从这里可以看出，加工质量特性和设计质量特性可以通过指标值关联起来。定义“process_property”类代表加工特征，通过对象属性“haspro”将加工特征和质量特性关联起来，表示该加工特征所对应的质量特性。

建造资源和建造质量特性两大要素的知识本体构建完成以后，对建造过程建模，即构建建造工序知识本体，从而将质量特性与建造资源相关联，准确描述两者之间的关系，有助于提高建造质量形成过程的可控性和透明度。产品质量是通过建造加工形成的，建造加工是按照工艺流程逐步进行的，而工序是工艺流程的基本单元，是整个建造过程的核心。“processes”类代表建造过程中的工序，包括加工、装配及检验等操作。定义“workpieces”类代表具体的被加工工件，通过对象属性“hasprocess_T”与“processes”类关联，描述具体的工序及其完成时间。由于工序之间有先后顺序关系，定义对象属性“next”表示工序之间的前后关系。建立对象属性“flowto”描述工件的流向，定义对象属性“hasmachining”连接“processes”类和“process_property”类，描述工序完成加工特征这一过程。由于“workpieces”类表示产品结构的零部件，因此定义对象属性“assemblyunit_T”连接“products”类，表示工件在某个时间完成加工。定义“quality_value”类表示在加工/装配工序后所具备的质量特性值或检验工序后的检验结果，通过对象属性“formulate_T”连接工序及其完成后形成的特性值。

本节构建的建造质量过程性知识本体模型如图 4.4.10 所示。

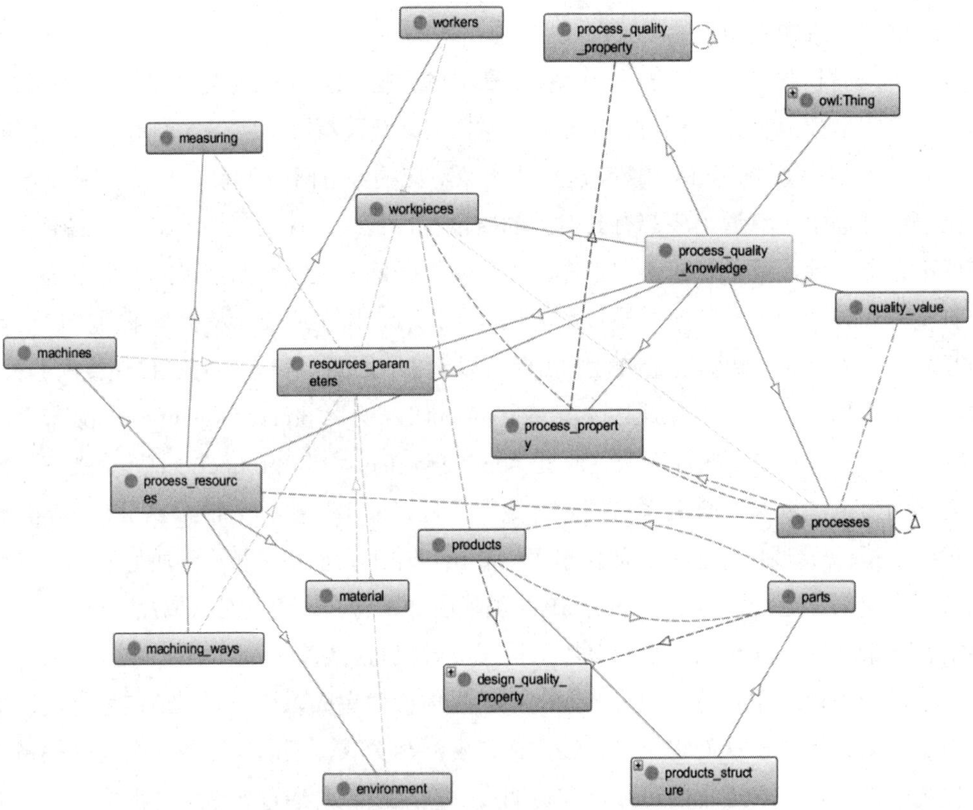

图 4.4.10　建造质量过程性知识本体模型

4.4.3　核电装备建造质量知识图谱生成与质量状态演化

1. 核电装备质量知识抽取与检验

1）词向量生成

质量先验性知识在非结构化文本中通常以字符串的形式表示，不利于机器学习中的算法处理。因此，为了使计算机能够有效识别文本中的质量知识并进行相应的计算，首先需要将自然语言数值化，而词向量就是用来将富含语义信息的自然语言数值化的一种方式。

其中，word2vec 是一种典型的生成词向量的方法，其步骤如下。

（1）在给定的语料库的基础上构建词典，词典大小为 V，对于每一个词 w_i，i 表示该词在词典中的索引值，索引值对应词 w_i 的 one-hot 编码。

（2）随机初始化中心词和周围词矩阵，矩阵维度分别为 $V \times D$ 和 $D \times V$。

（3）通过词 w_i 的 one-hot 编码与周围词矩阵进行矩阵运算，并通过 softmax 函数得到词 w_{i+j} 在给定中心词 w_i 下的概率值。

（4）计算目标函数并反向传播，更新中心词和周围词矩阵，使得输出不断向实际贴近。

2）实体与关系抽取

质量形成过程命名实体识别是指从非结构化或半结构化的质量文本数据中抽取出相关实体，以及与质量形成过程相关的实体信息，它是将质量文本数据信息化的重要手段之一。RNN 是解决序列标注问题的常用手段之一，但其面临梯度消失或爆炸的问题。LSTM 网络能够在一定程度上对 RNN 的不足进行改进，已成为一种广泛应用的网络模型。但是，RNN 和改进的 LSTM 网络在 t 时刻隐含层的输出 H_t 的信息获取只能来自之前的输入 $(X_1, X_2, X_3, \cdots, X_{t-1})$ 和当前的输入 X_t，不能全面捕捉语义信息。例如，当输入序列为“加工中心切削速度增大使温度升高”时，如果模型只能获取过去的信息而不能获取未来的信息，那么这里的“加工中心”仅和前文有关，“加工中心”既可能是设备实体，也可能是加工区域，很容易引起混淆。因此，在模型中加入后向 LSTM 网络，用来学习文本序列的后向信息，即训练未来的信息。对于前面的例子，通过后向信息“切削速度”和“增大”，就能判断出“加工中心”是设备实体。通过将前向 LSTM 网络和后向 LSTM 网络组合实现对上下文语义信息的捕捉并学习，能够有效地识别出与质量相关的实体。同时，考虑到语句中词语之间的先后顺序，在双向 LSTM 网络结构后增加 CRF 层，用于约束标签之间的先后关系，确保得到科学合理的预测结果。例如，“切削速度增大导致出气边出现振刀现象”是合法序列，而“切削速度增大振刀现象导致出气边出现”是非法序列。

关系抽取任务是通过某种方式从句子中获取实体之间的某种关系，进而形成三元组。关系抽取常用的一种方法是基于关系触发词的方法，关系触发词是用来描述实体之间关系的词语，有助于从句子中获取实体之间的关系特征。例如，在句子“切削速度增大导致表面粗糙度增高”中，“导致”可定义为因果关系触发词，从而产生一个三元组：（切削速度增大，导致，表面粗糙度增高）。

3）一致性检验

对于质量先验性知识，不同的文本对同一实体或实体的属性往往有不同的描述。例如，对于车床切削速度，有些文本中用“加工速度”表示，而另一些文本中用“线速度”表示。对于过程性知识，具体的应用程序使用人员一般来自企业的不同部门，对同一实体的命名往往存在语义上的多种形式。例如，对于“数控铣床”这一实体，在应用系统中的命名形式可能是“数铣”和“数控铣”等。

对抽取的知识进行一致性检测，以减少图谱数据的错误。质量知识抽取结果可能存在知识冗余与语义多样的问题。因此，为提高质量知识的逻辑性，将不同来源的同一质量实体（如质量特性、机床和工件）进行语义层面上的融合，删除错误或冗余的知识，使质量实体在语义层面上保持一致。

考虑到描述质量知识的字符多为短文本，通过 Jaccard 距离和 Levenshtein 距离相结合的方法评估质量知识短文本之间的相似度。Jaccard 距离表征两个短文本字符集共有的字符个数所占的比例，Levenshtein 距离表征两个短文本之间的字符最小编辑距离。

Jaccard 距离计算公式如下：

$$d_{\mathrm{J}}(T_1,T_2)=\frac{T_1\Delta T_2}{|T_1\cup T_2|}$$

式中，T_1 和 T_2 分别表示两个短文本的字符集；$T_1\Delta T_2$ 表示两个短文本字符集中不同的字符数目，$|T_1\cup T_2|$ 表示两个短文本字符集中所有字符的数目。

Levenshtein 距离计算公式如下：

$$d_{\mathrm{L}}(i,j)=\begin{cases}0, & i=0\text{或}j=0\\ \min(d(i-1,j)+1,d(i,j-1)+1,d(i-1,j-1), & x_i=y_j\\ \min(d(i-1,j)+1,d(i,j-1)+1,d(i-1,j-1)+1), & x_i=y_j\end{cases}$$

式中，$d(i-1,j)$ 代表向短文本 T_1 中插入一个字符；$d(i,j-1)$ 代表从短文本 T_2 中删除一个字符。

2. 核电装备建造质量形成知识图谱建立

随着建造过程质量数据的不断增加，质量知识之间形成了一张巨大且复杂的关系网络，传统数据库无法满足这种复杂关系网络的应用需求，因此以图结构的形式对质量知识进行存储，从而使得长程关系的查询速度更快，并发现知识之间隐藏的关系。在本节所构建的质量形成知识图谱中，质量知识的组织形式采用的是图结构，因此可以使用 Neo4j 对质量知识进行存储。

本节采用 Neo4j 存储质量形成过程中产生的知识，主要以节点和边的形式组织质量数据。Neo4j 是原生图数据库，采用三元组的形式存储数据，因此具有较强的可视性和可扩展性。该图数据库具有成熟数据库的所有特性，如持久的磁盘存储、完备的事务特性等。以某零件的部分建造工序为例，通过 Neo4j 对获取的质量知识实体进行组织关联，部分实体及其关系形成的知识图谱如图 4.4.11 所示。知识图谱示例中的建造质量实体以节点表示，不同颜色的节点分别表示工序、质量特性及建造资源。除此之外，在各实体节点上添加一个或多个标签以表征实体的类别。边代表实体间具有指向性的关系，如图 4.4.11 中所示的 next、haspro 及 hasele_T，边的两端对应三元组数据的头实体和尾实体。

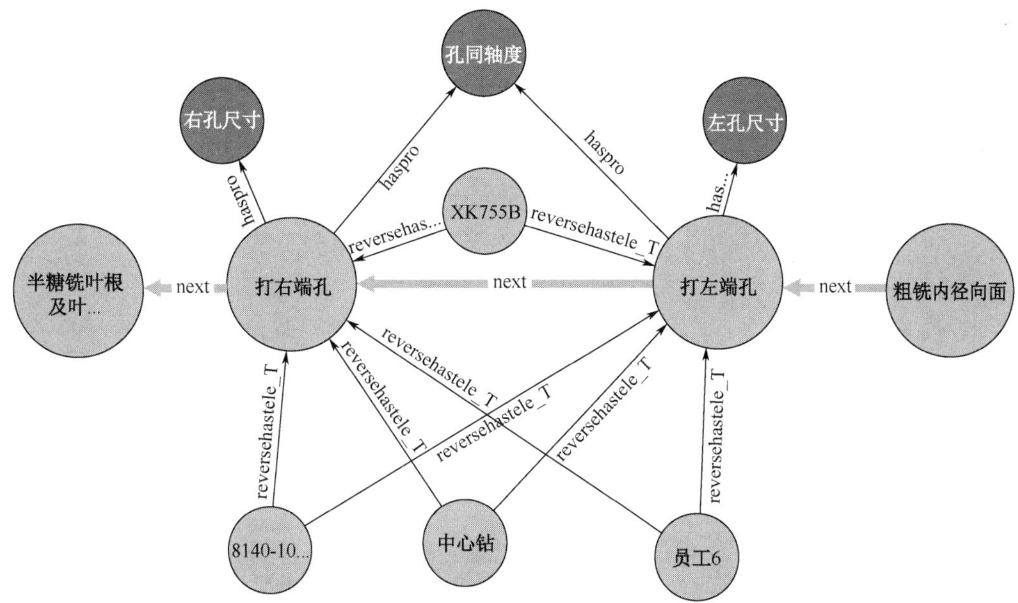

图 4.4.11 某零件建造质量形成知识图谱的局部展示

3. 基于知识图谱的核电汽轮机叶片质量演化案例分析

1）知识本体模型描述

在汽轮机叶片建造质量形成过程中，质量先验性知识指叶片设计过程中所涉及的质量知识，包括叶片存在的质量波动现象、叶片的质量特性及要求、所需要考虑的质量因素、叶片的设计方法等。叶片的设计业务流程对应的设计质量知识主要有：①叶片设计质量因素，包括叶片类型、叶片几何开口角、节距等参数；②叶片设计质量模型，包含叶片设计过程中所运用的计算公式及设计质量方法，其中，计算公式有叶型的一元公式、径向平衡方程、流体力学方程、解析方程及几何方程等，而设计质量方法有质量功能展开、发明问题解决理论、田口方法、失效模式及影响分析方法等；③叶片设计质量输出特性，主要包括尺寸、气道光滑程度、流动特性、叶片强度及振动特性等需要满足的质量特性。

叶片建造质量过程性知识主要包括加工工序、质量特性及质量因素三方面内容。加工工序为加工过程中的各类实体建立关联关系，质量因素和质量特性为过程性知识本体模型的构建提供节点关系基础。叶片建造质量过程性知识本体包括叶片建造资源知识子本体、叶片建造质量特性知识子本体及叶片建造工序知识子本体，根据这些子本体可将建造过程中产生的质量知识映射为三元组数据，从而为后续构建知识图谱提供数据。

2）质量先验性知识抽取

质量先验性知识抽取是构建建造质量知识图谱过程中至关重要的一步。基于建立的语料库，通过抽取汽轮机叶片建造质量先验性知识，将所要识别的命名实体按照已经建立的标签体系划分为实物、质量因素、特性描述、关系、工序/加工特征、数字和方法/技术 7 个类别，根据本体模型将其转化为三元组形式。本节以描述叶片加工变形与切削速度之间关系的一段语料为例，简单展示叶片建造质量先验性知识抽取过程，如图 4.4.12 所示。从该语料中抽取知识，并形成三元组数据。

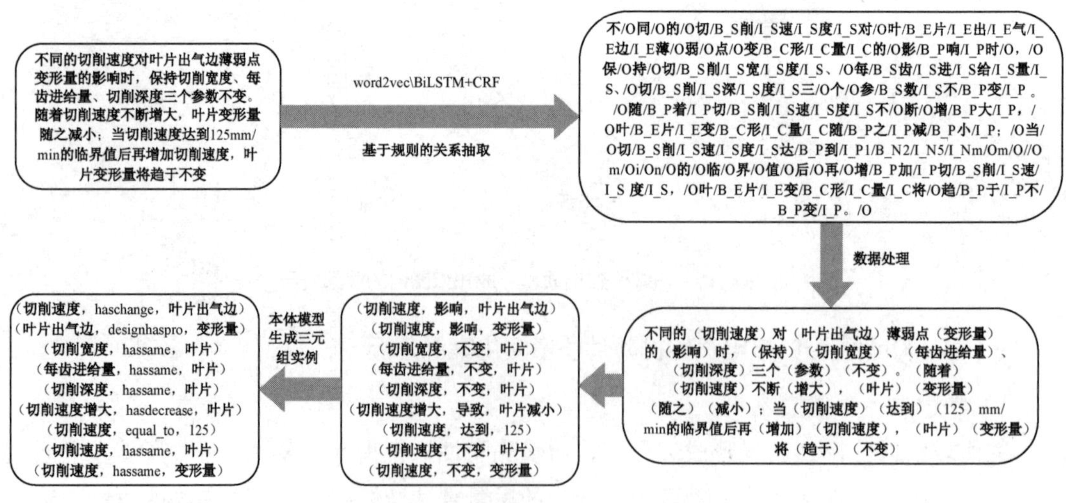

图 4.4.12　质量先验性知识抽取示例

3）一致性检验

对来自不同数据源的同一实体（如质量特性、机床与叶片等）的数据进行一致性检验。利用某企业平台中的实际数据进行计算，从结果中可以发现，对于“数控铣”和“数铣”这两个超短文本，其 Jaccard 距离为 0.25，而 Levenshtein 距离为 0.5。这两者指的是同一种机床，应定义为等价实体。因此，通过判断 Jaccard 距离与 Levenshtein 距离之和是否超过给定的标准来判断所获得的质量知识实体是否为等价实体。

4）建立知识图谱

采用 Neo4j 存储叶片质量知识，按照实物、质量因素、特性描述、关系、工序/加工特征、数字和方法/技术 7 个类别输入从语料库中获得的叶片质量知识，包括叶片设计阶段和建造阶段的质量知识，按照 Neo4j 的定义规则表达出来，形成核电汽轮机叶片质量知识图谱，如图 4.4.13 所示。

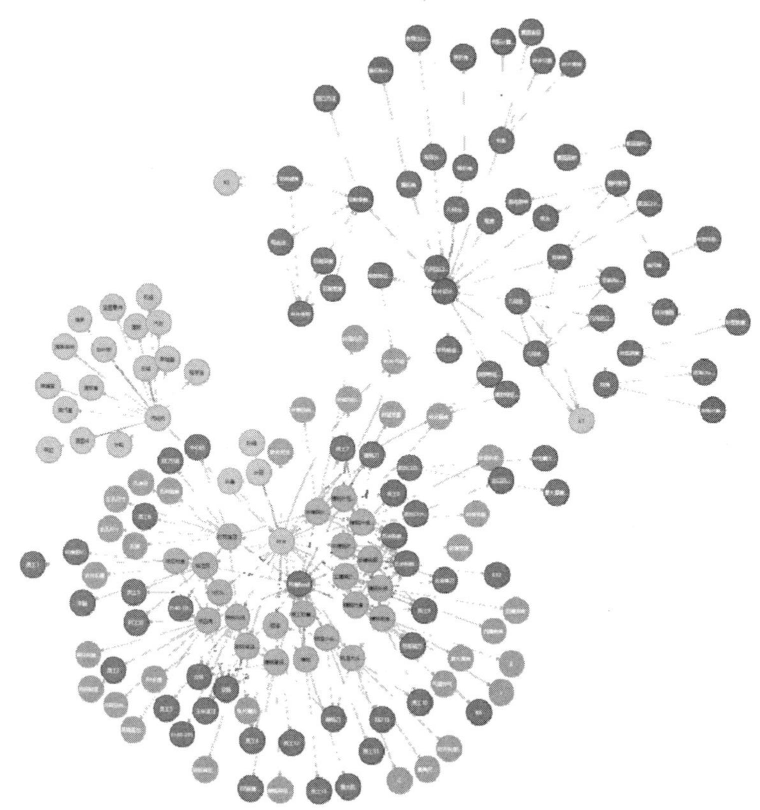

图 4.4.13 核电汽轮机叶片质量知识图谱

5）关键工序识别与质量演化分析

对影响工序质量的因素进行分析，每道工序所形成的质量特性不同，使得每道工序要求的生产条件也不同，如工人的技能水平、设备的状态等。同时，同一建造资源可能被多道工序所使用，由于工序之间的差异，同一建造资源被不同工序使用时也存在差异。例如，一个工人同时操作两道工序，对第一道工序所具备的技能等级是 4，而对第二道工序所具备的技能等级是 5。因此，从建造过程出发，工序对建造资源的要求越高，说明该工序的加工条件越苛刻，其重要度也越高。根据叶片加工过程中各工序的加工要求，制作资源等级表，对不同工序所对应的建造资源进行等级划分，见表 4.4.1。

表 4.4.1　叶片加工过程资源等级表

工　序	人	机	法	测
铣背径向面	4	4	2	4
铣内径向面	4	4	2	4
铣端面	5	5	3	4
铣另一端面	5	5	3	4
粗铣背径向面	4	4	2	4
精铣背径向面	6	6	4	5
粗铣内径向面	5	4	2	4
打左端孔	5	4	3	4
打右端孔	5	4	3	4
半精铣叶根及叶冠四周	5	5	3	4
精铣叶根四周	6	6	4	5
精铣叶冠四周	6	6	4	5
半精铣叶根凹槽	5	5	3	4
精铣叶根凹槽	6	6	4	5
半精铣叶身型线	5	5	3	4
精铣叶身型线	6	6	4	5
半精铣倒角圆弧	5	5	3	4
精铣倒角圆弧	6	5	4	5
铣准大头圆弧及倒角	5	4	3	4
铣准小头端面	5	4	3	5
钳修	4	4	3	4
精抛	4	4	2	4

基于资源等级表，可以得到建造资源对不同工序的重要度，因此在加工过程图谱中，建造质量因素节点连接工序节点的权重可以根据其对该工序的重要度来分配。例如，工序“半精铣叶根及叶冠四周”“精铣叶根四周”及“精铣叶冠四周”对五坐标加工中心的加工精度要求不同，分别是等级 5、等级 6 和等级 6，因此五坐标加工中心的权重分配分别是 5/15、6/14 和 6/15。

除此之外，考虑到设备可靠性与工序输出的质量状态密切相关，将工序的 PR 值按照设备可靠性来分配权重，设备可靠性越高，则当前工序对下一道工序的设备状态影响就越小，即输出给下一道工序的 PR 值越小。

计算每个节点的 PR 值并迭代至 PR 值保持稳定后，得到各个节点的 PR 值。根据 PR 值表给出的节点活跃度，对其进行可视化展示，如图 4.4.14 所示，图中展示了工序类与质量特性类节点。建造资源类节点之间没有明显的差异，且相对于质量特性类及工序类节点而类 PR 值偏小，故不展示在图中。由图 4.4.14 可知，节点“打左端孔”和“打右端孔”的 PR 值较大，说明这两个节点的活跃度较高，对生产过程的影响较大。从加工流程上看，两端孔的同轴度会影响后续叶冠及叶根的加工工序，影响质量特性“叶冠向背径向偏移量”，这也说明了工序“打左端孔”和“打右端孔”的重要性。此外，质量特性类节点“叶冠向背径向偏移量”的 PR 值排在第 4 位，说明该质量特性比较重要，与该质量特性相关联的工序“半精铣叶根及叶冠四周”“精铣叶根四周”及“精铣叶冠四周”的 PR 值相同，在工序类节点中 PR 值排名也比较靠前，因此在质量控制过程中需要着重关注这些工序。综上所述，由工序类节点活跃度排序情况可以看出，“打左端孔”“打右端孔”“精铣背径向面”“精铣叶冠四周”和“精铣叶根四周”这 5 道工序对产品建造质量形成过程的影响较大，这也与实际情况相符，对这些工序设立质量控制点是科学合理的。

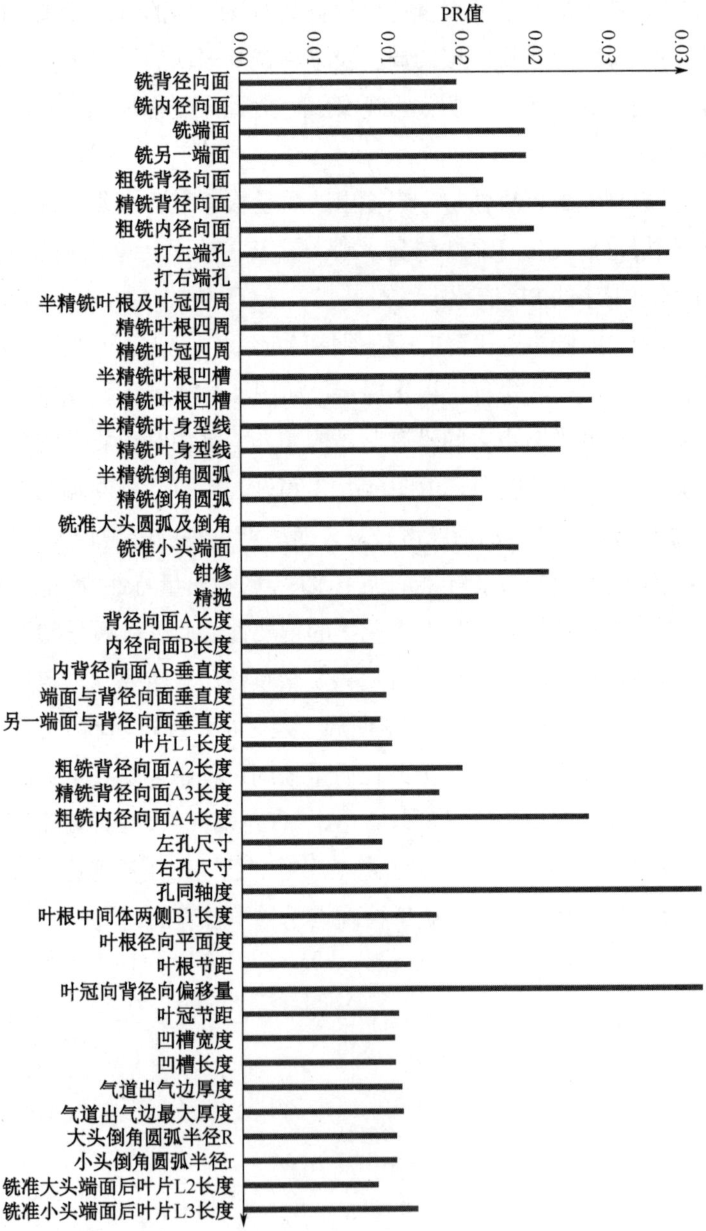

图 4.4.14　核电汽轮机叶片加工过程质量相关节点活跃度

4.5 核电装备全价值链协同质量管控方法

4.5.1 核电装备协同质量价值链优化

进行协同质量管控势必增加协同管理活动和成本投入，但投入超过一定量，全价值链经济效益就会下降。价值链是企业为客户生产有价值的产品而发生的一系列创造价值的活动，是用于表征最终产品或服务的价值创造及转移过程的工具[28]。因此，需要构建核电装备智能建造协同质量价值链来分析协同质量价值。

协同质量价值是指在三跨开放式核电建造环境下，以实现全价值链价值最大化为目标，应用智能制造技术，辅助基本质量活动开展，兼顾各方利益，消除非增值活动，助力三跨协同质量管控，实现业主满意度提高、建造过程和谐性提高及协同管控成本降低的价值创造。核电装备智能建造协同质量价值链被定义为以业主质量需求和“四个凡事”原则为导向，以质量业务流程为基础，以智能制造技术及系统开发应用为支撑，以实现全价值链质量效益最大化为核心目标，通过跨企业质量流程、跨领域质量业务、跨平台质量信息的协同化，由质量链与价值链互相融合形成的复杂动态链条结构模型[5]。其要素包括支持协同质量价值实现的设计、采购、施工、调试等质量形成活动，以及助力协同质量价值增值的跨企业质量流程对接、跨领域质量业务协同和跨平台质量信息传递等活动。前者是分析协同质量价值的基础，对每项活动进行优化都能提供价值增量；后者则在智能制造技术及系统应用的支持下，支撑协同质量活动的开展。价值增值会反过来影响基本质量活动及支持性价值活动，助力新一轮增值。

通过实地调研和理论分析初步识别了核电装备智能建造协同质量价值影响因素，为了消除冗余因素对分析结果的影响、提升分析准确度及计算效率，运用 Vague 集方法按重要度筛选影响因素，获得了关键影响因素。

基于上述核电装备智能建造协同质量价值分析及关键影响因素筛选，应用价值链理论，构建了协同质量价值链模型，如图 4.5.1 所示。

用系统动力学中的系统动力流图研究核电装备智能建造协同质量价值链，能够清晰地反映这个具有多个变量、多个回路的多重反馈复杂系统的动态运作过程。核电装备智能建造协同质量价值链系统动力流图如图 4.5.2 所示，将所有因素及关系输入 Vensim PLE 7.3.5 软件，能够构建其数字模型。

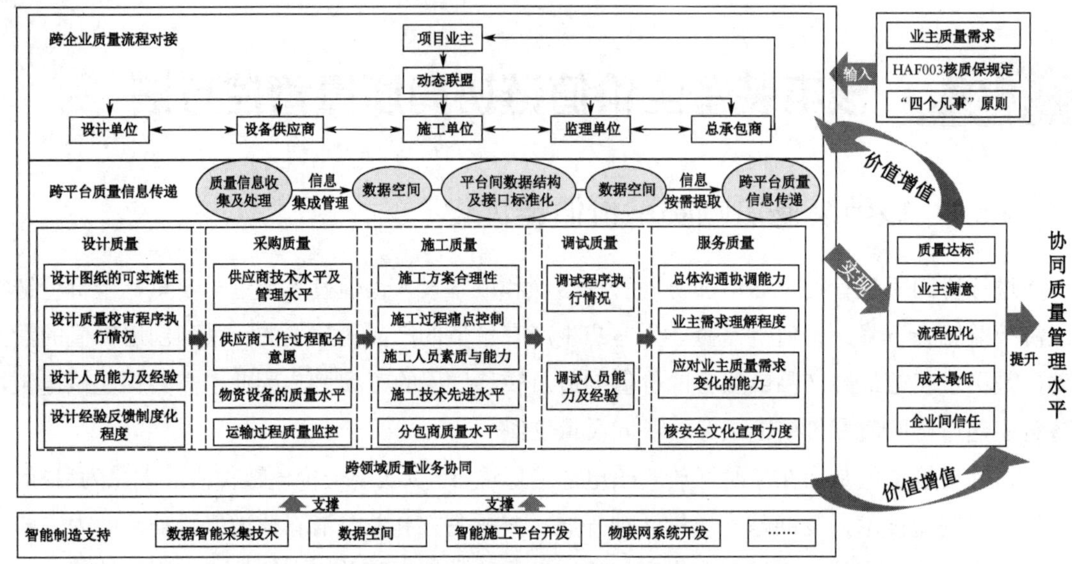

图 4.5.1　核电装备智能建造协同质量价值链模型

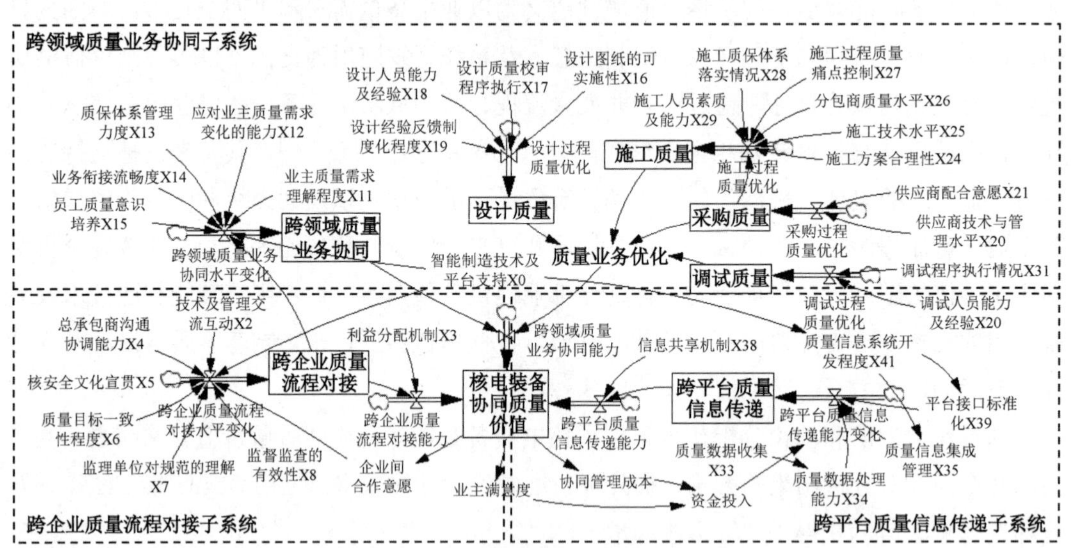

图 4.5.2　核电装备智能建造协同质量价值链系统动力流图

利用综合集成赋权法确定系统动力流图中各参数权重，并用软件仿真分析协同质量价值链的动态行为，揭示关键管理要素对协同质量价值增值的影响，据此得出核电装备智能建造协同质量价值增值策略。此研究为建立价值驱动的协同质量保障机制、实现核电装备全价值链价值最大化提供了新的研究思路和方向。

通过协同质量价值仿真分析，企业可从以下几方面开展质量见证活动：①完善信息共享体系，促进质量信息高效传递；②促进企业间合作与战略统筹，发挥多企业协同效应；③优化技术路径，提高协同质量管控效率；④制定长期战略计划，实现技术与管理的协同创新。

4.5.2 核电装备协同质保体系联结

质量保证是为使物项或服务与规定的质量要求相符合，并提供足够的置信度所进行的一系列有计划的系统性活动。在核电行业，没有任何一个主体能够独自承担核安全质量事故的后果。根据 HAF003 的要求，必须制定和有效地实施核电站质保总大纲和每项工作的质保分大纲，涉核主体的核安全法律责任与义务不随委托关系而转移，也不减轻承包者的法律责任与义务。为满足上述要求，负有全面核安全责任的业主、独立的第三方监理、承担核工程建设质量保证职能的工程公司、承担核电站设备供货及工程建设施工和服务的供应商和承包商都必须根据核安全法规要求建立协同质保体系，制定各自责任范围内的质保大纲。因此，形成了“两级 QA、三级 QC”的协同质保体系，通过多方协作共同推进质量保证活动，如图 4.5.3 所示。

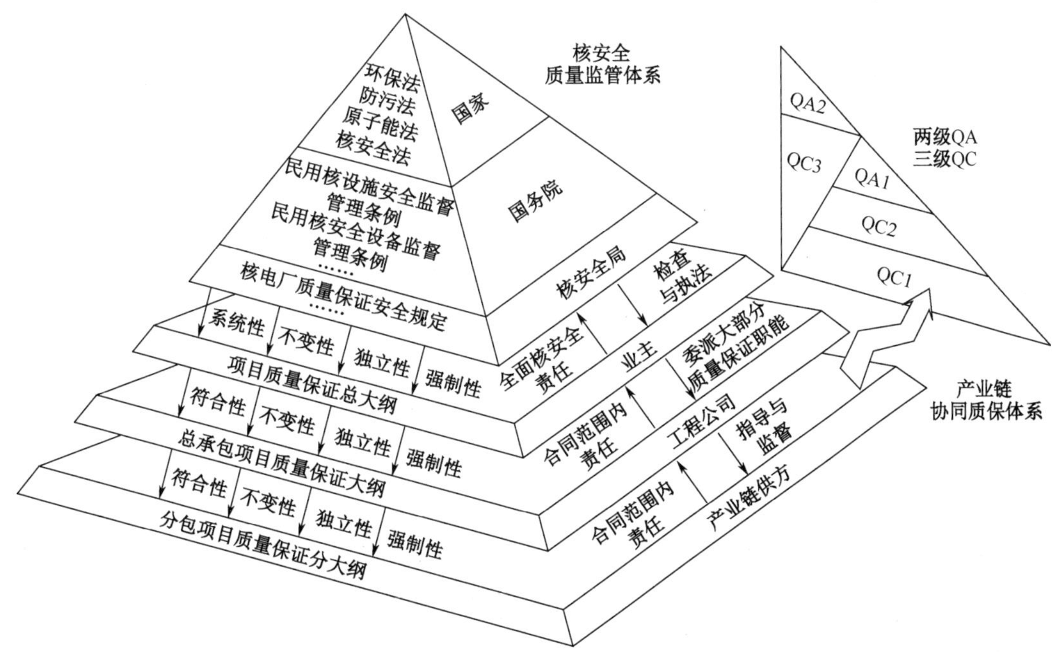

图 4.5.3 协同质保体系示意图

核电企业质保体系覆盖核电装备全生命周期，具有范围广、层级多、接口复杂等特点，存在质保体系庞杂、管理烦琐等问题。为了更好地实现质量见证，对质保体系进行结构化分解，通过厘清质保大纲规定的内部和外部要求，对接核电装备价值链主体企业的质保体系，构建递阶结构化质保体系模型。同时，针对体系接口复杂、跨企业监督不到位等问题，探索以价值为导向的质保体系推行机制、监督监查与效果评价等方法，研究跨企业体系对接与数字化索引，建立以组织的共同愿景与价值为内核的质保体系绩效评价标准，以此度量非标企业质保体系管理与执行水平，判断质量活动是否符合质量保证大纲的各项要求。

基于递阶结构化质保体系模型建立质量保证体系导航窗口，实现空间、组织、职责、活动、工作、资源等多内容检索，统计质保对象数据，查看质保对象关联信息，显示质保体系层级、路径依赖关系等，为质保体系全面落实提供使能工具。探索以价值链为导向的质保体系机制，实现核电质保法规的教育培训及核安全文化的有效宣贯，促进对设计、采购、施工、调试全过程的质量管理环节的梳理与审查。通过价值链主体协同质量活动分析质保体系的对接与运行状况，推进以价值为导向的质保体系的深化实施，以此形成全周期、全专业、全范围一体化质保体系管理规范，支持质保体系的全面管理。

4.5.3 核电装备跨领域质量见证管控方法

1. 质量活动过程管控及可视化

不同于传统供应链进货式验收，核电建造企业在实践中采用多级监督的协同质量见证活动来监控质量。通过跨企业多方协同参与的方式，按照质保大纲对核电建造阶段的物项、服务和影响其质量的各项活动进行全过程监督与验证，以保证核安全级质保要求的达成，具有典型协同业务特征。在这种跨企业多方协同参与的环境中，参与企业多达上千家，涉及数十万个零部件，具有流程节点离散、参与人员众多、物资数量庞大等特点，活动过程中产生了海量多源异构质量数据，其中蕴含核电建造协同质量见证的全部过程信息与细节，如何从中解析跨企业协同环境下核电装备建造质量形成过程，高效掌握其各环节是否得到有效落实，防止质量状态模糊演化、质量风险积累爆发，是强化核电装备过程质量管控的关键，这对于建造10年、运行60年、退延30年的超长时间跨度下核电质量的持续管理与维护至关重要。

基于核电装备质量演化知识图谱，将建造过程中涉及的人员、物项、文件等要素及其协同作用显性化表征并进行挖掘，识别质量见证活动过程中的质量特性，并对可能发生的质量隐患进行预见性提醒与管控，及时切断质量风险的积累与传播链路，实现对质量状态的协同监控；建立质量信息知识库，开发智能搜索、语义问答等质量个性化服务，最大限度发挥核电装备质量数据资源的应用价值，实现全生命周期质量见证活动过程有据可查。

因此，基于前文所述的质量演化知识图谱建模方法，并结合现有的核电信息化系统，有效地把分散于核电装备不同阶段、不同主体、不同领域的数据与信息整合处理为有组织、可传播、可复用及可共享的质量知识资源，形成质量过程显性化管控方法构建体系，如图 4.5.4 所示。

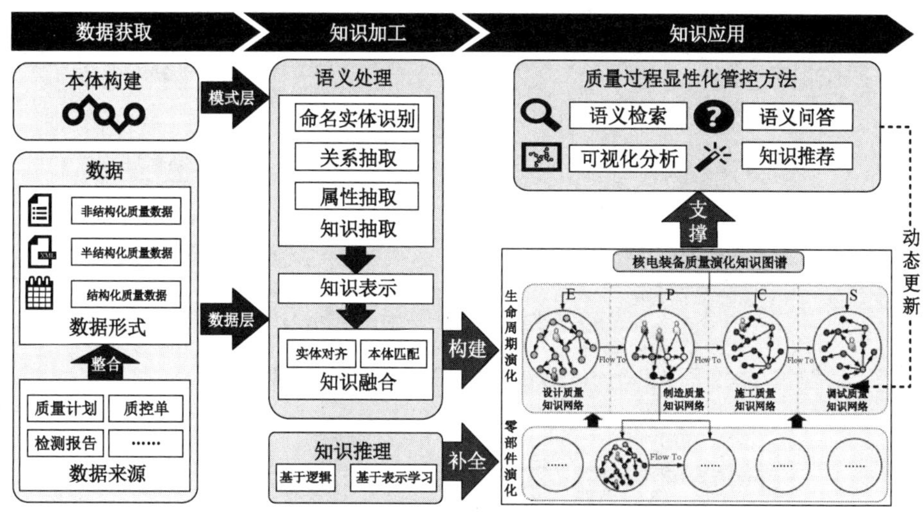

图 4.5.4 质量过程显性化管控方法构建体系

以安全壳钢衬里这一最高质保等级的核电站关键防护装备的焊接施工质量管控与可视化为例，首先，在前文所述质量先验模型的指导下，以工序为纽带梳理其焊接质量管控过程涉及的人员、物项、文件等概念及关系，构建其质量形成知识本体，如图 4.5.5 所示。

其次，基于 BERT-BiLSTM-CRF 深度神经网络模型，从核电装备全生命周期各阶段及各子阶段的质量数据中进行命名实体识别与关系抽取等知识抽取操作，实现大规模自动化、智能化知识获取，并利用 Neo4j 图数据库对核电装备质量见证活动过程进行性显性化还原与表征，如图 4.5.6 所示。

通过知识图谱可以对质量形成过程进行可视化查询，如查询焊接过程中缺陷的形成路径，可以帮助管理人员定位致陷工序，查询相关人员、设备等信息，如图 4.5.7 所示为安全壳钢衬里某焊缝质量缺陷形成路径可视化查询。

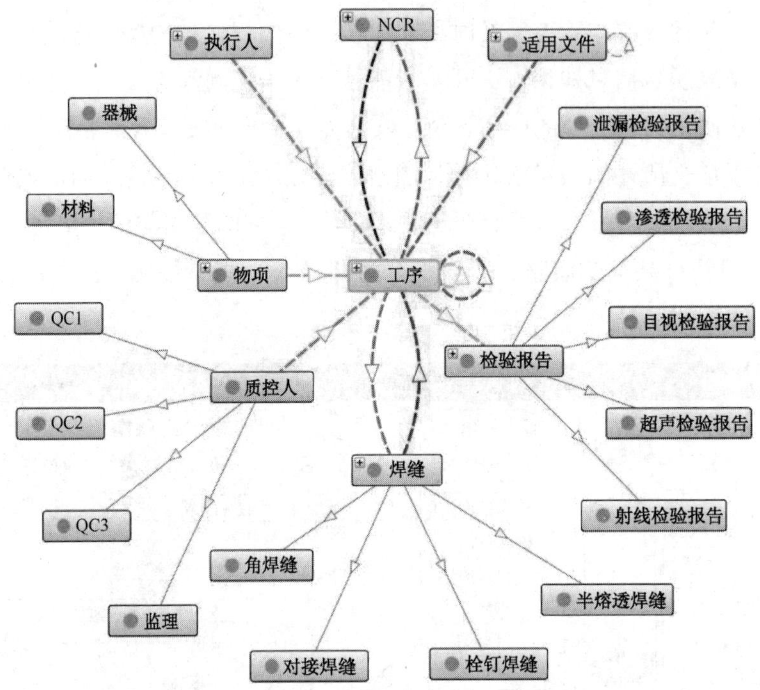

图 4.5.5　安全壳钢衬里焊接质量形成知识本体

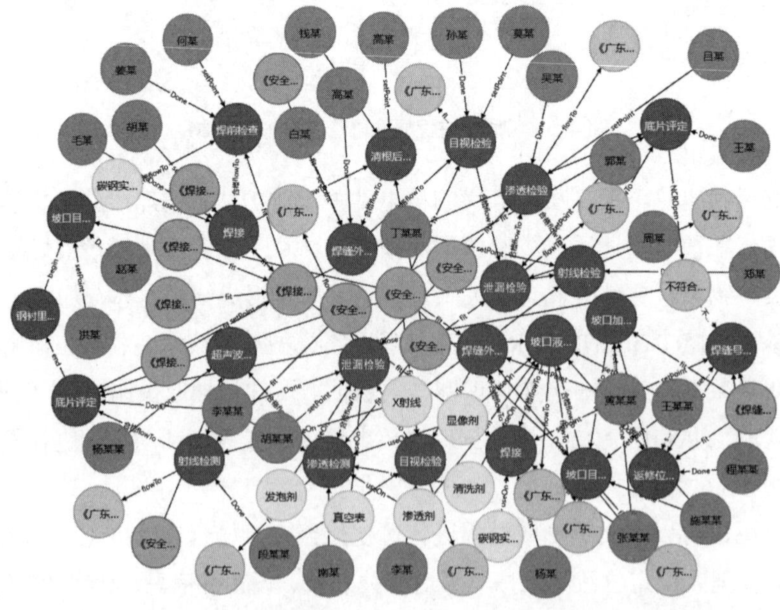

图 4.5.6　安全壳钢衬里某焊缝协同质量形成知识图谱

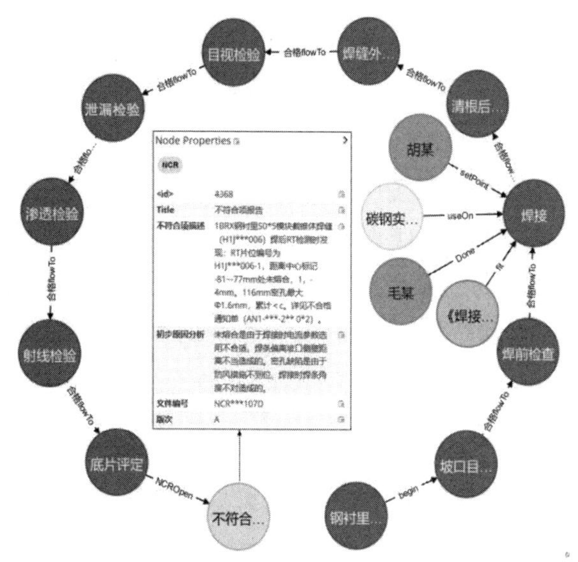

图 4.5.7 安全壳钢衬里某焊缝质量缺陷形成路径可视化查询

以“不符合项报告”为起点，通过“工序流转关系”逆向回溯相关工序，可得到质量缺陷形成的工序路径，再结合“不符合项描述”属性中的相关信息，可以对相关工序涉及的人员、物项、文件进行更详细的查询。可视化查询有利于管理人员在核电建造复杂业务环境中快速把握质量形成的细节与原委，提升质量缺陷的追溯效率。

通过知识图谱可以将核电装备质量形成过程中所涉及的人员、物项、文件等质量要素显性关联起来，并识别关键质量特性，控制质量见证活动中的隐患和风险。如图 4.5.8 所示为应用知识图谱识别某焊缝制造风险。

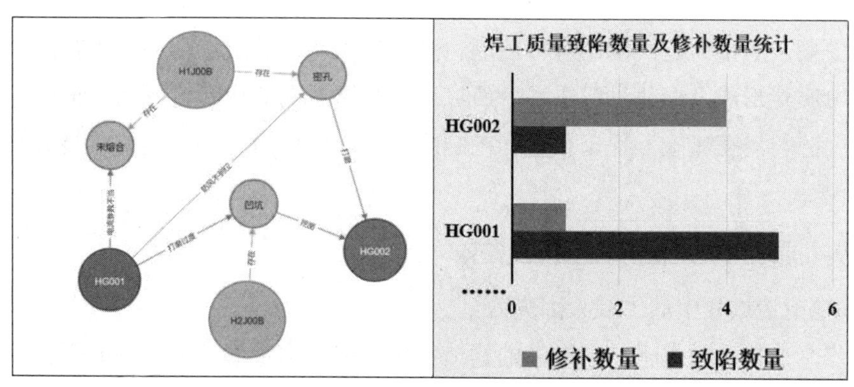

图 4.5.8 应用知识图谱识别某焊缝制造风险

在核电建造过程中，利用知识图谱可以快速、清晰地检索出各个焊接工人在施工过程中所造成的焊接缺陷有哪些、分别是什么缺陷及致陷位置等信息，通过统计看板可以实现对每位工人的质量风险识别与监测，可以对致陷率较高的工人采取停工返训、核部件焊接资格证吊销、焊接考试等相应的质量控制措施，同时可以为后续的施工建设积累经验，在易出现缺陷的位置加强质量管控以防止更严重的质量缺陷的发生。

进一步，基于知识图谱可建立具有语义处理能力与开放互联能力的知识库，在智能搜索、智能问答、个性化推荐等智能信息服务中产生应用价值。如图 4.5.9 所示为核电质量信息智能问答示例。

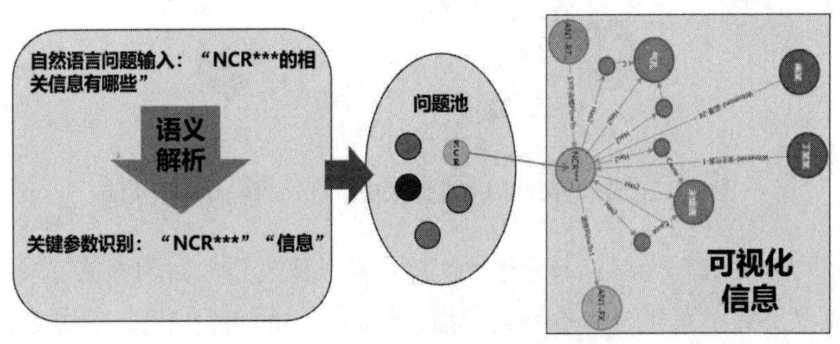

图 4.5.9 核电质量信息智能问答示例

利用知识图谱相关技术对自然语言问题进行处理，形成相应的问题池，然后经过知识推理、知识融合等过程，以图描述或自然语言描述的形式输出答案。

上述焊缝风险识别及核电质量信息智能问答示例，展现了知识图谱相关技术对核电复杂质量见证活动的过程刻画与监控能力，并能够解决协同质量管控中质量形成过程隐匿、质量状态模糊及质量问题回溯困难等问题。基于知识图谱的质量活动过程管控及可视化方法，从核电质量形成及演化过程出发，研究质量状态协同监控和过程信息记录，分析质量情况发展趋势与潜在风险，提出预防和控制质量风险的保障策略，为核电装备的百年质量安全提供保障。

2. 协同质量见证过程防主观人因失效

1）核电建造过程中的主观人因失效

在核安全的特殊要求下，核设施的建造工作标准严于常规动力装备或设施，需要多级质量监督的协同质量见证确保核电装备过程质量控制达标。协同质量见证作为协同质量管控的一项重要活动，具有参与人员众多、物资数量庞大、信息多源异构等特征，导致其交互过程复杂、工作强度大和协同难度高。

“人”作为核电建造过程中质量管控的实施主体，在协同质量见证中发挥着核心作用。通常在协同质量见证中，参与人员因有限理性会从自身便捷性、风险程度、指令的规范性等方面综合评估而做出行为决策，当参与人员的主观行为意愿与质量见证的规制发生冲突时，如果存在管理屏障缺陷且没有足够的技术手段阻止其主观上做出违反规章制度的行为，将会导致质量见证程序失效，将此类质量事故称为主观人因失效。

2）防主观人因失效的安全控制结构

一线人员的违章或造假行为是主观人因失效事件的显性风险表现，需要把协同质量见证视为一个系统控制问题，构建安全控制结构，从各层次的不安全控制中挖掘潜在风险因素。系统危险事件形成的本质是见证业务中存在不充分的控制、相关安全约束的缺失，进而造成协同质量见证层层失效、安全控制结构被打破，从而导致主观人因失效事件的发生。

因此，将协同质量见证视为具有多个控制层级的结构，上层系统通过对下层系统施加安全约束进行控制，而下层系统则在上层系统的安全约束下进行相关操作并将实施信息反馈给上层系统，主观人因失效事件仅在违反或未成功实施安全约束时发生。协同质量见证可以分为政府层、管理层、执行层和物理层，各层在协同质量见证中的具体安全约束和信息反馈活动如下。

（1）政府层主要指国家核安全局，其次为国家能源局、国家国防科技工业局等与核安全监管工作相关的政府机构，通过出台相关法律法规，牵头负责核安全管理工作，指导监督核电装备的研发建造。

（2）管理层包括建造过程中参与协同质量管控的业主、第三方监理公司、总承包商与分包商。其安全需求与约束如下：分包商的质保部（QA1）提供承包项目质保分大纲、专用管理程序等质量文件，建立质保组织体系；总承包商的质保部（QA2）与业主、第三方监理公司相互约束、协同监督，实现各价值链主体质量管理体系对接和质量要求的严格落实。

（3）执行层包括建造车间现场作业人员、总承包商质量监督人员（QC3）、分包商公司级质量监督人员（QC2）与分包商制造车间质量监督人员（QC1）。其安全需求与约束如下：作业人员按照工艺规程和安全规章制度完成指定工序和自检，三级质量监督人员编制协同质量计划，对作业人员的工序质量进行监督与验证，完成实际见证和签点，并将质量报告反馈给管理层监督审查。

（4）物理层包括质量控制对象即操作工序，以及检测工序质量的设备与仪器。安全需求与约束如下：正确检测工序的质量状态，并将质量状态信息完整可靠地反馈给质量监督人员与作业人员，同时保留过程客观数据或文件。

通过以上分析，基于 STAMP 模型构建防主观人因失效的安全控制结构，如图 4.5.10 所示。由于 STAMP 模型对于主观人因失效缺乏详细的风险因素分类，考虑从行为科学的角度完善 STAMP 模型中的风险因素分类。其中，管理层处于第一层级，其存在的不安全控制行为对应主观人因失效致因的组织因素，而执行层的三级质量监督和作业人员则对应团队因素和个人因素，物理层的仪器与设备对应技术设施因素，分析识别各层级内部与外部的关联性，为识别主观人因失效的潜在致因因素提供依据。

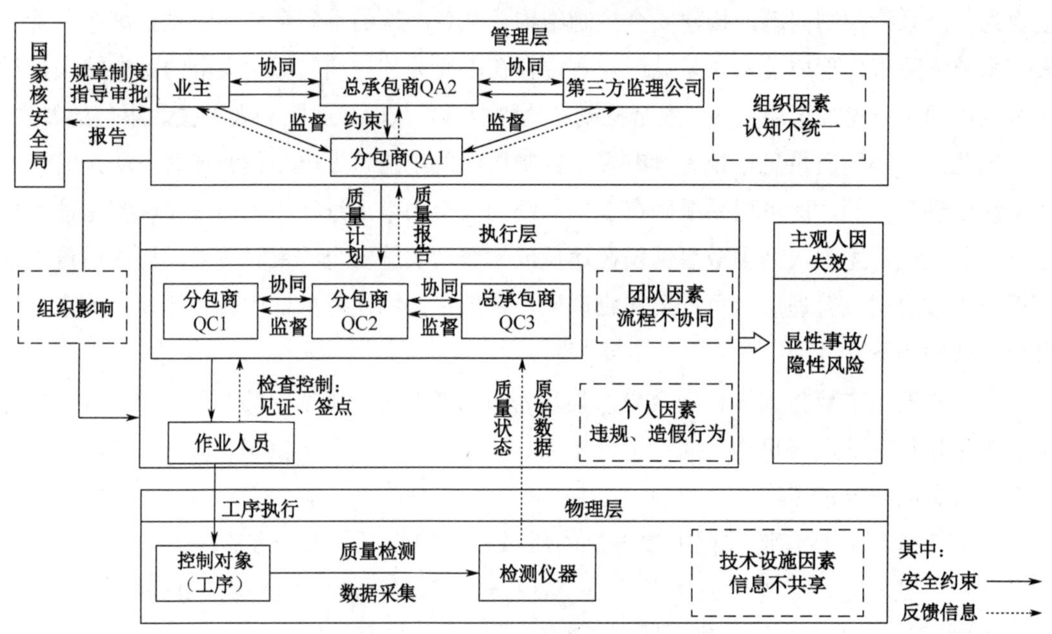

图 4.5.10　防主观人因失效的安全控制结构

3）核电建造协同质量智能见证管控体系

智能信息技术的发展为协同质量见证管控提供了更可靠的安全控制和更可信的信息反馈。其中，质量活动过程可视化不仅能识别、预警个人违规行为，还能留存质量追责的客观证据，可以提升质量见证过程主观人因失效防范力度，保障质量活动价值。为进一步确保协同质量智能见证的正确实施，提出核电建造防主观人因失效的协同质量智能见证需求，如图 4.5.11 所示，从业务流程协同、知识推送优化、人员状态感知和企业信息交互 4 个方面为协同质量见证提供可靠的安全控制、可控的人员行为及可信的信息反馈。

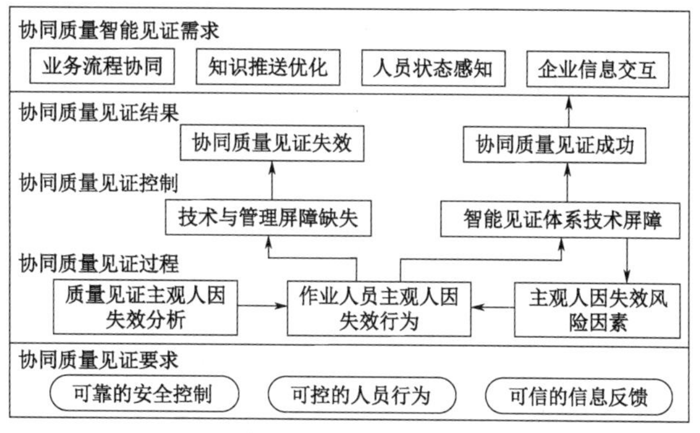

图 4.5.11 核电建造防主观人因失效的协同质量智能见证需求

将物联网等新一代信息技术应用于核电装备防主观人因失效，以保障和改进核电装备协同质量见证过程为目标，结合国家核安全法规要求，建立核电建造协同质量智能见证管控体系，如图 4.5.12 所示。该体系主要由边缘感知层、中心处理层、应用服务层三部分组成，对维护核电建造安全、减少质量事故有着重要意义。

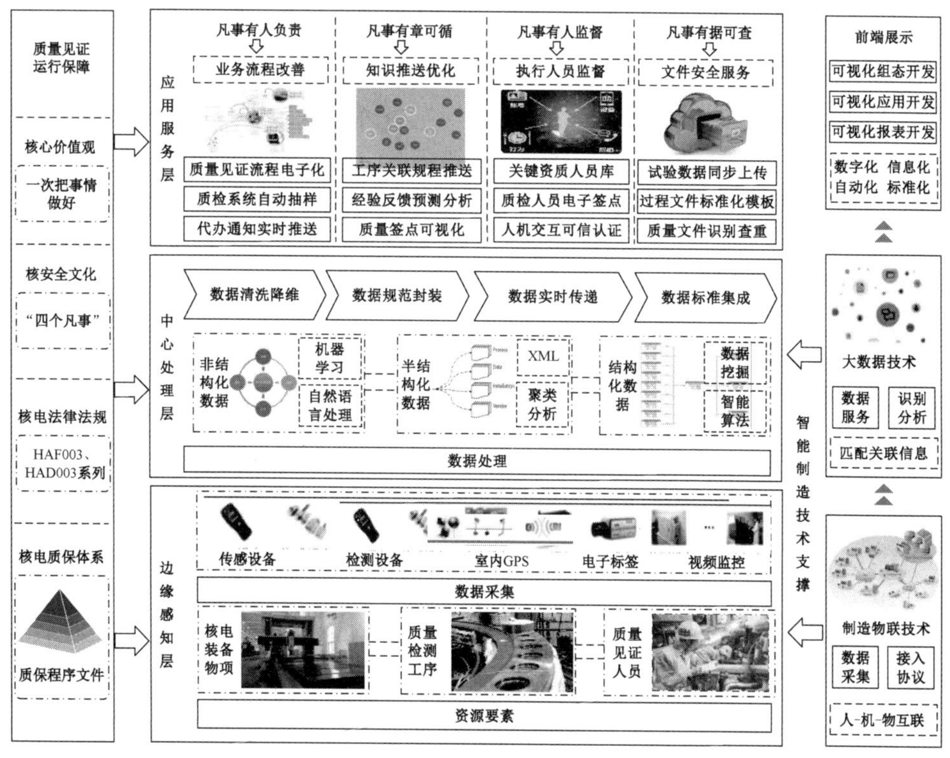

图 4.5.12 核电建造协同质量智能见证管控体系

（1）边缘感知层。

该层包含资源要素和数据采集两部分。协同质量见证管理过程中涉及的核电装备物项、质量检测工序、质量见证人员等构成了底层的物理资源要素；基于制造物联技术实现建造过程中协同质量见证阶段的互联感知，通过各类传感设备、检测设备、视频监控设备等，实时采集能够反映物理资源要素态势的客观数据和信息，包括物项的基础属性和位置信息、工序的工艺要求、质量检测结果、质量见证人员的身份信息、人机交互行为等。

（2）中心处理层。

该层的基本构建逻辑为划分质量数据类型，利用大数据技术将核电建造中见证业务所使用和交互的信息通过清洗、集成、降维等转化为标准化数据，对边缘感知层采集的多源异构质量信息进行数字化定义，并将文本、图形、录像等非结构化数据，以及 XML 文件、日志文件等半结构化数据通过自然语言处理与语言预训练模型等方法进行分析与挖掘，进一步完成数据规范封装，基于数据标准协议完成实时传递，实现质量数据的结构化和数字化处理与集成，形成端对端的跨企业信息对接并最终集成于统一的数据空间，以支持质量数据在价值链企业共享和交流中及时高效的整合、集成、传递与复用。

（3）应用服务层。

该层以过程控制为目标提供支持协同质量见证管理业务的智能服务，包括业务流程改善、知识推送优化、执行人员监督、文件安全服务 4 项功能。这 4 项功能与核安全文化的“四个凡事”进行映射，落实核安全文化在协同质量见证管理业务活动中的实际应用，消除主观人因失效发生的潜在风险，提升核电装备建造阶段的质量安全可靠性。

在该体系的支持下，能够实现跨企业质量见证重要数据的全面感知、精准识别和共享协同，有效预防主观人因失效导致的质量安全风险。

4）案例分析

基于核电建造协同质量智能见证管控体系的研究，开发完成某核电企业的核电建造协同质量智能见证平台。该平台的主要功能模块包括质量见证管理、质量试验管理、文件归档管理及系统基础管理，如图 4.5.13 所示。

质量见证管理模块主要通过见证计划发布、见证答复、见证签点等一系列业务流程的在线审批和管理，保留质量见证全过程信息记录，支持 PC 端或移动端应用，实现全过程协同质量管控信息化、规范化和流程化。质量试验管理模块包括提交试验申请、发起试验委托与评审、采集质量过程数据、出具试验检测报告，试验申请和试验检测报告按质保等级要求与见证任务进行匹配，通过平台统一接口调用。文件归档管理模块将质量过程文件、

完工文件形成结构化数据，实现系统识别、审核、查询、汇总和授权管理，通过将文件归档计划与见证实施计划动态关联，利用大数据技术自动标引，根据项目代号、归档部门、归档文件名称等关键词进行归档状态智能匹配分析，使质量过程文件归档后与系统归档状态自动关联，无须人工统计，实现文件归档状态动态监测。系统基础管理模块集成了企业信息与个人身份信息，建立企业内外部信息共享规则，对不同企业和不同个体进行功能授权，制定质量报告模板，对人员身份信息、资质权限等进行实时更新调整，确保系统数据信息的安全性、有效性和可靠性。协同质量智能见证平台界面如图 4.5.14 所示。

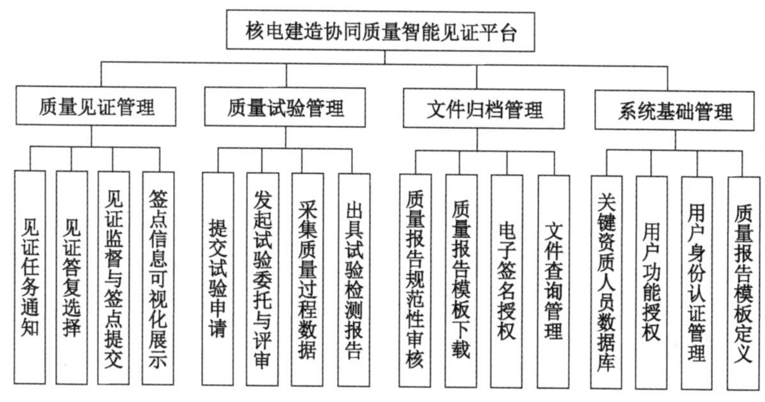

图 4.5.13　核电建造协同质量智能见证平台主要功能

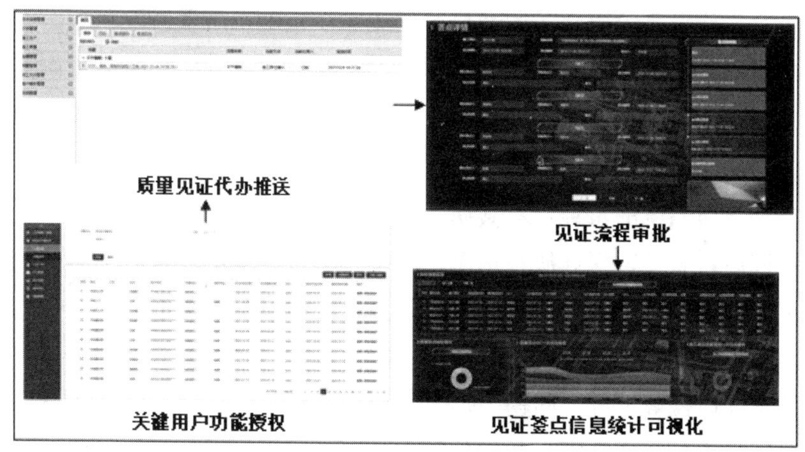

图 4.5.14　协同质量智能见证平台界面

目前，协同质量智能见证平台已在该公司涉及土建、安装的施工和预制作业中进行试点应用，并在某在建核电项目的土建阶段进行了全面切换，该核电项目是智慧核电示范项目，目前正处在工程建设阶段，自协同质量智能见证平台在该项目应用以来，工程公司下属的 9 家分包企业代表已完成授权并接入平台，协同质量智能见证平台上完成的质量见证数据量达 98000 余条，涉及 20000 多个工艺质量控制环节，同时平台提供项目各项质量业务的实时进展汇总和报告归档功能，实现了企业间信息的整合、互联和共享；进行平台试点应用后，企业的主观人因失效事件发生次数为零，违规或不安全行为被提前识别并自动推送预警信息，杜绝了质量问题或潜在隐患的发生，发挥了防主观人因失效的智能屏障作用，为现场施工管理和安全质量监督提供了决策支持。

4.5.4 核电装备跨平台质量信息传递管控方法

质量信息是反映产品质量要求、状态与相关要素及相互关系的信息。由于核电装备质量要求的特殊性，一项质保活动通常涉及多个部门，产生的质量信息具有数量多、类型多样、定制化等特点。此外，各个环节都有严格的审批流程，质量信息需要在各企业相关部门之间流通，并作为核电产品通过质量验收的依据。在核电装备的全生命周期中，一系列质保活动在整个质量链中形成多层级、多环节的闭环信息流通，向下分解细化质量要求，向上整合集成为质量特性。可以说，质量信息是贯穿核电装备协同质量管控的关键核心要素。

1. 核电装备质量信息传递的特点及影响因素

核电装备质量信息是核电装备质量要求的载体，从整个质量链的角度出发，其包含质量保证要求、对产品的技术质量问题报告和处理要求、过程监控和产品评审要求及传递和反馈要求等，涵盖核电价值链各主体在设计、采购、施工和调试全生命周期中开展质量管理活动，以及产品开展质量与可靠性保证活动的相关数据、报告与资料等内容。核电装备高安全、长役期与巨系统的特征，对其质量信息的传递提出了很高的要求，促使各环节参与主体进行协同质量管控，保证质量信息的顺畅传递。在核电装备质量活动开展过程中，存在信息在多个智能平台间流动所导致的多源异构、质量信息关系复杂所导致的传递过程模糊而隐匿、质量信息知识传播动力机制不明所导致的信息复用低效、参与方因信息认知差异所导致的协同质保效率低等问题，使得质量信息在核电装备建造过程中难以顺畅传递。因此，深入分析核电装备质量信息传递的特点与影响因素，以此优化其传递路径，对核电装备协同质量管控具有重要意义。

在收集质量信息传递影响因素时，应考虑全面性及各因素之间间接或直接的联系，因此将影响核电装备质量信息传递的因素总结为信息特征、信息传播介质和环境、质量信息

传递相关人员行为和操作三方面，共计 23 条[29,30]。具体影响因素及其对应的描述见表 4.5.1。

表 4.5.1 核电质量信息传递影响因素及描述

方面	影响因素	描述
信息特征	质量文件类型多	质量文件的类型包括质量手册、质量计划、规范、指南、程序、作业指导书、图纸、会议记录等
	质量文件格式不统一	如 JPG、DOC 等类型混用，文件内容没有标准化
	各活动之间质量文件管理体系不一致	企业与企业之间或质量活动之间的质量文件管理体系存在差异
	个别质量活动环节缺乏相应的质量标准	有些程序没有规定相应的质量标准
	质量信息更新不及时	质量文件版本更新不及时，可能导致生产活动中使用旧文件
	质量文件文字表达不规范	质量文件没有标准化模板，各写各的，易产生信息传递失真
	企业间进行信息传递时相关管理人员接口不清	企业与企业之间协调衔接人员的职责、要求没有明确
信息传播介质和环境	质量信息管理过程系统性不强	质量管理粗放，管理体系整体水平低，提高缓慢
	纸质文档往复修改	质量计划纸质化、不统一、在制造商之间多次进行往复修改
	质量信息在跨平台传递过程中产生损失	各级管理人员都在跨平台质量信息传递过程中对信息进行过滤，导致信息失真
	各部门、企业之间的信息传递渠道不足	基层工作人员没有机会或渠道反馈信息
	办公环境及条件因素	人员走动、人员讨论、机器运行等
	相关激励策略不足	核电产品主制造商没有与供应商建立共享信息和战略联盟的机制，供应商的产品质量得不到保障
	相关惩罚力度不够	对一些质量事故的惩罚力度不够
	质量信息利用效率不高	收集到的质量信息很多，但被重视和利用的很少
质量信息传递相关人员行为和操作	企业间质量文化存在差异	不同企业有不同的战略定位，其质量文化建设就会有所不同
	企业对核安全的重要性认知不足	核安全文化建设难以深入，停留于概念普及阶段
	相关生产人员技能培训不够	低级人因质量事件频发
	相关生产人员在交接过程中语言表达不够清晰	交接双方使用对方不理解的词语
	相关人员水平存在差异	交接人员的能力、知识、经验差别大
	相关生产人员不遵循有关标准，凭经验操作	核电设备的生产人员大多是在师傅带徒弟的模式下成长起来的，缺少规范的培训，时常凭多年的经验工作
	企业和相关生产人员不重视已存在质量问题的根本原因分析和经验反馈	质量事件发生后，只就事论事，关注已出现的缺陷，忽略根本原因分析，导致无法发现更深层次的原因，错失机会
	相关生产人员因怕麻烦或逃避责任，对工作中发现的质量缺陷不记录或不报告	企业管理粗放、随意，“质量上虽然存在一些小问题，但大的方面应该没问题了”
	相关人员质量意识、自觉性和责任心不够	习惯性违章现象普遍、长期存在，未得到根本性扭转

可以看出，由于核电领域的特殊性，影响质量信息传递的问题存在于质量活动的多个方面：跨平台的质量信息多源异构，难以跨越组织边界，严重阻碍了企业实现质量信息传递，造成质量风险和隐患难以排查，质量问题的追溯和处理效率低下；质量信息处理烦琐，

传递渠道不足，过程反复；相关人员质量意识不到位、激励机制与惩罚机制不足等，都容易造成质量信息在传递过程中产生损失。可以说，核电装备跨平台质量信息传递问题复杂多样，需要协同各个参与方重点管控。

基于价值链协同的跨平台质量信息传递优化，就是发掘核电装备制造过程中的增值要素和潜在价值，系统研究质量信息传递与价值增长的关系，推动质量信息传递与价值增值的良性演化，通过利益共享驱动质量信息跨平台流动。依托核电装备质量信息传递路径形成的业务流程框架，搭建智能化信息平台，对接质量管控流程，解决质量信息传递渠道不足的问题；设计跨平台质量信息传递机制，利用价值共创促进供应侧与需求侧协同，增大质量信息的价值动力来驱动质量信息流动，增强相关人员的质量意识，以此缓解核电装备质量信息传递受阻的问题；同时，建立统一的核电装备质量信息库，使质量信息能够被借鉴和重复利用，提高质量信息的利用效率。

2. 协同质量计划编制方法

质量计划是为了验证合同中规定的产品、服务和影响产品、服务质量的各项活动是否符合已形成文件的程序、图纸和标准的要求，要求供应商必须制定并实施的计划性文件。在核电建造过程中，质量文件类型多样，个别质量活动环节缺乏相应的质量标准，各活动之间质量文件管理体系不一致，加上信息传递渠道不通畅、企业质量文化存在差异等，都会对核电装备质量信息传递产生影响。

因此，在编制、审核与执行质量计划的每个环节，各方负责人需要协同合作，在执行中不断验证和纠正，以确保达到目标质量水平。在协同合作过程中，质量信息传递是非常关键的。各方应积极分享和传递相关的质量信息，包括但不限于质量文件、标准、规程、经验等，以便更好地控制和管理质量。只有充分传递信息、协同合作，才能够确保质量计划顺利实施，达到目标质量水平。

协同质量计划必须在施工活动开始之前编制完毕且生效，但传统的质量计划编制方式存在一些问题：①质量文件无标准模板，导致各方质量文件不统一，监管人员无法有效地按要求审查，监管困难；②各个活动过程的质量文件未及时产生，无法及时掌握生产过程进度，无法有效跟踪质量计划和查看质量文件，导致发现问题不及时，制造进度滞后；③跨平台的质量文件无法与实际工序流程卡匹配，工序加工完成后不能及时出具质量文件，数据容易造假。

因此，注重过程控制和源头管理，引入智能技术对整个质量计划业务进行整合优化是主要的改进方向。基于此，建设质量文件管理平台，合理、高效、透明地开展质量计划管理工作：基于工艺流转卡实现质量计划的在线创建及内部审批，各供应商可通过平台调用统一的质量文件模板，在线编制质量计划后提交审查，反馈审查意见单，并将变更后的质量计划及时通知相关部门，以此建立高效的协同质量计划管理模型，缩短质量计划的编制周期，提高业务运作效率，同时便于质量监管人员按要求随时审查，强化质保监查，保证质保体系有效运转。

3. 质量信息传递过程可视化

为规范表达智能建造下的核电质量信息传递过程，进一步匹配协同质量管控的需求，建立基于知识图谱的核电建造质量信息传递过程模型，定义实体类型和关系类型，形成针对质量业务的知识结构，通过基于多维级联的核电信息抽取方法，将关键信息加入数据库，为后续的知识推理建立模型基础。

通过梳理核电建造质量业务流程，以各阶段质量活动中产生的与质量紧密关联的各类关键信息为核心，以信息处理操作为关系接口延伸至对应的质保人员、质保人员所属企业及在传递过程中所依托的质量信息系统，以此形成核电建造质量信息传递知识图谱本体模型。构建的知识图谱所包含的语义信息有核电建造过程中产生的质量信息、操作质量信息的质保人员、质保人员所属企业/部门及支撑质量信息传递的各信息平台，以此表征融合多阶段、多业务的质量信息传递路径。例如，从图4.5.15所示的知识图谱单元示例中可以了解到，施工承包商的质检员需要在安装工程管理系统中审批质量活动过程中产生的焊接控制单。

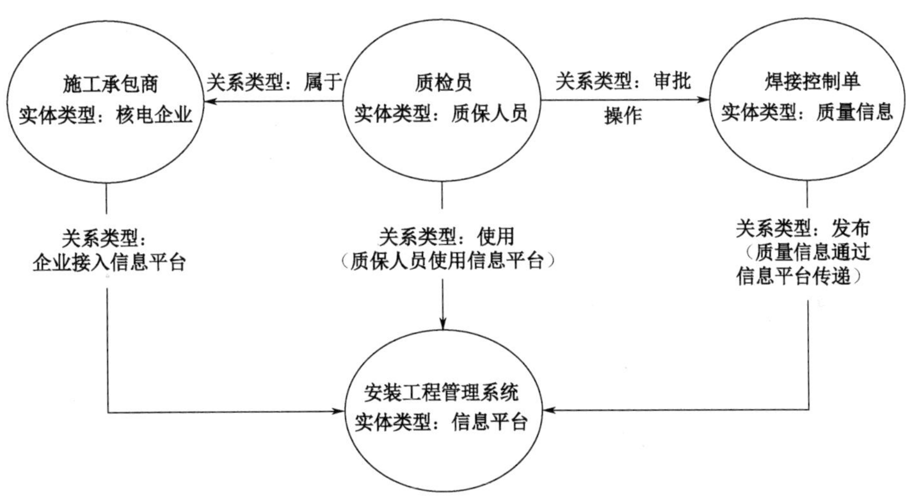

图4.5.15 核电建造质量信息传递知识图谱单元示例

针对核电非结构化质量信息人工分析困难的问题，结合核电协同质量管控的需求，提出融合注意力机制的核电质量文本命名实体识别网络：利用词嵌入层将核电质量文本中的词汇映射到实数向量，在融合注意力机制的信息感知层中进一步获取核电质量文本中上下文的重要信息，最后通过基于条件随机场的标签预测层得到全局最优标签序列，以此识别出核电质量信息传递过程中的关键实体。

针对核电企业间相关质量人员业务接口不清、质量信息关系难以梳理的问题，对核电质量文本进行关系特征提取。由于表达业务流程的核电质量文本较长，使用基于词法、句法特征来抽取关系的传统方法正确率不高，而自动获取特征的远程监督方法容易引入噪声数据，因此采用基于 PCNN（Piece-Wise-CNN）的远程监督关系抽取方法，抽取出核电质量信息传递过程中的关联关系。

针对核电质量知识难以清晰表征、质量数据难以快速分析的问题，构建核电建造跨领域质量信息传递知识图谱，如图 4.5.16 所示。核电质量文本通过命名实体识别模型和关系抽取模型后，形成结构化三元组，通过 Cypher 语言使用 Neo4j 图数据库进行知识存储，实现“质量信息-信息平台-质保人员-核电企业”的总体业务过程可视化集成。

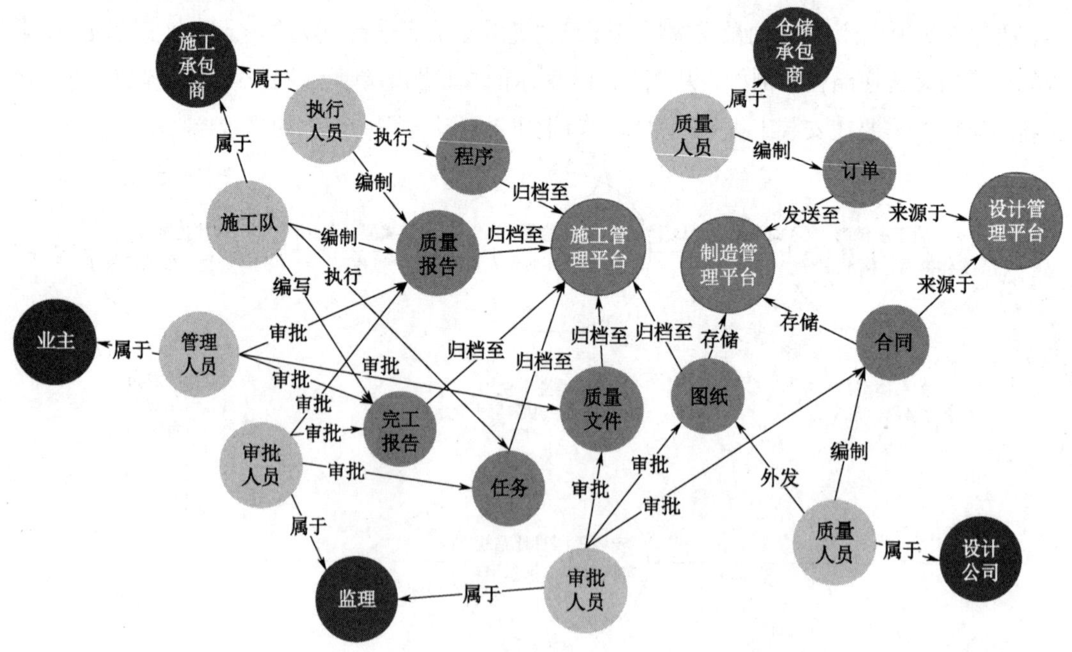

图 4.5.16　质量信息传递知识图谱

4. 质量信息知识传播过程管理

在核电装备设计、建造过程中，质量信息往往需要跨越企业边界在各类平台中进行传递，导致其具有多源异构、级联耦合与往复迭代等特点，降低了传递效率，加大了高效复用的难度；同时，信息接收主体认知的多样性也影响其传播的广度及深度。

为促进质量信息知识在核电装备全价值链中的传播，分析跨平台质量信息知识传播过程中的关键要素和影响因素，驱动企业通过平台进行质量信息知识的积极交流，促进质量知识信息资源的广泛传播，为质量信息的高效集成、传递与复用形成保障。通过分析质量计划的编制、发布和执行这一企业间的质量信息知识传播过程，并结合核电协同制造平台这一关键要素对质量信息知识传播过程的作用，探明核电价值链协同制造模式下存在如下质量信息知识传播动力机制[31]。

在企业间质量信息知识传播过程中，内化是一个包含多阶段显性与隐性知识转化的复杂过程。将协同制造平台作为协同制造网络知识传播的渠道。平台传递的是显性知识，企业接收核电质量信息知识后需要将显性知识内化为隐性知识。考虑知识内化的协同制造网络知识传播过程如图 4.5.17 所示。协同制造网络知识传播内化机制在参与企业个体层面对质量信息知识传播具有以下影响：缩减内化过程，增加企业数量，扩大质量信息知识传播范围，增强企业间联系，促进协同制造网络知识传播活跃。

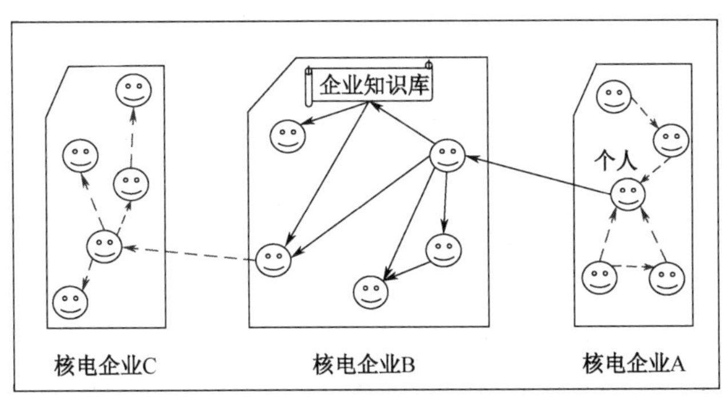

图 4.5.17 考虑知识内化的协同制造网络知识传播过程

知识是有价值的，在协同制造网络中，不同主体对待知识的行为表现与个体类似。对于核电质量信息知识的接收企业而言，学习知识对于提升自身制造能力、产品和服务质量，获得竞争优势至关重要。因此，一旦获得对知识价值的认知，企业就会积极主动地获取知识。考虑知识价值感知的协同制造网络知识传播过程如图 4.5.18 所示。与此同时，由于协同制造平台中存在知识库，平台不仅可以为企业间知识传播提供交互渠道，也可以为企业提供在感知知识价值后主动学习的知识源。面向价值链上企业需求的协同制造网络知识传播价值感知机制表明，提高知识库质量有助于知识传播活跃，低质量知识交互在一定条件下可使知识传播活跃。

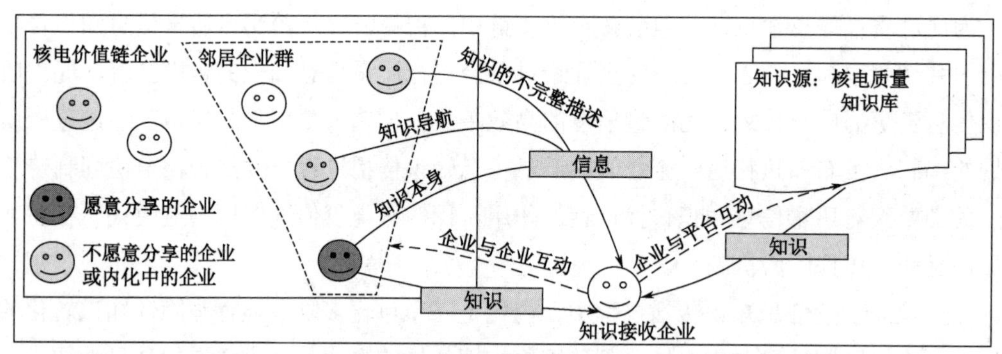

图 4.5.18　考虑知识价值感知的协同制造网络知识传播过程

根据上述质量信息知识传播机制，相关协同制造平台及其知识库在质量信息知识传播中起着支撑不同层次知识传播过程及支撑不同知识传播模式的作用。协同制造平台中跨企业流程的延伸，使得跨企业知识传播穿透企业、部门的层次直接到达员工个体，支持跨企业知识交互、企业内跨业务部门知识交互，以及部门内员工之间的知识交互。此外，平台不仅为企业间知识交互提供了直接、间接的渠道，还提供了知识资源存储、外部知识获取、内部知识整合的手段。因此，针对质量计划难以有效跟踪、执行效率低下的问题，建立质量文件管理平台，该平台涵盖跨企业质量计划编制和执行的关联业务，解决了业务执行时参与人员往往需要进行跨企业、跨部门人员的反复联络的问题，提高了业务流程在企业间的传递效率。同时，将碎片化、案例性的经验反馈这种质量相对较低的知识在准则确认评审后加入到经验反馈体系中，使得业务过程中的经验教训不断被收集、管理，又反哺推广应用于业务过程，推动业务过程的标准化、规范化、流程化，有利于跨企业质量管控业务的持续提升。

5. 质量保证过程协同质保信息供应及形成模型

1）协同质保信息的构成要素与供应模型

高智勇[32]将信息产品构成要素定义为："事物 A" +"时间 T" +"空间 G" +"状态 S" +"来源 P" +"载体 Ca" +"表达方式 M"。信息产品的 7 个构成要素同样适用于核电建

造协同质保信息，构建协同质保信息供应模型，如图 4.5.19 所示。以核电建造施工阶段的见证执行业务为例，用以上 7 个要素简要说明协同质保信息的感知、映射、形成、传递与表达的供应过程。

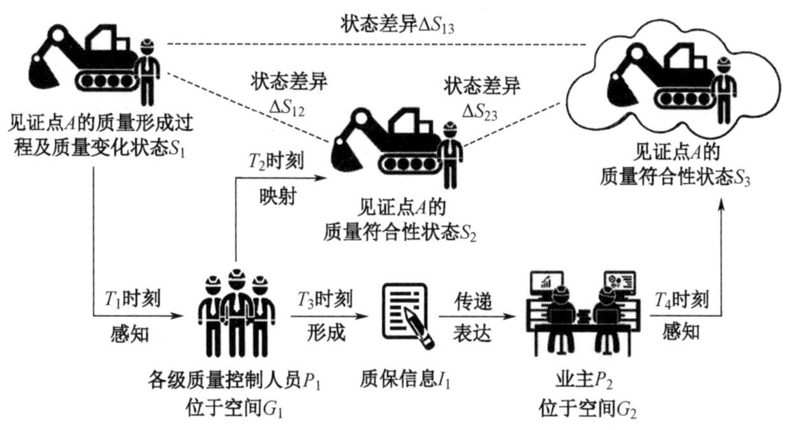

图 4.5.19　协同质保信息供应模型

在某一时刻，各级质量控制人员 P_1 收到书面通知，要到指定施工工序 A 所在的地点 G_1 执行见证；全员到场后，班组在各方监督下于 T_1 刻开始作业，同时该工序实际的质量形成过程与质量变化状态 S_1 开始被 P_1 感知并映射生成所感知的该工序质量符合性状态 S_2；随后，P_1 依据 S_2 将纸质文件或电子设备作为载体 Ca，以检查单或监督报告的表达方式 M 形成质保信息 I_1，由工程公司中转传递给业主 P_2。处于另一空间 G_2 的业主 P_2 可在收到质保信息 I_1 后的任意时刻（假设为 T_4）使 I_1 表达并感知工序 A 的质量符合性状态 S_3。

协同质保信息通过减少或消除核电建造中质量状态是否符合规定要求的不确定性来满足顾客需求。为此，一方面，协同质保信源主体 P_1 须全面、准确地感知事物 A 的实际状态 S_1，结合自身的认知能力、知识结构去判断 S_1 是否满足要求并映射出事物 A 的认知状态 S_2，在该过程中应尽量减少 S_2 与 S_1 之间的状态差异 ΔS_{12}；另一方面，协同质保信源主体 P_1 须真实、完整、清楚地将认知状态 S_2 通过方式 M 输入载体 Ca 并标明 P_1 是该信息的源头，在该过程中应尽量减少信源主体 P_1 所表达的认知状态 S_3（也是信宿主体 P_2 所感知的认知状态 S_3）与信源主体 P_1 所映射的认知状态 S_2 之间的状态差异 ΔS_{23}。通过以上两方面可将认知状态 S_3 与实际状态 S_1 之间的状态差异 ΔS_{13} 控制在信宿主体 P_2 接受的范围内，使 P_2 能够根据信息 I_1 还原其对应时空环境下事物的状态变化，再现信源主体对事物符合性、全面性或有效性的认知判断，进而对实际状态 S_1 产生信任。

2）协同质保信息的状态要素与形成模型

状态要素是构成信息的核心要素。信宿主体所感知的认知状态 S_3 与实际状态 S_1 的差异 ΔS_{13} 在很大程度上决定了质保信息的产品效用，而信源主体感知实际状态 S_1 、映射生成 S_2 并形成信息 I_1 是一个动态、隐蔽、复杂的过程。本节用一个通用的协同质保信息形成模型解释该过程，构建的协同质保信息形成模型如图 4.5.20 所示，其左侧是以知识为代表的认知要素更新过程，中间是认知状态 S_2 的映射生成过程，右侧是包含客观数据与已知信息的事实要素更新过程。依然以核电建造施工阶段的见证执行业务为例，简要说明信源主体消耗资源感知事实要素，将自身的认知要素与之有机融合映射出感知状态，实现三者同步迭代更新的信息及其价值形成过程。

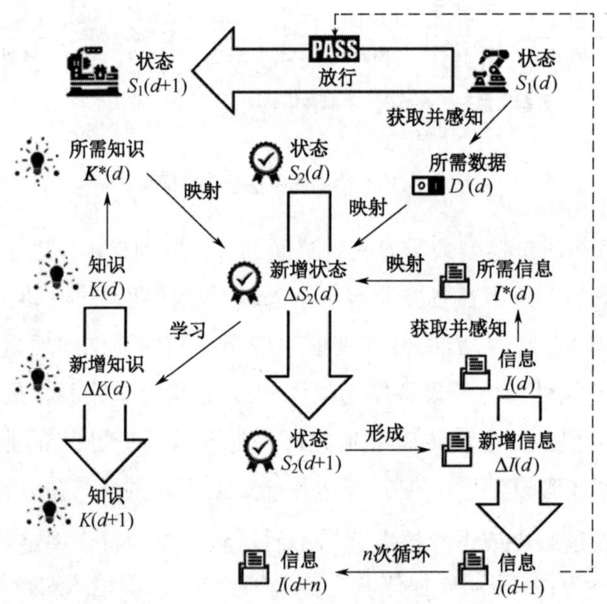

图 4.5.20　协同质保信息形成模型

各级质量控制人员 P_1 在得到执行见证的书面通知后，从信息库中抽取事先编制的被见证工序 A 的检查单 $I(d)$，并按时到现场参加见证，检查单中包含工序 A 所有阶段的要求。见证开始后，P_1 从检查单 $I(d)$ 中抽取 d 阶段见证所需的要求 $I^*(d)$，通过监视、检查或试验获取工序 A 实际状态 S_1 在 d 阶段的客观数据 $D(d)$ 并感知；接着，P_1 检索大脑里 d 阶段现存知识 $K(d)$ 中与本阶段见证相关的知识 $K^*(d)$，并将其与被感知的事实要素有机结合，映射出工序 A 在 d 阶段的认知状态 $\Delta S_2(d)$，在此过程中，各级质量控制人员 P_1 基于学习效

应新增知识 $\Delta K(d)$；在此之后，P_1 在 d 阶段原有知识 $K(d)$ 的基础上利用 $\Delta K(d)$ 将已有知识更新为 $K(d+1)$，在 d 阶段原有认知状态 $S_2(d)$ 的基础上利用 $\Delta S_2(d)$ 将认知状态更新为 $S_2(d+1)$，并将其作为依据形成该阶段见证的客观证据及符合性结果与建议 $\Delta I(d)$；随后，P_1 将 $\Delta I(d)$ 填进检查单 $I(d)$，使其更新为检查单 $I(d+1)$，将 $I(d+1)$ 作为 d 阶段见证完成的标志和放行的条件，即可开启对工序 A 下一阶段的见证。认知状态 S_2 在 d+1 阶段的更新过程同 d 阶段一致，将上述过程中的 d 改为 d+1 即可，不在此赘述。经过 n 次循环后即可得到本次见证完整的检查单 $I(d+n)$。

通过上述对于质量保证过程协同质保信息的构成和状态要素的分析，针对行业内存在的对核电建造质保信息的认识和研究相对薄弱的问题，构建符合核电建造质量保证过程的协同质保信息供应和形成模型。业主可以利用一系列计划性、系统性、协同性活动提供的足够且适量的信息要素，还原其对应的场景来验证协同质保活动提供者的承诺，在后续运行阶段发生事件或事故时利用这些信息追根溯源，以此接受并信任核电建造协同质保活动的效果。

4.5.5 核电装备跨企业质量流程协同管控方法

核电装备协同质量管控强调构建“责任共担、自主提升”的新型企业间质量关系，从整体视角看待并组织全生命周期与全过程质量管控。因此，亟须研究跨企业质量流程协同管控方法，本节主要从跨企业多主体协同管控、协同设计过程质量管控、协同制造过程质量管控、协同施工过程质量管控和协同调试过程质量管控 5 个方面展开研究。

1. 跨企业多主体协同管控

核电装备协同质量管控的参与主体包括业主、总承包商、设计单位、供应商、施工分包商、监理单位等。不同主体在协同质量管控过程中承担不同的职能，掌握不同的资源，共同完成核电装备质量管控工作。业主将建造项目发包给总承包商，由总承包商按照合同约定对建造项目进行设计、采购、施工和试运行，总承包商需要全面负责建造项目的质量、安全、造价、进度，最终提交验收合格、具备使用功能的建造工程。

分析设计、采购、施工和综合业务服务过程多主体协同质量管控活动，构建跨企业多主体协同质量活动整体架构，如图 4.5.21 所示。

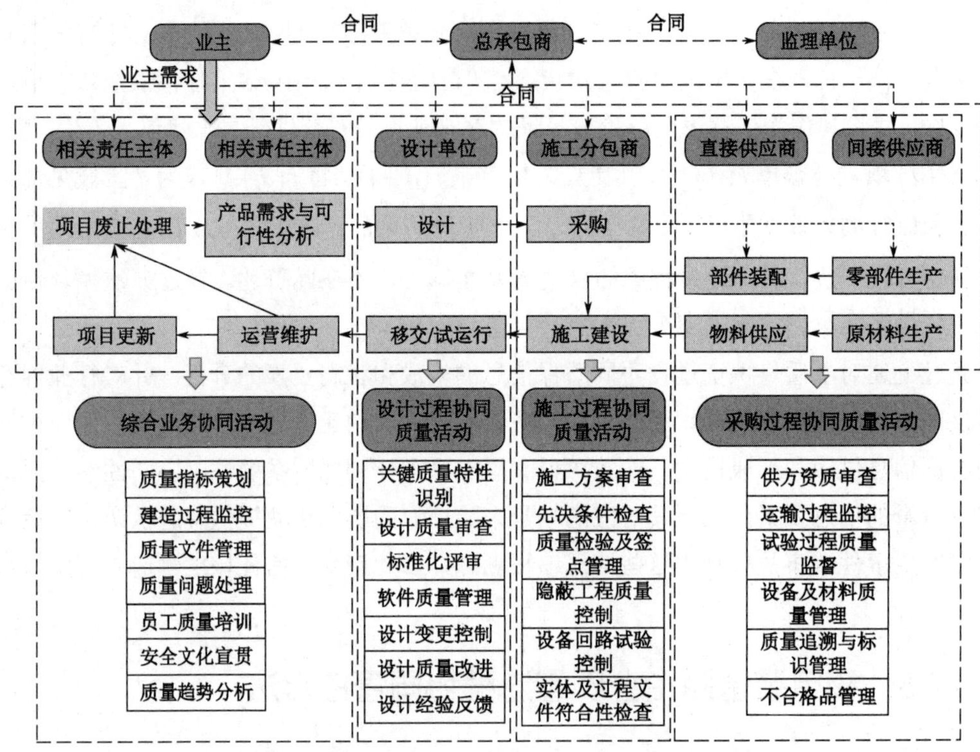

图 4.5.21　跨企业多主体协同质量活动整体架构

2. 协同设计过程质量管控

核电装备的设计过程涉及辐射与屏蔽、核岛布置、安全分析、环保等方面多个专业核电设计公司，依据通用质量管理标准、核电质量保证法规要求，建立并持续完善协同设计质量保证体系，如图 4.5.22 所示。

协同设计核心业务流程如图 4.5.23 所示，对策划、输入、分析、输出、评审、验证、确认等关键环节进行质量管控。

设计单位充分利用信息化手段，建设设计质量流程管理系统，将隐蔽的设计质量显性化，精准抓取、实时监控、分析评价、及时预警，进行设计状况的客观评价，通过信息化流程提升设计质量管理效能。

建立设计质量指标盘，完善设计质量评价，通过安全质量监控评价推动设计安全质量监控工作科学、规范和有序开展。设计质量指标盘如图 4.5.24 所示。

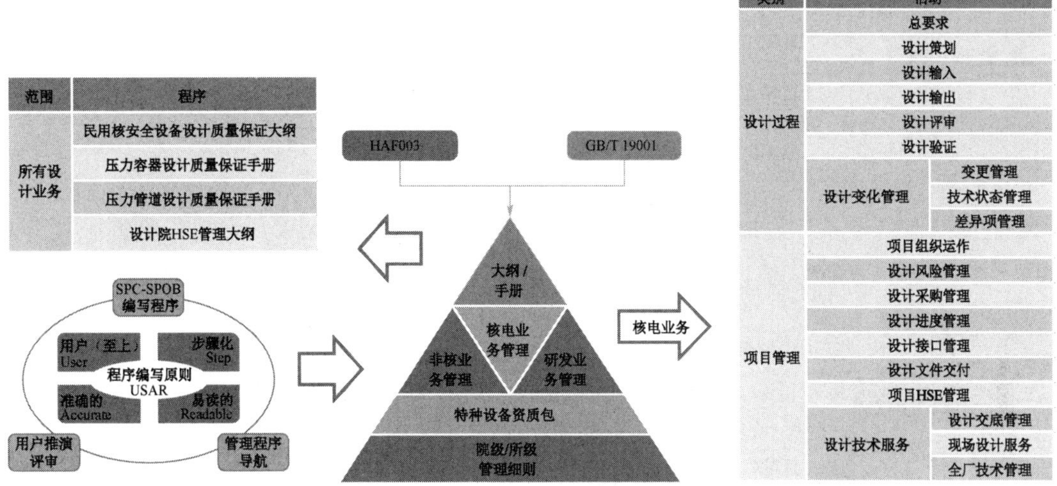

图 4.5.22 协同设计质量保证体系

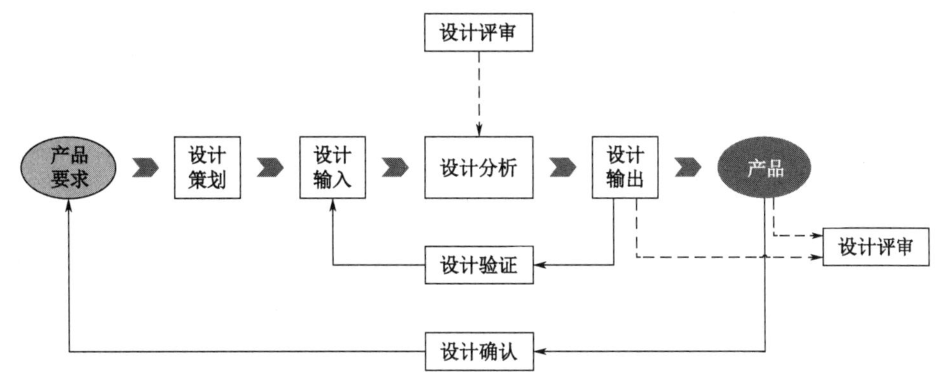

图 4.5.23 协同设计核心业务流程

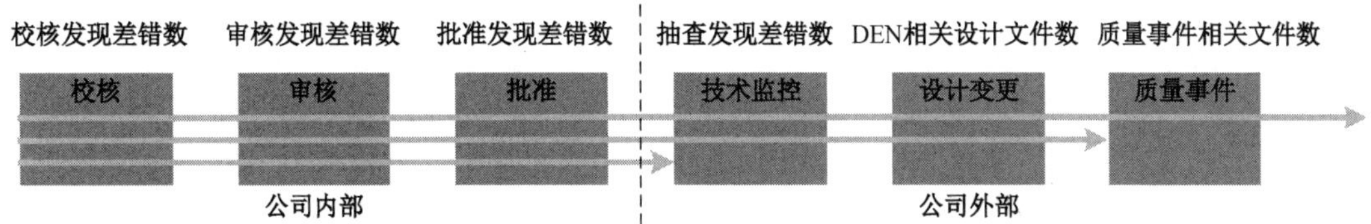

图 4.5.24 设计质量指标盘

3. 协同制造过程质量管控

针对不同采购质保等级的设备实施不同等级的设备制造监督活动，监督策略见表4.5.2。监督等级有 QS1、QS2、QS3 和 NQS，其中 QS1 等级最高。

表 4.5.2　分级管理的监督策略

监督等级	QS1	QS2	QS3	NQS
监督深度和要求	原则上实施设备制造全过程监督，对 C1a 级部件的监督延伸至主包商的前一级制造环节	原则上实施设备制造阶段重要检验、试验的见证及出厂验收监督	原则上实施设备的出厂验收监督	原则上执行到货验收

建立从监督准备、监督策划、监督执行到监督结束的全周期前后台协同监督流程，如图 4.5.25 所示，推行内部工作指令，实现质量见证点系统管理，优化前后台协同，强化后台技术支持。

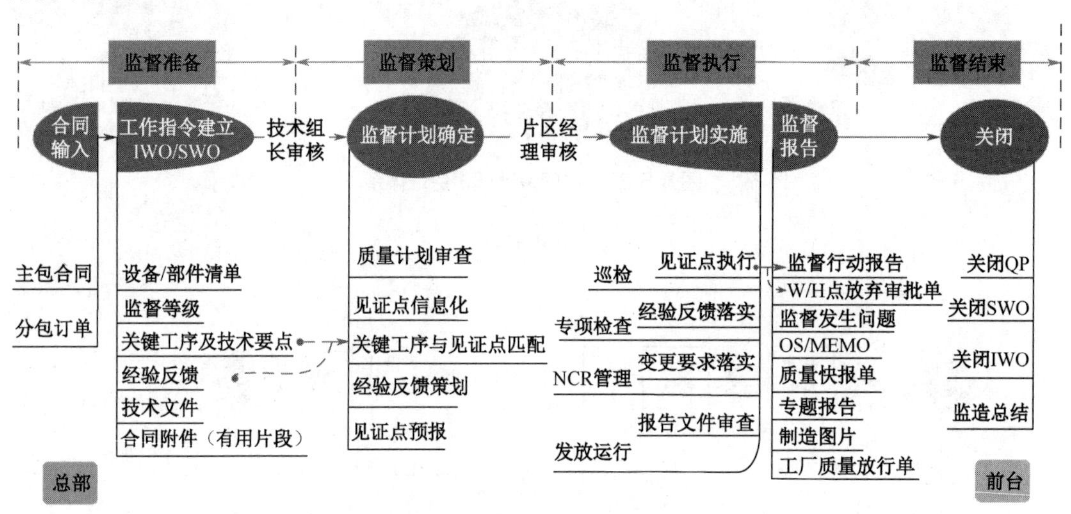

图 4.5.25　全周期前后台协同监督流程

其中，任务来源于合同，根据合同进行工作指令的建立，工作指令中包含前期项目中的经验反馈。见证点主要是质量管控中的重点关注对象，见证点也会设置等级，见证点等级划分有明确的要求。监督过程会形成报告，以及包含业务性质和问题性质的监督结果。关闭监督时系统会进行提醒，包括监督工作关联业务的提醒。

4. 协同施工过程质量管控

协同施工过程质量管控从施工准备、施工过程及竣工移交三方面展开。

施工准备的质量控制分为五部分，分别是施工材料检查、施工文件及变更管理、施工方案和技术交底、人员资格检查及施工机具和设备检查。在施工材料检查中，需要编制采购文件，选择与评价承包商及供应商资格；在施工文件及变更管理中，现场图纸要按照流程宣布可用，经答复的澄清与变更要在图纸上做出标注；在施工方案和技术交底中，施工方案必须通过审批后才可使用，要把施工要点、特点及施工注意事项等内容向有关人员交代清楚并书面记录、签到，要现场随机抽查工人，看施工交底是否落实；在人员资格检查中，要确认承包商人员配备数量是否满足要求，要检查培训记录、上岗证，对特殊岗位（焊接、热处理、油漆、预应力）的人员要给予特别关注；在施工机具和设备检查中，有计量标定要求的设备/机具必须按照国家法定周期定期送检，保证所有有计量标定要求的设备/机具始终处于标定有效期内并保持可用状态。

施工过程的质量控制主要通过作业者、QC1、QC2、QC3 共 4 级质量保证体系完成。具体包括：①技术交底，施工单位技术人员对作业活动的关键步骤、施工方法、技术要领、质量控制措施等进行技术交底，QC3 必须参与并见证，补充必要的质量控制要求；②控制监督，审查承包商施工方案、工作程序、质量计划等，控制和监督施工质量，负责现场不符合项报告和变更等文件的处理，执行过程控制验收等；③见证验收，依据施工活动的质保级别并考虑施工工艺水平和工序特点，选取关键工序作为质量控制点；④管理平台，通过施工管理系统等实现现场质量管理、文件管理、变更管理、经验反馈和质量隐患排查。在质量监督控制活动中，针对现场采取的良好实践、不符合项及质量事件等，及时编制经验反馈信息。

针对施工过程的一般风险，采取施工方案、质量跟踪文件、交底、先决条件验证、现场见证等措施进行控制；针对施工过程的高风险，则采取一般风险控制措施及高风险控制流程，具体表现为两单一表。高风险控制流程如图 4.5.26 所示。

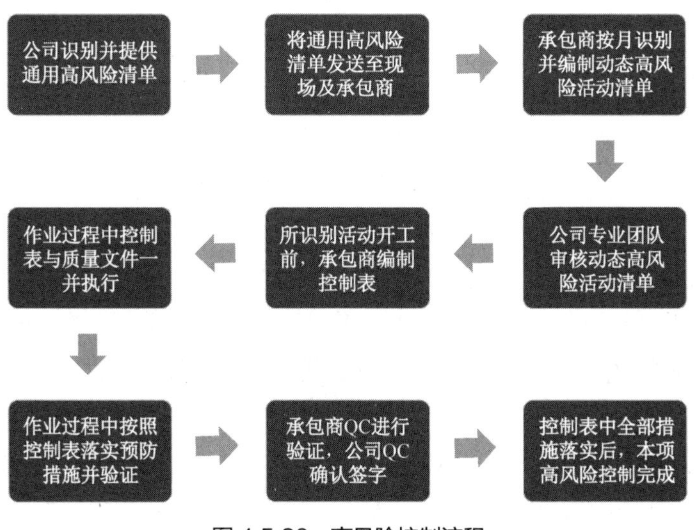

图 4.5.26 高风险控制流程

通过跨企业多主体协同管控，为总承包商、设计单位、供应商、施工分包商、监理单位、政府、业主等主体构建起协同质量管控活动的整体架构，实现核电装备价值链上各协同主体的质量业务横向贯通，保证核电装备在超百年的长役期内满足全流程各阶段的质量要求；同时，通过各阶段协同主体的上下联动，保证垂直链上质量流程的纵深可控。

设计、制造与施工阶段质量流程协同具体效果如下。

（1）通过协同设计过程质量管控，将设计院、设计分院、安装承包商、设备供货商、项目部等单位的数据集成起来，实现各专业间的协同设计，充分利用信息化手段，将隐蔽的设计质量显性化，精准抓取、实时监控、分析评价、及时预警，进行设计状况的客观评价，推动设计安全质量监控工作科学、规范和有序开展。

（2）通过协同制造过程质量管控，完善设备监督管理程序，建立专业化的监督技术文件，编制专用监督计划，形成核电复杂产品监督业务的程序文件和质量体系规范，着眼制造风险防范，聚焦核安全专项提升，开展防人因失误工作，推进防造假体系的完善，加大对各级供应商的质量监督管控力度。

（3）通过协同施工过程质量管控，实现对设计图纸、设备、材料及分包商服务的现场总集成，结合施工管理业务特点，搭建协同施工质量管理体系三层架构，实现从施工准备、施工过程到竣工移交的精细化协同质量控制。

5. 协同调试过程质量管控

协同调试过程质量管控分为三个阶段、十道屏障，分别是调试准备阶段的调试人员培训与授权、试验程序编校审批、试验风险分析与预控、试验准备审批与交底、试验许可证申请与隔离，调试执行阶段的试验开工会和班前会、试验操作与过程控制、调试变更控制与管理，调试移交阶段的试验结果分析与评价、调试结果移交与验收。

调试过程最核心的是质量见证工作。质量见证工作主要涵盖质量计划的任务分配与执行，而质量计划在调试阶段不同于采购阶段，编制者为调试板块人员而非制造厂人员。编制过程中，编制者会与执行者保持沟通，确保质量计划在双方都能接受的范围内。质量计划编制完成后，调试板块的负责人借助相关平台自动将质量计划中的见证点分解并把子任务分配给调试板块的 QE 工程师。一旦触发子任务，系统就会通过邮件和短信自动向 QE 工程师发送包含试验信息的预通知，等待 QE 工程师确认能否按时到场，若 QE 工程师反馈不能到场，则及时做换人安排，避免了依靠人工传递信息导致的工作量增加和通知延误。在质量计划的执行过程中可以通过指纹、人脸、二维码识别见证人，通过 iPad 或手机自动确认见证时间及地理位置。若在执行见证过程中发现质量问题，应反映在见证记录单中，然后通过质量管控手段把见证记录单中的问题发给试验人员处理。见证完成后还要进行一些统计分析工作，包括质量问题分类统计、质控见证点统计，方便之后查询与追溯。

4.6 核电装备质量缺陷源跨企业标定及全价值链追溯方法

质量缺陷源标定与追溯作为核电站全流程管理中的一部分，直接影响核电站建造的质量安全、建设进度、投资成本等。本节研究以过去存储的质量事件数据为基础，通过对历史质量文本的分析与建模，构建质量缺陷源追溯模型，通过对未来质量文本的分析，定位质量缺陷与源头，帮助工程师采取正确有效的措施防止或缓解事故的发生发展，保证反应堆的安全。

4.6.1 基于多尺度语义识别的质量缺陷信息抽取

核电工程在设备设计、制造、施工和调试的全过程中累积了较多的质量事件数据，通过对 4.3 节提出的质量特性短语进一步进行关键信息抽取，形成包含质量缺陷的相关信息数据资源池。在未来出现相似质量问题时，通过构建的数据资源池进行对比分析，快速实现缺陷源定位与追溯。本节介绍核电设备质量缺陷信息抽取技术，具体包括质量关键信息标注策略、质量文本向量转化技术和设备质量特征信息抽取技术。这里以质量文本“××××年××月××日，王某某发现××机组汽轮机产生火花，导致发电机转速超过×××值，存在×××风险。”为例，采用上述技术进行质量缺陷信息抽取。

1. 质量关键信息标注策略

信息标注是指对文本中想要提取的词语进行标注，而文本的准确标注可以为后续核电数据资源池中的特征信息抽取提供支持。在核电领域，质量文本是对核电装备产生质量缺陷过程的记录，如“××××年××月××日，王某某发现××机组汽轮机产生火花，导致发电机转速超过×××值，存在×××风险。”目前核电系统的词典中仅包含一些设备关键词，如“××机组”“汽轮机”“发电机”等。仅凭现有的词典无法对质量文本中的设备缺陷信息进行准确识别，据此构建的数据资源池覆盖面不够广，会影响质量缺陷源的标定与追溯。因此，需要重新对核电质量文本进行信息标注，以提高数据资源池的信息覆盖度。针对核电质量缺陷源标定和追溯的需求，需要从质量文本中提取出包含设备缺陷信息的关键词，如“××日”“王××”“××机组”“发电机”等描述质量缺陷的关键词。利用少量已标注的文本对质量特征信息抽取模型进行训练，对未标注的文本进行相似特征信息抽取，构建数据资源池。文本信息标注中有用于多类别实体的标注策略BIOES和用于少类别实体的标注策略BIO。由于核电缺陷信息实体类别较少，因此采用BIO策略进行标注。在BIO策略中，用B表示实体头部，用I表示实体中部或尾部，用O表示非实体。例如，对“××××年××月××日，王某某发现××机组汽轮机产生火花，导致发电机转速超过×××值，存在×××风险。”进行标注，结果如下：

×/B-date××××年××月××/I-date 日/I-date，/O 王/B-person×/I-person×/I-person 发/O 现/Ox/B-crewx 机/I-crew 组/I-cerw 汽/B-Equiment 轮机/I-Equiment 产生/O 火/B-phenomenon 花/I-phenomenon，导致/O 发/B-Equiment 电机/I-Equiment 转速超过×××值，/O 存在×××风险。/O

2. 质量文本向量转化技术

通过对关键信息的文本标注，可以准确识别核电质量信息中的缺陷关键词，接下来进行文本向量的转化。文本的向量表示本质上是用向量来表示词、句子、文章等，有多种不同的表示方式。文本的向量表示在NLP领域应用广泛，最简单的方法是使用one-hot编码的方式来表示字或词，但由于文字总量大，导致one-hot编码具有较大的稀疏性，无法表示同义词之间的语义关系。例如，V=（发电机,管道,火光,机组,转速,汽轮机），发电机＝[1,0,0,0,0,0]，汽轮机＝[0,0,0,0,0,1]，发电机和汽轮机同属于设备类，但one-hot编码计算出的相似性为0。

为了使文本转化后的字（词）向量具有语义相似性，并且能够表示更深层次的语义信息，人们提出了word2vec向量模型。word2vec是初步的词表示方法之一，旨在通过深度学习的方式提取文本特征，使得文本被嵌入多维空间之后能体现自身的语义信息，如"国王"="王后"-"女性"+"男性"。word2vec是轻量级的神经网络，其模型仅包括输入层、隐含层和输出层，根据输入和输出的不同，可分为CBOW模型和Skip-gram模型，如图4.6.1所示。

其中，CBOW模型是在知道词ω_t的上下文$\omega_{t-2},\omega_{t-1},\omega_{t+1},\omega_{t+2}$的情况下预测当前词$\omega_t$，而Skip-gram模型是在知道词$\omega_t$的情况下对其上下文$\omega_{t-2},\omega_{t-1},\omega_{t+1},\omega_{t+2}$进行预测。

为了能够捕获更丰富的语义信息，学者们将预训练语言模型应用于信息抽取任务，典型的模型有ELMo[33]、GPT[34]和BERT[35]等。与word2vec[36]传统基于特征的预训练词表示不同，ELMo将词嵌入一般化为上下文感知的词嵌入，可以正确处理多义词。GPT和BERT等微调方法使用预先训练好的模型和参数作为特定任务的起点，从自由文本中捕获丰富的语义模式。BERT 是在维基百科的语料库上训练得到的向量转化模型，因此包含的语义信息更加丰富。考虑到核电领域包含大量专有名词且文本为过程现象描述，本节拟采用BERT模型作为核电文本向量的转化模型。后续待核电文本数据资源更加丰富后，在历史核电文本数据的基础上建立核电领域专有的文本向量转化模型。

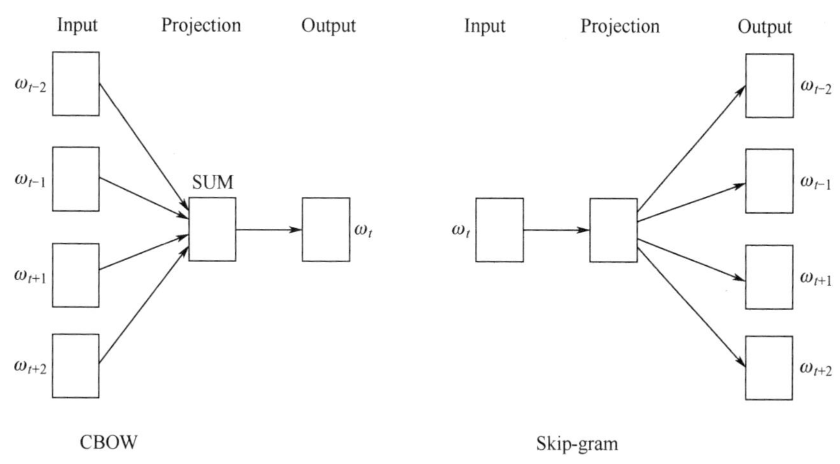

图 4.6.1 word2vec 结构图

3. 设备质量特征信息抽取技术

文本向量可以准确地表达语义信息。接下来，需要从转化后的文本向量中提取出质量缺陷信息，包括缺陷设备及缺陷所属阶段的信息。从质量文本中提取设备实体信息在自然语言领域被称为实体抽取（命名实体识别），是在原始数据中界定真实实体的过程[37]。信息抽取技术中最为基础且关键的技术之一就是实体抽取，其抽取实体的精确率和召回率与后续的关系抽取等任务的有效性紧密关联，准确的实体抽取结果能为构建高质量的数据资源池提供基础性保障。

从质量文本中提取设备缺陷所属阶段的信息在自然语言处理中被称为关系抽取，是从海量数据中提取潜在知识的关键步骤之一[38]。关系抽取是在原始数据中界定实体间关联性语义关系的过程，准确的关系抽取结果能为构建高质量的数据资源池奠定坚实的基础。

1）核电质量缺陷实体抽取

实体抽取最早由Grishman等人在第6届信息理解会议（MUC-6）上提出，其目的是从给定的语料中识别出真实存在的实体边界和类型[39,40]。此后，实体抽取技术被越来越多地应用于问答系统、信息检索、主题建模等领域，同时逐渐成为学术界的焦点，并针对不同领域提出了不同的模型和方法。目前，基于机器学习的方法在实体识别领域的优势凸显，正逐渐成为实体识别的主流方法[41]。

（1）基于词典与规则的方法。

传统的实体抽取方法是基于知识系统进行的，这类系统依赖事先构造的词典和规则模板，通过使用文本、词典及规则进行文本字符串或模式匹配，实现抽取功能。Rau 等人最早使用规则与启发式相结合的方法实现公司名称自动抽取系统[42],FACILE[43]是基于规则的命名实体抽取系统的著名代表，用于 MUC 评测任务。其他经典系统还有 NTU[44]、OKI[46]等。这类系统在词典和规则构造比较详尽的情况下，实体识别精确率较高，但词典和规则的构造需要领域知识及经验丰富的领域专家参与，且由于领域覆盖范围有限，导致系统的通用性较差。

比较著名的基于规则的实体识别系统主要通过基于人工制定的语义和句法规则来识别实体，LTG 系统使用的部分规则见表 4.6.1（其中，“Xxxx+”代表大写单词序列，“DD+”代表数字，“PROF”代表职业，“REL”代表人物关系，“JJ*”代表形容词序列）。

表 4.6.1　LTG 系统使用的部分规则

规　则	标　注	举　例
Xxxx+，DD+	人物	Pitter，23
Xxxx+ is? a? JJ* PROF	人物	Xiao wang，a former director
Xxxx+ is? a? JJ* REL	人物	John is beloved brother
Xxxx+ himself	人物	White himself
Xxxx+ area	地点	China area
PROF of/at/with Xxxx+	组织机构	Director of Trinity Motors
Shares in Xxxx+	组织机构	Shares in Trinity Motors

具体来说，规则“Xxxx+，DD+”是英文环境中常见的对人物名称和年龄的介绍方式，通过该规则，可以识别出句子“Pitter，23”中的“Pitter”为人名。基于规则的实体识别系统往往还需要借助实体词典对候选实体进行进一步确认。当词典详尽无遗时，基于规则的系统应用效果很好。

（2）基于统计的机器学习的方法。

为了解决手工制定规则与特征带来的移植性差的问题，基于统计的机器学习的方法被提出，此类方法建立在一定的统计学思想的基础上，对文本或语料特征进行统计分析，通过构建用于分类的机器学习模型来完成实体识别任务，且这类方法减少了人工参与。典型的方法有K近邻[46]、最大熵[47]和条件随机场[48]。传统的CRF计算公式如下：

$$P(y\mid x)=\frac{D(x)}{Z(x)}$$

式中：

$$D(x)=\exp\left(\sum_{i,\ k}\lambda_k t_k\left(y_{i-1},\ y_i,\ x,\ i\right)+\sum_{i,\ l}u_l s_l\left(y_i,\ x,\ i\right)\right)$$

$$Z(x)=\sum_{y}\exp\left(\sum_{i,\ k}\lambda_k t_k\left(y_{i-1},\ y_i,\ x,\ i\right)+\sum_{i,\ l}u_l s_l\left(y_i,\ x,\ i\right)\right)$$

通过提取数据特征代替规则和词典的设计，提高了模型的通用性，但其需要人工参与，对标注数据集具有依赖，同时受特定领域的局限。随着计算机算力的增强，基于深度神经网络的机器学习得到广泛应用。神经网络特别是深度学习模型使用事先学习好的词向量获取数据特征，利用自动化的特征抽取过程代替人工模板的制作过程，避免了传统方法的局限性，极大地提高了模型的通用性和易用性。

Collobert 等人首次提出基于神经网络的 NER 方法[49]。随后出现基于循环神经网络和LSTM等的深度学习实体抽取方法[50]。针对数据集较少的情况，参数较少的GRU网络相对于LSTM具有收敛速度快的特点，因此也被广泛应用。

这些实体抽取模型能够获取文本中隐含的语义关系，具有很强的文本表示能力，但它们关注的更多是单词或词语间的联系，而忽略了单词标签间的限制性约束，因此许多学者在LSTM（或GRU）模型之上构建CRF层，通过LSTM（或GRU）获取文本上下文信息，利用CRF获取标签序列信息，这种模型相对稳健且精度较高，因此逐渐成为实体识别的主流方法并得到广泛关注。一个典型的基于深度学习的实体识别框架如图4.6.2所示，其主要包含输入的分布式表示、上下文编码器和标签解码器三个模块，是一个典型的编码器-解码器框架。

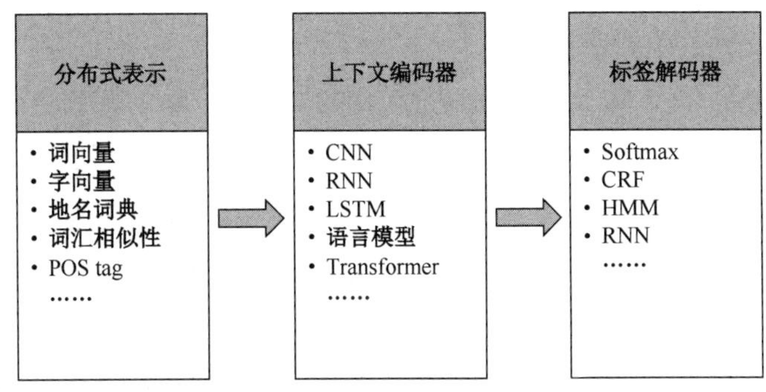

图 4.6.2 一个典型的基于深度学习的实体识别框架

以上述核电质量文本"××××年××月××日，王某某发现 xx 机组汽轮机产生火花，导致发电机转速超过×××值，存在×××风险。"为例，采用 BIO 标注策略，利用 BERT 进行字向量转化，利用 BiGRU 进行文本特征信息抽取，利用 CRF 进行标签序列计算，模型框架如图 4.6.3 所示[51]。

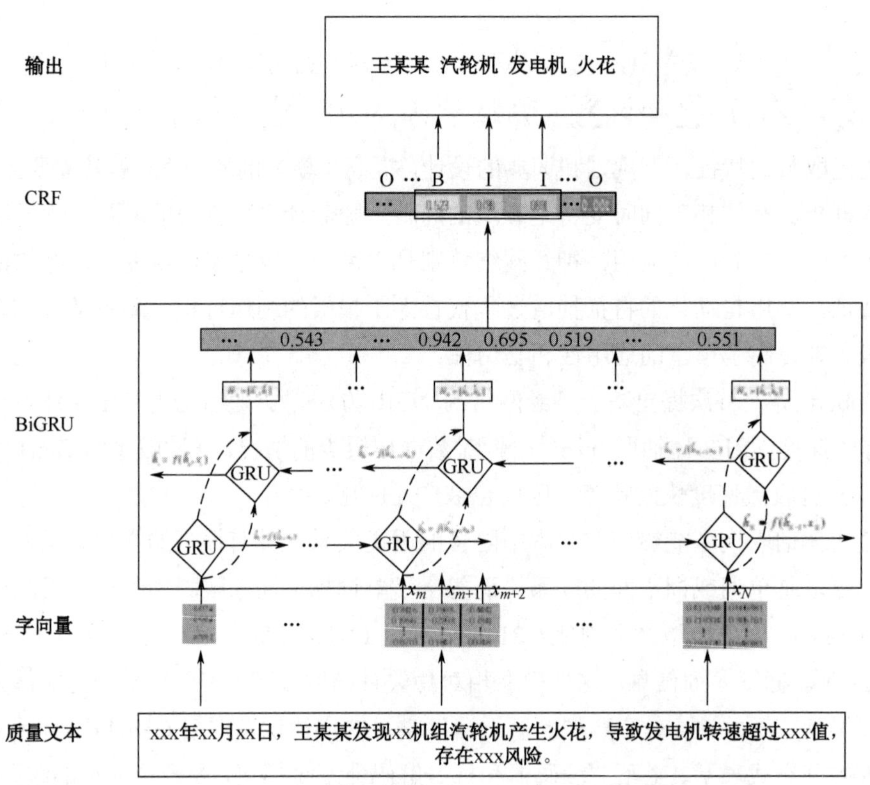

图 4.6.3 基于 BERT-BiGRU-CRF 的核电实体抽取模型框架

2）核电质量文本缺陷关系抽取

关系抽取于 1998 年在 MUC-7 上被提出。1999 年，设立新的评测会议 ACE（Automatic Content Extraction）来执行信息抽取任务的研究。在 MUC 和 ACE 两大国际会议的推动下，基于自然语言处理和机器学习的关系抽取方法得到了广泛关注，关系抽取也在多年的研究中汲取了更多优秀的思想，其丰硕的研究成果为后续研究提供了基础。在国内，研究者们从 2004 年开始对关系抽取给予更多的关注，从 2007 年至今，研究热度呈上升趋势，研究的领域也越来越广泛，从单一的英文研究逐渐向中文等多语言研究扩展，研究方法也经历了多个发展阶段。其中，近年来被广泛应用的神经网络模型备受关注。

（1）基于规则匹配与词典的方法。

这是最早用于关系抽取的简单且有效的方法。然而，规则的建立需要专业知识丰富的语言学者的参与，规则本身与应用领域中的某个任务对应，且规则与特定领域或特定任务的语料密切相关，当领域内的语料规模受限时，在规则制定较完整的情况下，这类方法性能较好。作为早期经典方法，基于规则匹配的方法在关系抽取任务上取得了一定的研究成果[52]。但是，这类方法跨领域的通用性和可移植性较差，且人工编写规则的劳动量较大，需要付出昂贵的代价。

后来，将规则与词典相结合的方法以其相对高效和简单的特点在当时掀起了一阵研究热潮[53]。在这类方法中，词典用于存储指示动词，可以通过补充动词的形式向词典中增加新关系，通过匹配词典关系类型来识别关系。基于词典的方法不需要用户掌握很多的专业领域知识，但由于词典本身容量的限制，导致其应用领域和规模受限，对未包含在词典中的词没有识别能力，并且对识别同义、反义等关系结构无能为力。

（2）基于统计的机器学习的方法。

为了解决词典本身容量的问题，基于机器学习的方法被用于解决关系抽取问题。这是关系抽取任务在机器学习发展到一定程度后应运而生的一种新思路。这类方法提取语料中的词汇和语义特征，并将这些特征用向量的形式进行描述，然后利用机器学习方法对模型调参，从而完成关系分类的任务，其中较常见的特征是句法特征、语义特征等，典型模型有支持向量机[54]、最大熵[55]和 CRF 等。然而，特征的选择是这类方法的关键，模型的整体性能取决于特征生成的有效性，所以模型对特征具有依赖性。

后来，基于神经网络的方法使用预先训练好的特征表示从大量原始数据中获取实体关系特征，避免使用代价极高的规则模板或特征模板，降低了模型对领域知识的依赖性，使模型具有很强的通用性[56]。在关系抽取任务中，有基于卷积神经网络[58]、递归神经网络[59]、双向长短时记忆[60]和胶囊网络（Capsule Net）的方法。

以“××××年××月××日，王某某发现××机组汽轮机产生火花，导致发电机转速超过×××值，存在×××风险。”为例，由于核电设备建造过程历经设计、采购、施工和调试 4 个阶段，因此将质量文本的关系抽取转化为文本的关系分类问题，基于卷积神经网络的关系分类模型框架如图 4.6.4 所示。

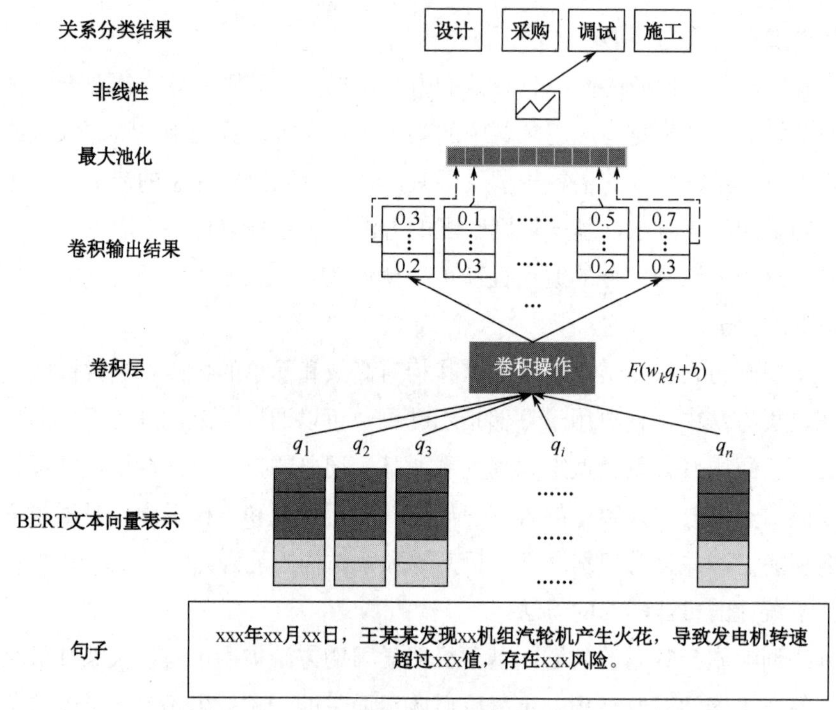

图 4.6.4　基于卷积神经网络的关系分类模型框架

通过上述信息标注策略、文本向量转化技术和特征抽取技术对质量文本进行特征信息抽取，得到质量缺陷对应的关键信息，用数据库对质量文本、缺陷信息进行结构化存储，形成数据资源池，为后续缺陷源标定与追溯提供支持。

4.6.2　基于多目标优化特征的质量缺陷成因分析

核电装备缺陷源标定与分析是通过提炼核电装备质量特性分析数据，并基于质量监管体系，对每个流程质量状态追溯业务的需求建立基于专家系统的推理知识。针对全价值链多个场景的质量缺陷数据，基于自然语言处理和知识图谱中的知识获取对数据进行初步提取，并通过人工经验和推理知识库对产品质量缺陷源数据做进一步提取，实现缺陷源到数据特征的转换。采用机器学习等方法对不同质量缺陷源进行特征重要度分析，分析缺陷源对缺陷的影响程度的相对大小。基于上述处理后的数据集，采用决策树、随机森林（Random Forests，RF）、梯度提升树等算法对质量缺陷源数据进行分析，将质量缺陷传播路径、关键缺陷源、缺陷成因与 EPCS 阶段的关联，以及缺陷源与质量状态的关联进行展示，实现对质量缺陷算法输出结果的分析。

1. 核电装备缺陷源标定方法

在介绍标定方法之前，先定义核电系统中的缺陷。在核安全法规 HAF003 第 11 章中要求，质量保证大纲必须规定要采取适当的措施，以保证鉴别和纠正有损于质量的工况。例如，故障、失灵、损坏和事故、缺陷、偏差、有缺或不正确的材料和设备，以及其他方面的不符合项。法规进一步要求，对于严重有损于质量的工况，质量保证大纲必须规定对其查明原因并采取纠正措施，以防止再次发生此情况。

质量缺陷不仅指设备失效、设备功能异常、设备材质缺陷等影响机组或设备正常运行的情况，也指没有满足某个预期的要求或合理的期望，包括与安全性有关的要求。

缺陷源标定是指对所有的不符合项源头进行追踪并最终定位，通俗来说就是将核电系统的每个缺陷与其所在的阶段和涉事企业形成相应的映射关系。

目前，核电装备质量缺陷源标定方法主要有人工标定与基于智能策略的标定两种。

1）人工标定

根据发现的缺陷类型和发现缺陷的部门不同，缺陷处理和跟踪方式也不同，包括工作申请（WR）、不符合项报告（NCR）、质保纠正措施要求（CAR）、核电站运行事件通告（LOEN）、核电站内部运行事件通告（IOEN）、24 小时事件单（ES）和库存异常通知（WDN）等。各种质量缺陷的跟踪与标定方式如下。

（1）对于在现场巡视、检查或质量验证过程中发现的设备故障，通过申请工作票就能解决，即人工提出工作申请，在工作过程中进行处理。

（2）如果发现安装在设备/系统上的材料、部件与设计、采购或合同技术规范不符，或者部件不能按照已获批准的图纸、规范或设计文件进行安装，或者材料、部件、设备、系统、结构已损坏或在超出设计条件的状态下（如超压、过电压、过热、过应力状态或其他对质量有危害的条件）工作，应根据相应的程序要求发出不符合项报告进行跟踪处理。

（3）员工在工作中探测到异常事件必须填写 24 小时事件单，然后管理部门按照三级事件管理制度进行处理，即运行事件（LOE）、内部运行事件（IOE）和一般异常事件。

（4）质量保证部门进行检查、监督或监查时，根据发现的缺陷查看各级追踪记录，对缺陷产生的阶段及相关企业进行标定。

2）基于智能策略的标定

基于智能策略的标定就是采用信息化技术和手段，采集核电产品生产和流通信息，经数据集成后形成一条完整的数据链，以此实现 EPCS 阶段过程透明化和责任明晰化，达到核电产品来源可查、去向可追、责任可溯的目标。

追溯系统在核电设备质量监管过程中能够实现两大功能：第一，可以记录核电设备的生产信息，包括生产企业、设计过程、生产过程、包装运输、施工环境等信息；第二，可将产品信息转换成基于 RFID 技术的条码标签，以保证信息流通。

智能策略标定所研究的核电生产链的智能追溯系统是一个循环体系，从核电设备处理过程上游到下游进行追溯，再从处理过程下游到上游进行监督。整个系统涉及 RFID、WSN、GPS 等技术，通过 EPC 系统中的 ReID 技术为每件单品建立全球开放的标识标准，实现全球范围内对单件产品的跟踪与追溯，有效地提高供应链管理水平和追溯效率。通过使用 RFID 电子标签，给产品置入唯一的识别信息，再通过 RFID 读写设备读写信息，可高效、精准地标定核电缺陷源 EPCS 阶段及涉事企业。

2. 常见的质量缺陷成因分析方法

在核电领域有三种比较常见且基础的质量缺陷成因分析方法，分别是人工分析法、专家系统和树模型缺陷成因分析法。

人工分析法是指在核电 EPCS 阶段出现缺陷及故障时，通过对设备构造原理的理解来分析缺陷成因。例如，在液压操纵传动系统中有一些精密零件，如果人们知道其工作原理及构造，在零件损坏时就可分析其损坏原因[61]。除此之外，利用多个传感器记录设备全方位状态也可分析其缺陷原因[62]。例如，据统计，旋转机械的故障有 30%是由滚动轴承故障引起的，而轴承故障的原因有很多，因此研究者有时需要使用传感器捕获其工作时的信号频率来进行人工辅助判断。

专家系统依赖推理，解释机被用于解释这个过程，这个过程是可检查的，可以在一定程度上避免人工分析法产生误差的情况。专家系统通过计算机程序实现专家理论推理过程，即模拟人类专家的思维过程解决实际问题。专家系统由人机交互界面、知识库、推理机、解释机等组成，如图 4.6.5 所示。基于专家系统的知识推理虽然结合了多位专家的诊断分析知识，实现了系统缺陷多维度、多模块诊断，但也有耗时长的缺点[63]。

树模型缺陷成因分析法包括事件树分析法、故障树分析法和决策树分析法，是系统分析的重要方法，在实践中得到了广泛应用。故障树分析法（Fault Tree Analysis，FTA）是一种评价复杂系统可靠性与安全性的常用方法，也是一种逻辑推理方法，具有逻辑性强的特点。故障树分析法通过图形的方式对事件逐步深入分析，能够清晰反映系统失效原因。故障树分析法被应用到各种工业故障缺陷分析场景中。为分析核电站应急人员在处理严重事故时可能发生的人因失误，通过建立不同应急人员的认知模型及识别相应的行为影响因子，在认知功能的基础上识别出 13 种人因失误模式，并基于故障树分析法得出人因失误模式的主要原因。分析结果可为保障严重事故工况下的核电站安全提供参考。这里以 3 种故障作为次顶事件，建立如图 4.6.6、图 4.6.7 和图 4.6.8 所示的核电故障树图。故障树分析法具有直观、简明的特点，是核电缺陷成因分析的有效方法。该方法针对一个特定事故做分析，而不是针对一个过程或设备系统做分析，因此具有局部性，并且在数据量较大的情况下，会耗费大量的人力、物力和财力。

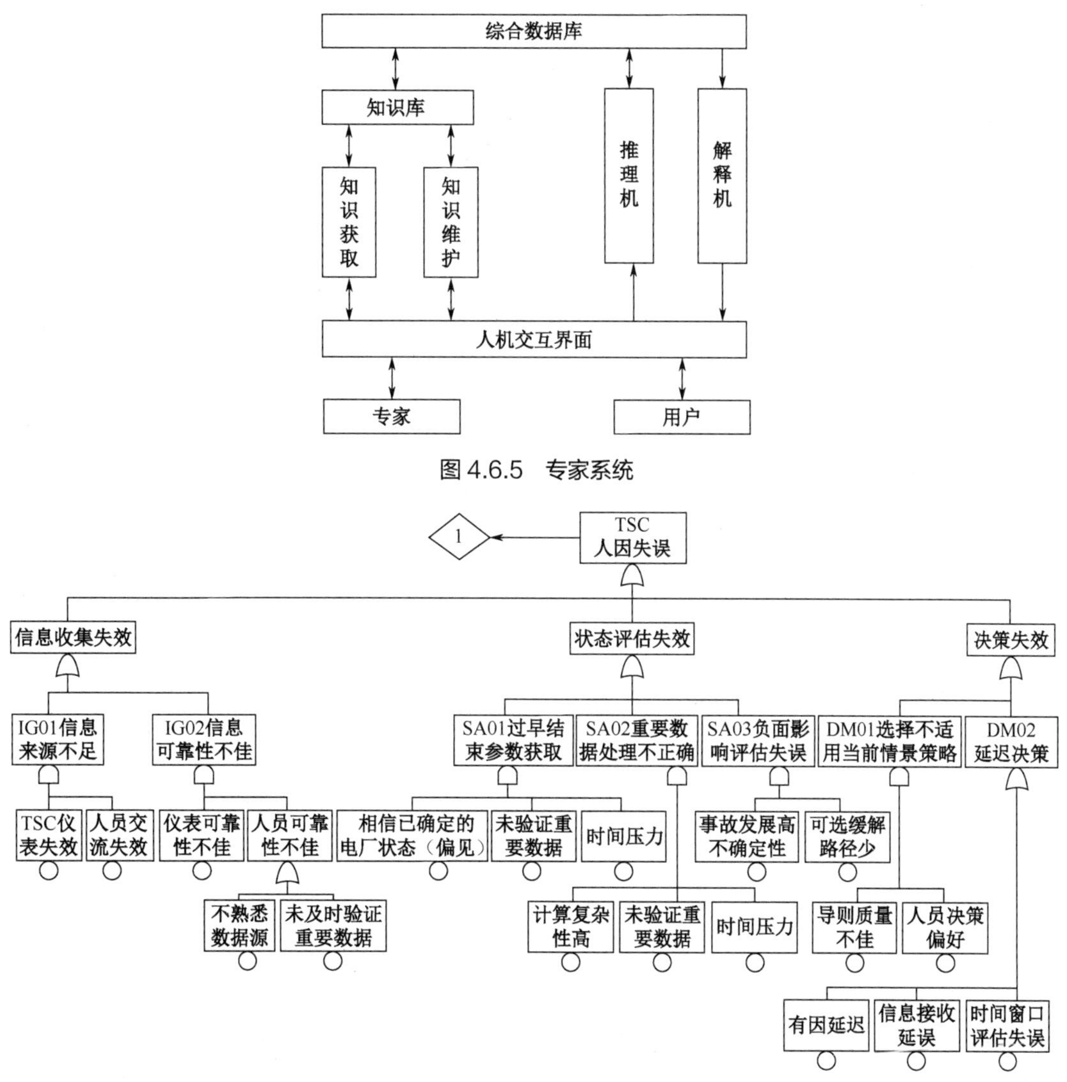

图 4.6.5　专家系统

图 4.6.6　TSC 人因失误故障树图

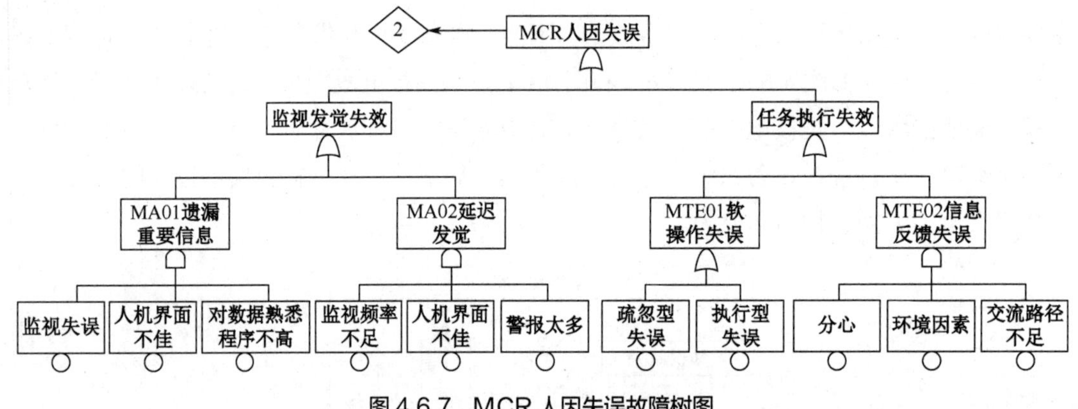

图 4.6.7　MCR 人因失误故障树图

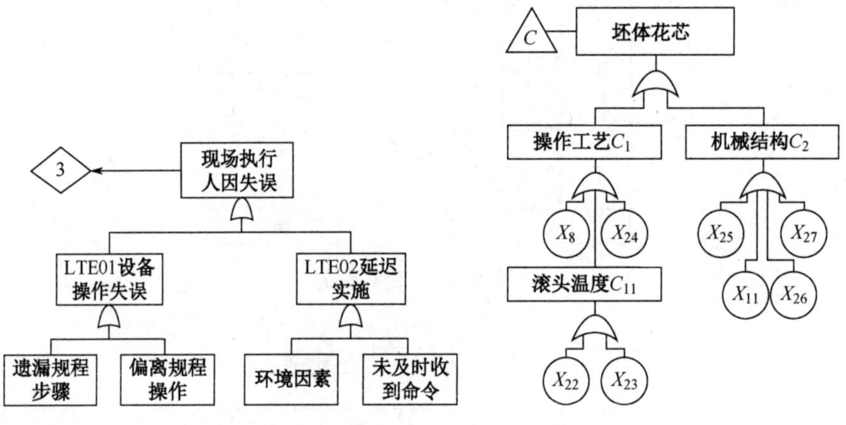

图 4.6.8　现场执行人因失误故障树图

3. 基于特征工程的随机森林分析法

为了处理工业过程中产生的大量状态数据，提高分析系统的可靠性，可以使用数据驱动方式对数据进行建模分析。目前，机器学习和深度学习，在智能制造业设备缺陷与故障诊断方面得到了广泛应用。可用可解释性随机森林模型来实现核电缺陷成因分析。

随机森林算法是最有效的集成分类算法之一，随机森林由多棵决策树组成，每棵决策树给出一个投票权，表示关于对象类别的决策。随机森林采用自助采样法随机抽取数据集，自助采样法是有放回的抽样，因此每个样本被抽中的概率是相同的，在形成一个个样本集后，再训练构造一棵决策树。在节点找特征进行分裂的时候，随机抽取一部分特征，在抽到的特征中找到最优解，应用于节点，进行分裂，如果把训练数据看成矩阵，那么就是一个行和列都进行采样的过程，所以随机森林算法可以避免过拟合。

决策树是数据挖掘领域一种比较典型的单分类器，它用树结构来构建分类模型，每个节点代表一个属性，根据这个属性的划分，进入这个节点的子节点，直至叶子节点，每个叶子节点都表征一定的类别，从而达到分类的目的。决策树是一个白箱模型，树模型形成过程类似于一种二叉树的结构，通过最终形成的一棵棵树可清楚地知道从特征到目标的形成过程，具有可解释性。正是有了这种可视化、可解释的树模型，才能形成缺陷源传播路径，进而分析缺陷原因。

特征选择是一种用于去除无关和冗余特征的预处理技术，卡方检验是一种用于确定期望频数与观测频数之差的滤波方法。核电历史缺陷数据具有数据不平衡、包含冗余特征等特点，对核电缺陷源的识别是一项复杂的工作，将卡方检验的特征选择应用于核电数据，将会提高其识别精度。卡方检验是一种统计检验，用于测量与类别值无关的特征出现分布的离散度，计算两个变量（单个特征与目标变量）的卡方值。公式如下：

$$X^2 = \sum \frac{(o-e)^2}{e}$$

式中，o 为实际频数；e 为理论频数；X^2 为卡方值。先假设两个变量是相互独立的，在这个假设成立的条件下，计算出变量列联表中每个格子的理论频数，然后计算这两个变量的实际频数，分析实际频数和理论频数的差，差越大则表明实际与假设差距越大。若卡方检验结果不明显，则原假设不成立，两变量是相互独立的；若卡方检验结果显著，则原假设成立，两变量是相关的。

卡方值越大，表明观察值与期望值偏差越大，说明两个变量的相互独立性越弱。根据卡方值大小进行特征排序，选择前 k 个重要的特征，将选中的 k 个特征作为随机森林模型的输入。通过自助采样法，即有放回的随机抽样，形成多个数据子集。使用每个抽取的数据子集训练若干棵决策树时，随机选取属性做节点分裂，直到不能再分裂，建立大量的决策树形成森林。运用集成的思想及多数投票的策略来判断样本所属的类别。最终可视化随机森林，挑选出最优的那棵树形成缺陷成因分析树状图，如图 4.6.9 所示，图中 X[i]代表一项缺陷成因，通过树状图可以清晰展示缺陷之间的传递关系[64]。

通过这种方法，可以从核电历史缺陷数据中提取重要特征，构建可解释性强的分类模型，形成缺陷源传播路径，并进行缺陷原因分析。

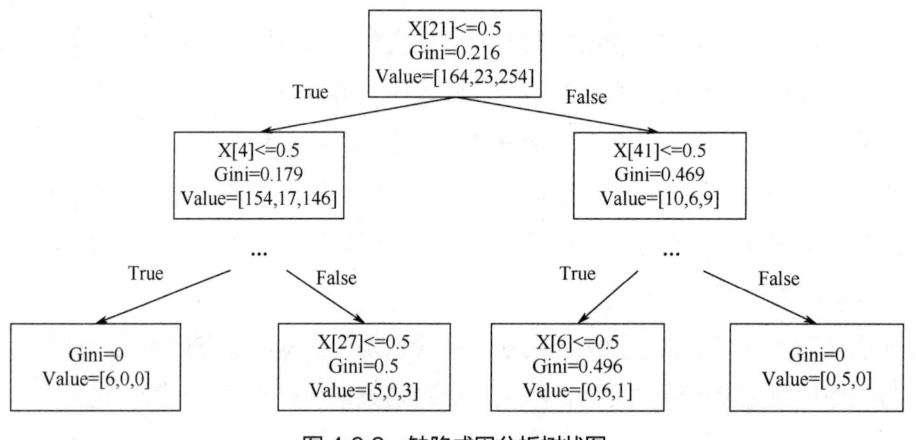

图 4.6.9　缺陷成因分析树状图

4. 基于 NSGAⅡ-RF 的样本不平衡下设备缺陷成因分析

在智能制造业设备缺陷与故障诊断中，欠采样容易丢失重要的样本信息，而过采样容易引入冗杂信息。针对这些问题，本节将精英策略的非支配排序遗传算法（Non-dominated Sorting Genetic Algorithm，NSGAⅡ）融入随机森林算法，用多目标遗传算法代替传统随机森林算法中的自助采样法和特征选取方法，产生多样化、性能优的特征子集和样本子集，从而生成多样性强、准确性高的决策树，同时确定最优的决策树数量，达到优化随机森林算法性能、提高分类精度的目的。该方法的主要目标是通过创建性能良好的训练集来提高随机森林算法的性能。由于需要解决多样性和准确性之间的冲突，因此需要同时对这两个目标进行优化，以生成准确且多样化的决策树，并确定最佳树的数量。该方法主要分以下两步：第一步是通过 NSGAⅡ生成差异性大且分类准确度高的训练子集，第二步是基于 NSGAⅡ生成的训练子集来训练决策树并形成随机森林。在 NSGAⅡ中，每条染色体代表一个训练子集，并且用二进制向量表示。每条染色体由样本及特征组成。NSGAⅡ中数据集的表示如图 4.6.10 所示。

采样抽取的数据集具有一定的随机性，无法保证基于这些随机训练集训练得到的决策树性能。本节提出的方法将第一步的输出，即通过 NSGAⅡ所获得的 Pareto 解，也就是优化后的训练集，在第二步中用于训练决策树。根据 NSGAⅡ产生的训练集的数量，确定决策树的数量，并基于产生的训练集的多样性和良好的性能，训练出多样化和准确的决策树，构成随机森林。

NSGAⅡ改进随机森林算法的本质是把随机森林算法生成高多样性和高准确性决策树的目标融入 NSGAⅡ中，通过 NSGAⅡ进化优化算法产生相应的训练集来训练决策树，以降低不平衡数据集下随机采样形成决策树时的随机性。相应的故障分类详细流程图如图 4.6.11 所示。

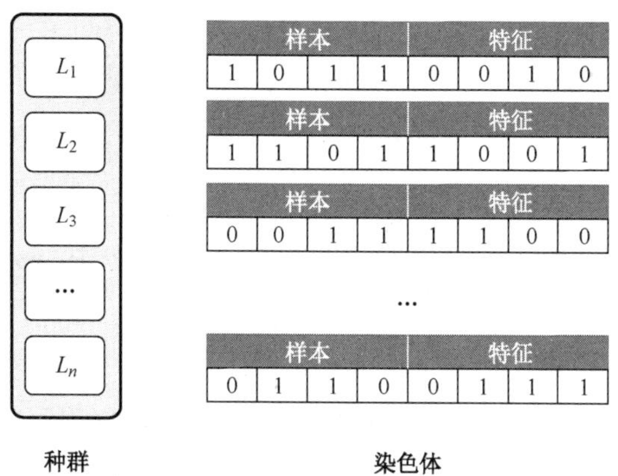

图 4.6.10 NSGAⅡ中数据集的表示

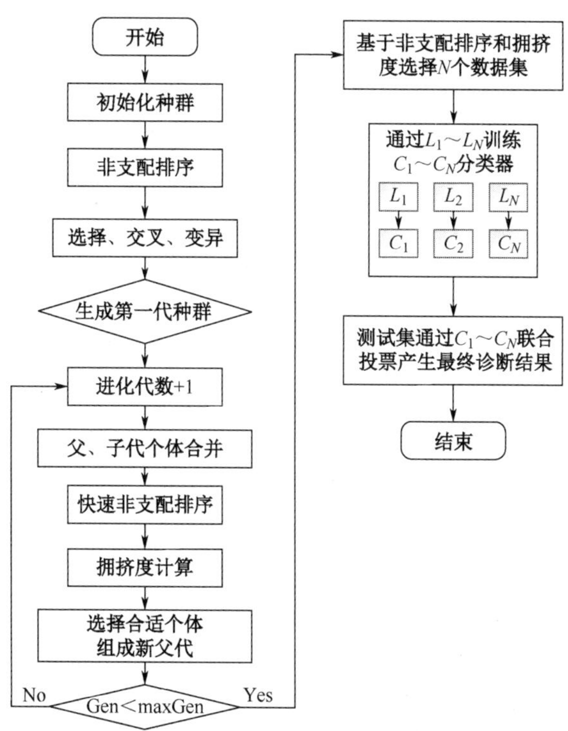

图 4.6.11 NSGAⅡ-RF 故障分类详细流程图

采用 NSGAⅡ-RF 解决样本不平衡问题下的缺陷分析。该方法与其他集成学习改进方法最大的区别在于对不平衡数据的处理不同。本节提出的方法在保留重要样本和特征信息的基础上，利用 NSGA II 同时优化多样性和准确性，以产生多样化、性能优的特征子集和样本子集，在提高精度的同时提高决策树的多样性。该方法将多目标进化算法得到的最优解集合作为不同的训练子集来训练决策树。获得的解的数量决定了建立随机森林所需的决策树数量，避免了冗余的分类器。通过创建多样性和高性能的分类器并确定最优分类器数量来提高 RF 算法的性能。

4.6.3 基于质量追溯图谱的质量事件逆向追溯

核电装备技术复杂且安全要求严苛，因此制定了严格的质量保障与监控体系，以确保核安全。在核电装备的设计、生产、制造、安装、调试及试运行过程中，如果发生质量事件，那么以质量事件为原点进行质量追溯是保证核电质量安全的必要环节。

传统的核电装备质量追溯方法一般为成立专家组，根据企业既定质量追溯流程进行逐级排查。此过程对专家经验依赖较高，缺乏智能化分析手段，同时核电系统内各平台资源互通困难，追溯流程长、成本高、周期长。

本节通过智能化手段整合提炼核电质量追溯相关数据资源，建立一种用于核电装备质量追溯的结构化信息表达体系，提出一种智能化的核电装备质量追溯方法。

1. 质量追溯知识图谱设计

1）行业知识图谱的特性

通用知识图谱的信息通常采集自互联网网页内容，以及类似于百度百科、维基百科这样的通用知识库。显而易见的是，无法直接使用通用知识图谱来解决某个具体行业的问题——因为通用知识图谱中包含过多与该行业无关的知识，却又可能缺乏与该行业相关的知识。此外，通用知识图谱的结构和表达形式可能与垂直行业的需求相差甚远。为此，需要针对某个行业构建面向该行业的专用知识图谱，将这样的知识图谱称为行业知识图谱。

行业知识图谱通常具有以下特性。

（1）方向垂直性。

行业知识图谱是面向某一特定行业的知识图谱，相比于泛型的通用知识图谱，行业知识图谱更加深入某一垂直领域，如医疗知识图谱、金融知识图谱、论文引用知识图谱等。

（2）图谱可靠性。

行业知识图谱一般由业内的龙头企业或机构发起构建，期望通过知识图谱来对行业内部的大量业务数据进行处理和表示，以用于业内复杂的分析和决策支持。由于面向行业内部的实际业务，这对知识图谱的可靠性和准确性提出了更高的要求，如医疗知识图谱和金融知识图谱。相较于从互联网获得知识来源的通用知识图谱，行业知识图谱的发起者与实际设计者均为行业内部人员，因此能够提供的数据质量远非通用知识图谱能够比拟，在此基础之上，行业知识图谱在该领域内通常具有更高的可靠性。

（3）表示全面性。

由于行业知识图谱需要支持行业内部的具体决策与一些业务场景，所以对行业知识图谱的刻画深度有更高的要求。一般来说，行业知识图谱的知识结构和知识表达方式都由行业内的专家设计，如更丰富的实体类型与属性、更具代表性的实体特征，这些信息能够更全面、更专业地表达行业内部知识，对于行业的作用也更加明显。

（4）任务具体性。

一般来说，相对于通用知识图谱，行业知识图谱聚焦于某一具体行业，甚至仅仅聚焦于行业内的某一具体业务场景。在针对某一行业中的某一具体业务场景时，可以采取裁剪的方式从行业知识图谱中提取对应的小型知识图谱。不同的行业和业务对知识图谱的表达形式要求不同，在从一个领域应用于另一领域的过程中，需要对知识图谱的数据来源、知识抽取目标、知识抽取方法、知识内容结构进行重新设计，这也是知识图谱难以在不同领域间进行迁移的原因。

由于行业知识图谱与通用知识图谱差别较大，构建好的知识图谱难以直接跨界使用，因此在从通用领域应用于垂直领域的过程中，需要对知识图谱的数据来源、知识抽取目标、知识抽取方法、知识内容结构进行重新设计，该过程的实施需要垂直领域的专业背景、知识图谱技术的专业知识，以及对业务的深刻理解。因此，在知识图谱的构建过程中，往往需要领域内的专家进行辅助设计。

2）用于质量追溯的知识体系设计

质量追溯是指通过所记录的标识，追溯一个产品或活动的历史、应用情况或所处位置。如果有一个零件出现问题，应当能够对这个零件的所有历史过程进行追溯，定位导致该问题的原因和责任方，同时对这一批次的零件或设备进行检测以排除隐患。

运用知识图谱技术，通过构建核电质量追溯领域的行业知识图谱，可以管理庞大的质量文件数据资源，加速质量追溯流程，释放数据的内在价值。在 4.4 节中已经介绍了如何建立核电装备全生命周期质量状态演化图谱，利用其提供的核电装备产品层、部件层、零件层中存储的节点与节点之间的关联关系构建质量追溯图谱中的追溯节点网络，并且利用其提供的核电装备质量特性信息为质量追溯过程提供历史质量信息与解决方案支持，对提升核电装备质量追溯效率与准确率有着重要意义。

如前文所述，知识图谱的跨领域能力较弱，如何选取用于构建核电装备质量追溯知识图谱的数据来源、设计用于核电装备质量追溯知识图谱的内容结构、基于知识图谱设计核电装备质量追溯方法，成为阻碍知识图谱应用于核电装备质量追溯的难题。在现有技术中，尚无将知识图谱用于核电装备质量追溯的先例，更没有提供基于知识图谱的核电装备智能化质量追溯方法。

本节结合核电行业质量追溯实际业务流程、核电装备全生命周期质量状态演化图谱，以及质量追溯使用的质量数据资源特征，针对核电装备质量追溯问题，设计基于知识图谱的核电装备质量智能追溯流程，如图 4.6.12 所示。

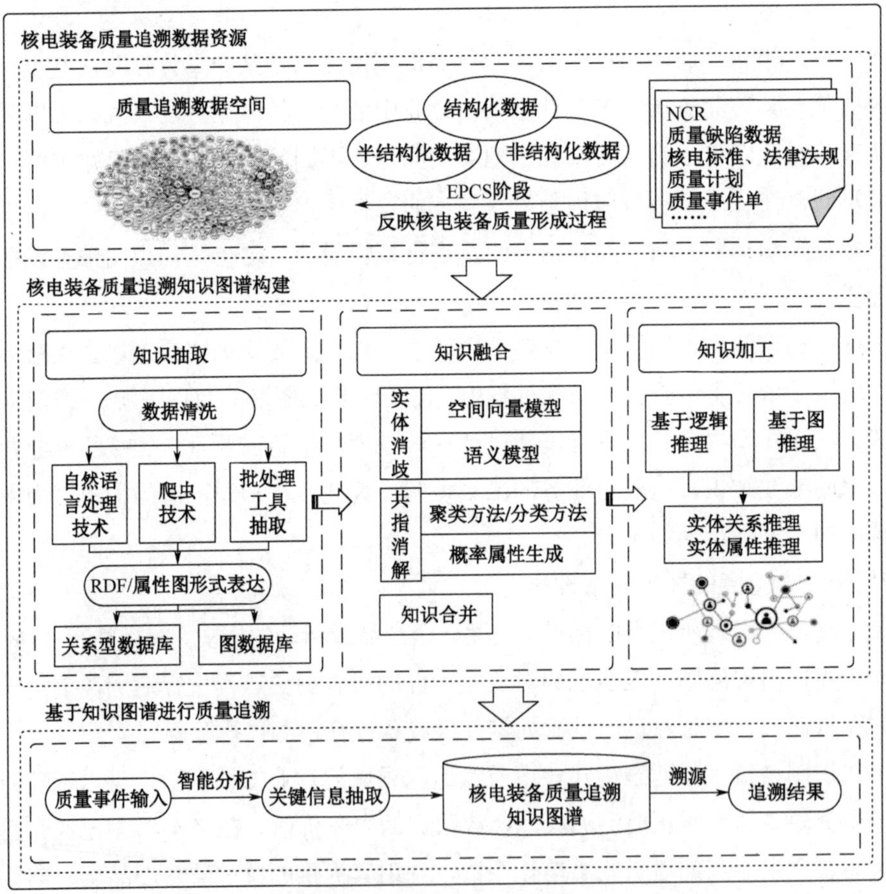

图 4.6.12　基于知识图谱的核电装备质量智能追溯流程

其中，对质量追溯知识图谱的知识体系设计如下。

（1）数据来源。

用于质量追溯的相关数据可从核电公司内部的业务系统中获取，相关数据包括结构化数据、半结构化数据和非结构化数据。此外，本节还融合了4.3节中的质量特性数据、4.4节中的质量状态演化图谱和质量计划数据，提取其中的质量关键特性信息与质量状态传递等追溯关联知识，对质量追溯图谱形成有益补充。

其中，结构化数据是一种以固定格式存储的数据，如关系型数据库中存储的供应商体系信息、产品供货关系等管理类信息；半结构化数据是一种基于非关系模型、有基本固定结构模式的数据，如核电公司内部工程管理网站中的日志文件、图片格式的现场质量见证记录等；非结构化数据是一种不具有固定格式的数据，如核电装备制造过程中以文字描述形式记录的质量事件单、经验反馈单、领域标准文献等。

用于质量追溯的相关数据来源于产品质量缺陷数据、产品质量事件相关记录、领域标准与法律法规、质量计划、产品生产制造过程文件等，能够反映核电装备的质量形成过程。

这里对核电装备的质量形成过程进行解释。根据与核电相关领域专家的讨论结果，将核电装备的质量形成过程表述为：在核电装备的设计-采购-施工-调试这一流程中与质量相关的关键节点信息的串联。其中，关键节点信息可根据核电装备的自身特性及实际追溯需求确认，至少应包含核电装备的组成信息、核电装备与其子构件的设计-制造-安装-调试流程信息、各环节责任方信息、核电装备与其子构件的质量指标信息、核电装备质量问题表现与原因信息。

（2）节点设计。

节点包括质量问题表现节点、质量问题发生对象节点、质量问题产生原因节点、核电装备/子构件涉及阶段节点、核电装备/子构件节点、责任实体节点。其中，质量问题发生对象节点与核电装备/子构件节点可以重合，重合时该节点拥有两个节点标签。

（3）关系设计。

关系包括核电装备/子构件/涉及阶段与责任方的关系、核电装备与其子构件之间的组成关系、质量问题表现与质量问题发生对象之间的关联关系、质量问题与导致质量问题发生的原因之间的关系、核电装备/子构件制造安装流程流转关系。

（4）属性设计。

属性包括核电装设备/子构件的质量标准与正常状态属性、节点在总事件空间中出现的概率属性，以及对节点或关系的补充描述等。

2. 基于质量追溯知识图谱的质量事件追溯查询策略

使用知识图谱技术有望有效建立核电装备质量追溯关键信息的结构化表达体系，反映核电装备质量形成过程的关键节点与关联关系，进而支持质量追溯方法的实施。

前面介绍了面向核电装备质量追溯业务的知识图谱设计，接下来介绍如何利用核电装备质量追溯知识图谱执行跨企业质量追溯任务。

当有新的核电装备质量追溯任务产生时，通过对输入的质量事件进行智能分析，识别出质量事件的实体、实体关系和质量问题现象信息，生成标准化查询事件驱动知识图谱搜索。在质量追溯知识图谱中定位质量问题状态表现所对应的节点、属性与关系作为锚点，沿核电装备质量形成路径对质量问题发生的对象进行逆向追溯，根据相关历史质量问题发生位置、质量问题状态表现与原因、设备正常状态信息进行逐级比较和关联分析，给出质量问题产生原因的推理结果，并判断质量问题所属阶段，形成质量缺陷产生-现象-对象-涉及阶段的追溯链条。

例如，某质量事件单中记录了如下现场质量事件："主蒸汽过滤器法兰漏汽。原因：①经过现场检查发现，主蒸汽过滤器法兰螺栓力矩不足，导致漏汽现象出现；②主蒸汽过滤器法兰垫片为齿形垫片，对安装要求较高，垫片本身及安装过程中稍有偏差就容易导致漏汽。"

针对上述质量事件记录，识别出的命名实体为"主蒸汽过滤器""主蒸汽过滤器法兰""法兰螺栓""法兰垫片""齿形垫片"；识别出的质量问题表现为"漏汽"；识别出的质量问题发生对象为"主蒸汽过滤器法兰"；识别出的原因为"力矩不足""安装偏差"；识别出的关系为"主蒸汽过滤器"与"主蒸汽过滤器法兰""主蒸汽过滤器法兰"与"法兰螺栓""主蒸汽过滤器法兰"与"法兰垫片"属于设备与设备子构件之间的组成关系，"漏汽"与"主蒸汽过滤器法兰"属于质量问题表现与质量问题发生对象之间的关联关系，"漏汽"与"力矩不足""安装偏差"属于质量问题与导致质量问题发生的原因之间的关系；识别出的属性为法兰垫片是"齿形垫片"。

根据在知识图谱中定位到的节点、关系与属性，沿知识图谱中的关联事实进行遍历查询，并不断比较各设备节点状态与设备正常状态是否存在差别，按照概率属性等参数计算每条路径的概率，最终按照发生概率由高到低的顺序给出基于知识图谱的质量追溯查询结果，上述关联事实可以理解为核电装备质量形成路径。

例如，假设在核电装备调试现场发生了主蒸汽过滤器法兰漏汽这一质量事件，而输入的现场质量事件单中只记录了主蒸汽过滤器发生漏汽现象，没有具体排查漏汽发生的位置及原因。使用基于知识图谱的核电装备质量追溯方法，根据输入信息中抽取出的节点、关系、属性信息，在知识图谱中匹配到相关的初始节点、关系与属性，由输入信息匹配到知识图谱中的节点“主蒸汽过滤器”和“漏汽”，根据知识图谱中已经存在的节点与关系图，从初始节点开始沿关系路径进行遍历搜索。

“主蒸汽过滤器”和“漏汽”两节点间存在中间节点“主蒸汽过滤器法兰”，“主蒸汽过滤器法兰”为“主蒸汽过滤器”的子构件，因此可推测导致“主蒸汽过滤器”设备节点“漏汽”的具体构件为“主蒸汽过滤器法兰”，从“漏汽”节点继续沿质量问题与导致质量问题发生的原因之间的关系路径可到达“力矩不足”节点与“安装偏差”节点，从“力矩不足”节点逆向追溯到“法兰螺栓”节点，从“安装偏差”节点逆向追溯到“法兰垫片”节点，而根据知识图谱，“法兰螺栓”与“法兰垫片”均属于“主蒸汽过滤器法兰”的子构件，至此完成所有路径的遍历，根据节点的概率属性计算每条路径的概率，假设在总事件空间中，“力矩不足”出现的次数多于“安装偏差”出现的次数，那么按照发生概率由高到低的顺序返回查询结果为导致主蒸汽过滤器漏汽的最可能位置“主蒸汽过滤器法兰”，可能的原因为法兰螺栓力矩不足和法兰垫片安装偏差。

如果在构建知识图谱的过程中向知识图谱内存储了设备的指标信息，那么对于现场能够获得设备具体状态信息的质量事件，可以根据知识图谱中存储的节点正常状态或质量标准属性，在执行质量追溯时对这些属性值进行比较，以发现异常节点或排除正常节点。例如，核电装备质量追溯知识图谱中存储了法兰螺栓的正常状态为力矩大于或等于 A，而现场质量事件单中记录了主蒸汽过滤器法兰螺栓的实测力矩为 B，那么对输入信息的抽取结果中，“法兰螺栓”节点包含属性“力矩=B”。在基于知识图谱的推理过程中，在到达“法兰螺栓”节点时，会比较“法兰螺栓”节点的属性“力矩$\geqslant A$”与输入信息中“法兰螺栓”节点的属性“力矩=B”，如果 $B\geqslant A$，则判断“法兰螺栓”节点不是导致主蒸汽过滤器漏汽的质量问题发生位置，与其关联的“力矩不足”不是导致“漏汽”的原因，因此最终的追溯结果如下：导致主蒸汽过滤器漏汽的最可能位置为“主蒸汽过滤器法兰”，可能的原因为法兰垫片安装偏差。在此基础上，可以进一步查询到安装法兰垫片的施工单位，从而完成跨企业的质量追溯。

在知识图谱推理的实际应用中，常常使用推理模型+正则匹配的方式来完成上述功能。

参考文献

[1] 中国核能行业协会. 核安全文化政策声明[N/OL]. 中国环境报[2015-01-27]. http: //www. china-nea. cn/site/content/3102. html.

[2] 国家核安全局. 我国首次发布《核安全文化政策声明》[N/OL]. [2015-08-04]. https: //nnsa. mee. gov. cn/haqwhxg/pyhaqwh/201508/t20150804_309214. html.

[3] 国家核安全局. HAF003 核电厂质量保证安全规定[S]. 北京：国家核安全局，1991.

[4] XU Q, YE H, SONG HUAMING, et al. Research on supply chain product quality decision considering quality coordination contract[A]. The 15th international conference on service systems and service management[C]. United States: IEEE, 2018: 1-7.

[5] 徐梦宇，易茜，单玉忠，等. 基于系统动力流图的核电装备智能制造协同质量价值建模[J]. 机械工程学报，2022, 58(12): 270-282.

[6] 国务院新闻办公室网站. 《中国的核安全》白皮书[N/OL]. 国新网[2019-09-03]. http: //www. scio. gov. cn/zfbps/32832/Document/1663405/1663405. html.

[7] BOILER A, PRESSURE VESSEL COMMITTEE. ASME boiler and pressure vessel code, section iii rules for construction of nuclear power plant components, division 1-appendices[J]. ASME, 1995 Edition，1995: 377-382.

[8] TAO F, LIU W, ZHANG M, et al. Digital twin five-dimensional model and its application in ten major fields[J]. Computer integrated manufacturing system, 2019, 25(1): 1-18.

[9] CUNBO Z, JIANHUA L, HUI X, et al. The connotation, architecture and development trend of product digital twins[J]. Computer integrated manufacturing system, 2017, 23(4): 753-768.

[10] 屈挺，张凯，罗浩，等. 物联网驱动的“生产-物流”动态联动机制、系统及案例[J]. 机械工程学报，2015, 51(20): 36-44.

[11] MIKOLOV T, SUTSKEVER I, CHEN K, et al. Distributed representations of words and phrases and their compositionality[C]. In Proceedings of the 26th International Conference

on Neural Information Processing Systems. 2013: 3111-3119.

[12] He Y, Tang X, Chang W. Technical decomposition approach of critical to quality characteristics for product design for six sigma[J]. Quality & reliability engineering international, 2010, 26(4): 325-339.

[13] AWASTHI A, KANNAN G. Green supplier development program selection using NGT and VIKOR under fuzzy environment[J]. Computers & industrial engineering, 2016, 91: 100-108.

[14] 胡炳涛，冯毅雄，密尚华，等. 面向核电装备的全生命周期价值链协同模式研究[J]. 机械工程学报，2022, 58(13): 213-227.

[15] PAN S J, YANG Q. A survey on transfer learning[J]. IEEE transactions on knowledge and data engineering, 2009, 22(10): 1345-1359.

[16] WEN P, FENG L, ZHANG T. A hybrid chinese word segmentation model for quality management-related texts based on transfer learning[J]. PLoS one, 2022, 17(10): e0270154.

[17] 冯麟涵. 核电装备供应链质量管理文本中质量特性识别研究及应用[D]. 重庆：重庆大学，2022.

[18] GUO Q, SHENG K, WANG Z, et al. Research on element importance of shafting installation based on QFD and FMEA[J]. Procedia engineering, 2017, 174: 677-685.

[19] MANTRIPRAGADA R, WHITNEY D E. The datum flow chain: a systematic approach to assembly design and modeling[J]. Research in engineering design, 1998, 10(3): 150-165.

[20] LIU H, MOTODA H. Feature selection for knowledge discovery and data mining[M]. Germany: Springer science & business media, 2012.

[21] 刘宝珠，王鑫，柳鹏凯，等. KGDB: 统一模型和语言的知识图谱数据库管理系统[J]. 软件学报，2021, 32(03): 781-804.

[22] ZHANG P, WANG T, YAN J. PageRank centrality and algorithms for weighted, directed networks[J]. Physica a: statistical mechanics and its applications. 2022, 586: 126438.

[23] 金超，王琳，盛步云，等. 产品设计质量信息模型及其演化过程研究[J]. 组合机床与自动化加工技术，2019(11): 148-151.

[24] 国家质量技术监督局颁布. 质量管理体系标准[M]. 北京：中国计量出版社，2001.

[25] 庞继红. 复杂机电产品设计质量若干关键技术研究[D]. 重庆：重庆大学，2011.

[26] 金超. 基于质量特性的产品设计过程质量控制技术研究[D]. 武汉：武汉理工大学，2019.

[27] 施昭，曾鹏，于海斌. 基于本体的制造知识建模方法及其应用[J]. 计算机集成制造系统，2018, 24(11): 2653-2664.

[28] HUŇKA F, ŽÁČEK J, ZDENĚK M, et al. REA value chain and supply chain[J]. Faculty of economics and administration, 2011, 16(21): 68-77.

[29] 葛涛. 核电工程项目质量链协同管理研究[D]. 武汉：武汉大学，2015.

[30] 韩小丽，董雨佳，方园，等. 国内核电设备制造企业质量管理分析与对策[J]. 设备管理与维修，2018(05): 24-26.

[31] 廖世根. 协同制造网络中知识传播动力机制研究[D]. 重庆：重庆大学，2021.

[32] 高智勇，高建民，王侃昌，等. 基于信息结构要素的信息质量定义与内涵分析[J]. 计算机集成制造系统，2006, 12(10): 1724-1728.

[33] PETERS M E, NEUMANN M, IYYER M, et al. Deep contextualized word representations [A]. The 16th annual conference of the north american chapter of the association for computational linguistics: human language technologies[C]. United States, 2018: 2227-2237.

[34] RADFORD A, NARASIMHAN K, SALIMANS T, et al. Improving language understanding by generative pre-training[J]. Computer science, 2018(7): 1-12.

[35] DEVLIN J, CHANG M W, LEE K, et al. Bert: pre-training of deep bidirectional transformers for language understanding[A]. The 17th annual conference of the north american chapter of the association for computational linguistics: human language technologies[C]. United States: Assoc computational linguistics, 2019: 4171-4186.

[36] MIKOLOV T, SUTSKEVER I, CHEN K, et al. Distributed representations of words and phrases and their compositionality[A]. Proceedings of the 26th international conference on neural information processing systems[C]. Japan: Asia pacific neural network assembly, 2013: 3111-3119.

[37] 刘娇，李杨，段宏，等. 知识图谱构建技术综述[J]. 计算机研究与发展，2016, 53(03): 582-600.

[38] 郭喜跃. 面向开放领域文本的实体关系抽取[D]. 武汉：华中师范大学，2016.

[39] SUNDHEIM B M. Named entity task definition, version 2. 1[A]. Proceedings of 6th message understanding conference [C]. Columbia, Maryland, 1995: 317-332.

[40] CHINCHOR N, ROBINSON P. Named entity task definition[A]. Proceedings of 7th message understanding conference [C]. Fairfax, Virginia, 1997: 1-21.

[41] 曾平. 基于文本特征学习的知识图谱构建技术研究[D]. 长沙：国防科技大学，2018.

[42] RAU L F. Extracting company names from text[A]. Proceedings of the 7th IEEE conference on artificial intelligence application[C]. United States: IEEE computer society, 1991: 29-32.

[43] GRISHMAN R, SUNDHEIM B. Design of the MUC-6 evaluation[A]. Proceedings of the 6th conference on message understanding[C]. United States: Association for computational linguistics, 1995: 1-11.

[44] CHEN H, DING Y, TSAI S, et al. Description of the NTU system used for met2[A]. Proceedings of 7th message understanding conference[C]. Fairfax, Virginia, 1998: 1-9.

[45] FUKUMOTO J, MASUI F, SHIMCHETA M. Description of the OKI system as used for MUC-7[M]. USA: MUC, 1998.

[46] LIU X H, ZHANG S D, WEI F R, et al. Recognizing named entities in tweets[A]. Proceedings of the 49th annual meeting of the association for computational linguistics: human language technologies[C]. United States, 2011: 359-367.

[47] SAHA S K, SARKAR S, MITRA P. Feature selection techniques for maximum entropy based biomedical named entity recosgnition[J]. Journal of biomedical informatics, 2009, 42(5): 905-911.

[48] LI K, AI W, TANG Z, et al. Hadoop recognition of biomedical named entity using conditional random fields[J]. IEEE transactions on parallel and distributed systems, 2014, 26(11): 3040-3051.

[49] COLLOBERT R, WESTON J, BOTTOU L, et al. Natural language processing (almost) from scratch[J]. Journal of machine learning research, 2011, 12 (1): 2493-2537.

[50] HOCHREITER S J, SCHMIDHUBER R A. Long short-term memory[J]. Neural computation, 1997, 9(8): 1735-1780.

[51] 吴庭伟，王梦灵，易树平，等. 多尺度核电质量文本故障信息语义抽取方法[J]. 中国机械工程，2023, 34(08): 976-981+992.

[52] APPELT D E, HOBBS J R, BEAR J, et al. SRI international FASTUS system: MUC-6 test results and analysis[A]. Proceedings of the 6th conference on message understanding[C]. United States: SRI international, 1995: 237-248.

[53] AONE C, RAMOS-SANTANCERUZ M. Rees: A large-scale relation and event extraction system [A]. Proceedings of the 6th applied natural language processing conference[C]. United States: Association for computational linguistics seattle, 2000: 76-83.

[54] ZHAO S, GRISHMAN R. Extracting relations with integrated information using kernel methods[A]. Proceedings of the 43rd annual meeting of the association for computational linguistics[C]. United States: University of Michigan, 2005: 419-426.

[55] KAMBHATLA N. Combining lexical, syntactic, and semantic features with maximum entropy models for extracting relations[A]. Proceedings of the ACL interactive poster and demonstration sessions[C]. United States: Association for computational linguistics, 2004: 178-181.

[56] KUMAR S. A survey of deep learning methods for relation extraction[J]. arXiv preprint arXiv: 1705. 03645, 2017.

[57] HINYON G E, OSINDERO S, TEH Y W. A fast learning algorithm for deep belief nets[J]. Neural computation, 2006, 18(7): 1527-1554.

[58] LIU C Y, SUN W B, CHAO W H, et al. Convolution neural network for relation extraction [A]. International conference on advanced data mining and applications[C]. Germany: Springer-verlag berlin Heidelberg, 2013: 231-242.

[59] SOROKIN D, ANDGUREVYCH I. Context-aware representations for knowledge base relation extraction[A]. Proceedings of the conference on empirical methods in natural language processing[C]. United States: Association for computational linguistics, 2017: 1784-1789.

[60] YU B, ZHANG Z, LIU T, et al. Beyond word attention: using segment attention in neural relation extraction[A]. Proceedings of the 28th international joint conference on artificial

intelligence[C]. United States: AAAI press, 2019: 5401-5407.

[61] 陈林强. 液压系统常见故障的成因及其预防与排除[J]. 液压与气动，2003, (07): 52-53.

[62] 何振文，陈文燕，赖惠文. 自动气象站地温传感器故障成因及排除[J]. 广东气象，2011, 33(02): 65-66.

[63] 郑聪，彭庆忠，周海峰，等. 基于人工智能专家系统的船舶电力系统故障诊断研究[J]. 广州航海学院学报，2021, 29(03): 5-8+24.

[64] 蒋凌云. 核电设备质量缺陷分析及展示系统开发[D]. 上海：华东理工大学，2022.

第5章

核电装备全生命周期智能运维与闭环反馈方法

5.1 引言

核电不仅能够服务于民，也是军工发展的重要方向。自早期美国三哩岛核事故和最近一次日本福岛核事故发生后，核电站的安全问题已经成为各国发展核电必须考虑的问题，执行核电站安全保护作用的反应堆保护系统的相关技术问题也成为研究者们关注的重点。但是，现有应对措施都是在紧急情况已出现时采取的补救措施。而这种突如其来的异常情况，对于可靠性、安全性要求很高的核电站来说是不允许出现的。因此，为将核电站发生故障时造成的损失降到最低，在核电站发生故障时，及时、准确地识别出故障类型及故障位置具有重要意义；在核电站运行过程中使用智能算法提前预测相关参数值，对核电站安全级设备主控制器进行评估，确保设备可靠运行，对保证系统功能正确实现具有重要意义；经验反馈是信息收集、分析、处理、总结的过程，是防止类似事件发生，改善企业绩效，提升企业管理水平的一项重要措施，研究全生命周期闭环信息反馈方法，实现核电产业在设计、采购、施工、调试、运行、退役等阶段的事故预防和经验共享，对提升集团及所属企业安全生产水平和管理业绩具有重要意义。

本章在分析核电装备全生命周期智能运维与闭环反馈需求和挑战的基础上，介绍核电装备全生命周期智能运维及闭环反馈方法，从数据跨域迁移、图卷积结构化表征的角度，详细阐述核电装备全生命周期故障诊断机理，并进一步从时空划分、增量图模型等方法视角阐述核电装备全生命周期预测运行机制，进而提出核电装备全生命周期闭环反馈框架，从而实现核电装备可迁移、可贯通的价值链协同运行服务与经验反馈。

5.2 核电装备全生命周期智能运维与闭环反馈需求与挑战

5.2.1 核电装备全生命周期智能运维与闭环反馈现状

1. 核电站故障数据类型及现有诊断方法

目前核电站故障数据主要取自一级概率风险评价（PRA）中的14类初始事件和相关设备故障。由核电站14类初始事件中的70个子初始事件可知，故障诊断的系统级研究对象应包括反应堆冷却剂系统、化学与容积控制系统、反应堆保护系统、辅助给水系统、给水流量控制系统、余热排出系统、安注系统、设备冷却水系统、重要厂用水系统等。

针对故障诊断的研究发展已久，其源于美国海军研究室，之后又发展到汽车、飞机发动机、化工、钢铁和铁路等领域，我国的故障诊断研究起步于20世纪80年代[1]。20世纪发生的几个大事件推动了故障诊断的发展，包括20世纪80年代前苏联的切尔诺贝利核泄漏事件、美国的“挑战者号”航天飞机失事事件等[2]。故障诊断问题已经引起了各领域专家、学者的高度重视，故障诊断虽然是边缘学科，却综合了计算机科学、信息科学、系统科学和智能技术等，已成为现代科学不可分割的一部分。故障诊断除了要对诊断对象进行全面认识和了解，还要对其核心即故障诊断方法进行研究。现今的故障诊断方法分类较多，传统分类方法是由德国弗兰克教授提出的基于模型、知识、信号的诊断方法分类，但随着工业控制系统的高速发展和信息网络技术的普及，传统分类方法已经不适用，基于模型的诊断方法面临的挑战越来越大[3]。在如今这个大数据时代，要想从繁杂的数据中获取有效信息用于故障诊断，就必须选用合适的方法对数据进行处理。因此，出现了基于数据驱动的故障诊断方法，此类方法对历史和过程数据进行分析、挖掘，对现有的系统运行状态进行定位，以实现异常信号的监测和故障梳理。清华大学自动化系周东华将故障诊断方法划分为定性分析方法和定量分析方法两类[4]。其中，定量分析方法可细分为基于解析模型的故障诊断方法及基于数据驱动的故障诊断方法，后者又细分为机器学习相关方法、统计学习故障诊断方法、信号处理故障诊断方法、信息融合方法等，支持向量机与主元分析是其中的重要代表[5]。

现有的核电故障诊断主要是在一些系统中设置监测参数阈值及报警功能，以供操作人员判断故障的大概位置、原因并一一排除，这样的故障诊断耗时耗力，因此开发一种能够应用于工程、对核电站起支持作用的自动故障诊断系统很有必要。美国设计开发的PRODIAG诊断系统[6-9]研究了与诊断相关设备的物理特性及流体传热特性，分析了各参数的波动性，通过异常参数推断失效设备，再结合人工神经网络算法推导、预测失效原因，但该系统对已有的经验知识利用困难，需要长时间训练模型，分析大型神经网络的稳定性十分困难，不好判断偏离样本的故障诊断结果是否准确。法国在美国三哩岛事故发生后[10]开发了SINDBAD诊断系统，耗时六年，这个诊断系统以模式识别与专家诊断的相关技术为基础，将核电站的专业领域知识与相关经验应用到系统中，并使用模式识别方法对核电站进行故障诊断与预测，该系统还通过采集核电站的实时监测信息，并利用专家知识对事故进行评估来帮助工程人员进行状态检修，但该系统知识获取存在“瓶颈”，不能诊断新故障，并且模糊关系的规则不好建立，模糊规则、隶属度函数、决策算法的最优化过于依赖已有的专家经验。德国设计了用于对前期故障进行研究分析的实时诊断系统，以设备运行的振动原始信号与噪声信号为依据，用数学变换的方法对数据信号进行处理，通过比较正常参考数据与实时运行数据特征的差异来确定故障发生原因及部位，及时进行故障的前期检修[11]，但该系统不具备自学习的能力，对新出现的故障诊断效果不好。由欧洲经济共同体合作发展组织（OECD）资助研究的Aladdin状态监测系统[12-13]在核电站中已经得到了成功推广与应用，它包括两层诊断：前期诊断与深层次诊断。第一层诊断是对诊断对象的正常工况模型与实时信号比较进行故障预测，第二层诊断是用领域知识判断失效部位及原因。该系统对故障类型进行了浅层次的结构化建模，但没有考虑工况变化导致的故障数据域偏移问题。韩国开发了用于隐藏征兆的故障诊断系统SB-Aid，该系统同样采用了人工智能的模式识别方法，同时利用符号有向图（SDG）来分析故障发生后的传播过程，建立系统知识库并运用故障传播的时序原理分析各种工况下管道的相关故障[14-15]，该系统已经在韩国核电站的部分机组中得到了推广，但该系统对高维度、小样本机器学习不具有良好性能，不适用于高维度、小样本故障的诊断与决策。德国西门子开发了基于状态智能监测的早期预警与故障诊断系统[16-17]，该系统有别于基于数据上下限的报警系统，其考虑到运行方式的多样性和运行工况的复杂性，以神经网络为基础加上人工智能算法的自动建模技术建立模型并进行必要的历史数据学习和训练，在投运后可以自动计算出核电站设备在当前工况下的正常运行区间，一旦实际运行数据超出了正常运行区间就会自动报警，防止非停事故发生。它有两方面应用：一是在线监视和早期预警诊断，二是故障后的事故分析。该系统虽然在复杂非线性系统的故障诊断方面具有优势，但不适用于没有大量历史数据支撑，且对诊断结果的可追溯性与可解释性要求较高的故障诊断问题。国内也有商用的自动诊断系统。南京达数信息科技有限公司开发了高端机械设备实时智能诊断及预测系统[18]，在诊断中，知识库为系统给出诊断结果，然后实例库找出相关实例与诊断结果进行对比。若相同，系统会将结果立即提交给用户；若不同，系统则会将两种结果传给专家。实践中，还可针对不同设备建立相关的特征频率库、参数库、动态报警下限等，在此基础上利用模糊辨识、统计模式识别、神经网络和灰色系统等方法实现智能诊断，但该系统没有对故障数据进行结构化建模，在计算过程中将故障的特征信息与结构信息孤立开来，单纯使用故障的特征信息，而忽略了故障之间的连接关系这类结构信息。VDMS-2 型汽轮机发电机组振动监测和故障诊断系统[19]使有经验的振动专家能够远程参加故障诊断，充分利用振动故障诊断专业人员的经验，提高振动故障诊断的及时性和准确性，记录故障产生、发展的整个过程，提供振动故障频谱特性，建立振动故障数据库，但该系统的故障诊断方法需要领域专家来主导，学习能力差，可移植性差。中国原子能科学研究院针对钠泵的故障诊断系统[20]采用基于自适应径向基函数网络的故障诊断方法，它的主要特征是采用一种自适应径向基函数算法，使网络能检测新的故障并具有自学习的能力。该方法能够让诊断系统保留以前学到的所有有关正常及故障状态的信息，在数据密集型故障诊断中应用非常成功，但在没有足够的带标记的训练样本的情况下，该方法常常受到限制。以上系统和方法虽然为核电故障诊断系统奠定了基础，但本质上都面临故障数据库稀少、故障样本稀少、故障数值数据与故障类型匹配的样本稀少的问题，导致无法对模型充分训练，精准实现故障诊断。

衡量一个故障诊断系统的优劣有以下指标：①故障检测的及时性（从故障发生到故障被检查出的时间越短越好）；②故障区分能力（对不同故障的区分能力越强越好）；③故障辨识能力（对故障严重程度的辨识能力越强越好）；④抗干扰性（抗干扰性越强越好）。这些指标需要依据现实条件来区分优先级，以此选出适宜的诊断方法。

定性分析的故障诊断方法系统复杂度不能太高，主要有图论方法[21-22]、专家系统[23-24]和定性仿真[25-26]三类。其中，图论方法通常会引入以故障树为代表的方法及其改良方法，或者符号有向图方法。符号有向图方法实际上是对因果关系的一种逻辑性很强的描述方法，而故障树与决策树类似，与符号有向图不同的是，符号有向图是由因到果，而故障树是从果到因的反向判断。故障树以某种故障状态为分析目标，由下而上地逐层分析导致故障发生的可能原因和概率。因此，图论方法简单易懂，但不适用于复杂系统的故障诊断，可能无法给出正确的诊断结果。专家系统是一种高度依赖人因和经验的故障诊断方法。其通过建立专家数据库，设计一套计算机程序接口，将输入与专家数据库进行比对，从而做出判断和决策。知识库和推理机是专家系统的核心，根据知识库中的 If（条件）-Then（行为）规则来推理并得出结论。模糊隶属度的引入可有效应对知识库中的不确定性，以更好地进行逻辑推理。凭借专家的经验知识，无须对系统进行数学建模，但专家经验的丰富程度限制了诊断系统的准确性，且专家系统不具备自学习的能力。丹麦技术大学阐述了基于功能模型的故障诊断方法，该方法能够较好地解释故障原因及推理过程，实现了多层流模型在压水堆和沸水堆核电站主冷却剂系统故障诊断中的应用[27]。西欧 OECD Halden 工程的诊断模块采用了基于规则的方法，将实际警报和过程变量信息进行组合并与已知模式相比较来诊断故障[28]。针对专家知识存在的不确定性，Ramesh 和 Shum 等学者在专家知识的表示中引入了模糊隶属度的概念并利用模糊集合进行描述，建立了对核电站蒸汽泄漏进行早期诊断的模糊专家系统[29]。在国内，清华大学张晓华和奚树人等都对专家系统进行了研究，开发了核电站实时故障诊断专家系统[30]。哈尔滨工业大学在符号有向图的研究中结合了反向搜索和分层技术，还利用故障权重对候选故障集的可能性进行排序[31]。海军工程大学的马杰等人研究了信息融合和多层流模型技术相结合的诊断方法[32]。哈尔滨工程大学的杨明、陈珊珊等采用基于 G2 通用化建模平台的多层流模型进行故障诊断方法研究，能够将专家知识库和系统多层流模型的构建独立进行，方便操作人员根据需求进行知识库的更新，进一步提高了实用性[33]。闫修平、彭敏俊等以核电站反应堆及一回路系统为研究对象，通过引入分布式诊断策略开发了基于规则推理的专家系统[34-35]。定性仿真不需要建立精确的数学模型，通过定性模型对系统的定性行为（正常和各种故障情况下）进行描述并推理。该方法通过对描述系统的物理参数建立定性约束方程，分析系统的初始状态和可能的故障状态，从而生成故障决策表，能够描述系统的动态行为。

在定量分析方法中，基于解析模型的诊断方法由于残差信号来源的不同又可分为以下几种：①基于等价空间的诊断方法，与状态估计法等价，通过构造系统输入和输出间的等价数学模型，对比实际输入和输出是否满足该关系来判断系统是否存在故障并评估；②基于参数估计的诊断方法，在已建立数学模型的基础上，通过系统参数的变化（参数估计值和正常值间的偏差）进行故障诊断。实际中难以对系统对象建立精确的数学模型，限制了该类方法的应用范围。虽然基于解析模型的故障诊断侧重于建立完备的数学模型，而基于数据驱动的故障诊断侧重于馈入更多更全的数据样本，但这两者之间并非安全独立。事实上，这两者是相辅相成的，更精准的模型和更大的数据样本库可以获得更好的诊断效果。

机器学习故障诊断方法[36-40]实际上是“黑箱模型”方法，一般可以分为支持向量机、神经网络、贝叶斯网络和隐马尔科夫链几种。机器学习的目标在于尽可能找到模拟系统运行状况的函数（一般指目标函数），根据系统的输入对系统的输出进行估计，从而对系统的故障进行诊断。人工神经网络（Artificial Neural Network，ANN）是一种受人类中枢神经系统功能启发的非参数机器学习算法，其自适应特性提供了强大的建模功能，适用于特征之间的非线性关系。ANN 已被用于许多领域的故障诊断中。然而，其缺点主要在于其“黑匣子”性质，这使得模型解释有困难。此外，ANN 通常无法处理输入的不确定性问题，并且计算密集，使得训练期间收敛通常很慢。ANN 易于出现过拟合，需要大量多样化的数据集进行训练以防止出现此问题。

随着近年来大数据技术的快速发展，基于数据驱动的非学习类故障诊断方法也进入了高速发展时期。这种诊断方法不依赖诊断对象的相关数学模型，只需要馈入大量数据（包括正常数据和故障数据）。依据数据处理方式和模型种类不同，主要分为多元回归分析、信号处理与统计、信息融合模型和粗糙集[41-44]几大类。多元回归分析故障诊断方法是通过多元线性或非线性模型对系统故障进行建模，通过迭代求解的方式确定回归分析参数，从而达到对故障的分类和预测。由于在复杂的工业环境中测得的信号通常是有噪声的非平稳多分量信号，因此信号处理故障诊断方法实际上是对非平稳非线性多分量信号分析、非高斯噪声和强背景噪声问题、微小渐变故障早期诊断与演化跟踪三方面采用小波分析，进行信号降噪，从而提取有用的故障信号。经典粗糙集理论可有效处理系统中的不确定性问题，能够在保留核心信息的基础上获得最小的特征表示集。在经典粗糙集的基础上，国内外学者又提出了邻域粗糙集，从而使粗糙集方法也可兼顾连续数据，通过属性约简算法可保证所需要的核心信息没有丢失。

在核动力装置的故障诊断过程中应用最多的当属机器学习方法，机器学习方法的基本思路是利用历史数据进行训练，然后利用训练好的分析模型对实际输入参数给出预测输出以实现模式分类。Zhang 首先利用 Bootstrap 方法对原始数据进行重采样，然后用得到的各个数据子集分别训练神经网络，最后对这些神经网络的诊断结果进行综合处理[45]。委内瑞拉的 Claudio 将支持向量机的故障诊断技术用于沸水堆给水系统[46]。赵云飞等人将 BP 人工神经网络用于 AP1000 核电站部分事故诊断[47]。毛伟、余刃等将支持向量机与小波分解相结合进行核电站主泵的故障诊断[48]。除此之外，还有遗传算法、人工免疫算法等多种仿生机器学习方法在故障诊断过程中的应用。

近年来，关于人工智能故障诊断的研究越来越多，许多模型被应用于故障诊断[49-50]。然而，其中的一些模型具有局限性[51-52]，例如，一些模型只能用于解决特定情况[53-54]，一些只能得到近似解[55-56]，而另一些只能应用于规模较小的系统或系统局部的故障诊断[57]。

在此过程中，对复杂系统的动态传递性进行建模、分析和优化以实现故障诊断和处理逐渐成为领域内的主流方法。计算智能方法被广泛研发并应用于故障诊断领域，如 Petri 网[58]、因果网络[59]、贝叶斯网[60-61]、人工神经网络[62]、遗传算法[63]、径向基函数神经网络[64]、小波变换分类法[65]、四分域向量机[66]、马尔科夫随机场 [67]等。尽管这些方法能够用于工业系统的故障诊断，但仍存在一些缺陷，如计算量较大、响应时间较长，以及缺乏处理不完备和不确定信息的能力等。

在这些模型中，由 C.A.Petri 博士提出的 Petri 网由于其对故障演化过程强大的表达能力[68-69]，在故障诊断领域获得了广泛的应用。Petri 网的建模方法分为直接和间接两类[70]，为提高 Petri 网的建模能力，后续研究者陆续提出了过程库 [71]、分解技术[72]、动态建模方法[73]等概念，并在实例中取得了较好的效果。为表达工业系统中存在的不确定关系，后续研究者提出了模糊 Petri 网（Fuzzzy Petri Net，FPN）[74]，采用“与”“或”两种逻辑规则进行知识表述，提升了故障诊断中的推理效率。FPN 的推理方式包括图形化推理和数学矩阵推理两类。然而，前者推理过程复杂，运算速度较慢；后者虽然运算效率较高，但在过程展示上不便于理解。此外，后续研究者发现 FPN 在故障诊断中存在故障漏判的情况[75]。同时，对于复杂系统，FPN 知识库模型在建立过程中存在状态组合爆炸的问题[76]，模型的后续更新较为复杂，表征变量之间因果关系的参数的确定也较为困难。虽然 Petri 网具有清晰、强大的表达能力，但对存在多变量、多状态的大规模系统建立 Petri 网模型时，Petri 网的规模将随变量状态变得十分庞大且难以理解。同时，传统的 Petri 网不能对动态问题进行有效表达。

为此，随机 Petri 网[77]、有色 Petri 网[70]、混合 Petri 网[78]等一系列高级 Petri 网模型应运而生，利用时间戳实现了 Petri 网的动态表达，但相关研究集中于 Petri 网在故障诊断中的自学习能力，多数学习能力仍基于大量的历史数据，对核电站这类几乎没有历史数据的系统效果有限。

过程监测中两种主流的统计建模方法是由 Pearson[79]在 1901 年提出的主成分分析法（Principal Component Analysis，PCA）和 Wold 等[80]在 1984 年提出的偏最小二乘法（Partial Least Squares，PLS）。参数估计方法在 1991 年被 Isermann 应用于处理故障诊断[81-82]。Qin 的研究课题组在将 PCA 应用于过程检测方面取得了较大的进步[83-84]。MacGregor 的课题组则在 PLS 的过程检测应用方面进行了较多的研究[85]。Qin 和 MacAvoy 于 1992 年提出了非线性 PLS[86]。随后，Dong 与 MacAvoy 发表了论述非线性 PCA 的文章[87]。Nomikos 和 MacGregor 于 1994 年研发了多路径 PCA，并将其应用于批处理过程的监测[88]。为处理高

复杂过程的故障监测和诊断，MacGregor 等人提出了多区块 PLS[89]。Raichand 等则发现将 PCA 和判别分析法融合能够对故障隔离起到更好的效果[90]。对统计建模的研究一直在持续[91-92]，为对传感器和现场设备进行故障诊断，Upadhyaya 等人提出了分组数据的处理方法[93]。

基于模型方法的主要缺点是建模过程复杂，针对非线性时变系统很难用数学解析公式准确表达，这严重限制了基于模型方法的研究与应用。基于模型方法的成果主要包括美国阿贡国家实验室开发的 PRODIAG 诊断系统，在其诊断中结合了热工水力过程的基本物理原理，经过测试表明，该系统可以在较短时间内给出故障集合[94-95]。法国研发了基于模型的压水堆核电站在线监督诊断系统，该系统综合利用了质量和能量守恒方程，能够诊断与热传导、热传递及电力系统有关的故障。

故障诊断一直是工业系统领域的重要研究方向，各种方法和模型被提出和应用。计算智能方法和统计建模方法具有各自的优势和局限性，在不同领域和应用中都取得了较好的效果，如核电站故障诊断、大功率电源故障诊断等。然而，这些方法仍存在一些共同的缺陷，如计算量大、响应时间长、处理不完备和不确定信息的能力低等。因此，在实际应用中需要根据具体情况进行合理选择和使用。同时，利用历史数据修正故障模型的方法在大功率电源的故障诊断中具有独特的优势和前景，但需要深入考虑系统的故障机理，以便更好地分析和解释系统的故障。

2. 基于数据驱动的预测方法

基于数据驱动的预测方法对复杂产品对象进行预测和维护，需要在获取准确、全面的数据资源的前提下，描述数据的输入和输出关系，确定可以直接表征设备运行状态的相关参数，针对泵、汽轮机、高压加热器、低压加热器等候选设备的性能指标（运行效率）构建精准的数据驱动预测模型，从而完成设备特性和状态的预测。具体而言，构建可靠的数据驱动预测模型的过程可以分为数据获取、数据预处理、特征提取、特征选择、模型调试和验证等。

首先，利用数据采集和监测设备，获取多设备的运行状态数据。然后，对采集到的多设备数据进行预处理，包括数据整理分段、数据标准化及降噪等。最后，结合核电装备知识，充分利用统计分析方法，对候选预测设备、设备参数及关键参数进行数据提取和数据筛选。原始数据经特征提取网络模型提取并转化为相关特征序列，作为数据驱动预测模型的输入。

在复杂的设备系统背景下，为提升预测模型智能化水平，适应大规模数据处理的要求，预测模型基于深度学习网络，同时结合数据时序信息及特征的关联和交互，对输入特征进行深层处理和精准预测。利用前馈神经网络对输入特征进行处理和优化。前馈神经网络主要通过贪婪逐层无监督的方式进行训练和学习。上一层神经元的激活输出值输出成为下一层神经元的输入，并且上一层神经元的参数不发生改变，下一层神经元重复此过程，直至完成整个神经网络的训练。此过程根据数据特征规律，合理创建多个隐含层来提高模型的深度和广度，从而提高模型的计算与学习能力。由于设备参数具备时序特性，因此引入时间序列网络，利用前一时刻的神经元信息提升后续预测效果。同时，同层的神经元之间通过回复式连接进行反向传播，不同层间的神经元互相连接，互相传递信息，提升特征间的交互能力。为了优化模型的整体预测效率，提升预测模型的泛化能力，在时间序列网络基础上，引入了层级时序记忆网络。层级时序记忆网络是一种可以根据其拥有的内存量和接收到的输入的复杂程度自动调整模型的层次排列结构，可以自适应地调节网络特性使网络学习更为高效，显著减少模型整体训练和预测时间，同时可以从每个新输入中学习，进行推理和预测，从而实现在线学习。通过将前馈神经网络、时间序列网络、层级时序记忆网络等网络结构有机融合，实现优势互补，同时完成深层特征提取与状态预测的“自底至顶”的数据驱动预测过程。

得益于统计分析和人工智能技术的进步，数据驱动的寿命预测技术快速发展，各种新型数据驱动方法层出不穷。总的来说，目前寿命预测领域应用较为广泛的数据驱动方法主要包括通用轨迹模型、随机过程模型、机器学习模型和基于相似性的模型四大类，下面分别予以介绍。

1）通用轨迹模型

通用轨迹模型（General Path Model，GPM）最早由 Lu 等[96]于 20 世纪 90 年代提出。GPM 首先使用一个退化指标 y 表征设备的退化过程，退化指标可参考退化过程的机理信息给出，也可直接通过监测数据构造，退化指标一般随时间单调变化，并认为当退化指标 y 超过失效阈值 y_{th} 时，设备发生失效；然后使用某种通用函数形式描述退化指标随时间的变化关系。

使用 GPM 进行寿命预测时，首先须通过相似设备的历史监测数据（以下称为训练数据）对模型中的固定效应参数及随机效应参数的分布进行估计，估计方法可采用 MLE[97] 或 Lu 等提出的两阶段方法[98]等；然后以此为先验信息，基于待分析设备的监测数据，使用贝叶斯方法对随机效应参数的分布进行更新，得到当前设备完整形式的退化轨迹函数，

进一步考虑失效阈值 y_{th} 即可得到对设备寿命分布的估计。

GPM 是最早提出的数据驱动预测方法之一。Lu 等[98]使用线性 GPM 建立半导体器件的性能退化模型，使用 MLE 进行模型参数的估计，并分别使用 Bootstra 个方法、正态分布近似和反相似然比检验三种方法估计剩余寿命的置信区间。Xu 等[99]提出使用基于无信息先验分布的贝叶斯方法估计线性 GPM 模型参数的分布，并分别使用蒙特卡洛方法和马尔科夫链蒙特卡洛方法进行后验分布的近似求解。Welz 等[100]将第一类预测方法给出的寿命估计作为先验信息融入 GPM 模型参数的估计过程，并基于热交换器加速退化实验数据进行验证，结果表明，这一改进可显著提高模型在设备寿命初期的预测表现。Chen 等[101]利用分段对数线性 GPM 描述轴承的性能退化过程，并认为分段点为随机变量，使用贝叶斯方法进行模型参数的估计与更新。Yuan 等[102]使用非线性混合效应模型改进了 GPM 预测模型，以考虑对同一条退化轨迹的重复测量值之间的相关性，并应用于核电站碳钢管道的 FAC 壁厚减薄预测。Son 等[103]考虑线性 GPM 模型参数不等式约束形式的先验信息，提出使用约束卡尔曼滤波进行模型参数的估计和更新，以提高预测模型在测量噪声较大情况下的鲁棒性。

2）随机过程模型

与 GPM 类似，在使用随机过程模型进行寿命预测时，也要构建一个退化指标 y，所不同的是，随机过程模型中使用一个参数化随机过程对 y 随时间的变化进行建模。由于设备的性能退化过程本质上可以看成一个随机过程，因而从理论上说，随机过程模型比 GPM 更贴近设备的实际情况。寿命预测中比较常用的随机过程模型包括 Gamma 过程和 Wiener 过程。Gamma 过程和 Wiener 过程都是独立增量过程，其中 Gamma 过程因具有严格单调递增的特性而在寿命预测领域广受欢迎，尤其适用于裂纹生长、磨损等退化过程有显著的单调性特征的情况。若使用形状函数为 $v(t)$、尺度参数为 u 的 Gamma 过程建立退化指标 y 随时间的变化模型 $Y(t)$，则在任意时间段$[t_1, t_2]$内 $Y(t)$的增量服从 Gamma 分布[104]。由于 Gamma 过程和 Wiener 过程均为独立增量过程，其似然函数可简单地表示为各时间段内增量的概率密度函数之积，因此对随机过程模型参数的估计多采用极大似然法。随机过程模型的寿命预测过程与 GPM 较为相似，不同之处在于随机过程模型中很多情况下并不将模型参数视为随机变量，从而直接使用训练数据估计得到的模型参数值进行剩余寿命的预测。

在应用方面，Abdel-Hameed[105]首先将 Gamma 过程应用到寿命预测中，用于对磨损过程进行建模。Gola[106]使用形状函数为幂函数的 Gamma 过程建立节流阀的侵蚀模型以预测其剩余寿命。Lawless 等[107]则考虑工况条件等协变量及设备的个体差异对退化过程的影响，提出改良 Gamma 过程模型，推导了其似然函数及剩余寿命分布的表达式，并应用于裂纹扩展的预测中。Kallen 等[108]使用 Gamma 过程对金属材料的腐蚀过程进行建模，并使用贝叶斯方法进行模型参数的估计以应对监测数据较少及质量较差的情况。Le Son 等[109]使用 Gamma 过程建立设备的退化模型并考虑测量噪声问题，采用 MCMC 方法进行模型参数和剩余寿命的估计，该模型应用于 PHM Data Challenge 2008 问题（航空发动机的剩余寿命预测）取得了很好的结果。在核电领域，Gamma 过程常用于对应力腐蚀开裂和流动加速腐蚀进行建模[110-114]。

Wiener 过程模型由于其剩余寿命分布具有较为简单的解析表达，也较早被应用于寿命预测领域。近期的研究则主要集中于对 Wiener 过程进行各种改进以应对工程实际中的各种问题。Wang[115]考虑设备个体间的差异，将漂移参数和扩散系数均设为因个体而异的随机变量，通过最大期望（Expectation Maximization，EM）算法和 Bootstrap 方法估计模型参数及其不确定性，并应用于对桥梁退化过程的建模。在此基础上，Li 等[116]则进一步将测量误差考虑进来，对漂移项和布朗运动项分别采用不同的时间尺度变换，得到广义 Wiener 过程退化模型，采用极大似然方法和遗传算法进行参数估计。Le Son 等[117]提出采用 Wiener 过程中首次穿越阈值时间和末次穿越阈值时间的均值作为设备寿命的估计值，并使用蒙特卡洛方法计算剩余寿命分布。Wang 等[118]使用卡尔曼滤波对 Wiener 过程模型中的漂移参数进行自适应在线更新，将线性 Wiener 过程推广到非线性，并推导了更新过程中的最优卡尔曼增益，基于仿真案例和蓄电池容量退化数据证明了该模型具有更高的寿命预测精度。

3）机器学习模型

近年来，伴随着人工智能领域发展的浪潮，越来越多以机器学习为代表的智能预测方法被引入设备退化分析领域，用于进行剩余寿命的预测。与传统的预测方法相比，这些智能预测方法因具有较强的自学习和自组织等能力而受到青睐，得到了越来越广泛的应用。机器学习方法种类繁多，目前应用于寿命预测领域的方法主要包括人工神经网络、支持向量机、关联向量机（Relevance Vector Machine，RVM）、高斯过程（Gaussian Process，GP）模型、隐马尔科夫模型（Hidden Markov Model，HMM）等几大类，限于篇幅，这里不做具体介绍。基于机器学习的寿命预测模型实质上是利用机器学习模型强大的非线性映射能力，从训练数据中学习设备性能退化过程的某些特征，再将设备的状态监测数据与这些特征进行匹配，实现对未来状态和剩余寿命的预测。基于机器学习的寿命预测模型一般有以下两种建模方式。

（1）直接映射。

直接映射方式使用机器学习模型直接建立传感器测量数据与设备剩余寿命之间的映射关系。这种建模方式比较简单、直观，利用机器学习模型强大的自学习能力，直接以剩余寿命作为模型输出，而无须进行退化指标及其阈值的构建，在实践中有较为广泛的应用。Peel[119]和 Heimes[120]分别使用人工神经网络和循环神经网络建立 PHM Data Challenge 2008 问题中传感器测量数据与发动机剩余寿命之间的映射关系。对于同一问题，Lasheras 等[121]首先使用主成分分析和层次聚类方法筛选出与剩余寿命相似度最高的 4 个传感器测量数据，然后以此为自变量，用分类与回归树方法建立其到剩余寿命的映射；Khelif 等[122]使用 SVR 建立剩余寿命预测的直接映射模型，并采用包装法进行输入参数的优选以提高预测精度。申中杰等[123]采用 SVM 方法，以相对方均根值等振动信号特征作为输入，建立预测模型直接预测滚动轴承的剩余寿命。Patil 等[124]则基于锂电池的电压和温度监测数据中提取的特征，首先训练一个 SVM 分类模型以判断电池所处的寿命阶段，然后对于处于寿命末期的电池，进一步训练一个 SVR 模型，以上述特征作为输入，直接预测其剩余寿命比例。

由于直接映射模型的输出量通常是设备的剩余寿命，因而其训练数据一般要求为设备运行至失效的数据。为应对训练数据中存在截尾数据的问题，Widodo 等[125-126]采用 RVM 由轴承振动监测的时域特征预测其失效概率，其训练数据基于对失效数据及截尾数据的生存分析得到。

（2）退化轨迹建模。

这种建模方式类似于 GPM 和随机过程模型，以退化指标的退化轨迹描述设备的退化过程，通过设置失效阈值的形式确定设备失效的时间点。得益于机器学习模型强大的非线性映射能力和泛化能力，机器学习模型拟合设备的性能退化轨迹可获得更强的通用性。而与直接映射方式相比，退化轨迹建模方式并不要求训练数据为运行至失效的数据，因而适用范围更广一些，但为保证预测性能，须对退化指标及其失效阈值有良好的定义，建模复杂度稍高。在具体建模方式上，Baraldi 等提出使用机器学习模型进行退化轨迹的拟合主要有三种策略：将退化状态建模为时间的函数、将退化率建模为时间的函数，以及将退化率建模为退化状态的函数[127]。

Vachtsevanos 等[128]使用动态小波神经网络建立预测模型，基于振动监测数据，以递归的方式预测轴承内裂纹的扩展。何庆飞等[129]改进了灰色理论预测模型，与径向基神经网络结合得到灰色神经网络预测模型，使用监测特征作为输入，预测液压泵振动能量随时间的变化曲线。Li 等[130]使用 SVR 建立三相感应电机性能状态随时间的退化轨迹，通过轨迹外推至失效阈值预测电机的剩余寿命。Liu 等[131]和 Qin 等[132]分别使用高斯过程函数回归（Gaussian Process Functional Regression，GPFR）模型和基于粒子群算法进行参数优化的 SVR 模型对锂电池容量随时间的退化曲线进行建模，应用于 PCoE 锂电池退化实验数据。为应对多变量退化预测中失效阈值难以确定的问题，Javed 等[133-135]将设备的退化过程划分为若干个状态，通过极限学习机（Extreme Learning Machine，ELM）直接对各监测参数在未来的变化趋势进行预测，同时利用分类器将结果转换为设备退化状态随时间的变化，由设备进入失效状态的时间点确定剩余寿命。

HMM 是一类较为特殊的退化轨迹模型。在前述的各种退化轨迹建模方法中，预测变量是一个或一组连续的表征设备退化水平的变量，而 HMM 则以一组隐藏的离散状态描述设备的退化过程，使用马尔科夫模型描述设备在不同状态之间的转移过程，并通过观察概率函数描述监测数据与隐藏状态之间的关系。使用 HMM 进行寿命预测时，通常首先基于训练数据采用 Baum-Welch 算法进行模型参数的估计，然后对测试样本使用 Viterbi 算法判断退化状态[136]，进一步根据设备在当前和后续状态上的驻留时间给出剩余寿命的估计。HMM 因具有严谨的数学背景，在可解释性方面较一般的机器学习模型有较大的优势，因而在寿命预测领域的应用十分广泛。例如，Baruah 等[137]利用 HMM 建立了金属切削刀具的诊断和预测模型，并通过钻床的实验数据证明了 HMM 诊断和预测模型具有良好的性能。Dong 等[138]将 HMM 中的状态驻留时间由几何分布或指数分布推广至任意分布，得到隐半马尔科夫模型（Hidden Semi-Markov Model，HSMM），并推导了相应的模型训练和预测算法，通过液压泵实验数据的验证表明 HSMM 比 HMM 具有更好的诊断和预测性能。

4）基于相似性的模型

基于相似性的预测方法是一种基于经验的方法，其基本思想为退化特征随时间变化趋势类似的设备个体具有相近的剩余寿命，因而在进行预测时首先从训练数据中筛选出与测试样本的退化轨迹最为相似的若干设备，然后依据这些设备的寿命特征给出测试样本的剩余寿命。

具体而言，首先对训练数据中各个体的状态监测数据进行处理，得到其退化指标的时间序列，构成参考轨迹库；在进行预测时对测试样本的监测数据进行相同的处理得到退化轨迹，然后基于某种定量的相似度评估指标，将其与参考轨迹库中的每条参考轨迹进行逐段比较，找到变化趋势最为相近的轨迹段，得到相应参考轨迹的相似度和参考剩余寿命；最后，测试样本的剩余寿命可通过各参考剩余寿命的加权和得到，其中权重通过相应参考

轨迹的相似度确定，相似度越高则权重越大。基于相似性的预测方法中的主要问题在于退化指标的构建、相似度评估时间范围的确定、相似度的定量评估，以及基于相似度的权重构建等。

基于相似性的预测方法原理简单、直观，计算过程也比较简单，同时结果可解释性较强，并可很好地利用全局信息进行预测，因而在寿命预测领域广受欢迎。Wang 等[139]较早使用基于相似性的方法进行剩余寿命的预测，采用最小二乘法融合多传感器数据构建退化指标，使用指数模型拟合退化轨迹，以两条轨迹间的逐点欧几里得距离和作为相似性度量。Zio 等[140]使用经模糊隶属度函数处理的逐点欧几里得距离和作为相似性度量，建立相似性预测方法预测铅铋共熔实验加速器驱动装置在异常工况下的剩余寿命；Eker 等[141]将同样的方法应用于裂纹扩展、钻头退化和铁轨岔道老化的预测中，但在进行加权预测剩余寿命前将部分相似度较低的参考寿命筛除以提高预测精度；Baraldi 等[142]则在 Zio 等提出的模糊相似性方法的基础上，采用 Dampster-Shafer 证据理论进行预测结果的不确定性分析，以解决相似性方法只能给出点估计而难以进行寿命分布估计的问题。尤明懿[143]改进了逐点欧几里得距离和的相似性度量，提出一种泛化的相似性测度，赋予近期测量数据以更大的权重，得到了更高的预测精度；此外，提出两种方案进行数据补全以应对训练数据中同时存在运行至失效数据和截尾数据的情况。张彬[144] 提出将退化轨迹表示成归一化运行时间的函数形式，从而将各退化轨迹的时间长度统一，避免了预测中相似性评估时间范围确定的问题，并推导了相应的算法流程。Gugulothu 等[145]采用深度 RNN 编码器处理传感器测量数据，以网络输出的 Embedding 与设备正常状态下的差异构建退化指标，以逐点欧几里得距离和作为相似性度量，并由相似度的指数函数得到参考寿命的权重进行剩余寿命的预测，该方法在 PCoE 航空发动机仿真数据和泵的退化实验数据上取得了很好的预测精度和鲁棒性。

5）数据驱动模型的主要优势与限制

与基于机理的预测模型相比，数据驱动模型的主要优势在于绕开设备失效的物理机理，完全依靠从数据中挖掘的信息进行寿命预测，从而扩大了预测模型的适用范围，对于失效机理难以完全准确描述的大型、复杂设备或系统，只要能获取相关数据，即可使用数据驱动模型得到具有应用价值的寿命预测结果。除此之外，数据驱动模型的建模过程具有较好的通用性，便于在实际工程系统中应用；相当部分数据驱动模型具有较强的自学习能力，能在线评估自身预测误差，并相应地修改模型结构或参数以实现预测性能的提升；大部分数据驱动模型的主要计算量集中于离线的模型训练部分，在线预测的计算量较小，十分有利于实现实时的监测数据处理与寿命预测。这些优势的存在，加上数据科学和数据挖掘技术的兴起，推动着近年来数据驱动模型在寿命预测领域迅速发展。

对数据数量和质量的需求构成了数据驱动模型的主要限制。一方面，数据驱动模型的建立一般要求有相当数量的训练数据，在训练样本不足的情况下，大部分数据驱动模型的预测精度将无法保证；另一方面，数据驱动模型中包含的信息完全来自训练数据，对于超出训练数据覆盖范围的失效模式，数据驱动模型将失去作用而无法实现有效的预测，因此数据驱动模型要求训练数据具有代表性和部分完备性，在建立数据驱动模型前，通常需要花费较多精力收集足够数量的高质量训练数据。此外，部分数据驱动模型（如机器学习模型中的直接映射）存在黑箱特性，导致模型的可解释性存在问题；还有部分数据驱动模型没有很好的不确定性分析框架，只能对剩余寿命进行点估计，难以评估预测的不确定性等。

3. 现有核电装备信息反馈规则及方法

经验反馈一般是指通过摸索发展、不断实践形成一套理论体系，同时不断汲取同业中的有效方法，逐步将经验反馈管理方法转化为有益的实践。这种经验反馈管理模式适用于同类或类似建筑项目，用于规范企业在工程建设过程中的管理工作，是一种有效防范安全生产事故重发、多发的安全管理模式。

李玉梅等提出一种基于域的产品全生命周期数据建模方法[146-147]，建立了基于域的产品全生命周期数据模型，研究了基于域的模型映射方法及规则，详细描述了产品数据信息在整个生命周期内的动态演化和基于域的产品双向追溯过程。Kovacs[148-149]等提出了按照产品生命周期不同阶段建立产品信息模型的方法。Jun 研究了不同阶段之间交换的数据，建立了产品生命周期中过程流和物流的闭环模型[150]，并且提出了用资源描述框架（Resource Description Framework，RDF）建立和共享产品生命周期元模型的方法[151]和智能产品存储器大小的决策模型[152]。以上研究侧重于阶段间信息的流向，并未研究阶段间的反馈交互。

法国电力公司（EDF）[153]在集团层面为多基地核电站建立了统一的经验反馈管理和技术支持部门，其主要工作包括建立并管理群厂层面经验反馈数据库、独立调查分析重大事故、定期检查各核电站纠正行动的执行情况等，但该体系没有实现全生命周期经验反馈数据的贯通。美国核电运行研究所（INPO）[154]建立了多基地、标准化的经验反馈管理体系，对美国 104 个机组运行和建造经验建立统一的核电站事故数据库和设备可靠性数据库，用于支持核电站评估、经验反馈数据共享/分析、信息交流、培训和认证等业务，但该体系没有进行跨平台数据交互接口的开发，在数据流转上无法实现实体数据的关联检索。在世界

核电运营者联合会（WANO）和国际原子能机构（IAEA）的相关法规中要求在核电的设计、建造、运行各阶段实现经验共享[155]，这些法规认为经验反馈不仅适用于核电站运行阶段，也适用于核电站建设的全过程。刘谦等[156]从业主公司的角度出发，从组织和制度体系、信息平台、经验反馈技术方法、评估改进、经验反馈专家库等方面构建核电工程建设经验反馈体系，促进良好核安全文化的形成，提高核电工程建设质量和核安全管理水平，但该体系使用的平台依赖操作系统和硬件环境，不利于跨平台的经验反馈。吴继勇[157]通过从内部和外部收集电力企业系统中发生的安全事故信息，对事故信息进行筛选，结合工作实际开展经验反馈并制定具体的经验反馈流程，但该研究没有结合语义和知识推理的数据模型及通信组织关系，经验反馈信息在整个系统中的利用率较低。李二飞等[158]介绍浙江三门核电1 号机组建设过程所形成的经验反馈体系，重点从组织机构、运作模式、经验反馈制度等方面进行了论述，但该体系没有深度融合自动化与信息化，在反馈数据全价值链贯通和协同方面有所欠缺。

孙永玲等[159]分析了闭环供应链管理中存在的若干问题，如业务标准难以确定、正向物流与逆向物流之间的冲突、供应链上风险的“牛鞭效应”等。潘意志等[160]从闭环供应链结构出发，指出逆向物流的高度不确定性、双源库存问题及合作伙伴的确定是闭环供应的整合难点。Thierr 等[161]认为废旧产品主要有 5 种再处理方式，即修理、翻新、再造、拆分和物料再循环。邱若臻等[162]对一般供应链结构构建原则进行了分析，进而阐明了闭环供应链结构的特征，并对闭环供应链网络按照物品的种类及处理方式的不同进行了分类，在此基础上探讨了相应的闭环供应链的网络整合方式。Harald 等[163]研究了正向供应链和逆向供应链的关系，讨论了闭环供应链再制造网络。姜宁等[164]针对可拆卸再制造产品的回收，建立了一种多产品、有能力限制的闭环物流回收网络的混合整数线性规划模型，使得再制造过程中成本最优。Neto 等[165]将再处理过程归结为物料再造和产品再造两大范畴，建立了一种更具生态效应的闭环供应链网络结构。罗铮[166]认为废弃品回收需求与产品销售量、产品生命周期、生产合格率、回收能力等方面密切相关，并通过数据模型对相关因素进行了量化分析。产品生命周期管理的精髓与闭环供应链资源循环再生的思想一脉相承，因此，许多学者分析产品生命周期管理与闭环供应链各环节之间的关系，将其引入闭环供应链实施的各个阶段。常香云等[167]研究了产品生命周期在逆向物流管理中的作用，通过对生命周期的划分分析了不同阶段的回收特点。施先平等[168]分析了产品生命周期与供应链的关系，提出了产品生命周期内供应链选择的决策过程，对产品生命周期不同阶段闭环供应链策略的选择进行了探讨。这些研究成果使逆向供应链中的回收过程更加清晰化、具体化，有利于掌握回收的每个细节，使回收量的预测更加准确。

5.2.2 核电装备全生命周期智能运维与闭环反馈需求分析

1. 核电装备全生命周期故障诊断需求分析

以现有的故障诊断平台的故障诊断过程为研究对象，建立基本的故障诊断流程，对复杂产品全生命周期的故障发生环节、上下游关系及故障诊断过程的特点进行总结，发现其中存在的不足，研究相关的运行及故障数据，发掘改进的可行性，并在公开数据库上进行算法设计和验证，为故障诊断方法研究及故障诊断过程建模工具的开发提供理论依据。下面对具体的故障诊断业务流程进行介绍。

1）调试阶段故障产生环节

核电站调试是使安装好的成千上万个部件和几百个系统运转并验证其性能是否符合设计要求及有关规定和准则的过程，包括无核裂变反应和带核裂变反应的试验。根据业主的委托，受托建设单位必须全面管理、控制和协调调试工作，制定详细的调试大纲，合理实施调试工作，自始至终确保安全。

调试的目的在于确认构筑物、系统、部件及仪表是否正确安装，因此要先验收已安装好的设备和部件，其次进行单个系统的试验，然后进行综合试验，直到最终证明整个核电站能安全运行。在核电站调试过程中，必须做好一个系统或某个系统的一部分从安装向调试转移，以及从调试向试运行转移的交接工作。

核电站调试阶段可分为预运行试验阶段和运行试验阶段，业务流程如图 5.2.1 所示。对调试阶段存在故障可能的环节进行标定，包括试验、试运行、临时核运行、运行性能验证环节；建立核电站故障在调试阶段的上下游业务逻辑，辅助故障原因溯源、分析决策，为全生命周期闭环反馈的故障信息交互提供依据。

2）运行阶段故障产生环节

运行阶段是核电站故障发生的主要阶段，核电站运行阶段包括正常启动阶段和停闭运行阶段。核电站的正常启动可以分为冷态启动和热态启动两种。以冷态启动为例，核电站运行阶段业务流程如图 5.2.2 所示。

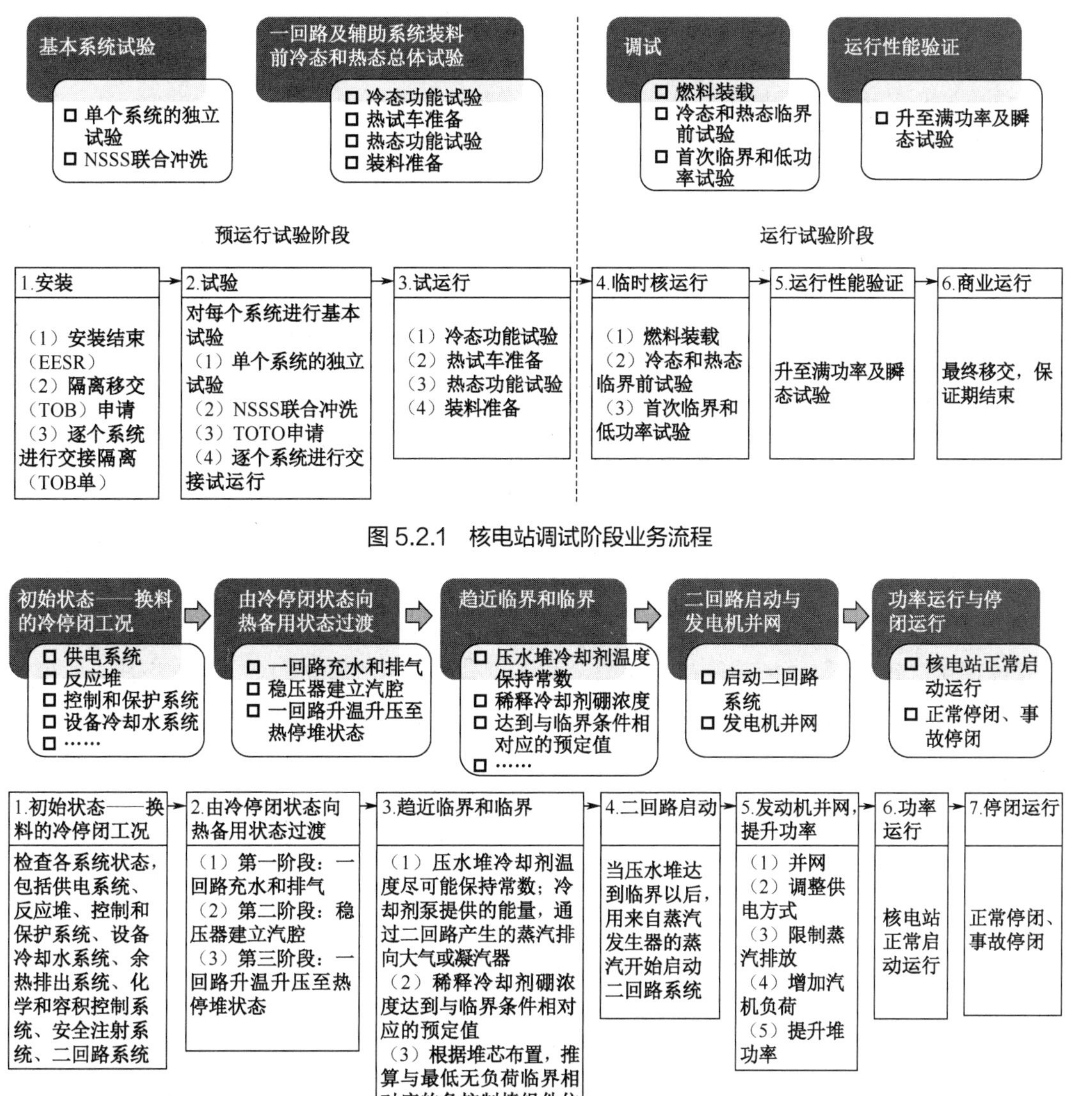

图 5.2.1 核电站调试阶段业务流程

图 5.2.2 核电站运行阶段业务流程

因此，针对核电装备故障等级划分模糊、识别粒度不精细及故障设备诊断不明确等问题，亟须研究多域知识关联挖掘、多图信息融合及图卷积事件识别方法，实现复合作用的结构化关系故障建模。

2. 核电装备全生命周期预测运行需求分析

核电站正常运行是指核电站在规定运行限值和条件范围内运行，包括功率运行、停堆过程、启动、维护、试验和换料。

核电站的预计运行事件是指在核电站运行寿期内预计可能出现一次或数次偏离正常运行的各种运行过程。由于设计中已采取相应措施，这类事件通常不会引起安全重要物项的严重损坏，也不会导致事故工况。

事故状态是事故工况和严重事故两类状态的统称。核电站的事故工况是指核电站以偏离运行状态的形式出现的事故，事故工况下放射性物质的释放可由恰当设计的设施限制在可接受的限值以内，严重事故不在其列。核电站的设计基准事故是指核电站按确定的设计准则在设计中采取了针对性措施的那些事故工况。核电站的严重事故是指堆芯遭到严重损坏和熔化的事故。

1）核电站运行模式

大亚湾核电站将机组正常运行的状态按照热力学和堆物理特性划分为 6 个运行模式：反应堆功率运行模式（RP）、蒸汽发生器冷却正常停堆模式（NS/SG）、RRA 冷却正常停堆模式（NS/RRA）、维修停堆模式（MCS）、换料停堆模式（RCS）和反应堆完全卸料模式（RCD）。针对不同的运行模式，有不同的运行限值和条件。在某一时刻机组处于何种运行模式，主要根据当时一回路系统的温度、压力、水位、功率水平等特征参数来确定。

2）核电站运行工况

1970 年，美国标准学会按反应堆事故出现的预计概率和对广大居民可能带来的放射性后果，把核电站运行工况分为以下 4 类。

工况Ⅰ：正常运行和运行瞬变。

- 核电站的正常启动、停闭和稳态运行。
- 带有允许偏的极展运行，如发生梯料元件包壳泄洞、一回路冷却剂放射性水平升高、蒸汽发生器传热管有泄漏等。但未超过规定的最大允许值；
- 运行瞬变，如核电站的升温升压或冷却卸压，以及在允许范围内的负荷变化等。

这类工况出现较频繁，所以整个过程中无须停堆，依靠控制系统在反应堆设计稀量范围内进行调节，即可把反应堆调节到所要求的状态，重新稳定运行。

工况Ⅱ：中等概率事件或预计运行事件。

这是指在核电站运行寿期内预计出现一次或数次偏离正常运行的各种运行过程。由于设计时已采取适当的措施，这类事件只可能迫使反应堆停闭，不会造成元件损坏或一回路、

二回路系统超压，不会导致事故工况。

工况Ⅲ：稀有事故。

在核电站寿期内，这类事故一般极少出现，它的发生频率为10^{-4}～3×10^{-2}次/(堆·年)。处理这类事故时，为了防止或限制对环境的辐射危害，需要专设安全设施投入工作。

工况Ⅳ：极限事故。

这类事故的发生频率为10^{-6}～10^{-4}次/（堆· 年），因此也被称为假想事故。它一旦发生，就会释放出大量放射性物质，所以在核电站设计中必须加以考虑。核电站安全设计的基本要求如下：发生常见故障时，对居民不产生或只产生极少的放射性危害；发生极限事故时，专设安全设施的作用应保证一回路压力边界结构完整、反应堆安全停闭，并可对事故的后果加以控制。这类事故由于发生次数极少，相关数据极其稀少，必须针对性地构建专家库进行故障检测和诊断。

因此，针对核电装备运行状态预测任务复杂、模型单一及预测误差大的问题，亟须开展图模型数据结构化表征、多尺度时间划分及多任务全面预测方法的研究，实现核电装备运行状态预测模型的跨域自适应。

3. 核电装备全生命周期闭环反馈需求分析

以现有的经验反馈平台的事件反馈过程为研究对象，建立基本的经验反馈流程，对全生命周期每个阶段的定位进行分析，建立各个阶段的交互关系，理清各阶段的反馈内容，为多阶段经验反馈数据融合方法、跨平台经验反馈信息关联挖掘方法、基于语义的复杂产品经验反馈精准分发机制的研究，以及闭环反馈过程建模工具的开发提供理论依据。

设计阶段主要为其他阶段提供设计文件和设计图纸。例如，设计阶段为施工阶段提供结构施工图、模板图、技术要求、材料要求、工艺管道轴测图、管道支架图、支架组装图等；设计阶段为调试阶段提供调试大纲、调试程序、定期试验程序、设定值文件、报警手册、运行事故技术规范、系统流程图、控制逻辑图、设备类运行维修手册等；设计阶段为运行阶段提供运行技术规范、定期试验程序、严重事故管理导则、火灾行动程序等。调试阶段向设计阶段反馈调试报告，包括遇到的问题和缺陷、试验数据和结果的有效性及正确性分析、试验结果的评价等。除此之外，采购、施工、调试、运行阶段会向设计阶段发出变更申请，设计阶段为这些阶段做出变更答复。核电装备全生命周期闭环反馈流程如图5.2.3所示。

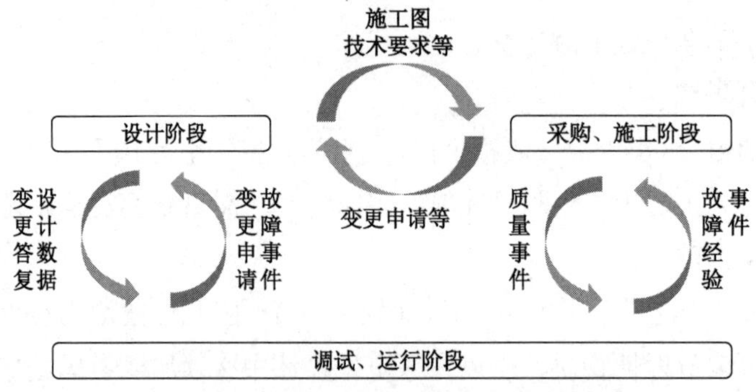

图 5.2.3　核电装备全生命周期闭环反馈流程

因此，针对核电装备闭环反馈的平台间、阶段间信息获取壁垒造成的经验反馈信息标准化和有效性不足的问题，亟须开展多阶段经验反馈数据融合、跨平台经验反馈信息关联挖掘等方面的研究。

5.2.3　核电装备全生命周期智能运维与闭环反馈面临的挑战

核电装备智能运维及闭环反馈的研究热点主要集中在通用工具集、复杂多元数据分析、多元核电装备状态预测等方面。但由于核电装备运行服务受到设计、制造和运行过程中多因素影响，仅针对运行单一阶段和单一模型开展运维，无法厘清设备状态在全生命周期中的动态演变过程和关联耦合关系，导致核电装备智能运维过程中数据认知不明、敏感特征无法及时识别，难以从全局视角解析故障原因，无法通过闭环反馈机制实现全链智能优化，导致故障诊断不明、设备维护不善和资源配置不优，因此，必须开展面向全链协同的核电装备智能运维和闭环反馈的研究，以提升核电装备运行有效性、经济性和安全性，实现核电装备运行服务向全价值链企业群智能协同方向转型。

核电装备故障诊断研究方面的具体挑战总结如下：核电装备现有的故障诊断存在运算数据稀少、数据干扰噪声偏多的问题。主要体现在故障数据库稀少，故障样本稀少，特别是故障数值数据与故障类型匹配的样本稀少，不利于人工智能算法的应用。同时，核电设备通常无法做破坏性试验，因此设备的故障数据难以获得。另外，故障数据具有数据松散、数据关联少的特性，难以建立数据间有效关联关系。因此，针对复杂产品故障数据的稀少和松耦合特性，应从图模型构建、图卷积神经网络、跨域迁移学习等方面入手，实现复杂产品运行数据的关联表征及分析，进而开发复杂产品故障诊断模型。

核电装备预测运行研究方面的具体挑战总结如下：核电装备预测运行是一个多对象参

与的复杂过程，其包含广泛的场景，具有时空特性。现有的复杂产品预测运行模型面临多域协同机理不明、多样性不足、模式单一、置信度低、泛化性差等问题。因此，针对复杂产品预测运行场景和运行需求，应构建基于时空划分的复杂产品多任务时序预测模型，研究基于增量图模型的复杂产品时序预测方法，实现领域自适应的复杂产品跨阶段预测模型的泛化。

核电装备闭环反馈研究方面的具体挑战总结如下：复杂产品全生命周期具有阶段间关联紧密等特点。现有的反馈研究面临跨平台、跨阶段信息获取壁垒造成的经验反馈信息标准化和有效性不足的问题。因此，应对现有的复杂产品闭环反馈方法进行研究，研究多阶段经验反馈数据融合方法，通过对多阶段的数据语义信息的一致性表征和关联关系的挖掘，实现跨平台经验反馈信息关联挖掘，并在增强学习框架的基础上建立基于语义经验反馈精准分发机制，打破核电装备多环节、跨平台信息交互的壁垒，实现经验反馈信息的高效传输和有效交互。最终在信息交流通畅的前提下，实现有效的闭环反馈和运维管理系统的智能化自主运行。

5.3 核电装备全生命周期故障诊断方法

5.3.1 基于跨域迁移的阶段故障诊断

针对核电关键设备产生的数据来自多域的问题，开展了多域图模型融合关键技术的调研和探究工作，主要包括：①利用子空间映射技术，对核电关键设备。（如汽轮机、给水泵、阀门等）在运行中不同阶段信息构建的图模型进行语义一致性规约、尺度一致性规约、属性正则化规约，实现实体、关系和属性对齐；②利用端到端有监督学习方法，以故障类型的相似度为监督资料，通过距离度量目标函数最小化策略，采用机理模型仿真手段进行样本扩充，通过深度神经网络优化算法实现多图信息融合；③采用显著性检验策略对模型融合效果进行评估和结构性优化。

近年来，深度学习方法得到了广泛应用，如卷积神经网络、循环神经网络等。这些网络通常是建立在训练数据和测试数据来自相同的数据分布和足够的标签数据的假设基础上的。但是，对于核电设备来说，故障数据库稀少，故障样本稀少，故障数值数据与故障类型匹配的样本更加稀少。并且，核电设备通常无法做破坏性试验，因此设备的故障数据难以获得，这导致没有足够的数据集进行故障诊断模型的训练。为了解决上述问题，提出了迁移学习，目的是将相关源域（有足够的标签数据）的知识转移到目标域进行预测。特别是领域自适应作为一种经典的迁移学习方法，可以最小化两个领域分布之间的差距，通过更好地学习目标数据分布，更好地提高模型的泛化能力。因此，本节提出了一种多任务域自适应方法，利用轴承振动信号集来预测相应的故障类型，该方法以主凝水泵的轴承为对象，设计故障诊断的方法。

本节所提出的方法利用主凝水泵轴承信号集 X 预测其故障类别 Y。源故障数据集（X_s、Y_s）和目标故障数据集（X_t、Y_t）分别为不同工况下的轴承数据，两者分布不同，表示为 $P_s(X)\neq P_t(X)$。因此，设计了一个自适应生成网络和一个分类网络用于提取故障信号的深度特征，并最小化源域数据与目标域数据间的分布差异。首先，训练对源域数据的分类器。将源域数据输入特征提取器中进行特征提取，提取过程中，加入位置注意力机制，使特征提取聚焦重点位置，产生更具分辨性的特征表示，随后对提取的特征进行 softmax 分类。训练好分类器后，用其特征提取器的参数作为下一步拟合源域与目标域数据分布的网络初始化参数。将源域与目标域数据输入特征提取器，得到特征 F_s 与 F_t，对两个特征进行注意力操作，分别得到关注重点信息的特征 A_1 与 A_2。将 A_1 与 A_2 同时输入判别网络，判别网络计算 A_1 与 A_2 分布的 KL 散度。所提出网络的损失函数由分类损失 $\mathcal{L}_{\mathrm{C}}\left(X_s,Y_s\right)$ 和判别损失 $\mathcal{L}_{\mathrm{adv}}\left(\boldsymbol{X}_s,\boldsymbol{X}_t,A_s,A_t\right)$ 两部分组成。其中，分类损失表达式为

$$\mathcal{L}_{\mathrm{C}}\left(X_s,Y_s\right)=-\mathbb{E}_{(x_s,y_s)\sim(X_s,Y_s)}\sum_{k=1}^{K}1_{[k=y_s]}\log p\left(y|\ x_s\right)$$

判别损失表达式为

$$\mathcal{L}_{\mathrm{adv}}\left(\boldsymbol{X}_s,\boldsymbol{X}_t,A_s,A_t\right)=-\mathbb{E}_{x_s\sim X_s}\left[\log D\left(A_s\left(\boldsymbol{x}_s\right)\right)\right]-\mathbb{E}_{x_t\sim X_t}\left[\log\left(1-D\left(A_t\left(\boldsymbol{x}_t\right)\right)\right)\right]$$

整体损失为

$$\mathcal{L}_{\mathrm{C}}\left(X_s,Y_s\right)+\mathcal{L}_{\mathrm{adv}}\left(\boldsymbol{X}_s,\boldsymbol{X}_t,A_s,A_t\right)$$

下面以滚动轴承为例，介绍在多域数据融合方面的研究进展。为了保证电力供应设备的可靠稳定运行，针对滚动轴承故障诊断的研究非常实用和关键。早期的滚动轴承故障检测方法主要采用小波变换、希尔伯特-黄变换、经验模态分解等数学工具提取故障特征，并采用人工干预来判断轴承是否发生故障。前沿故障诊断方法引入无监督领域自适应解决故障数据分布不一致的问题，其优势在于能够减少领域差异并完成未标记目标域的故障诊断任务。但是，该方法存在以下问题：第一，该方法的性能在很大程度上依赖源分类器的精度，一旦领域差异较大，其性能将严重下降；第二，不具备非参数性质，可能会隐式地对输入分布进行参数假设。因此，针对以上问题，本节提出了基于多任务对抗判别域自适应的跨域故障诊断方法。

首先，参数化的特征生成器和两个分类器通过优化以下三元组损失在源数据集上进行训练：

$$\mathcal{L}_{\text{triplet}}(\theta)=\sum_{(a_k,p_k,n_k)}\max\left(\|f_\theta(a_k)-f_\theta(p_k)\|^2-\|f_\theta(a_k)-f_\theta(n_k)\|^2+b,0\right)$$

式中，a_k是随机采样的嵌入锚，p_k是与a_k具有相同标签的锚，而n_k是具有与a_k不同标签的锚。最小化公式的标签使得a_k的嵌入更接近p_k而不是n_k，边界值为b。如果a_k足够接近p_k且足够远离n_k，即总体结果小于边界值b，则损失将为零。优化三元组损失将导致具有相同标签的特征聚类，并且具有不同标签的特征彼此远离。将具有相同标签的特征形成单个聚类，有助于有效地对轴承故障进行分类。

接下来，进行域对齐，域鉴别器和特征生成器构成了一组极大极小博弈，其中训练域鉴别器D来区分提取的特征是来自源域还是来自目标域，特征生成器用于匹配源域和目标域之间的分布并欺骗鉴别器。

$$\mathcal{L}_{\text{adv}_D}(\boldsymbol{X}_\text{s},\boldsymbol{X}_\text{t},M_\text{s},M_\text{t})=-\mathbb{E}_{\boldsymbol{x}_\text{s}\sim\boldsymbol{X}_\text{s}}\left[\log D\left(M_\text{s}(\boldsymbol{x}_\text{s})\right)\right]-\mathbb{E}_{\boldsymbol{x}_\text{t}\sim\boldsymbol{X}_\text{t}}\left[\log\left(1-D\left(M_\text{t}(\boldsymbol{x}_\text{t})\right)\right)\right]$$

式中，M_s是源域表示映射，M_t是目标域表示映射。

然后，保留原有方法基于决策边界的域自适应的类对齐，训练双分类器C_1和C_2作为第二组极大极小博弈中的鉴别器，以使用目标域数据最大化差异。另外，基于这个操作，两个分类器可以避免非常相似。训练特征生成器来欺骗鉴别器，即通过最小化两个分类器的输出差异，优化目标域特征的生成。这样在使得源域和目标域对齐的同时也考虑了判别信息。博弈的损失函数公式为

$$\mathcal{L}_{\text{adv}_C}(\boldsymbol{X}_\text{t})=\mathbb{E}_{\boldsymbol{x}_\text{t}\sim\boldsymbol{X}_\text{t}}\left[\text{dis}\left(p_1(y\,|\,x_\text{t}),p_2(y\,|\,x_\text{t})\right)\right]$$

式中，$p_1(\cdot)$和$p_2(\cdot)$分别是分类器C_1和C_2的预测结果。

最后，最小化中心损失，这会将X_t的嵌入牵引到最近的聚类中心，而聚类中心是由获取属于该类别的所有样本的欧几里得平均值得到的。损失函数公式为

$$\begin{aligned}\mathcal{L}_{\text{center}}(\boldsymbol{X}_t)=\sum_{i\in t}\min_j\|p_1(y\,|\,x_i)-\text{center}_j\|^2\\+\|p_2(y\,|\,x_i)-\text{center}_j\|^2\end{aligned}$$

在以上过程中，使用欧氏距离替代L1距离来衡量两分类器预测结果的差异，相比之下，它能够很自然地度量离散分布和连续分布之间的距离，并且考虑了概率空间的基本几何特征。公式如下：

$$\text{dis}\left(p_1(y|\,x_t),p_2(y\,|\,x_t)\right)=\frac{\inf}{\gamma\in\Pi[p_1,p_2]}\int_x\int_y\gamma(x,y)d(x,y)\text{d}x\text{d}y$$

该方法的一个创新之处在于基于传统方法添加域鉴别器，基于两组极大极小博弈进行域对齐和类对齐。具体来说，域鉴别器和特征生成器构成了一组极大极小博弈，其中训练域鉴别器来区分提取的特征是来自源域还是来自目标域，特征生成器用于匹配源域和目标域之间的分布并欺骗鉴别器。除域对齐之外，还保留了原有的基于决策边界的域自适应，并将其命名为类对齐。该方法的另一创新之处在于用三元组损失替换交叉熵损失在源数据集上进行训练，并在优化目标域特征生成时加入中心磁体损失。根据目标域数据分布散乱的特点，通过加入度量学习方法，将目标域数据的嵌入规则化，鼓励目标域数据形成聚类，以完成领域自适应任务，解决了原有方法在进行特征迁移时可能会隐式地对输入分布进行参数假设的问题。

5.3.2 基于图卷积的全生命周期故障诊断

核电装备全生命周期故障诊断与核电装备故障诊断的区别在于，前者强调对核电装备整个生命周期中出现的故障进行全面诊断，包括设计、制造、施工、调试、运行、延寿、退役等不同阶段，而后者则侧重于对具体的设备故障进行诊断和修复。具体来说，核电装备全生命周期故障诊断需要根据不同阶段的特点，采用不同的方法和技术，对设备进行全面的评估和测试，以确定设备的运行状态和故障类型，并制定相应的维护和升级计划。而核电装备故障诊断则是指在设备运行过程中，当设备出现具体的故障时，通过收集信息、分析数据、明确问题和制订解决方案等步骤，针对故障问题进行诊断和修复，以恢复设备的正常运行。因此，可以说，核电装备全生命周期故障诊断是核电装备故障诊断的一种更综合、更全面的方法，其目的是通过对设备故障的全面诊断，促进核电装备可靠性、安全性和经济性的提高，从而更好地保障核电站的稳定运行。

针对核电运行数据松散、数据关联关系弱等问题，通过构建属于样本的图结构关系，利用图卷积及三维模型进行故障诊断。定义核电装备各个设备的属性信息及其在全生命周期中的关联关系，根据特征节点、连接边及节点的度构建邻接矩阵，用以生成图卷积操作所需的图结构，采用图结构进行设备属性及关联关系的表征。通过图卷积挖掘各个特征间的关联关系，最终实现对故障的分类。

故障诊断过程有三个主要步骤：第一步是检测设备状态的特征信号，即信号采集；第二步是从检测到的特征信号中提取征兆，即征兆提取；第三步是根据征兆和其他诊断信息来识别设备的状态，从而完成故障诊断，即状态识别。基于图卷积的故障诊断也遵从同样的步骤，利用图卷积建立核电站运行设备故障诊断模型的整体思路如下：将核电站故障诊断问题转变为分类问题，将核电站运行参数的在线监测信号直接或进行一定处理后用作图卷积网络的输入，用图卷积神经网络的特定输出代表某类故障工况的发生，使用故障数据对神经网络模型进行有监督训练，从而建立用于核电站故障诊断的模型。

定义核电装备各个设备的属性信息及其在全生命周期中的关联关系，采用图结构进行设备属性及关联关系的表征。要建立准确且适应性好的故障诊断模型，首先要采集故障数据，确定某一设备为故障诊断对象，以主凝水泵为例进行研究。对采集的故障数据进行合适的预处理，以使数据适用于故障诊断模型。为了消除异常样本数据对模型带来的不利影响，对样本数据进行数据清洗，包括用平滑平均方法填补空缺值、去除异常值等。用这种方式在数据处理阶段排除由于传感器故障带来的错误数据。之后对清洗过的故障数据进行数据标准化。核电站是一个复杂且庞大的系统，某些固定设备要检测的变量也很多，数据差距较大，不同变量之间没有可比性，因此要把变量统一成同样的标准进行衡量。根据核电站设备运行的不同工况数据，确定某一监测变量的最大值和最小值，判断是否异常主要看变量偏离正常值的大小，根据偏离数值的大小分析设备的运行工况。将数据传递给模型进行训练，重要的一步就是对数据进行特征提取。特征提取常用的方法有快速傅里叶变换、小波变换时频分析、经验模态分解及神经网络等。快速傅里叶变换是提取电机故障特征的经典方法，适合对平稳信号的分析。但该方法对信号的时域缺少分辨能力，难以捕捉电机出现故障时的非平稳随机信号。小波变换时频分析方法在时域和频域中都能很好地表征信号局部特征，对信号进行多分辨率的时频分析。但是，小波基的有限长会造成能量泄漏，小波变换对信号的局部没有适用性。经验模态分解方法对全局和局部都有很好的适应性，对时变非线性非平稳信号也有较好的分析结果。神经网络是以数据驱动的方法，提取特征的好坏依赖数据集的质量。

建立故障诊断图模型的重要一步就是构建模型的图结构。作为一种较复杂的数据结构类型，图结构包含了丰富的结构化信息。其不仅包含图中各个节点的信息，节点之间连接边的信息也被包含其中。在图结构中每个节点不再独立，相邻节点之间互相影响，既包含局部特征属性，又包含全局特征属性。因此，图结构可以用于刻画各种具有复杂关系的数据。

在一个图结构 G 中，通常包含边的集合 $E=\{(v_1,v_2),(v_1,v_3),(v_1,v_4),\cdots\}$，以及点的集合 $V=\{v_1,v_2,v_3,\cdots\}$。当图结构中的边带有方向性时，称该边为有向边，图为有向图。但在故障诊断场景中所选择的特征，如振动、电机温度、电机电流、冷凝水流量、出口压力、进口压力等，每个特征之间的关联关系不包含先后顺序。因此，在对其进行建模构图时，连接边不具有方向性，构建无向图。

构建完整的图结构，首先要确定图结构的各种属性指标：图的节点特征属性、全局特征属性。在节点特征属性中，首先要确定特征节点，以及特征节点的邻居与度。这里以主凝水泵为例来说明图结构的构建步骤。首先，基于数据统计分布特点和知识规则对主凝水泵的相关影响因素建模，判断主凝水泵出现的故障类型。依据以往的经验，这里选择振动、电机温度、电机电流、冷凝水流量、出口压力、进口压力等参数作为构建图的特征节点。若两个特征节点能够通过一条边进行连接，那么就认为这两个特征节点是图意义上的一对邻居。因此，可以将与特征节点 v_j 相连接的所有点表示为集合 $N(v_i)$：

$$N(v_i) = \{v_j \mid \exists e_{ij} \in E\}$$

式中，e_{ij} 代表与特征节点 v_j 相连接的任意一条边，E 则是整个图结构中所有边属性的集合。将与特征节点 v_j 直接连接的所有边的总数称为该节点的度，表示为 $\deg(v_j)$：

$$\deg(v_j) = |N(v_j)|$$

并且在图结构中，全部特征节点的度之和与边属性集合之间存在数量关系：

$$\sum_{v_j} \deg(v_j) = 2|E|$$

随后，根据所得到的特征节点、连接边及节点的度等信息创建图结构模型所需的邻接矩阵，完成图结构的构建。

图卷积通过信息聚合和信息传递在节点中添加结构化信息。根据特征节点、连接边及节点的度构建邻接矩阵，用以生成图卷积操作所需的图结构，然后通过图卷积操作不断更新节点信息。节点 v_j 的信息在进行更新的过程中首先要经过信息聚合，将与节点 v_j 相连接的所有节点的信息进行聚合，如对邻居节点的信息进行简单的加和：

$$m_{\text{transfer}} = \sum_{v_i \in N(v_i)} v_i$$

式中，v_i 表示与特征节点 v_j 有边连接的邻居节点，m_{transfer} 表示特征节点 v_j 所有邻居节点进行信息聚合后得到的信息。当然，简单地对邻居节点的信息进行加和得到的聚合信息并不准确。针对该问题，图卷积在信息聚合的过程中对每个节点赋予一个初始化权重，用于表示不同邻居节点对节点 v_j 的重要程度：

$$m_{\text{transfer}} = \sum_{v_i \in N(v_i)} W_{ij} v_i$$

式中，权重参数 W_{ij} 为可学习参数，用于表示不同邻居节点对节点 v_j 的影响程度。

信息聚合将节点 v_j 邻居节点的信息聚合到一起生成待传递的信息 m_{transfer}。通过将信息聚合得到的信息 m_{transfer} 与特征节点 v_j 本身的节点信息进行聚合并传递，将 v_j 的邻居节点信息传递给 v_j，得到带有邻居节点信息的新的特征节点 v_j，完成节点信息的更新：

$$v_j^n = \sigma\left(v_j^{n-1} + m_{\text{transfer}}\right)$$

式中，v_j^n 为经过第 n 次图卷积操作更新之后的特征节点，其包含第 n−1 次图卷积操作之后的特征节点 v_j 本身的信息及其邻居节点的聚合信息；σ 为非线性激活函数。上述为单个节点的信息通过图卷积操作进行更新的过程。在实际操作中，输入的图结构数据往往为矩阵形式，因此将图卷积的通用形式表示为矩阵形式：

$$H^{l+1} = f\left(H^1, A\right)$$

式中，$H^0 = X$ 为第一层的输入，$X \in R^{N\times D}$，N 为图的节点个数，D 为度矩阵；A 为邻接矩阵；f 为图卷积操作函数。本节应用的图卷积方法表示为 $H^{l+1} = \sigma\left(D^{-\frac{1}{2}}\hat{A}D^{-\frac{1}{2}}H^l W^l\right)$。对于这里的拉普拉斯矩阵 $L^{\text{sym}} = D^{-\frac{1}{2}}\hat{A}D^{-\frac{1}{2}} = D^{-\frac{1}{2}}\left(D-A\right)D^{-\frac{1}{2}} = I_n - D^{-\frac{1}{2}}AD^{-\frac{1}{2}}$，具体到每个节点对 (i,j)，矩阵中的元素由下面的式子给出：

$$L_{i,j}^{\text{sym}} := \begin{cases} 1 & i=j，\deg\left(v_i\right) \neq 0 \\ -\dfrac{1}{\sqrt{\deg\left(v_i\right)\deg\left(v_j\right)}} & i \neq j，v_i\text{与}v_j\text{相邻} \\ 0 & \text{其他} \end{cases}$$

式中，$\deg\left(v_i\right)$和$\deg\left(v_j\right)$分别表示节点 i 和 j 的度。

由于故障诊断场景中不同信号之间具有复杂的数据关系，因此应用图结构对这些信号特征进行建模，通过多层图卷积操作不断对特征节点信息进行更新。经过图卷积操作得到的带有结构化信息的特征信息表征更准确，通过分类器可得到高质量的分类结果。以主凝水泵为例，图结构构建过程如图 5.3.1 所示。

在构建好的图结构上，通过上文所述的图卷积方法对其中的特征信息进行更新。其中，图卷积的输入是故障设备的图结构数据，利用卷积层对每个节点的邻居节点执行卷积操作，之后用卷积后的参数更新该节点，通常使用 ReLU 进行激活，重复进行卷积和激活操作，直到达到预期的深度。经过输出函数，将节点状态转换成相应的输出标签。

通过图卷积挖掘各个特征间的关联关系，最终实现对故障的分类，度量分类结果与故障案例的距离，从而完成最终的故障诊断。基于图卷积的故障诊断流程如图 5.3.2 所示。

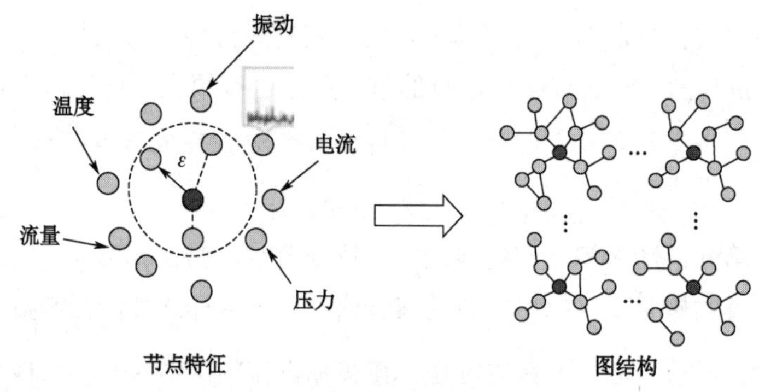

图 5.3.1　图结构构建过程

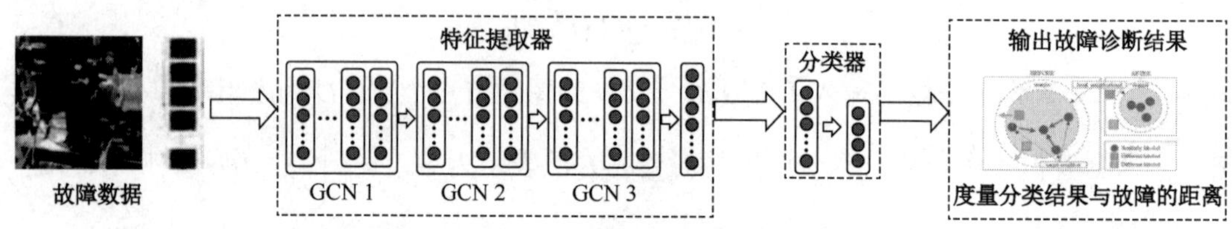

图 5.3.2　基于图卷积的故障诊断流程

随着故障诊断技术的不断发展，各种数据分析技术和特征提取技术不断涌现，针对不同故障情况也出现了各种不同的诊断方法。传统的故障诊断算法主要由三部分组成：信号采集、特征提取和故障分类。传统的特征提取算法主要有小波变换、希尔伯特变换，以及它们的改进算法等，将原始振动信号转换到时域和频域中，然后提取信号的统计特征，最后根据特征进行故障分类。传统的故障分类算法主要有支持向量机、K 近邻法，以及它们的改进算法等。在以往的故障诊断中，当机器设备发生故障时，采集到的振动信号各频带的能量会发生变化。如果能够提取出各频带的变化，就可以进行故障分类。因此，对故障特征进行高效的提取是故障诊断的关键。变分模态分解（Variational Mode Decomposition，VMD）能够从低信噪比的原始振动信号中剥离出具有丰富特征信息的信号分量，然后实现对故障的准确诊断。但是，随着故障问题越来越复杂，故障数据量越来越大，故障数据样本有缺失、故障数据类型多及故障数据中存在干扰噪声等一系列问题导致传统的故障诊断方法已经不能满足现在数据分析的需求，由此故障诊断领域也引入了深度学习方法。

传统的故障诊断方法大多通过人工提取特征及数学变换来进行故障诊断，这对复杂的故障诊断问题来说处理能力稍显不足，结果精度较低。深度学习和机器学习凭借其强大的数据处理能力与特征提取能力，被广泛应用于故障诊断领域，取得了良好的应用效果。如今，传统的故障诊断方法已经退出潮流舞台。

故障诊断常用的网络模型主要有卷积神经网络、深度神经网络和循环神经网络等。通过适当地调整网络结构，可以在不同情况下对不同程度的故障进行诊断。卷积神经网络是由卷积层与池化层交错堆叠而形成的深度学习网络。一般卷积操作中使用的是一个整齐的矩阵，其卷积核大小也是固定的，这样操作起来就有着得天独厚的优势，但并非所有数据都是规则的，大部分数据都是不规则的，不便于进行操作。利用卷积网络提取特征的方法仅仅局限于欧氏空间，也就是其处理的信息必须有规则的空间结构，这显然不适用于处理复杂的故障数据。因此，本节通过图卷积方法，有效提取空间特征，挖掘数据间的关联关系，实现故障诊断。

图卷积网络能够在图数据上对空间信息进行有效的学习。图像是一种特殊的图数据，能够使用图卷积网络把相邻节点的信息更新到目标节点上，从而形成更加全面、准确的特征信息。图像数据与其他非结构化数据的不同之处在于，图像数据在卷积过程中可以非显式地表示邻接矩阵。并且，图卷积网络的卷积核参数在整个卷积过程中是相同的，能够减少计算量，有效避免过拟合现象。因此，图卷积网络在提取振动信号的故障诊断中发展十分火热。

基于图卷积的故障诊断方法需要在获取准确、全面的数据资源的前提下，将故障的原始振动信号转换为图数据，确定可以直接表征设备运行状态的相关参数，针对故障数据构建精准的图模型，从而完成对故障的分类及预测。在机械故障诊断中，随着机器健康状况的变化，检测的信号之间的关系也会发生很大的变化，因此采用图卷积神经网络的方法进行机器故障诊断是十分有效的。

图卷积神经网络的输入数据形式是图结构数据，可以通过输入数据的邻接矩阵及节点特征来获取最后输出的结果。在训练过程中，图卷积神经网络的每个节点都根据其自身信息、邻居节点的状态信息来更新自己的状态信息，也就是说，图中的每个节点都在自己邻居节点的影响下不断地改变自身的信息，关系越亲近的节点之间的影响作用就越大。

具体而言，构建准确可靠的图模型的过程包括数据获取、数据预处理、模型构建、特征提取及融合和验证等。

首先，利用数据采集和检测设备获取多设备的运行状态数据，采集振动信号。在实际的工业生产应用中，由于设备存在多种应用场景，所以设备各部位的损伤程度各不相同，在故障设备上采集到的振动信号也不是平稳信号。另外，设备的故障形成情况复杂，往往有多个故障并存，从而形成一种更为复杂的复合故障，加上受到工作环境、工作条件、操作习惯等多种因素的影响，造成故障数据采集不易、采集到的数据处理不易等问题。复杂的故障类型往往带来一些未知的问题，这也给故障诊断的研究带来了困难。

随后，对采集到的多设备数据进行预处理，包括数据整理、数据标准化及降噪等。结合核电装备知识，充分利用统计分析方法，对预测设备的故障信息进行数据整理和数据筛选。将原始数据进行标准化处理，并且对振动信号进行分段分组操作。为了消除噪声对信号的影响，将采集到的振动信号分组后再做随机傅里叶变换，将得到的数据作为图模型构建的输入。图模型的构建对于建模样本之间的相互作用至关重要。构建图模型首先要确定节点数量，然后要确定节点之间的邻域关系。为了构建图模型节点之间的位置关系，给定一个邻域的范围，将节点彼此连接起来，按照距离远近构造成一个图模型。最后需要确定节点之间的权重关系以进行下一步的处理。一般而言，如果两个节点之间的余弦相似度大于零，那么认为这两个节点之间存在正相关关系，在构图的过程中主要考虑节点之间的正相关关系。将原始的数据信息转化为图信息，可以显式地度量数据之间的关系，并且通过计算图节点之间的权重可以将数据之间的原始信息保存下来。

在复杂的设备系统背景下，为提升预测模型智能化水平，适应大规模数据处理的要求，可以基于深度学习网络，同时结合数据时序信息及特征关联和交互，对输入的图模型进行深层处理和精准预测。将输入的图模型数据信息基于给定特征的距离进行空间分组，将所有的图模型数据信息按距离远近划分为不同的邻域组别，然后分邻域对不同的数据信息采取不同的特征提取方法。此过程根据数据特征规律，合理提取不同邻域组别的数据信息，从而提高了模型的预测准确率。由于图模型节点之间的关系彼此不同，采取此方法可以有效地对原始数据进行加权处理，从而保证了预测的合理性及可靠性。将使用不同的特征提取方法提取到的数据进行聚合处理，形成一种更加丰富、可靠的特征表示，这个特征表示不仅有自己节点的信息，还有距离此节点不同邻域的其他节点的特征表示信息，由此达到聚合信息的目的。当规定接受域大小为 1 时，融合后的节点特征就是这个节点本身的特征信息；当接受域大小为 2 时，融合后的节点特征就是与之相邻的节点之间的特征平均值，以此类推。在以往的图卷积模型中，最终的特征表示往往是单一节点域的信息，没有考虑到此节点域会因为相邻节点域信息的变化而发生变化，因此得到的信息不够全面、准确。此特征表示充分吸收了其他特征表示的数据关系，在此基础上更加合理地进行分析处理，使得最终结果更加具有说服力与可信度。输入节点特征和邻接矩阵，再经过一个全连接层后就可以得到最终的预测结果分类。依据图模型的特征规律，合理创建多层来提高模型的深度和广度，从而提高模型的计算和学习能力。

5.4 核电装备全生命周期预测运行状态监控方法

5.4.1 基于时空划分的多任务时序预测方法

基于核电装备的长役期特性，其运行维护过程可划分为不同时间尺度的运维阶段。同时，核电装备的运行维护可划分为设备级、机组级及系统级三个不同级别的运维任务。因此，可以构建基于时空划分的复杂产品多任务时序预测模型，实现复杂产品多任务时序的有效预测。

复杂产品大多工况复杂，多系统相互耦合，构建基于大数据的预测运行系统，可以实时掌握产品状态，降低产品维护管理成本。有效的信息挖掘是实现设备高效、精准监测的基础。在获取准确、全面数据资源的前提下，确定可以直接表征系统状态的参数指标，或者可以间接推理判断系统状态的参数信息，是预测模型的数据基础。数据采集设备的类型、安装位置、精度、传输方式等都会产生影响。在获取候选设备的数据后，对初始数据进行采集、清洗、补全、消融及规约等操作，保留有效数据的关键特性。

传统的数据处理方法采用浅层模型，输入数据集中不同数据特征之间的隐含关系难以提取，进而限制了预测效果。深度学习是建立多级表示的学习方法，将大数据特征转换为更抽象的模块，通过组合简单但非线性的模块逐层学习、层层表示，通过足够层数的隐含层将高维非线性特征转换成低维特征，有效捕捉隐含信息，实现复杂的学习功能。对采集到的数据进行预处理之后，针对不同时期核电装备运行状态预测需求及不同级别设备组的功能特性，构造深度学习神经网络，对数据进行高维特征提取与选择等操作。利用深度学习在数据处理方面的独特优势，动态捕捉特征信息。根据价值链协同运行预测模式和数据空间规则，基于数据统计的方法进行敏感特征识别，包括设备特征和环境上下文特征。随后，基于价值链的知识关系，对敏感特征进行尺度筛选。对于筛选后的特征，基于时空特性进行聚类和同质化划分，对不同聚类结果进行统计分析及时序性建模。基于卷积神经网络提取空间特征和短期数据的特征，基于长短时记忆网络提取时间序列的长时序依赖特征，最后将所提取的长、短时序依赖特征通过双通道进行融合，以此为基础设计并开发基于深度神经网络端到端多任务集成的时序预测模型。

5.4.2 基于增量图模型的时序预测方法

基于增量图模型的时序预测方法需要对候选设备的状态及时空关联进行有效探究和图

模型构建，将图中的空间结构信息与从时间卷积神经网络中提取的历史信息相结合，建模动态图模型中的节点表示问题，根据监督资料，完成时序预测任务。具体而言，构建可靠的增量图时序预测模型的过程包括设备实体及关系抽取、增量图模型构建、自适应增量图模型更新、时序预测等。

首先，结合核电装备知识及统计分析的相关方法，对获取到的候选设备数据进行数据提取和筛选；然后，基于候选设备间的时序、空间结构交互，抽取设备实体及关系。由于设备运行状态、关键参数等数据具备时空特性，为了使图表示学习得到的嵌入向量对边和节点不断变化的动态图具有很好的信息表征能力，在静态图的基础上设计并引入增量图模型，图中的表示学习可建模为时间和空间信息的聚合。

模型基本架构由空间卷积层和时间卷积层组成，模型第一层由空间卷积层来聚合节点的邻居信息。考虑到图的动态性，动态图卷积层在静态图卷积的架构上加入更新机制。因此，当图结构改变时，卷积操作的权重参数也应进行更新，以便适应新的图结构。由于门控循环单元的输入包含每个时刻的节点表示，可以为权重参数的更新引入更丰富的结构信息，因此空间卷积架构采用门控循环的实现方式。图卷积模块自下而上聚合节点的邻居信息，而门控循环单元按照时间维度更新权重参数。由此，空间卷积层可以动态地获得节点的邻域信息。空间卷积层输出的向量输入第二层的时间卷积层，聚合当前时刻和历史时刻的信息。由于卷积神经网络结构可以通过灵活的信息聚合方式将历史时刻与当前时刻的信息相结合，从而提取动态图中的时序信息和结构信息，因此时间卷积层架构基于卷积神经网络。时间卷积层由一维的全连接卷积模块和因果卷积模块构成，全连接卷积操作保证输出层与输入层有相同的序列长度，因果卷积操作则保证在任意时刻的输出都只由它之前的时刻卷积得到，由此保证由当前时刻和历史时刻的信息去建模未来时刻的预测。

通过叠加空间卷积层和时间卷积层，每个节点的向量表示都包含自身及其邻居的当前时刻和历史时刻信息的聚合，节点特征最终聚合为图向量特征，基于多层感知器，在单任务监督资料的指导下，得到最终的预测结果。

在核电站运行过程中，连接反应堆压力容器与蒸汽发生器的反应堆冷却剂管道（简称主管道）中高温、高压、高流速的反应堆冷却剂，将反应堆压力容器中核燃料产生的热量传递给蒸汽发生器。此时需要采用一些方法模拟其流场状态，分析主管道压力损失，从而选用合适的主管道温度、压力、流量等仪表，并为反应堆冷却剂泵等其他相关设备的性能参数提供参考。

在进行流体动力场预测时，通常利用流体动力偏微分方程的离散化进行求解，获得近

似值。偏微分方程离散化的关键过程是计算预测系数，主要使用有限差分或有限体积等方法。目前，传统方法面临的主要问题是网格划分粗糙就不能得到精确的解且计算缓慢，这是由于传统方法依赖网格的大小，并且当网络划分十分精细时，计算时间会变长。因此，有人提出了一种利用机器学习系统地推导连续物理系统离散化的数据驱动离散化方法。该方法的优势在于用卷积神经网络代替有限差分系数的计算，而其余的步骤与传统方法相同，将其融入用户嵌入的学习过程中，获得的表征相较于未考虑评论信息的方法而言，提升了用户嵌入的泛化性。但是，该方法仍存在以下问题。

（1）不能建立速度节点关联关系的结构化表征（结构关系缺失）。因为该方法仅考虑了单一节点对系数的影响，没有挖掘节点之间的结构关系。例如，在用神经网络计算系数时仅考虑节点的速度信息，忽略了节点之间的关系，不仅空间映射机制缺乏合理性，还会降低表征的泛化性。

（2）该方法只提出了低维空间结构建模方案，因此只能应用于低维流体动力方程，无法处理高维流体动力方程复杂的空间结构。

因此，针对以上问题，本节提出了基于图卷积的自适应高维流体动力方程的流速预测方法，如图 5.4.1 所示为一维情况下端到端的学习框架。

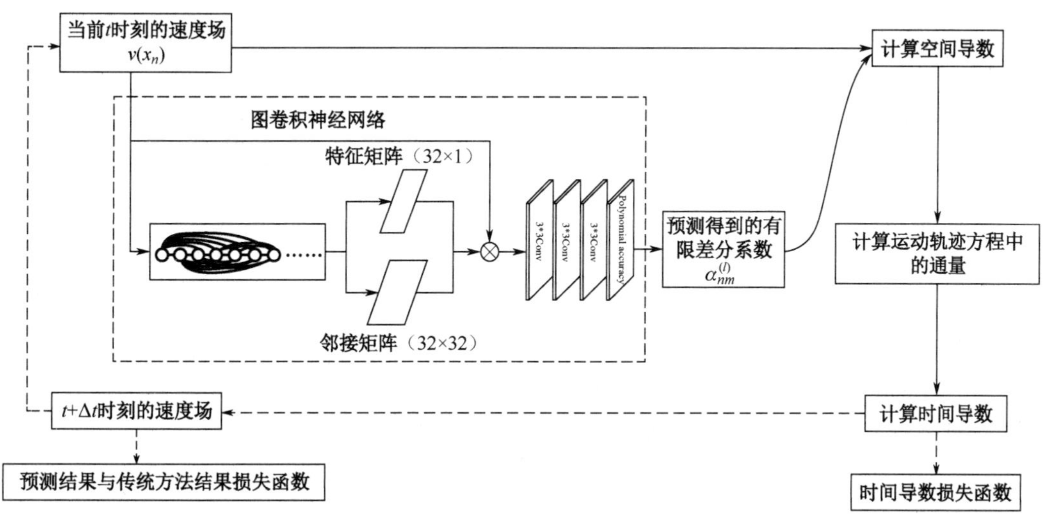

图 5.4.1　一维情况下端到端的学习框架

该方法主要包含以下步骤：步骤一，将流体节点 x_n 处粗粒度的速度函数值输入图卷积神经网络的高维流体动力方程空间结构模型，该模型通过建立离散化网格，利用图卷积神经网络为网格中的各个网格点构建自适应空间结构关系；步骤二，基于有限差分的微分方程数值方法，经空间结构模型计算，预测输出各个网格点的空间结构系数 $\alpha_{nm}^{(l)}$；步骤三，将步骤二中预测得到的任一网格点 x_n 的空间结构系数 $\alpha_{nm}^{(l)}$ 与 x_n 周围点 $x_{n-k},\ldots,x_{n+k}$ 的粗粒度值进行结合，也就是 x_n，以及与 x_n 相邻的左边 k 个点和右边 k 个点，计算 x_n 处的空间导数，即 x_n 处速度值随空间演变后的解；步骤四，基于高维流体动力方程的物理求解过程，即计算通量后利用通量计算 x_n 处的时间导数，也就是 x_n 处速度值随时间演变后的解，从而得到高维流体动力方程的最终数值解。

其中，步骤一中构建自适应空间结构关系时，需要获取每个节点自身的特征信息，并从每个节点的所有邻居节点处获取该节点的特征信息，构建图结构关系，具体如下。

1. 为一维流体动力方程构建图结构关系

以 Burgers 方程为例。Burgers 方程是应用于流体力学领域的模拟激波传播和反射的非线性偏微分方程。Burgers 一维空间方程为 $\frac{\partial v}{\partial t}+v\frac{\partial v}{\partial x}=\eta\frac{\partial^2 v}{\partial x^2}$，并令通量 $J=\frac{v^2}{2}-\eta\frac{\partial v}{\partial x}$。

已知训练数据集中有 T_1 个时间层，每一层有 M_1 个网格点，每个网格点上有其速度信息，将 M_1 个网格点下采样得到 m_1 个网格点。训练模型时，将第一层的 m_1 个网格点的速度值作为输入，损失是通过训练得到的下一时间层的速度值与下一时间层速度值的真解计算 MAE 得到的，当该层训练好后，再去训练下一层。

通过构建离散化网格的图结构，将空间网格点作为图的顶点，设计不同网格点两两之间的关系权重作为图的边，建立所有网格点的空间结构关系。具体过程如下：对每一层的所有 m_1 个网格点建立空间结构关系，每个网格点的速度值由上一层周围 $2k$ 个网格点的速度值及该点处的速度值表示，每个网格点都有速度信息，因此由每个网格点的速度值得到输入特征矩阵 X，X 形状为（m_1，1）；每个网格点由周围 $2k$ 个点来表示，即该点左边 k 个点和右边 k 个点；对于前三个点即 P_1、P_2、P_3，它们左边不足 k 个点，因此这三个点用右边 k 个点及该点左边所有点来表示，建立空间结构关系。这里 k 是经实验得到的最优周围点数量，即通过 k 个周围点预测得到的中心点速度值与真解间误差最小。

通过建立空间结构关系可得到邻接矩阵 A，通过邻接矩阵可得到 $\check{A}$ 及 $\check{A}$ 的度矩阵 $\check{D}$，公式为 $\check{D}_{ii}=\sum_{\mathrm{j}}\check{A}_{ii}$，其中，$\check{A}=A+I$，$I$ 是单位矩阵。将 X、$\check{A}$、$\check{D}$ 代入公式 $H^{(l+1)}=\sigma\left(\check{D}^{-\frac{1}{2}}\check{A}\check{D}^{-\frac{1}{2}}H^{(1)}W^{(l)}\right)$，之后对每个网格点的速度信息进行聚合，然后预测得到有限差分系数并计算空间差分与时间导数。该公式表示图卷积神经网络中层与层之间的传播方式，其中，H 是每一层的特征矩阵，由每一层的所有网格点的速度值得到，对于输入层，

H 就是 X；σ 是非线性激活函数。这样做既充分利用了网格点的速度信息及它们之间的关系，也增强了网格点之间的关联。

以图 5.4.2 为例，对每一层的 32 个网格点建立空间结构关系，每个网格点的速度值由上一层周围 6 个网格点的速度值及该点的速度值表示。

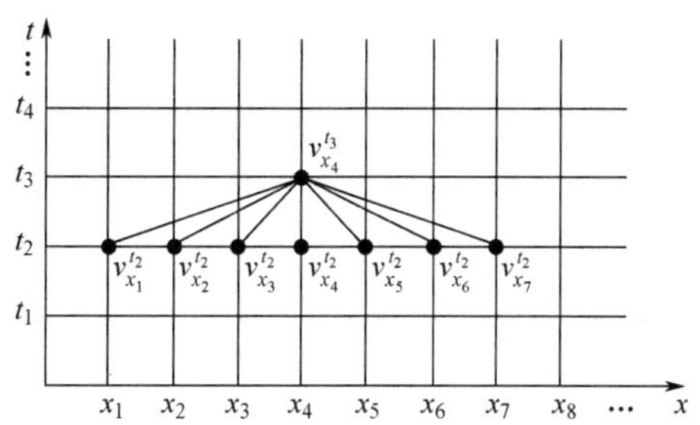

图 5.4.2 一维情况下速度值由上一层速度值表示的示例

假设粗粒度下第 n 个时间层的网格点为 32 个，这 32 个网格点分别用 P_1，P_2，P_3，…，P_{31}, P_{32} 来表示，每个网格点上的速度值为 $v_1, v_2, v_3, \cdots, v_{31}, v_{32}$，由此可得到特征矩阵 $H^{(1)}$（32×1）：

$$H^{(1)}=\begin{bmatrix} v_1 \\ v_2 \\ v_3 \\ \cdots \\ v_{31} \\ v_{32} \end{bmatrix}$$

由空间结构关系可得到邻接矩阵 A（32×32）：

$$A=\begin{bmatrix}
0 & 1 & 1 & 1 & 0 & 0 & 0 & 0 & 0 & 0 & 0 & \dots & 0 & 0 & 0 & 0 & 0 \\
1 & 0 & 1 & 1 & 1 & 0 & 0 & 0 & 0 & 0 & 0 & \dots & 0 & 0 & 0 & 0 & 0 \\
1 & 1 & 0 & 1 & 1 & 1 & 0 & 0 & 0 & 0 & 0 & \dots & 0 & 0 & 0 & 0 & 0 \\
1 & 1 & 1 & 0 & 1 & 1 & 1 & 0 & 0 & 0 & 0 & \dots & 0 & 0 & 0 & 0 & 0 \\
0 & 1 & 1 & 1 & 0 & 1 & 1 & 1 & 0 & 0 & 0 & \dots & 0 & 0 & 0 & 0 & 0 \\
0 & 0 & 1 & 1 & 1 & 0 & 1 & 1 & 1 & 0 & 0 & \dots & 0 & 0 & 0 & 0 & 0 \\
0 & 0 & 0 & 1 & 1 & 1 & 0 & 1 & 1 & 1 & 0 & \dots & 0 & 0 & 0 & 0 & 0 \\
\dots & \dots & \dots & \dots & \dots & \dots & \dots & \dots & \dots & \dots & \dots & \dots & \dots & \dots & \dots & \dots & \dots \\
0 & 0 & 0 & 0 & 0 & 0 & 0 & 0 & 0 & 0 & 0 & \dots & 0 & 1 & 1 & 1 & 0
\end{bmatrix}$$

通过邻接矩阵 A 可计算得到 $\check{A}$（32×32）及度矩阵 $\check{D}$（32×32），得到的度矩阵 $\check{D}$ 如下

所示，将它们代入图卷积公式 $H^{(l+1)} = \sigma\left(\check{D}^{-\frac{1}{2}}\check{A}\check{D}^{-\frac{1}{2}}H^{(l)}W^{(l)}\right)$ 对节点的速度信息进行聚合。

$$
\check{D} = \begin{bmatrix}
4 & 0 & 0 & 0 & 0 & 0 & 0 & 0 & \dots & 0 & 0 \\
0 & 5 & 0 & 0 & 0 & 0 & 0 & 0 & \dots & 0 & 0 \\
0 & 0 & 6 & 0 & 0 & 0 & 0 & 0 & \dots & 0 & 0 \\
0 & 0 & 0 & 7 & 0 & 0 & 0 & 0 & \dots & 0 & 0 \\
0 & 0 & 0 & 0 & 7 & 0 & 0 & 0 & \dots & 0 & 0 \\
0 & 0 & 0 & 0 & 0 & 7 & 0 & 0 & \dots & 0 & 0 \\
0 & 0 & 0 & 0 & 0 & 0 & 7 & 0 & \dots & 0 & 0 \\
\dots & \dots & \dots & \dots & \dots & \dots & \dots & \dots & \dots & \dots & \dots \\
0 & 0 & 0 & 0 & 0 & 0 & 0 & 0 & \dots & 0 & 4
\end{bmatrix}
$$

这里可以强制机器学习预测系数满足 m 阶多项式约束，从而使近似误差衰减为 $O\left(\Delta x^m\right)$，如果学习的离散化适合网格尺度上平滑的解，那么多项式精度约束将确保可以恢复经典的有限差分方法。

2. 为二维流体动力方程构建图结构关系

Burgers 二维空间方程如下所示：

$$
\frac{\partial u}{\partial t} + u\frac{\partial u}{\partial x} + v\frac{\partial u}{\partial y} = \eta\left(\frac{\partial^2 u}{\partial x^2} + \frac{\partial^2 u}{\partial y^2}\right)
$$

$$
\frac{\partial v}{\partial t} + u\frac{\partial v}{\partial x} + v\frac{\partial v}{\partial y} = \eta\left(\frac{\partial^2 v}{\partial x^2} + \frac{\partial^2 v}{\partial y^2}\right)
$$

已知训练数据集中有 T_2 个时间层，因为有 x 和 y 两个维度，所以每一层有 $M_1 \times M_1$ 个网格点，每个网格点上有速度信息，将 $M_1 \times M_1$ 个网格点下采样得到 $m_2 \times m_2$ 个网格点。

对每一层的 $m_2 \times m_2$ 个网格点建立空间结构关系，每个网格点的速度值由上一层该点周围 4 个网格点的速度值及该点的速度值表示，如图 5.4.3 所示，每个网格点都有速度信息，因此可以得到输入特征矩阵 X_2，X_2 形状为（$m_2 \times m_2$，1）。

通过建立空间结构关系可得到邻接矩阵 A_2，通过邻接矩阵可得到 $\check{A}_2$ 及 $\check{A}_2$ 的度矩阵 $\check{D}_2$，将 X_2、$\check{A}_2$、$\check{D}_2$ 代入图卷积公式，对每个网格点的速度信息进行聚合，然后预测得到有限差分系数并计算空间差分与时间导数。

已知训练数据集中有10000个时间层，每一层有512×512个网格点，将512×512个网格点下采样得到32×32个网格点。对每一层的32×32个网格点建立空间结构关系，根据每个网格点上的速度信息，可以得到输入特征矩阵 X_2，X_2 形状为（32×32，1）。之后，得到邻接矩阵A_2及矩阵$\check{A}_2$、$\check{D}_2$并代入图卷积公式进行聚合。

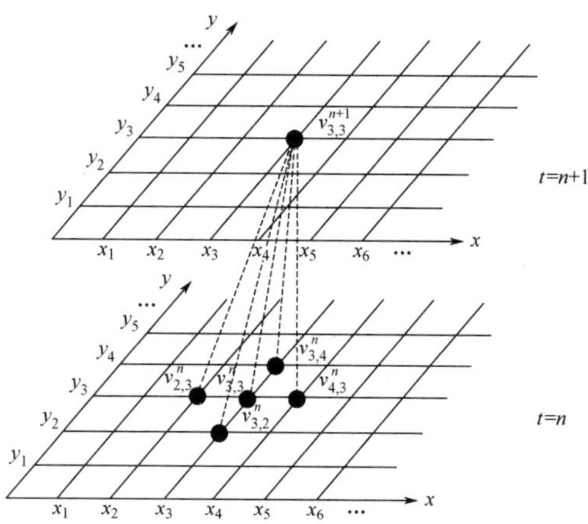

图 5.4.3 二维情况下速度值由上一层速度值表示的示例

具体计算过程如下：

假设二维情况粗粒度下第 n 个时间层的网格点为 32×32 个，这 32×32 个网格点分别用 $P_{1,1}$，$P_{1,2}$，…，$P_{1,31}$，$P_{1,32}$，$P_{2,1}$，$P_{2,2}$，…，$P_{2,31}$，$P_{2,32}$，…，$P_{32,1}$，$P_{32,2}$，…，$P_{32,31}$，$P_{32,32}$来表示，每个网格点上的速度值为 $v1,1$，$v1,2$，…，$v_{1,31}$，$v_{1,32}$，$v_{2,1}$，$v_{2,2}$，…，$v_{2,31}$，$v_{2,32}$，…，$v_{32,1}$，$v_{32,2}$，…，$v_{32,31}$，$v_{32,32}$，由此可得到特征矩阵 $H^{(1)}$（1024×1）：

$$H^{(1)}=\begin{bmatrix} v_{1,1} \\ v_{1,2} \\ v_{1,3} \\ \cdots \\ v_{1,31} \\ v_{1,32} \\ \cdots \\ v_{32,1} \\ v_{32,2} \\ v_{32,3} \\ \cdots \\ v_{32,31} \\ v_{32,32} \end{bmatrix}$$

由空间结构关系可得到邻接矩阵 A_2（1024×1024）：

$$A_2=\begin{bmatrix}0&1&0&\cdots&1&0&0&0&\cdots&0&0&0&\cdots&0&\cdots&0&0&0&\cdots&0&0\\ \cdots&\cdots&\cdots&\cdots&\cdots&\cdots&\cdots&\cdots&\cdots&\cdots&\cdots&\cdots&\cdots&\cdots&\cdots&\cdots&\cdots&\cdots&\cdots&\cdots&\cdots\\ 1&0&0&\cdots&0&1&0&0&\cdots&1&0&0&\cdots&0&\cdots&0&0&0&\cdots&0&0\\ 0&1&0&\cdots&1&0&1&0&\cdots&0&1&0&\cdots&0&\cdots&0&0&0&\cdots&0&0\\ 0&0&1&\cdots&0&1&0&1&\cdots&0&0&1&\cdots&0&\cdots&0&0&0&\cdots&0&0\\ \cdots&\cdots&\cdots&\cdots&\cdots&\cdots&\cdots&\cdots&\cdots&\cdots&\cdots&\cdots&\cdots&\cdots&\cdots&\cdots&\cdots&\cdots&\cdots&\cdots&\cdots\\ 0&0&0&\cdots&0&0&0&0&\cdots&0&0&0&\cdots&1&\cdots&0&0&1&\cdots&0&0\\ \cdots&\cdots&\cdots&\cdots&\cdots&\cdots&\cdots&\cdots&\cdots&\cdots&\cdots&\cdots&\cdots&\cdots&\cdots&\cdots&\cdots&\cdots&\cdots&\cdots&\cdots\\ 0&0&0&\cdots&0&0&0&0&\cdots&0&0&0&\cdots&0&\cdots&1&0&0&\cdots&1&0\end{bmatrix}$$

通过邻接矩阵 A_2 可计算得到 $\check{A}_2$（1024×1024）及 $\check{A}_2$ 的度矩阵 $\check{D}_2$，公式为 $\check{D}_{ii}=\sum_j \check{A}_{ii}$，得到的度矩阵 $\check{D}_2$ 如下所示：

$$\breve{D}_2=\begin{bmatrix}3&0&\cdots&0&0&0&0&0&\cdots&0\\ 0&4&\cdots&0&0&0&0&0&\cdots&0\\ \cdots&\cdots&\cdots&\cdots&\cdots&\cdots&\cdots&\cdots&\cdots&\cdots\\ 0&0&\cdots&3&0&0&0&0&\cdots&0\\ 0&0&\cdots&0&4&0&0&0&\cdots&0\\ 0&0&\cdots&0&0&5&0&0&\cdots&0\\ 0&0&\cdots&0&0&0&5&0&\cdots&0\\ 0&0&\cdots&0&0&0&0&5&\cdots&0\\ \cdots&\cdots&\cdots&\cdots&\cdots&\cdots&\cdots&\cdots&\cdots&\cdots\\ 0&0&\cdots&0&0&0&0&0&\cdots&3\end{bmatrix}$$

将上述矩阵代入图卷积公式对节点的速度信息进行聚合，然后预测得到有限差分系数并计算空间差分与时间导数。

3. 为高维流体动力方程构建图结构关系

一维、二维 Burgers 方程可以通过构建图卷积空间结构关系来更好地展示每个时间层与其上一个时间层的所有节点之间的结构关系，该方法同样适用于除 Burgers 方程外的其他偏微分方程，也适用于除一维、二维方程外的更高维的偏微分方程。

对于更高维的方程，由于维度增加，每个时间层上的节点相较于一维与二维增加了很多倍，每个节点的值由上一时间层该点周围几个节点的值表示时，会变得更加复杂。建立每个节点与该点周围节点的空间结构关系，使所有节点在空间上都会与固定的节点产生关联，每个节点的值由上一时间层该点周围几个节点的值表示。图 5.4.4 是三维情况下某点的值由上一时间层节点的值表示的示例。

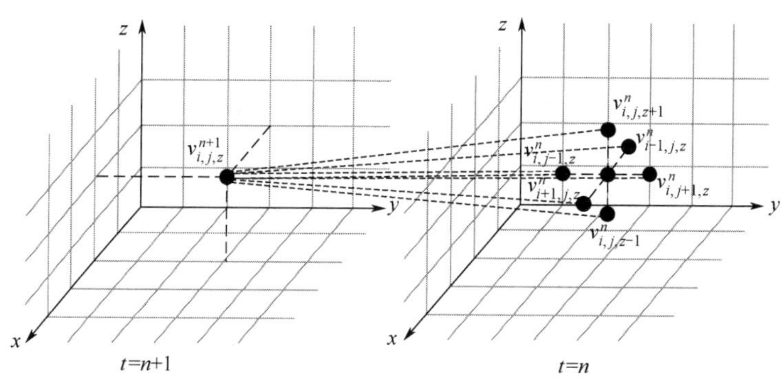

图 5.4.4　三维情况下某点的值由上一时间层节点的值表示的示例

损失函数使用均方误差，并且从估计出的时域差分与真实值之间的差异 $L_1=\frac{1}{m}\sum_{i=1}^{m}\left[\left(\frac{\partial v}{\partial t}\right)_i-\left(\left(\frac{\partial v}{\partial t}\right)_i\right)'\right]^2$ 和估计出的未来状态与真实状态间的差异 $L_2=\frac{1}{m}\sum_{i=1}^{m}[v_i-v_i']^2$ 这两个损失函数中选择一个来展开训练。其中，m 表示每一时间层有 m 个节点；$\left(\frac{\partial v}{\partial t}\right)_i$ 表示在某个时间层由神经网络模型估计出的某个点处的时域差分，而 $\left[\left(\frac{\partial v}{\partial t}\right)_i\right]'$ 则表示该点处的时域差分的真实值；v_i 表示在某个时间层由神经网络模型估计出的某个点处的速度值，而 v_i' 则表示该点处的真实速度值。

5.4.3　模型算法鲁棒性研究

由于核电站预测运行环境复杂，预测运行形式多样，实际应用场景中对预测运行算法鲁棒性的要求较高，因此，如何提升预测运行算法的稳定性和有效性便成为研究过程中的重点问题之一。在算法设计和测试过程中，有人提出通过施加某种数据扰动的方式对算法进行干扰，并通过技术手段对干扰进行防御，以此保证算法和系统稳定运行。其中，三维模型作为预测运行闭环反馈过程的重要组成部分，其数据结构信息丰富，在表征过程中容易受到外界因素干扰，因此，本节重点研究提升三维模型数据表征的鲁棒性，以提升预测运行算法精度。

首先，为网络设计和生成攻击样本。本节设计了扰动学习生成器（LP-GAN）来学习能对原始网络造成扰动的点的特征，从而生成具有对抗特性的攻击样本。具体来说，首先提取点云的关键点 C，然后根据关键点的特征生成新的对抗点 $\hat{C}$，它与关键点之外的点 U 相结合，得到对抗样本 $\hat{P}$。这里使用关键点作为输入，一方面是为了挖掘对抗点的特征分布，另一方面是为了利用其余点保留原始点云的结构，保证点云质量。具体方法如下：首先，提取对三维模型特征贡献最大点作为三维模型的关键点，并利用 K-means 生成关键点集群。这里，原始点云被分为关键点 C 和非关键点 U 两部分。然后，生成模型探索输入的关键点 C 的特性，由此生成对抗点 $\hat{C}$。最后，非关键点 U 和对抗点 $\hat{C}$ 相结合，生成用于攻击点云模型 T 的对抗样本。这里，生成的点云由判别器进行判别，对生成器进行监督。此外，本节还设计了感知损失来监督原始点与生成点的相似度，从而控制生成点的质量。特别地，本节还引入了误分类损失以增强对抗样本的攻击性。由于 LP-GAN 采用了生成对抗网络的结构，因此，整个算法框架需要对生成器和判别器进行逐步训练。

与传统对抗攻击模型中的扰动学习模式相比，本节所提方法利用对抗点来替换特征临界点更加合理有效。因为传统的扰动学习模式只针对扰动量进行数学上的建模，与样本本身的特征并无关联。因此，扰动度量学习不能顾及每个对抗样本。而对抗攻击应该关注每个类别的特征边界，学习对抗样本更深层的特征，而不是寻找深层模型的缺陷。因此，必须找到一种特征学习方法来构造攻击模型。很明显，生成对抗网络是最合适的，它可以在判别器的监督下学习输入点的特征，然后进行生成。本节使用 PC-GAN 作为生成模型。具体来说，将点云关键点 ϕ 表示成一个 n 维向量 $C=\left\{c_1,\cdots,c_n,c_i\in R^3\right\}$ 输入生成器 G 中，学习点的分布并生成对抗点。这里，关键点 ϕ 可被看作 $p(C|\phi)$ 中的样本。点分布可以被描述为联合似然分布：

$$P(C,\phi)=p(\phi)\prod_{i=1}^{n}p(c_i\mid\phi)$$

生成对抗网络的原理是对原始点云和对抗点的分布进行建模。为了探究原始点云与对抗点之间的关系，PC-GAN 首先对 ϕ 进行特征学习，得到更丰富的特征表示 $Q(C)$，再利用 $Q(C)$ 学习对抗点的分布。与直接学习对抗点的分布相比，这种方式更关注原有点云的特征表示，而不是单纯对点的分布进行学习。这也是本节选择 PC-GAN 作为生成模型的重要原因，后续章节中相应的实验结果也证明了其有效性。这里，生成对抗网络的损失为

$$L_{\text{GAN}}=E_{\phi\sim p(\phi)}\left[\min_{G,Q}\max_{f\in\Omega_f}E_{c\sim p(C|\phi)}\left[f\left(c\right)\right]E_{z\sim p(z),C\sim p(C|\phi)}\left[f\left(G\left(z,Q\left(C\right)\right)\right)\right]\right]$$

式中，$f(\cdot)$ 是区分生成点和临界点的判别器，Ω_f 是不同概率距离的约束，z 是随机噪声点集。

上述生成对抗网络学习框架可以根据原始点云关键点生成对抗点，但判别器只能区分点的来源，还需要一个损失函数来增强对抗点的攻击能力。因此，本节提出了误分类损失函数。与传统攻击模型中的损失函数相比，误分类损失函数不指定单个攻击目标，而是将训练攻击者时输入的错误分类设置为除正确类别外的任何其他类别。换句话说，误分类损失函数不仅选择了最不可能的类别作为攻击目标，而且考虑了其他不正确的类别，打破传统规律，不再使用唯一类别进行攻击力学习。由此，可以避免防御模型攻击的局限性，提高对抗样本的灵活性和可转移性。具体公式如下：

$$L_{\mathrm{mis}} = -\sum_{k=1}^{K} \mathcal{S}\left(T\left(\hat{P}\right)\right)_k (1-\delta) 1_{\mathrm{argmin} T(P)_k} + \delta v_k$$

式中，$\mathcal{S}$ 代表传统的 softmax 函数；K 是数据集类别的个数；$v = \left[\frac{1}{K-1}, \cdots, 0, \cdots, \frac{1}{K-1}\right]$ 是平滑正则化项；当 k 是真实标签 ID 值时，$v_k = \frac{1}{K-1}$；$\arg\min$ 表示寻找概率向量中的最小值，从而明确攻击目标。

对抗样本除了具有攻击性，还与原始点云具有外观相似性。因此，必须关注点云质量以确保其外观相似性。对抗样本的目标是生成不引人注意的点或点的集合来欺骗深度网络，得到错误的结果。在评价点云质量的时候，不可能评判每个位置的点是否相似，但根据点云的相似性，对抗点云在表面上应该是一样平滑的，也就是说，原始点云和对抗点云的法向量在角度方面应该相似。因此，本节提出计算对抗样本 $\hat{C}$ 与原始点云 C 的角度相似度来评测生成点云的质量。具体来讲，对于每个点 $a_i \in C$，都有一个关联的法向量 $\overrightarrow{n_i^a}$。对于点 $b_j \in \hat{C}$，有一个法向量 $\overrightarrow{n_j^b}$。假设 a_i 和 b_j 处于相同的位置。法向量角度相似度可以被定义为 $1-\hat{\theta}/\pi$，其中 $\hat{\theta} = \arccos\left(\cos(\theta)\right)$ 表示向量角度。由此，向量 $\overrightarrow{n_i^a}$ 和 $\overrightarrow{n_j^b}$ 的余弦相似度计算如下：

$$\mu = \cos(\theta) = \frac{\overrightarrow{n_i^a} \cdot \overrightarrow{n_j^b}}{\left\|\overrightarrow{n_i^a}\right\| \left\|\overrightarrow{n_j^b}\right\|}$$

然后，利用 μ 计算角度相似度的反余弦值。由于本节关注切平面的角度相似性，因此在定义 $\hat{\theta} = \min \theta, \pi - \theta, \theta \in [0, \pi/2]$ 时，只需要考虑两个角度中较小的一个。因此，两点的角度相似度 s 可以计算为

$$\hat{\theta} = \arccos\left(|\mu|\right)$$

$$s = 1 - \frac{2\hat{\theta}}{\pi}$$

最终的角度相似度 S 应该是每个点的角度相似度，所以需要计算 C 中的每个点与 $\hat{C}$ 中最近邻点的相似度来生成最终的相似度。

因此，利用上述点云质量评价方法定义如下感知损失函数：

$$L_{\mathrm{p}} = S\left(C, \hat{C}\right)$$

式中，S 表示两个点云的相似度。最终的网络损失函数如下：

$$L = L_{\mathrm{GAN}} + \zeta L_{\mathrm{mis}} + \eta\left(1 - L_{\mathrm{p}}\right)$$

式中，ζ 和 η 用于平衡损失权重。

在得到可靠的攻击样本后，接下来针对可能存在的攻击样本进行防御，以提升模型鲁棒性。具体而言，本节提出了一种基于扰动注入的点云对抗防御方法。在点云中嵌入噪声注入模块，并利用扰动发生器对特征直接进行扰动，从而在特征层面模拟对抗样本，达到防御的目的。这种防御机制直接扰动特征，变相为训练提供对抗样本，与传统的对抗训练相比，更侧重于学习扰动后的特征分布，提高了对抗样本的灵活性。同时，为了防止特征过扰动，该方法在特征扰动后使用点云生成器和内容鉴别器，对扰动后的特征可视化后进行内容鉴别，从而调整噪声生成器的参数，保证点云相似度。因此，该方法可以在提高对抗鲁棒性的同时保证点云识别网络性能。该方法主要分为两部分：噪声注入模块和基于特征可视化的内容鉴别模块。首先根据点云输入进行特征提取，随后利用噪声发生器对特征进行扰动。在对特征进行扰动的过程中，引入注意力机制，根据每一层网络的特性生成噪声，提高噪声参数灵活性，避免噪声参数的消亡。更重要的是，该方法使用内容鉴别器对可视化后的扰动特征进行鉴别，防止过扰动带来的识别准确率下降的问题，在鉴别的过程中，引入点云相似性度量方法，分区域对点云进行鉴别，保证三维模型内容相似性。

噪声注入模块是该方法的关键部分，该方法希望以这种方式自适应地生成噪声，对点云特征提取过程进行扰动，由此丰富训练集，改变特征分布，进一步优化特征边界，从而模拟传统对抗训练中所需的大量对抗样本，提高点云模型的对抗鲁棒性。具体来说，该方法在对原始点云进行特征提取的时候，在每个全连接层的输出上添加扰动，该扰动可以由每一层的噪声参数确定。扰动后的每个全连接层的 X_l 的输出可以表述为

$$X_l\left(P_l; W_l, \phi_l\right) = f_l\left(P_l, W_l\right) + \varDelta\left(P_l, \phi_l\right)$$

式中，$f_l\left(P_l, W_l\right)$ 表示全连接层；W_l 是点云神经网络中的参数，$\varDelta\left(P_l, \phi_l\right)$ 表示基于参数

ϕ_l 的扰动，与输入 P_l 相关。

特征向量的扰动可以看作特殊的噪声，因此可以利用传统的噪声分布来建模，将噪声表示为基于参数 ϕ_l 的指数分布。该方法选择常用的高斯分布来建模。因此，扰动可以表示为

$$\Delta(P_l,\phi_l)=\phi_l\cdot f_{\text{att}}(P_l)\cdot\mathcal{N}(0,1)$$

式中，ϕ_l 控制每一层的扰动。由于特征向量中的每个元素的扰动对应三维模型的每个特性，因此它们应该有不同程度的扰动。这里，f_{att} 被设计用于指导元素级扰动，可以根据点云神经网络中每一层的特性针对性生成不同的扰动。具体来说，f_{att} 可以表示为

$$f_{\text{att}}=\sigma\left(\text{softmax}\left(\tanh\left(H_1\cdot f_1\right)\right)\right)$$

式中，σ 是归一化函数，用于归一化输出并生成元素级注意力掩模；H_l 是可训练的变量。因此，$X_l\left(P_l;W_l,\phi_l\right)$ 可以重写为

$$X_l\left(P_l;W_l,\phi_l\right)\approx\mathcal{N}\left(f_l\left(P_l,W_l\right),\phi_l\cdot f_{\text{att}}\left(P_l\right)\right)$$

最终，用于扰动点云神经网络的扰动公式可以写成 $X(P;W,\phi)\approx\mathcal{N}\left(f(P,W),\phi\right)$，与传统的对抗防御方式相比，更关注扰动的特征。

在基于特征可视化的内容鉴别模块中，为了可视化扰动特征，首先需要一个生成器来解析扰动特征，尽可能复原扰动特征代表的点云，为后续内容鉴别做准备。将特征作为输入生成点云的过程可以看作基于特征的条件分布。因此，该方法采用基于点流的生成方法，以特征向量 f 为条件生成点云 Q。基于点流的方法使用潜在形状 z 简化重建过程，将潜在形状看作一切点云的基点，也就是说，所有的点云都是通过它采样生成的。因此，每个点云形状可以看作从以特征表示为条件的特定形状分布中提取的样本。该条件分布定义如下：

$$p(Q|f)=\int_z p_\psi(z|f)\prod_{q\in Q}p_\theta(q|z)\mathrm{d}z$$

式中，$p_\psi(z|f)$ 表示以 ψ 为条件的潜在形状，并且具有可学习参数，该参数从高斯分布转移而来。$p_\theta(q|z)$ 表示生成三维点云的条件分布。这里，q 是生成点云 Q 中的点。该方法根据潜在形状定义生成模型：

$$p_\theta(q|z)=\mathcal{N}\left(f_\theta(q;z);\nu_\theta(z),\text{diag}\left(\omega_\theta(z)\right)\right)\left|\det\left(\frac{\partial f_\theta(q;z)}{\partial q^\top}\right)\right|$$

式中，ν_θ 和 ω_θ 是非线性函数；$f_\theta(q;z)$ 以潜在形状 z 为条件，通过缩放和平移函数中的 FiLM 调节机制进行调节。

为了完成生成过程，该方法还需要根据潜在形状 z 和原始点 $\hat{Q}$ 对点分布进行建模。该

方法利用原始的点云识别网络来构建分布 $q_{\phi}\left(z|\hat{Q}\right)$。该模型基于潜在形状 z 生成高斯的均值和对角协方差矩阵来构建：

$$q_{\phi}\left(z|\hat{Q}\right)=\mathcal{N}\left(z;\mu_{\phi}\left(z\right),\operatorname{diag}\left(\sigma_{\phi}\left(z\right)\right)\right)$$

为了训练生成器，该方法利用预训练的点云识别网络来提取特征向量，从而提供训练数据来确定生成器的参数。最终的损失公式为

$$L_{\mathrm{G}} = D_{\mathrm{KL}}(q_{\phi}(z \mid \hat{Q}) \parallel p_{\phi}(z \mid f)) - \sum_{q \in \hat{Q}} E_{q_{\phi}(z|\hat{Q})}[\ln p_{\theta}(q \mid z)]$$

$$D_{\mathrm{KL}}(q_{\phi}(z \mid \hat{Q}) \parallel p_{\phi}(z \mid f)) = E_{q_{\phi}(z|\hat{Q})}[\ln p_{\theta}(q \mid z)] - 1^{\top} \ln \sigma_{\psi}(z \mid \hat{Q})$$

为了可视化扰动后的特征向量，该方法使用生成器对特征向量进行解析，先生成点云，再用内容鉴别器对生成的点云进行内容鉴别。由于生成的点云本身与原始点云就存在偏差，该方法也只是对点云内容进行鉴别，所以不能按照常规的点云相似度去比较两个点云，而重建损失又过于严格。从内容的角度来看，只要大体结构相似就可以认为生成点的内容与原始点相同。因此，该方法设计了一种模糊的形状相似度度量方法，仅利用部分关键点来计算形状相似度。这部分关键点可以看作点云的骨架，表示点云的结构信息。只要结构相似，那么内容就一定相似。具体方法如下：首先，利用等距的体素网格将原始点云和生成的点云进行分组。生成的点云和原始点云使用同一个体素网格进行分组，体素网格将点云分为几个体积相同的空间。然后，在每个空间中按照点云特征贡献大小采样前 N 个点，利用点云相似度方法来计算形状相似度。最终的相似度公式如下：

$$s_{a,b}\left(a\right)=1-\frac{2\arccos\left(\left|\frac{\overrightarrow{n_i^a}\cdot\overrightarrow{n_j^b}}{\left\|\overrightarrow{n_i^a}\right\|\left\|\overrightarrow{n_j^b}\right\|}\right|\right)}{\pi}$$

$$\hat{S}_{\widehat{Q_N},\ Q_N}\left(\sum_{i=1}^{N} s_{q\in\widehat{Q_N},p\in Q_N}\left(q_i\right)\right)$$

式中，s 是一对点 a 和 b 的相似度，它们分别来自生成的点云或原始点云；$\widehat{Q_N}$ 和 Q_N 是分组后的采样点。特别地，b 是另一个点云中的最近邻点。因此，最终的感知损失函数定义如下：

$$L_{\mathrm{p}} = \min\{\hat{S}_{Q_N,\widehat{Q_N}},\hat{S}_{\widehat{Q_N},Q_N}\}$$

通过以上生成对抗样本和对生成的对抗样本进行防御的研究过程，可有效提升三维模

型表征有效性，进而提升核电产品预测算法和环节的稳定性和鲁棒性。

为了让各模块更好地发挥作用，需要对训练过程进行适应性调整。这里，将训练过程分为两个不同的阶段，具体见算法 5.4.1 和算法 5.4.2。第一阶段是用预训练的点云神经网络提取的特征向量来训练生成器模块，从而确定生成器参数。其中，点云识别网络的参数被固定，为生成器提供训练数据。

算法 5.4.1：训练过程第一阶段

输入：**原始点云 $\hat{Q}$ 和相应的特征 f**

输出：**训练后的生成器网络 G**

1. **将 $\{\hat{Q}_1,\hat{Q}_2,\cdots,\hat{Q}_m\}\in\hat{Q}$ 设置为参考点云**
2. for $a=1$ to $\boldsymbol{m}$ do
3. 　　生成潜在形状 z
4. 　　根据特征 f 和生成器 G 生成点云 Q
5. 　　计算损失并对网络进行优化
6. 　　更新生成器参数
7. end for

算法 5.4.2：训练过程第二阶段

输入：**原始点云 $\hat{Q}$ 和生成器 G**

输出：**防御模块网络参数 W_l**

1. **将 $\{\hat{Q}_1,\hat{Q}_2,\cdots,\hat{Q}_m\}\in\hat{Q}$ 设置为参考点**
2. for $b=1$ to $\boldsymbol{n}$ do
3. 　　计算 f_{att}
4. 　　计算 Δ_l
5. 　　计算损失函数
6. 　　固定生成器参数，优化噪声参数 ϕ
7. 　　固定噪声参数，优化点云识别网络参数
8. end for

第二阶段是对点云识别网络的训练和防御。对于噪声注入模块，有两个参数：原始网络参数 W 和噪声参数 ϕ，它们是对抗性的。参考对抗训练方法，该方法分两步训练嵌入噪

声注入模块后的点云识别网络：①通过固定原始网络参数W、更新噪声参数ϕ来学习扰动的特征；②通过类似于对抗训练的方式对原始网络进行防御，噪声参数ϕ被固定，用于更新原始网络参数W。

在扰动学习过程中，该方法希望扰动一直存在，也就是希望噪声参数不为 0，这有助于提高对抗鲁棒性。因此，该方法在损失函数中添加了一个新的正则化项以保证噪声参数ϕ存在。同时，为了保证分类的准确性，该方法保留了原始点云识别网络的交叉熵损失（不包含噪声参数）。最终的目标函数如下：

$$L_{\text{II}} = L\left(P\left(X;W,\phi\right),T\right) + L\left(P\left(X;W\right),T\right) + \beta_1 L_{\text{p}} + \beta_2 g\left(\phi\right)$$

式中，$L\left(P\left(X;W\right),T\right)$和$L\left(P\left(X;W,\phi\right),T\right)$是交叉熵损失函数，$T$是真实标签。$g\left(\phi\right)$是强制参数$\phi$平滑增加的正则化项，$g\left(\phi\right) = -\frac{\phi^{1/2}}{\tau}$，$\tau$是与当前迭代次数有关的谐波级数的输出，由当前迭代次数t和第一次添加噪声时的迭代次数s计算得到，$\tau\left(t\right) = \sum_{i=s}^{t} \frac{1}{i-s-1}$。$\beta_1$和$\beta_2$是用于平衡不同损失权重的超参数。

5.5 核电装备全生命周期闭环信息反馈方法

5.5.1 多阶段经验反馈数据融合方法

核电装备全生命周期包括设计、采购、施工、调试、运行等主要阶段，部分阶段之间存在交互，例如，设计阶段为采购阶段提供采购设备的技术标准，设计阶段为施工阶段提供结构施工图等。但是目前这些阶段的交互都是通过人工方式进行的，存在数据形式多样、反馈形式不统一的问题。因此，亟须研究多阶段经验反馈数据融合方法，实现多阶段多模态数据的一致表征。

首先，对全生命周期各阶段业务流程进行梳理，厘清阶段内部运行的业务逻辑，明确各阶段关键业务并确定其输入和输出。选择贯穿全生命周期的事件或经验，将各阶段输入和输出接口对接，明确各业务上下游关系。

然后，选取某一特定事件在全生命周期各阶段相关的数据作为样本，选择事件发生的主要特征，建立训练数据集及测试数据集。针对多阶段事件样本的丰富特征，以及多模态输入数据，建立多层级深度融合网络，确定模型输入层、隐含层和输出层的节点数，利用神经网络的正向传递过程确定转换函数，选择损失函数，通过添加注意力机制的方式，使模型关注影响事件的主要特征，将多模态数据嵌入统一的数据子空间中，实现多源异质数据的统一表示。多层级数据融合网络如图 5.5.1 所示。

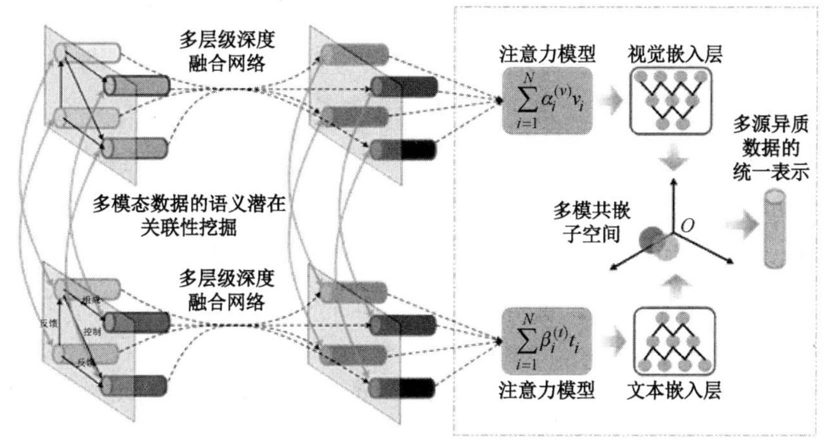

图 5.5.1 多层级数据融合网络

5.5.2 跨平台经验信息关联挖掘方法

针对核电装备经验反馈跨平台信息获取壁垒造成的经验反馈信息标准化和有效性不足的问题，拟基于跨平台多业务价值链协同模式和数据知识规则，定义经验反馈系统的跨平台多业务消息传递模式，研发基于三维模型的可视化检索系统，利用产品模型在设计、实施、生产和运行中的一致性原则，打破核电装备跨平台信息获取的壁垒。

基于以上方案，开展了三维模型可视化检索关键技术研究，设计并实现了基于多层级融合的三维模型表征及检索方法，包括以下三个模块。

（1）数据处理模块。网络的输入是一个二维视图序列，由预设的虚拟摄像机从不同的角度捕获，利用预先训练好的卷积神经网络提取多个视图的视觉特征。

（2）3D注意力模块。将多个视图的特征向量输入3D注意力模块，为图的构建做好准备，并捕获视图之间的空间信息。该模块包含两个分支，其中一个分支生成权重信息，以关注另一个分支的重要特征，从而获得视图内和视图间的注意力。

（3）层级化融合池模块。该模块的核心目的是将多视图信息聚合成一个紧凑的三维形状描述符，并且不忽略视图之间的相关性。采用分层方法逐步融合多视图特征，尽可能少地丢失有效信息。具体来说，将多个视图视为图结构，将每个视图视为图的一个节点，分两层更新节点，使用最后剩余的一个节点的特征作为三维形状描述符。

在数据处理阶段，通过从不同角度设置多个虚拟摄像机来捕获三维物体的多个二维视图，从而创建三维形状的多视图表示。假设三维物体沿着Z轴直立定向，将多个虚拟摄像机环绕着三维物体放置，每个摄像机之间相隔角度θ，并且所有的摄像机都指向三维物体的质心。显而易见，相隔的角度θ和获取到的视图数量N满足以下关系：$N\times\theta=360^\circ$一般θ的取值有180°、90°、45°、30°、22.5°、18°等，相应地会有2、4、8、12、16、20个视图被生成用于表示原始三维物体。大量实验证明，在三维模型检索与分类这个领域，通过卷积神经网络提取的特征相较于手工制作的特征有着明显的优势。因此，在本节所提方法中，使用经典的ResNet作为特征学习的骨干网络结构，相较于AlexNet、VGG-Net等经典CNN模型，其精度更高，有着更强的竞争力。它通过残差学习，可以在构造更深网络的同时，进一步有效地提高识别的准确率。最终得到三维模型的一组特征向量$X=\{x_1,x_2,\cdots,x_N\}\in\mathbb{R}^{N\times C\times W\times H}$，其中N是视图的数量，$x_i\in\mathbb{R}^{C\times W\times H}$，C表示通道数，H和W分别表示高度和宽度。将特征向量X转置得到$Y\in\mathbb{R}^{C\times N\times W\times H}$，然后将$Y$输入3D注意力模块中。用res表示3D残差块，通过三个卷积层依次处理输入的四维张量Y，三个卷积层分别用f_{conv_1}、f_{conv_2}和f_{conv_3}表示，其中每一层包括3D标准化、ReLU和3D卷积。使用$f_{\mathrm{conv}}(\cdot)=\mathrm{conv}(\mathrm{ReLU}(B_c(\cdot)))$来表示每一层。res输出可表示为

$$\mathrm{res}(Y)=f_{\mathrm{conv}_3}\left(f_{\mathrm{conv}_2}\left(f_{\mathrm{conv}_1}(Y)\right)\right)+Y$$

式中，第一层f_{conv_1}使用核大小为$1\times1\times1$的$C/4$卷积滤波器；第二层f_{conv_2}使用$C/4$卷积滤波器，其核大小为$3\times3\times3$；第三层f_{conv_3}使用核大小为$1\times1\times1$的C卷积滤波器。每个卷积层中的3D标准化通过通道分批执行，3D标准化可以表示为

$$B_c(Y)=\left(b_c(y_1),b_c(y_2),\cdots,b_c\left(y_{C_{\mathrm{channels}}}\right)\right)$$

$$B_c(y_i)=\frac{y_i-\mu_i}{\sqrt{\sigma_i^2+\epsilon}}*\gamma_i\oplus\beta_i,i=1,2,\cdots,C_{\mathrm{channels}}$$

式中，μ_i是平均值，σ_i是在批次上计算的标准差，γ_i和β_i是每个通道的可学习参数。基于3D残差块，设计3D注意力模块。在这个模块中，为了保持所处理数据的维度，所有卷积都使用相同数量的C滤波器。此模块包含两个分支，即主分支和从分支。主分支由两个连续的3D残差块组成。从分支由多个卷积结构组成。从分支的作用是为主分支生成权重，提取主分支中有价值的特征，并获取视图内部和视图之间的注意力。主分支输出可表示为

$$\text{branch}_{\text{master}}(Y)=\text{res}(\text{res}(Y))$$

在从分支中，输入 Y 将首先通过一个 3D 残差块，然后进入连续的三层，其中每一层由最大池化和 3D 残差块组成。使用 $f_{\text{rm}}(\cdot)=\text{res}(\max(\cdot))$ 来表示每一层。通过这三层后，可以获得最低的分辨率。每一层的输出结果可以用如下方程式表示：

$$u_1=f_{\text{rm}}(\text{res}(Y))$$

$$u_2=f_{\text{rm}}(u_1)$$

$$u_3=f_{\text{rm}}(u_2)$$

然后，使用三个对称的层来预测每个分辨率级别的输入特征。将每一层标记为 $f_{\text{ir}}(\cdot)=\text{Inter}(\text{res}(\cdot))$，包含一个 3D 残差块和一个为了上采样的三线性插值。此外，为了获得不同尺度上的信息，还在结构中添加了两个跳连接。此过程可表示为

$$v_1=f_{\text{ir}}(u_3)+\text{res}(u_2)$$

$$v_2=f_{\text{ir}}(v_1)+\text{res}(u_1)$$

$$v_3=f_{\text{ir}}(v_2)$$

接下来，有两个连续的 f_{conv}。这种结构在上面介绍 3D 残差块时已经进行了解释。从分支的末端是一个 sigmoid 函数，作用是将输出设置在 0 和 1 之间。从分支的最终输出可以表示为

$$\text{branch}_{\text{slave}}(Y)=\text{sigmoid}\left(f_{\text{conv}}\left(f_{\text{conv}}(v_3)\right)\right)$$

最后，对两个分支得到的结果进行处理，得到 3D 注意力模块的最终结果：

$$Z=\text{res}\left(\text{branch}_{\text{master}}(Y)\otimes\left(1+\text{branch}_{\text{slave}}(Y)\right)\right)$$

式中，$\otimes$ 表示逐元素相乘。

经过 3D 注意力模块处理后，得到输出结果 $Z\in\mathbb{R}^{C\times N\times W\times H}$，将其转置得到 $Z\in\mathbb{R}^{N\times C\times W\times H}$。之后，依次执行平均池化和展平操作，将特征转换为一维向量。这两个操作将生成一个张量 $M\in\mathbb{R}^{N\times d}$，将其输入层级化融合池中。

在介绍层级化融合池之前，首先介绍图卷积网络（GCN）。一般来说，一个图可以表示为 $G=(A,M)$，其中 $A\in\mathbb{R}^{N\times N}$ 表示邻接矩阵，$M\in\mathbb{R}^{N\times d}$ 是由 N 个节点组成的特征矩阵，其中每个节点的特征维数为 d。为简单起见，将 GCN 模型抽象为 $\text{GCN}(A,M)$，即其输入为邻接矩阵 A 和特征矩阵 M。GCN 的传播规则如下：

$$M^{(l+1)}=\text{ReLU}\left(\hat{D}^{\left(-\frac{1}{2}\right)}\hat{A}\hat{D}^{\left(-\frac{1}{2}\right)}M^{(l)}W^{(l)}\right)$$

$$\hat{A} = A + \mathrm{I}$$
$$\hat{D}_{ii} = \sum_{j} \hat{A}_{i}$$

式中，I 表示自连接，$W^{(l)} \in \mathbb{R}^{d_l \times d_{l+1}}$ 是一个可训练的参数，$M^{(l)} \in \mathbb{R}^{N \times d_l}$ 是第 l 层的输出。

将 N 个视图看作图的 N 个节点。为了分层融合多视图信息，使用分配矩阵 $S^{(l)} \in \mathbb{R}^{N_k \times N_{k+1}}$ 来更新节点，使节点数越来越少，最后只剩下一个节点。N_k 是第 k 层的节点数，N_{k+1} 是第 k+1 层的节点数。特别的是，$N_0 = N$。通过 GCN 可以得到分配矩阵，计算公式如下：

$$S^{(k)} = \mathrm{softmax}\left(\mathrm{GCN}\left(A^{(k)}, M^{(k)}\right)\right)$$

式中，输出维度与要更新的节点数相对应。特别的是，$M_0 = M$。A_0 可以由下面的公式得到：

$$A^{(0)} = \Phi\left(M\right) \in \mathbb{R}^{N \times N}$$

式中，Φ 由三个全连接层组成，其设置与 AlexNet 的最后三个全连接层相似。

在得到分配矩阵 $S^{(k)}$ 后，就可以对节点进行更新，即对原始图进行粗化，并生成新的邻接矩阵和特征矩阵。节点的更新过程如下：

$$M^{(k+1)} = \left(S^{(k)}\right)^{\mathrm{T}} M^{(k)} \in \mathbb{R}^{N_{k+1} \times d}$$

$$A^{(k+1)} = \left(S^{(k)}\right)^{\mathrm{T}} A^{(k)} S^{(k)} \in \mathbb{R}^{N_{k+1} \times N_{k+1}}$$

最终，将最后一层生成的向量 $M^{(\mathrm{last})}$ 作为全局描述符，用于多视图数据表征及检索任务。

随后，为了得到更具描述性的三维模型特征，研究并实现了基于卷积 LSTM 的表征方法。对于输入视图序列，首先通过基于 CNN 的网络来提取视觉特征，这些特征随后被馈入基于卷积 LSTM 的编码器中以生成输入权重。之后，引入注意力机制对输入进行加权操作，将输出特征馈入基于卷积 LSTM 的解码器中，这样设计的目的是让网络能够捕获视图之间的细微视觉特征变化。上述输出特征最终被融合到一起并生成分类结果。上述过程主要分为三个阶段：数据预处理、视图间特征聚合，以及视图特征聚合与最终分类。

在数据预处理阶段，主要完成基于 CNN 的视图特征提取。与其他传统的 CNN 模型（如 ResNet、VGG-Net 等）相比，EfficientNet-b5 在网络的性能和计算成本之间实现了较好的平衡。因此，该方法采用 EfficientNet-B5 模型从输入视图中提取视觉特征向量。该方法采用通过神经体系结构搜索方法开发的基线网络 EfficientNet-B0 的缩放版本，模型的输出为

2048 维特征向量$V=\{v_1,\cdots,v_n\}$。

在视图间特征聚合阶段，该方法提出了一种基于卷积 LSTM 的新型网络，用于从输入视图中提取视觉信息，并提出了一种基于神经网络的方法为输入视图的顺序结构分配权重。LSTM 已在许多领域得到广泛应用，它具有可以有效利用序列数据间特征的优势，这使得 LSTM 成为提取序列信息的有效解决方案。该方法应用的 LSTM 结构是一种基于编解码的结构，由两个卷积 LSTM 子网组成。与传统 LSTM 模型相比，卷积 LSTM 可以有效地利用输入序列的时间和空间信息，这在处理流数据时非常有效。该方法采用编码器中卷积 LSTM 结构的输出隐藏状态$H=\{h_1,h_2,\cdots,h_n\}$来生成注意力机制中的权重向量$W=\{w_1,w_2,\cdots,w_n\}$，之后将权重向量W与隐藏状态H相乘进行加权与归一化操作，生成加权向量$E=\{e_1,e_2,\cdots,e_n\}$，再将这些权重因子e_t馈入基于卷积 LSTM 的解码器中，生成最终的输出$H'=\{h_1',h_2',\cdots,h_n'\}$。这样设计的目的是让网络能够集中处理序列视图内部和视图之间的特征和关联。该方法引入软注意力机制与卷积 LSTM 模型结合使用，从而实现对输入特征V的加权操作。这样做是为了在编解码机制中赋予指定关键向量比较大的权重，而减少对非必要特征的关注。实现方法是将注意力机制计算的权重与隐藏状态H相乘，然后将其结果发送到解码网络中。基于注意力的视频权重计算流程如下。

通过卷积 LSTM 网络来利用输入视频特征V的时间和空间信息，所采用的卷积 LSTM 网络从 RNN 模型演变而来，保留了 RNN 模型中的隐含层h_t并增加了细胞状态c_t来避免信息丢失。h_t和c_t的关系如下式所示：

$$h_t=o_t\odot\tanh(c_t)$$

式中，$\odot$代表元素相乘，输出门o_t的计算公式如下：

$$o_t=\sigma\left(W_{vo}*h_{t-1}+W_{ho}*v_{i,t}+b_o\right)$$

式中，σ表示逻辑 sigmoid 函数，$v_{i,t}$表示第i个视频中的第t个选定视图所对应的特征向量，W_v和W_h表示卷积核，b表示偏置，*是卷积运算符。当前的记忆状态c_t的计算公式如下：

$$c_t=f_t\odot c_{t-1}+i_t\odot\widetilde{c_t}$$

式中，c_{t-1}表示之前的记忆状态。$\tilde{c}_t$表示更新后的记忆状态，$\tilde{c}_t$与输入门i_t和遗忘门f_t的计算公式如下：

$$\widetilde{c_t}=\tanh\left(W_c*v_{i,t}+W_c*h_{t-1}+b_c\right)$$

$$i_t=\sigma\left(W_{vi}*h_{t-1}+W_{hi}*v_{i,t}+b_i\right)$$

$$f_t = \sigma\left(W_{vf} * h_{t-1} + W_{hf} * v_{i,t} + b_f\right)$$

利用使神经网络能够专注于输入的一系列特定部分的优势，注意力机制可以显著降低计算成本并提高网络性能。为了最大程度地减少任务的复杂性，该方法在实际应用中采用了软注意力机制。

在视图特征聚合与最终分类阶段，LSTM 在处理长序列数据时具有出色的性能表现。即使这些输入大部分是嘈杂的且超过 1000 步，卷积 LSTM 模型仍可以提取其特征，同时保留短时滞信息。因此，通过应用卷积 LSTM 模型，该方法可以提取输入视频的完整性和相关性信息，将卷积 LSTM 模型的最后一个单元状态视为所选输入视图序列的表示。但是，这些输入视图序列并不全是重要的。注意力机制能够通过为所有输入视图分配权重来让网络专注于具有代表性的输入视图。为了全面表示编码和解码模型的输出，该方法采用了一个全连接层来融合由基于卷积 LSTM 的解码模型生成的最终加权特征。这也是用于最终分类任务的整个视频的描述符。

综上所述，本节提出的基于卷积LSTM的特征聚合和检索网络可捕获三维模型数据细微特征变化，精准实现三维模型表征和检索任务，为利用产品模型在设计、实施、生产和运行中的一致性原则，打破核电装备跨平台信息获取的壁垒提供了算法基础。

5.5.3 基于运行数据反馈的模型参数优化方法

在数据闭环反馈系统中，为了提升数据处理效率，减小系统计算压力，需要对数据处理模型进行参数优化。目前核电站的发电过程变得愈加重要，它的主要发电过程与火电站的发电过程是相同的，均是一种从热能转化为机械能再转化为电能的能量转换过程，不同之处主要在于它们的热源部分。

物理过程动力方程的离散化方法是仿真流体力学及模拟高能物理现象的重要方法。离散化工作是利用有限差分、有限体积等离散化方法将连续的计算区域用一系列的网格节点来代替，以解决偏微分方程无法获得解析解的问题。传统的离散化方法存在以下问题。

（1）只能在细网格上进行离散，在粗网格上近似求解的准确性不高，如有限差分法，离散方程只有在细网格上才能满足积分守恒。

（2）数值求解速度慢，成本高，如有限体积法，虽然它在粗网格上可以满足积分守恒，但由于计算过程极其复杂，计算成本巨大。

近年来，有研究者提出了一种使用神经网络来求解控制方程的数据驱动离散化方法，

主要针对偏微分方程中空间导数的求解过程，该方法的优势在于利用神经网络来预测有限差分的系数部分，实现了端到端的优化过程，不仅能在粗网格上获得微分方程的解析解，还降低了计算成本，加快了计算速度。但是，该方法存在以下问题：

（1）未充分考虑网格中心点的上游节点（上游节点是指以流体流动的方向为正向，假设由左到右为正向，中心点的左侧节点为上游节点，反之为下游节点）与下游节点对其的影响。例如，当前方法在预测差分系数时将所有节点同时放入神经网络进行训练，忽略了上游节点及下游节点对网格中心点的影响，不仅违背了迎风格式的思想，还使得最终的预测系数具有偶然性，降低了系数的准确性。

（2）忽略了网格点之间的结构性特征，缺乏可解释性。例如，当前方法仅仅采用中心点两侧的点进行逼近，约束形式单一，忽略了建模方程与实际物理过程之间的相关性，不仅会导致方程建模不准确，也会降低信息表征的泛化性。

（3）冗余信息使得空间导数计算的准确性不高。模型学得上游节点和下游节点冗余的关联关系，使得空间结构特征信息表征失准。例如，当前方法在预测系数时准确性不高，不仅会影响之后的空间导数的计算精度，还会降低时间导数计算的准确性。

本节设计了一种基于双流神经网络的流体动力学过程参数计算方法，该方法首先将动力学方程的真实速度值输入流体动力学过程参数计算模型的双流神经网络，分别预测上风向和下风向的有限差分系数；然后利用多视角空间融合模块将上风向和下风向的有限差分系数融合，并结合每个点处的权重值生成中心点处的有限差分系数，再计算空间导数和时间导数，进而通过时间导数预测速度值。下面对其进行详细介绍。

1. 数据生成

首先创建合适的动力学方程，然后使用5阶WENO格式对动力学方程进行计算，以获得动力学方程的高精度真实速度值作为基准线。5阶WENO格式示意图如图5.5.2所示。

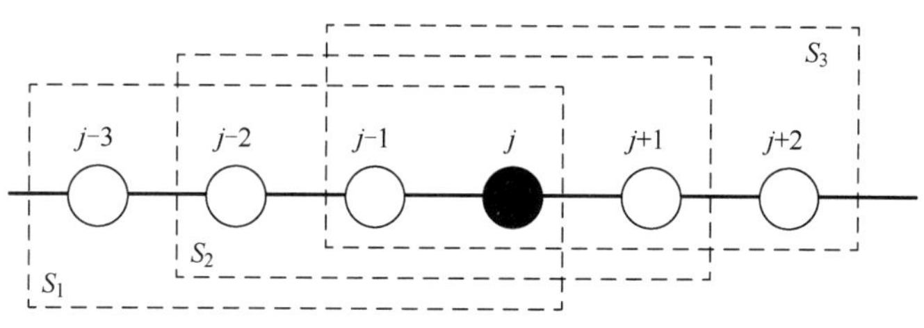

图5.5.2 5阶WENO格式示意图

5阶WENO格式基于一个6点模板S，将S划分为3个子模板$\{S_1，S_2，S_3\}$，每个子模板上有 4 个节点。确定网格基架点$\{j-3,j-2,j-1,j,j+1,j+2\}$，构造目标差分格式：

$$v'_j = a_1 v_{j-3} + a_2 v_{j-2} + a_3 v_{j-1} + a_4 v_j + a_5 v_{j+1} + a_6 v_{j+2}$$

式中，v 代表该点的速度值，a 代表差分逼近时的权重。

然后利用泰勒展开式确定系数：

$$v'_j = \left(-2v_{j-3} + 15v_{j-2} - 60v_{j-1} + 20v_j + 30v_{j+1} - 3v_{j+2}\right) / \left(60\Delta x\right)$$

将这6个基架点分成3组（称为模板），每组独立计算 v'_j 的差分逼近。利用这3个模板的基架点，可以构造出逼近 v'_j 的3阶精度差分格式：

$$v_j^{(1)} = a_1^{(1)} v_{j-3} + a_2^{(1)} v_{j-2} + a_3^{(1)} v_{j-3} + a_4^{(1)} v_j$$

$$v_j^{(2)} = a_1^{(2)} v_{j-2} + a_2^{(2)} v_{j-1} + a_3^{(2)} v_j + a_4^{(2)} v_{j+1}$$

$$v_j^{(3)} = a_1^{(3)} v_{j-1} + a_2^{(3)} v_j + a_3^{(3)} v_{j+1} + a_4^{(3)} v_{j+2}$$

然后利用泰勒展开式确定这些系数：

$$v'_j = \left(-2v_{j-3} + 9v_{j-2} - 18v_{j-1} + 11v_j\right) / \left(6\Delta x\right)$$

对这 3 个差分值进行加权平均，得到总的差分值，通过确定理想权重得到最终的速度值：

$$v'_j = \omega_1 v'^{(1)}_j + \omega_2 v'^{(2)}_j + \omega_3 v'^{(3)}_j$$

式中，v 代表该点的速度值，ω 代表差分值的理想权重。以上过程为数据预处理过程。

2. 拟进行的模型训练工作

对于两个分支的神经网络，统一采用 3 个网络卷积层，内核大小为 5×5。采用分批训练，批大小为 128，模型参数优化的学习率设置为 3×10^{-3}，并将 ReLU 作为激活函数进行训练。通过 TensorFlow 对神经网络结构进行设计，这样做主要是因为 TensorFlow 作为深度学习框架已被广泛应用，并且它具有对复杂微分方程的自动微分功能，因此很容易得到计算步骤中所需的方程信息。

3. 创新性

（1）在数据驱动离散化预测差分系数时，使用两个神经网络针对上、下游节点分别预测系数，更好地匹配了迎风格式上、下游对系数影响不同的特点，能提高差分系数预测的精度，去除冗余信息，充分挖掘目标信息。

（2）在计算中心点处的有限差分系数时，采用多视角空间融合模块建模空间影响因素（构建预测点与其他位置网格点之间的空间关联性），进行多项式的精度约束，充分考虑了物理建模过程中点与点之间的各向异性，使得中心点的预测信息具有全局性，能提高系数的准确性及计算速度，实现结构特征的准确表征。

（3）系数预测融合了权重信息，使空间结构特征信息挖掘更加充分，包含的信息更加丰富，克服了单神经网络对目标信息挖掘的不足，保证了物理过程的完整性。

4. 详细计算步骤

（1）Burgers 方程的真实速度值输入双流神经网络，输出差分系数。双流神经网络的一个分支用于表征上风向的物理信息以预测上风向的有限差分系数α_{i-2}、α_{i-1}，双流神经网络的另一个分支用于表征下风向的物理信息以预测下风向的有限差分系数α_{i+1}、α_{i+2}。

（2）利用空间融合模块将上风向和下风向的有限差分系数融合，生成中心点处的有限差分系数$\alpha_{nm}^{(l)}$，用于后续的空间导数和时间导数的计算。其中，n 和 m 为网格节点的坐标，l 为导数的阶数。此步骤的具体实现细节如下。

确定所要预测的网格节点，然后以此点为中心，选取周围的 8 个点作为模型的参考点，并将其分为 8 个区域来表征风向对所预测点的影响，如图 5.5.3 所示；对于特定点系数的预测，采用以下策略进行计算：如果某一时刻的风向是由 1 至 2 的，则将区域 1 作为此时的上风向区域，区域 2 作为下风向区域，其他区域同理。

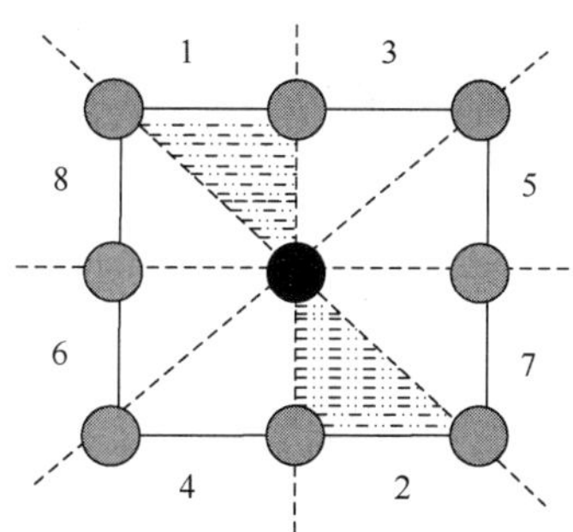

图 5.5.3　预测网格节点示意图

对于上风向区域，使用区域1中的两点在中心点处进行泰勒展开。同理，对于下风向区域，使用区域2中的两点在中心点处进行泰勒展开。具体公式如下：

$$\boldsymbol{v}_j = \boldsymbol{\alpha}_1 \boldsymbol{v}_{i-1} + \boldsymbol{\alpha}_2 \boldsymbol{v}_i$$

$$\boldsymbol{v}_{i-1} = \boldsymbol{v}_j + \boldsymbol{v}_j^{'}\left(-\sqrt{2}\boldsymbol{h}\right) + \frac{\boldsymbol{v}_j^{''}\left(-\sqrt{2}\boldsymbol{h}\right)^2}{2!} + \boldsymbol{O}\left(\boldsymbol{h}^3\right)$$

$$v_i = v_j + v_j^{'}(-h) + \frac{v_j^{''}(-h)^2}{2!} + O(h^3)$$

将以上公式两侧分别乘以α_{i-1}、α_{i-2}，α_{i-1}、α_{i-2}是上风向所预测得到的有限差分系数。

为了满足以上公式，可得到以下具有3阶精度的约束：

$$\begin{cases} \alpha_{i-1} + \alpha_{i-2} = 1 \\ \alpha_{i-1} v_j^{'}(-\sqrt{2}h) + \alpha_{i-2} v_j^{'}(-h) = 0 \\ \alpha_{i-1} \dfrac{v_j^{''}(-\sqrt{2}h)^2}{2!} + \alpha_{i-2} \dfrac{v_j^{''}(-h)^2}{2!} = 0 \end{cases}$$

式中，$\boldsymbol{\alpha}$代表有限差分系数，$\boldsymbol{v}$代表网格节点的速度值，$\boldsymbol{h}$代表网格节点之间的距离。

（3）将上一步得到的有限差分系数$\alpha_{nm}^{(l)}$与真实速度值结合来计算空间导数。

（4）利用上一步计算得到的空间导数计算运动轨迹方程中的通量。

（5）利用上一步所得到的通量计算时间导数，目的是计算速度值。

（6）用上一步计算得到的时间导数与真实时间导数之间的差异或预测得到的速度值与真实速度值之间的差异进行反向传播，开展训练（训练仅针对双流神经网络进行，不包含空间融合模块）。

参考文献

[1] 郭其一，郁小红. 系统故障诊断的理论与技术研究[J]. 机车电传动，1998(4): 16-19.

[2] 廖乃莹. 我国核事故应急法律问题研究[D]. 北京：华北电力大学，2012.

[3] 胡玉成. 基于统计特征提取的故障诊断方法研究[D]. 杭州：杭州电子科技大学，2011.

[4] 周东华，李钢，李元. 数据驱动的工业过程故障诊断技术：基于主元分析与偏最小二乘的方法[M]. 北京：科学出版社，2011.

[5] 李晗，萧德云. 基于数据驱动的故障诊断方法综述[J]. 控制与决策，2011, 26(01): 1-9.

[6] 詹静. 基于多层流模型的可靠性分析方法在核动力装置中的应用[D]. 哈尔滨：哈尔滨工程大学，2007.

[7] REIFMAN J, WEI T Y C. PRODIAG: A process-independent transient diagnostic system-ii: validation tests[J]. Nuclear science and eengineering, 1999, 131(3): 348-369.

[8] REIFMAN J, GRAHAM G E, WEI T Y C, et al. Flexible human machine interface for

process diagnostics[R]. American nuclear society topical meeting on nuclear plant instrumentation, control and human-machine interface technologies, ANL/RA/CP-87983; CONF-960521-4 ON: TI96008386; TRN: 97: 015692. United States: Argonne national lab, 1996.

[9] THOPSON J W, DAI H, LINA J M. Development of an integrated remote monitoring and diagnostic system for application at a nuclear generating station[A]. Proceedings of the topical meeting on nuclear plant instrumentation[C]. United States: Control, and man-machine interface technologies, 1993: 553-560P.

[10] ANCELIN J, CHERIAUX F, GAUSSOT J P, et al. KSE: a real-time expert system to diagnose nuclear power plant failures[A]. Euromicro 91 workshop on real time systems[C]. United States: IEEE, 1991: 70-76.

[11] WACH D, BASTL W. On-line condition monitoring of large rotating machinery in NPPs [A]. Proceedings of ANS international topical meeting on nuclear plant instrumentation, control and human machine interface technologies[C]. United States: American nuclear society, 1996: 1313-1320.

[12] FOLLESØ K, FØRDESTRØMMEN N T, HAUGSET K, et al. The integrated surveillance and control system ISACS: an advanced control room prototype[A]. International conference on design and safety of advanced nuclear power plants[C]. Tokyo, 1992.

[13] FOLLESØ K, VOLDEN F S. Test and evaluation program for a prototype of an advanced computerized control room for nuclear power plants[A]. Verification and validation of complex systems: human factors issues[C]. Germany: Springer berlin Heidelberg, 1993: 543-552.

[14] KIM H, YOON W C, CHOI S. Aiding fault diagnosis under symptom masking in dynamic systems[J]. Ergonomics, 1999, 42(11): 1472-1481.

[15] YANG Y O, CHANG S H. A diagnostic expert system for the nuclear power plant based on the hybrid knowledge approach[J]. IEEE transactions on nuclear science, 1989, 36(6): 2450-2458.

[16] 郑梦建. 核电站控制系统虚拟人机界面及预警功能的开发[D]. 南京：东南大学，2013.

[17] ROVERSO D. Fault diagnosis with the aladdin transient classifier[A]. System diagnosis

and prognosis: security and condition monitoring issues iii[C]. United States, SPIE, 2003: 162-172.

[18] 黎建文. 机械设备智能诊断与预测维修系统[J]. 中国科技博览，2012(25): 1.

[19] 胡彦江. 汽轮发电机组振动监测与故障诊断系统研究与应用[D]. 北京：华北电力大学，2005.

[20] 冯俊婷. 中国实验快堆钠泵故障诊断系统的开发研究[D]. 北京：中国原子能科学研究院，2003.

[21] 褚召伟，李春茂，何登，等. 基于小波神经网络的风电变换器故障诊断系统[J]. 电气技术，2012, 13(9): 34-37.

[22] 徐流建. 基于键合图和 BP 神经网络的并网逆变器故障诊断研究[D]. 乌鲁木齐：新疆大学，2015.

[23] 吴祎. 电力电子电路故障特征参数提取与健康预报研究[D]. 南京：南京航空航天大学，2013.

[24] 陈昭宇. 基于知识库的变流器故障诊断研究[D]. 上海：上海交通大学，2013.

[25] 赵伟，白晓民，丁剑. 基于协同式专家系统及多智能体技术的电网故障诊断方法[J]. 中国电机工程学报，2006, 26(20): 1-8.

[26] 宋炜胥. 基于模糊定性仿真的 AUV 推进器与传感器故障诊断方法研究[D]. 哈尔滨：哈尔滨工程大学，2011.

[27] MORTEN L. An introduction to multilevel flow modeling[J]. Nuclear safety and simulation, 2011, 2(1): 22-32.

[28] KRAMER M A, PALOWITCH JR B L. A rule-based approach to fault diagnosis using the signed directed graph[J]. AIChE journal, 1987, 33(7): 1067-1078.

[29] RAMESH T S, DAVIS J F, SCHWENZER G M. Knowledge-based diagnostic systems for continuous process operations based upon the task framework[J]. Computers & chemical engineering, 1992, 16(2): 109-127.

[30] 刘剑，陈一超，江虹. 基于规则的通用专家知识库故障诊断方法[J]. 计算机与数字工程，2010, 38(6): 72-75.

[31] 宋其江，徐敏强，王日新. 基于分层有向图的航天器故障诊断[J]. 航空学报，2009, 30(6): 1058-1062.

[32] 马杰，郭立峰，张宇声，等. 基于多层流模型的二回路系统故障诊断研究[J]. 核动力工程，2011, 32(4): 109-113.

[33] 杨明. 基于多层流模型的核动力装置可靠性分析及故障诊断方法研究[D]. 哈尔滨：哈尔滨工程大学，2013.

[34] 闫修平，彭敏俊，成守宇. 分布式故障诊断策略及其在核电站中的应用[J]. 核动力工程，2009, 30(2): 99-103.

[35] 闫修平. 反应堆冷却剂系统分布式故障诊断技术研究[D]. 哈尔滨：哈尔滨工程大学，2008.

[36] DASH S, MAURYA M R, VENKATASUBRAMANIAN V, et al. A novel interval-halving framework for automated identification of process trends[J]. AIChE journal, 2004, 50(1): 149-162.

[37] MANJUNATH T G, KUSAGUR A. Performance evaluation of modified genetic algorithm over genetic algorithm implementation on fault diagnosis of cascaded multilevel inverter [A]. International conference on condition assessment techniques in electrical systems[C]. United States: IEEE, 2015: 51-56.

[38] FU L, YANG Q, WANG G, et al. Fault diagnosis of power electronic device based on wavelet and neural network[A]. Chinese control and decision conference[C]. United States: IEEE, 2016: 2946-2950.

[39] ZHAN H. Application of rough set and support vector machine in fault diagnosis of power electronic circuit[A]. The 2nd IEEE international conference on information management and engineering[C]. United States: IEEE, 2010: 289-292.

[40] 崔江，王友仁. 采用基于模糊推理的分类器融合方法诊断电力电子电路参数故障[J]. 中国电机工程学报，2009(18): 54-59.

[41] KAMEL T, BILETSKIY Y, CHANG L. Fault diagnosis and on-line monitoring for grid-connected single-phase inverters[J]. Electric power systems research, 2015, 126: 68-77.

[42] WANG M, ZHAO J, WU F, et al. Transistor open-circuit fault disgnosis of three phase voltage-source inverter fed induction motor based on information fusion[A]. The 12th IEEE conference on industrial electronics and applications[C]. United States: IEEE, 2017:

1591-1594.

[43] LI-JUN Z, JIE Z, YUAN Z. Research on analog circuit fault diagnosis of MFCS based on BP neural network information fusion technology[A]. Proceedings of international conference on mechatronic sciences, electric engineering and computer[C]. United States: IEEE, 2013: 483-486.

[44] ZHANG J. Improved on-line process fault diagnosis through information fusion in multiple neural networks[J]. Computers & chemical engineering, 2006, 30(3): 558-571.

[45] ZIO E. A support vector machine integrated system for the classification of operation anomalies in nuclear components and systems[J]. Reliability engineering & system safety, 2007, 92(5): 593-600.

[46] 赵云飞，张立国，童节娟，等. BP 神经网络在 AP1000 核电站事故诊断应用中的初步研究[J]. 原子能科学技术，2014, 48(增刊 1): 480.

[47] 毛伟，余刃，陆古兵. 基于 LS-SVM 方法的某核电站主泵故障诊断[J]. 海军工程大学学报，2012, 24(5): 82-85.

[48] GUIDE D S. Operational limits and conditions and operating procedures for research reactors[J]. Aea safety standards, 2021.

[49] XING L, MORRISSETTE B A, DUGAN J B. Combinatorial reliability analysis of imperfect coverage systems subject to functional dependence[J]. IEEE transactions on reliability, 2014, 63(1): 367-382.

[50] LIU H C, LIN Q L, REN M L. Fault diagnosis and cause analysis using fuzzy evidential reasoning approach and dynamic adaptive fuzzy Petri nets[J]. Computers & industrial engineering, 2013, 66(4): 899-908.

[51] TAMILSELVAN P, WANG P. Failure diagnosis using deep belief learning based health state classification[J]. Reliability engineering & system safety, 2013, 115: 124-135.

[52] EKER O F, CAMCI F. State-based prognostics with state duration information[J]. Quality and reliability engineering international, 2013, 29(4): 465-476.

[53] FERNÁNDEZ-FRANCOS D, MARTÍNEZ-REGO D, FONTENLA-ROMERO O, et al. Automatic bearing fault diagnosis based on one-class ν-SVM[J]. Computers & industrial engineering, 2013, 64(1): 357-365.

[54] LAU C K, GHOSH K, HUSSAIN M A, et al. Fault diagnosis of tennessee eastman process with multi-scale PCA and ANFIS[J]. Chemometrics and intelligent laboratory systems, 2013, 120: 1-14.

[55] LAI P L. A systematic algorithm for identifying faults on hypercube-like networks under the comparison model[J]. IEEE transactions on reliability, 2012, 61(2): 452-459.

[56] HONG W S, HSIEH S Y. Strong diagnosability and conditional diagnosability of augmented cubes under the comparison diagnosis model[J]. IEEE transactions on reliability, 2011, 61(1): 140-148.

[57] SIDDIQI S A, HUANG J. Sequential diagnosis by abstraction[J]. Journal of artificial intelligence research, 2011, 41: 329-365.

[58] GHAINANI A T, MOHD ZIN A A, ISMAIL N A M. Fuzzy timing Petri net for fault diagnosis in power system[J]. Mathematical problems in engineering, 2012.

[59] CHEN W H, TSAI S H, LIN H I. Fault section estimation for power networks using logic cause-effect models[J]. IEEE transactions on power delivery, 2010, 26(2): 963-971.

[60] MANSOUR M M, WAHAB M A A, SOLIMAN W M. Bayesian networks for fault diagnosis of a large power station and its transmission lines[J]. Electric power components and systems, 2012, 40(8): 845-863.

[61] SHI Q, LIANG S, FEI W, et al. Study on Bayesian network parameters learning of power system component fault diagnosis based on particle swarm optimization[J]. Int. j. smart grid clean energy, 2013, 2(1): 132-137.

[62] BEDEKAR P P, BHIDE S R, KALE V S. Fault section estimation in power system using hebb's rule and continuous genetic algorithm[J]. International journal of electrical power & energy systems, 2011, 33(3): 457-465.

[63] CERRADA M, ZURITA G, CABRERA D, et al. Fault diagnosis in spur gears based on genetic algorithm and random forest[J]. Mechanical systems and signal processing, 2016, 70: 87-103.

[64] XIONG G, SHI D, CHEN J, et al. Divisional fault diagnosis of large-scale power systems based on radial basis function neural network and fuzzy integral[J]. Electric power systems research, 2013, 105: 9-19.

[65] MASA A V, COSTA F B, WERBEN S, et al. Overcoming limitations of the present protection technology for smart grid: innovative approaches to detect high impedance faults[A]. 2014 IEEE PES T&D conference and exposition[C]. United States: IEEE, 2014: 1-5.

[66] SHAHID N, ALEEM S A, NAQVI I H, et al. Support vector machine based fault detection & classification in smart grids[A]. 2012 IEEE globecom workshops[C]. United States: IEEE, 2012: 1526-1531.

[67] HE M, ZHANG J. A dependency graph approach for fault detection and localization towards secure smart grid[J]. IEEE transactions on smart grid, 2011, 2(2): 342-351.

[68] 赵咪. 基于一般 Petri 网的自动制造系统活性控制器设计[D]. 西安：西安电子科技大学，2009.

[69] 李厦. 基于 Petri 网的故障诊断技术研究及其在液压系统中的应用[D]. 上海：同济大学，2006.

[70] 刘建华，邢献芳，崔玉杰. 故障 Petri 网在机械系统剩余寿命预测中的应用研究[J]. 石家庄铁道学院学报，2003, 16(4): 4.

[71] 陈曦，周彦，乐晓波，等. Petri 网化简新技术研究[J]. 计算机工程与应用，2012, 48(5): 47-50.

[72] 苏春，沈戈，许映秋. 基于随机故障 Petri 网的液压系统可靠性建模与分析[J]. 液压与气动，2006(6): 29-31.

[73] LOONEY C G. Fuzzy Petri nets for rule-based decisionmaking[J]. IEEE transactions on systems, man, and cybernetics，1988, 18(1): 178-183.

[74] 王燕平，马良荔，刘永葆. 基于扩展模糊时间 Petri 网的故障诊断[J]. 计算机工程，2010, 36(18): 52-53.

[75] 冯晓宁，王朔，王卓. 基于分层面向对象 Petri 网的软件建模方法研究[J]. 计算机工程与应用，2008, 44(31): 90-93.

[76] MOLLOY M K. Performance analysis using stochastic Petri nets[J]. IEEE transactions on computers, 1982, 31(09): 913-917.

[77] 刘振娟，靳亚铭，李宏光. 基于混合 Petri 网的图形建模仿真系统[J]. 系统仿真学报，2007, 19(4): 742-744.

[78] PEASON K. On lines and planes of closest fit to systems of point in space[J]. Philosophical magazine, 1901, 2(11): 559-572.

[79] WOLD S, RUHE A, WOLD H, et al. The collinearity problem in linear regression. The partial least squares (PLS) approach to generalized inverses[J]. SIAM journal on scientific and statistical computing, 1984, 5(3): 735-743.

[80] ISERMANN R, FREYERMUTH B. Process fault diagnosis based on process model knowledge: part i-principles for fault diagnosis with parameter estimation[M]. United States: American society of mechanical engineers, 1991: 620-626.

[81] ISERMANN R, FREYERMUTH B. Process fault diagnosis based on process model knowledge: part ii-case study experiments[M]. United States: American society of mechanical engineers, 1991: 627-633.

[82] DUNIA R, QIN S J, EDGAR T F, et al. Identification of faulty sensors using principal component analysis[J]. AIChE journal, 1996, 42(10): 2797-2812.

[83] DUNIA R, QIN S J, EDGAR T F, et al. Use of principal component analysis for sensor fault identification[J]. Computers & chemical engineering, 1996, 20: S713-S718.

[84] KRESTA J V, MARLIN T E, MACGREGOR J F. Development of inferential process models using PLS[J]. Computers & chemical engineering, 1994, 18(7): 597-611.

[85] QIN S J, MCAVOY T J. Nonlinear PLS modeling using neural networks[J]. Computers & chemical engineering, 1992, 16(4): 379-391.

[86] DONG D, MCAVOY T J. Batch tracking via nonlinear principal component analysis[J]. AIChE journal, 1996, 42(8): 2199-2208.

[87] NOMIKOS P, MACGREGOR J F. Monitoring batch processes using multiway principal component analysis[J]. AIChE journal, 1994, 40(8): 1361-1375.

[88] MACGREGOR J F, JAECKLE C, KIPARISSIDES C, et al. Process monitoring and diagnosis by multiblock PLS methods[J]. AIChE journal, 1994, 40(5): 826-838.

[89] RAICH A, ÇINAR A. Diagnosis of process disturbances by statistical distance and angle measures[J]. Computers & chemical engineering, 1997, 21(6): 661-673.

[90] KOURTI T, MACGREGOR J F. Process analysis, monitoring and diagnosis, using multivariate projection methods[J]. Chemometrics and intelligent laboratory systems, 1995,

28(1): 3-21.

[91] JOE QIN S. Statistical process monitoring: basics and beyond[J]. Journal of chemometrics: a journal of the chemometrics society, 2003, 17(8-9): 480-502.

[92] UPADHYAYA B R, LU B. Data mining for monitoring plant devices using GMDH and pattern classification[J]. Statistical data mining and knowledge discovery, chapman&hall/CRC, 2004: 294-304.

[93] REIFMAN J, WEI T Y C. PRODIAG: a process-independent transient diagnostic system-ii: validation tests[J]. Nuclear science and engineering, 1999, 131(3): 348-369.

[94] JAQUES R, GLENN E, THOMAS Y C. Flexible human machine interface for process diagnostic[J]. Proceedings NPIC&HMIT, 1996, 96: 1437-1444.

[95] ORCHARD M E. A particle filtering-based framework for on-line fault diagnosis and failure prognosis[M]. United States: Georgia institute of technology, 2007: 1-123.

[96] PALMER M J, PHILLIPS B F, SMITH G T. Application of nonlinear models with random coefficients to growth data [J]. Biometrics, 1991: 623-635.

[97] LU J C, PARK J, YANG Q. Statistical inference of a time-to-failure distribution derived from linear degradation data [J]. Technometrics, 1997, 39(4): 391-400

[98] LE SON K, FOULADIRAD M, BARROS A. Remaining useful lifetime estimation and noisy gamma deterioration process [J]. Reliability engineering and system safety, 2016, 149: 76-87.

[99] WELZ Z, NAM A, SHARP M, et al. Improved heat exchanger lifecycle prognostic methods for enhanced light water reactor sustainability[J]. International journal of prognostics and health management, 2015, 6(3).

[100] CHEN N, TSUI K L. Condition monitoring and remaining useful life prediction using degradation signals: revisited [J]. IiE transactions, 2013, 45(9): 939-952.

[101] YUAN X-X, PANDEY M D. A nonlinear mixed-effects model for degradation data obtained from in-service inspections [J]. Reliability engineering and system safety, 2009, 94(2): 509-519.

[102] SON J, ZHOU S, SANKAVARAM C, et al. Remaining useful life prediction based on noisy condition monitoring signals using constrained kalman filter [J]. Reliability

engineering and system safety, 2016, 152: 38-50.

[103] VAN NOORTWIJK J M, PANDEY M D. A stochastic deterioration process for time-dependent reliability analysis[M]. United States: Reliability and optimization of structural systems. CRC press, 2020: 259-265.

[104] ABDEL-HAMEED M. A gamma wear process [J]. IEEE transactions on reliability, 1975, 24(2): 152-153.

[105] GOLA G, NYSTAD B H. Prognostics and health management of choke valves subject to erosion: A diagnostic-prognostic frame for optimal maintenance scheduling [M]. United States: Diagnostics and prognostics of engineering systems: methods and techniques. IGI global, 2013: 313-331.

[106] LAWLESS J, CROWDER M. Covariates and random effects in a gamma process model with application to degradation and failure[J]. Lifetime data analysis, 2004, 10: 213-227.

[107] KALLEN M J, VAN NOORTWIJK J M. Optimal maintenance decisions under imperfect inspection[J]. Reliability engineering & system safety, 2005, 90(2-3): 177-185.

[108] LE SON K, FOULADIRAD M, BARROS A. Remaining useful lifetime estimation and noisy gamma deterioration process[J]. Reliability engineering & system safety, 2016, 149: 76-87.

[109] ZHOU B H, ZHAI Z Q. Failure probabilistic analysis of steam generator heat-transfer tubing with pitting corrosion [J]. Engineering failure analysis, 2011, 18(5): 1333-1340.

[110] CASTRO I T, BARROS A, GRALL A. Age-based preventive maintenance for passive components submitted to stress corrosion cracking[J]. Mathematical and computer modeling, 2011, 54(1): 598-609.

[111] BLAIN C, BARROS A, GRALL A, et al. Modelling of stress corrosion cracking with stochastic processes-application to steam generators[A]. Risk, reliability and societal safety, proceedings of the european safety and reliability conference[C]. European: European safety and reliability association, 2007: 2395-2400.

[112] HUYNH K T, GRALL A, BÉRENGUER C. Assessment of diagnostic and prognostic condition indices for efficient and robust maintenance decision-making of systems subject to stress corrosion cracking[J]. Reliability engineering and system safety, 2017, 159:

237-254.

[113] YUAN X. Stochastic modeling of deterioration in nuclear power plant components[J]. UWSpace, 2007.

[114] WANG X. Wiener processes with random effects for degradation data[J]. Journal of multivariate analysis, 2010, 101(2): 340-351.

[115] LI J, WANG Z, LIU X, et al. A wiener process model for accelerated degradation analysis considering measurement errors[J]. Microelectronics reliability, 2016, 65: 8-15.

[116] LE SON K, FOULADIRAD M, BARROS A, et al. Remaining useful life estimation based on stochastic deterioration models: a comparative study[J]. Reliability engineering and system safety, 2013, 112: 165-175.

[117] WANG D, TSUI K-L. Brownian motion with adaptive drift for remaining useful life prediction: Revisited[J]. Mechanical systems and signal processing, 2018, 99: 691-701.

[118] PEEL L. Data driven prognostics using a Kalman filter ensemble of neural network models[A]. International conference on prognostics and health management[C]. United States: IEEE, 2008: 1-6.

[119] HEIMES F O. Recurrent neural networks for remaining useful life estimation [A]. International conference on prognostics and health management[C]. United States: IEEE, 2008: 1-6.

[120] LASHERAS F S, NIETO P J G, DE COS JUEZ F J, et al. A hybrid PCA-CART-MARS-based prognostic approach of the remaining useful life for aircraft engines[J]. Sensors, 2015, 15(3): 7062-7083.

[121] KHELIF R, CHEBEL-MORELLO B, MALINOWSKI S, et al. Direct remaining useful life estimation based on support vector regression[J]. IEEE transactions on industrial electronics, 2017, 64(3): 2276-2285.

[122] 申中杰，陈雪峰，何正嘉，等. 基于相对特征和多变量支持向量机的滚动轴承剩余寿命预测[J]. 机械工程学报，2013, 49(2): 183-189.

[123] PATIL M A, TAGADE P, HARIBARAN K S, et al. A novel multistage support vector machine based approach for Li ion battery remaining useful life estimation [J]. Applied energy, 2015, 159: 286-297.

[124] CAESARENDRA W, WIDODO A, YANG B-S. Application of relevance vector machine and logistic regression for machine degradation assessment [J]. Mechanical system and signal processing, 2010, 24(4): 1161-1171.

[125] WIDODO A, YANG B-S. Application of relevance vectormachine and survival probability to machine degradation assessment[J]. Expert systems with applications, 2011, 38(3): 2592-2599.

[126] BARALDI P, MANGILI F, ZIO E. A prognostics approach tonuclear component degradation modeling based on gaussian process regression [J]. Progress in nuclear energy, 2015, 78: 141-154.

[127] VACHTSEVANOS G, WANG P. Fault prognosis using dynamic wavelet neural networks [A]. IEEE autotestcon proceedings. IEEE systems readiness technology conference[C]. United States: IEEE, 2001: 857-870.

[128] 何庆飞，陈桂明，陈小虎，等. 基于改进灰色神经网络的液压泵寿命预测[J]. 中国机械工程，2013, 24(4): 7.

[129] LI Y, YU H. Three-phase induction motor operation trend prediction using support vector regression for condition-based maintenance[A]. The 6th world congress on intelligent control and automation[C]. United States: IEEE, 2006: 7878-7881.

[130] LIU D, PANG J, ZHOU J, et al. Prognostics for state of health estimation of lithium-ion batteries based on combination gaussian process functional regression [J]. Microelectronics reliability, 2013, 53(6): 832-839.

[131] QIN T, ZENG S, GUO J. Robust prognostics for state of health estimation of lithium-ion batteries based on an improved PSO-SVR model [J]. Microelectronics reliability, 2015, 55(9): 1280-1284.

[132] JAVED K, GOURIVEAU R, ZERHOUNI N. Novel failure prognostics approach with dynamic thresholds for machine degradation[A]. The 39th annual conference of the IEEE industrial electronics society[C]. United States: IEEE, 2013: 4404-4409.

[133] JAVED K, GOURIVEAU R, ZERHOUNI N, et al. Improving accuracy of long-term prognostics of PEMFC stack to estimate remaining useful life[A]. IEEE international conference on industrial technology [C]. United States: IEEE, 2015: 1047-1052.

[134] JAVED K, GOURIVEAU R, ZERHOUNI N. A new multivariate approach for prognostics based on extreme learning machine and fuzzy clustering[J]. IEEE transactions on cybernetics, 2015, 45(12): 2626-2639.

[135] 段江娇. 基于模型的时间序列数据挖掘-聚类和预测相关问题研究[D]. 上海：复旦大学，2008.

[136] BARUAH P, CHINNAM R B. HMMs for diagnostics and prognostics in machining processes[J]. International journal of production research, 2005, 43(6): 1275-1293.

[137] DONG M, HE D. Hidden semi-markov model-based methodology for multi-sensor equipment health diagnosis and prognosis[J]. European journal of operational research, 2007, 178(3): 858-878.

[138] RAMUHALLI P, BOND L J, GRIFFIN J W, et al. A bayesian prognostic algorithm for assessing remaining useful life of nuclear power components[A]. The 7th international topical meeting on nuclear plant instrumentation, control and human machine interface technologies[C]. United States: American nulear society, 2010: 875-886.

[139] ZIO E, DI MAIO F. A data-driven fuzzy approach for predicting the remaining useful life in dynamic failure scenarios of a nuclear system [J]. Reliability engineering and system safety, 2010, 95(1): 49-57.

[140] EKER O F, CAMCI F, JENNIONS I K. A similarity-based prognostics approach for remaining useful life prediction[A]. PHM society european conference[C]. European: Phmsociety, 2014, 2(1).

[141] BARALDI P, DI MAIO F, AL-DAHIDI S, et al. Prediction of industrial equipment remaining useful life by fuzzy similarity and belief function theory[J]. Expert systems with applications, 2017, 83: 226-241.

[142] 尤明懿. 基于状态监测数据的产品寿命预测与预测维护规划方法研究[D]. 上海：上海交通大学，2012.

[143] 张彬. 数据驱动的机械设备性能退化建模与剩余寿命预测研究[D]. 北京：北京科技大学，2016.

[144] GUGULOTHU N, VISHNU T V, MALHOTRA P, et al. Predicting remaining useful life using time series embeddings based on recurrent neural networks[J]. arXiv Preprint arXiv:

1709. 01073, 2017.

[145] 李玉梅，万立，熊体凡. 产品全生命周期数据信息的域建模方法[J]. 计算机辅助设计与图形学学报，2010, 22(02): 336-343.

[146] LI Y, WAN L, XIONG T. Product data model for PLM system[J]. The international journal of advanced manufacturing technology, 2011, 55: 1149-1158.

[147] 高琦，赵学军，柴象海. 支持全生命周期管理的产品建模方法[J]. 工具技术，2006(08): 21-23.

[148] KOVACS Z, LE G J, MCCLATCHEY R. Support for product data from design to production[J]. Computer integrated manufacturing systems, 1998, 11(4): 285-290.

[149] KIRITSIS D, MOSENG, BJØRN, ROLSTADÅS, ASBJØRN, et al. Product lifecycle management and information tracking using smart embedded systems[J]. Final report, 2008.

[150] JUN H B, KIRITSIS D, XIROUCHAKIS P. Product life-cycle metadata modeling and its application with RDF[J]. IEEE transactions on knowledge and data engineering, 2007, 19(12): 1680-1693.

[151] JUN H B, SUH H W. Decision on the memory size of embedded information systems in an ubiquitous maintenance environment[J]. Computers & industrial engineering, 2009, 56(1): 444-451.

[152] 赵建光，匡伟. 中广核工程公司核电 AE 组织形式，特点与产业价值探究[J]. 核动力工程，2013(S2): 1-4.

[153] 束国刚. AE 战略，助圆中国工程梦[J]. 清华管理评论，2014(7): 20-27.

[154] 唐景宇. 中国核电工程项目管理模式研究[D]. 天津：天津大学，2006.

[155] 朱晏煜. 中国核电工程总承包管理模式研究[D]. 北京：北京交通大学，2009.

[156] 张微，杜广，徐国飞. 大型核电工程项目建设管理探索[J]. 产业与科技论坛，2019, 18(04): 216-217.

[157] 李二飞，沈文龙. AP1000 核电工程项目建设经验反馈体系分析[J]. 华电技术，2011, 33(11): 17-18.

[158] 孙永玲，李龙洙. 供应链管理下的逆向物流对策研究[A].《控制与决策》编辑委员会，中国航空学会自动控制分会，中国自动化学会应用专业委员会. 2007 中国控制与决策

学术年会论文集[C]. 沈阳：东北大学出版社，2007：922-925.

[159] 潘意志，曹明华，彭水军. 正向供应链与逆向供应链的整合-闭环供应链管理探讨[J]. 商场现代化，2005(12): 139-141.

[160] THIERRY M, SALOMON M, VAN NUNEN J, et al. Strategic issues in product recovery management[J]. California management review, 1995, 37(2): 114-136.

[161] 邱若臻，黄小原. 闭环供应链结构问题研究进展[J]. 管理评论，2007, 19(1): 49-55.

[162] DYCKHOFF H, LACKES R, REESE J. Supply chain management and reverse logistics[M]. Germany: Springer science & business media, 2013.

[163] 姜宁，赵庆祯. 可拆卸再制造产品的回收网络设计及优化[J]. 重庆工学院学报：社会科学版，2008, 22(2): 54-57.

[164] NETO J Q F, WALTHER G, BLOEMHOF J, et al. A methodology for assessing eco-efficiency in logistics networks[J]. European journal of operational research, 2009, 193(3): 670-682.

[165] 罗铮. 电子产品逆向物流系统需求分析与预测研究[D]. 成都：西南交通大学，2007.

[166] 常香云，霍佳震，陈士昂. 面向产品生命周期的逆向物流管理[J]. 统计与决策，2006(13): 166-167.

[167] 施先平，李辉. 产品生命周期与物流供应链策略[J]. 江苏商论，2005(4): 46-47.

第6章

价值链协同在核电装备全生命周期的工程应用案例

6.1 引言

价值链协同是推动新一代高端核电装备创新发展和质量提升的关键所在，虽然关于价值链协同理论及技术的研究在国内外兴起已久，但一直缺乏较为成功的行业实践和成熟的发展模式，尤其是在核电装备这类系统规模庞大、产业组织复杂的小批量、多品种制造领域，价值链协同的应用发展较为缓慢。随着“华龙一号”项目成功落地，跨国核电项目管理与协同模式将带来巨大挑战，利用“互联网+”、智能制造、区块链等先进理念和技术，进行产业全流程资源整合与全周期信息共享成为必然要求。应结合价值链协同与全生命周期管理理念，集成核电产业各参与方信息资源，打通业务、流程、数据、质量、安全等全方位、跨领域整合渠道，发展面向核电装备全生命周期的价值链运作模式，进一步加快推进实现核电装备全生命周期数字化、网络化、协同化转型升级。

本章面向核电装备全生命周期研发设计、工程建设、运行维护等不同阶段，从业务体系、组织架构、软件工具等多个角度，介绍价值链协同在典型业务场景中的应用方式与实践效果，支持价值链协同理念、方法和技术在核电装备领域落地应用，实现提高核电企业协作效率、简化业务流程、降低管理成本，为未来核电装备全生命周期价值链协同平台规模化、服务化研制，以及向其他行业推广提供参考借鉴。

6.2 核电装备三维设计协同及工程应用案例

6.2.1 核电装备三维协同设计体系

核电装备系统复杂、布局紧凑，其布置设计参与专业多、约束条件多、迭代过程复杂，对工程可建造性、核电站易运维性影响大。核电装备布置设计涉及专业众多，各类接口繁多，交互过程复杂，是核电设计中耗费工时最多的活动，三维布置的主要内容包括土建/钢结构、工艺系统机械设备及管道、通风设备及风管、电气和仪控设备、电缆桥架及仪表管道等。除这些实体设计内容外，还有防火分区、安装分区和辐射分区等辅助信息需要表达。如此多的设计专业相互配合，在有限的空间内对大量的设备物项进行布置，难免存在很多问题，如最基本的干涉碰撞检查、布置避让等，如果不采用信息化手段，建立核电装备三维协同设计体系，实现布置设计模型实时完整可见，协同效率必将大打折扣。

当前核电装备三维协同设计的效率和质量还有待提高，各专业之间仍存在信息交互不通畅的现象。究其原因，主要是随着组织结构的变化及异构工具的使用，工作协同和信息沟通出现了问题。例如，设计部门常采用各类专业化工具，如地质、地形、管道和应力计算等。每个设计专业仿佛说着各自的专用语言，从项目全生命周期协同的角度来看，存在信息不一致、格式不统一、数据关联性缺失、迭代沟通费时、变更困难大等大量的隐性成本和风险。具体而言，核电装备三维协同设计面临以下难题。

（1）三维设计的功效未充分施展。核电装备三维设计工作通过平面图纸的三维转化建立模型，属于逆向建模过程。模型主要用于工程物项综合碰撞检查和多专业耦合空间验证，同时少量地利用三维模型快速导出二维底图，三维设计各专业过程协同与模型成果多维度利用的拓展空间还很大。

（2）应用三维设计的人员不足。辅助设计团队集约化开展布置建模和出图、设计专业只审核并利用成果的工作模式，使得三维设计的参与并不充分，各专业本身的设计、计算、出图、材料统计及相应的质保工作主要还是依靠专业特定软件完成。各专业设计因惯性操作，深化了异构工具的使用而忽略了平台协作，从而导致信息孤岛问题越来越严重。

（3）三维设计的应用专业与涵盖范围有限。仅有土建、布置、暖通、电气等几个主要的专业参与到三维布置设计中；从布置设计完整物项的角度看，仅有不到60%的物项建立了三维布置模型。由于参与三维布置设计的专业不完整、三维布置设计物项不齐整，三维布置设计应用效能达到了一个临界点，致使三维设计模型数据应用范围不够广，应用深度也有待加大。

（4）三维设计模型还不是质保意义上的设计成品。如何保证模型数据质量，使模型数据的应用有效且可信，是一个需要多方协调的难点问题。

（5）需要攻克部分应用技术难点。在模型成果应用方面，三维设计平台与其他专业软件的接口尚不齐备，存在一些数据鸿沟，需要搭建数据化桥梁。在出图技术方面，基于三维模型进行二维出图，虽然在管道ISO图出图上有优势，但是未能满足其他专业个性化出图定制需求。出图效率若较传统手绘方式没有优势，就会影响专业人员应用三维设计的积极性。

发展核电装备三维数字化设计，建立核电装备三维协同设计体系，正是从核电设计源头推进供给侧改革，通过资源整合、流程优化，整体提高设计资源利用率，提升供给结构对需求变化的适应性和灵活性，最终为工程建设的各个业务板块提供更优质的设计服务和支持。三维数字化设计也是提升核电产品核心竞争力的主要手段。三维数字化设计通过效率提升，能够提高核电的经济性，更重要的是通过实施数字化设计，解放生产力，提升安全性与先进性，进而提升核电产品竞争力，并开拓核电站运行维护阶段的增值服务[1]。

核电装备三维协同设计总体思路如图6.2.1所示，其内涵是以一个平台为核心，以“两化”融合为目标，搭建三级三维设计程序框架，实现三维设计过程的技术状态控制，引领四大板块协同。

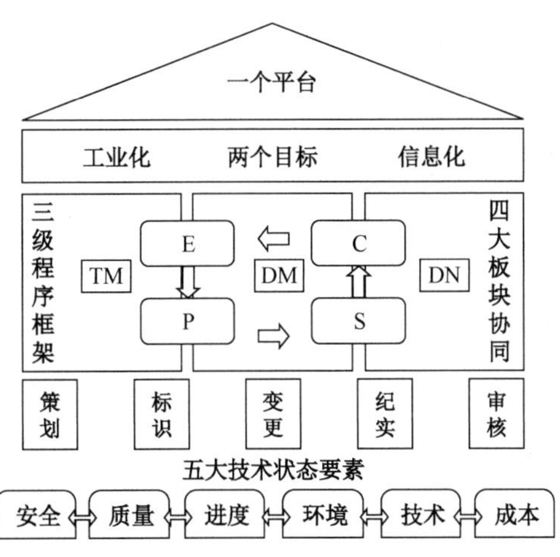

图6.2.1　核电装备三维协同设计总体思路

（1）以一个平台为核心。构建核电装备三维协同设计理论体系，搭建三维协同设计集成平台。根据专业设计特点及协同设计需要，制定多专业三维协同设计工作流程和三维协同设计控制系列程序，基于三维协同设计理论体系和软件工具建立核电装备多专业三维协同设计平台，及时响应新型核电装备型号研发、工程设计的迫切需求，全面实现设计生产工具从二维设计向三维设计的转换，探索出核电站布置设计的信息化道路。

（2）以“两化”融合为目标。以工业化和信息化深度融合为目标，开展工程设计和信息化技术的融合与延伸应用，以后台数据库为核心，以前端三维模型为依托，在辐射防护、灾害防护、工程量计算、管道力学、水力学、进度管理、核电站运维和退役等领域，开发一系列深度融合工程设计技术的信息化工具，并应用于新型核电站项目的工程实践，在“两化”融合上取得重大突破。

（3）三级程序搭框架。从企业标准（TM）、管理规范（DM）、设计规范（DN）三个层次，搭建覆盖全专业、各环节完整的三维协同设计控制系列程序体系。其中，企业标准层次涵盖设计过程控制、设计质量控制、技术状态管理等顶层要求；管理规范层次涵盖各专业三维设计技术要求；设计规范层次涵盖各三维设计工作的详细设计说明。

（4）四大板块共协同。以E板块为牵引，充分利用三维模型、后台数据及可视化工具，为EPCS板块联动创造协同基础并在应用上实现突破，如穹顶吊装模拟、大型设备引入、大宗材料精细化管理等应用。

（5）五大要素融三维。将工程项目技术状态管理方法延伸至三维设计平台中，实现技术状态管理五大要素在三维设计平台中的直观显示，实现技术状态管理理论与三维设计工具的无缝对接，并为核电站实现数字化全生命周期管理奠定坚实的基础。

（6）六大控制助力核电装备设计。以三维设计平台为基础，在安全、质量、环境、进度、技术、成本六大控制方面实施全方位管控，助力核电装备项目实现工程关键里程碑。

6.2.2 核电装备设计模型技术状态管理

1. 核电装备设计模型技术状态管理概述

核电装备设计模型技术状态管理是保证基于模型和数据的三维协同设计稳步实施的重要手段。三维设计模型缺少实时、高效的检查手段。三维模型数据自上而下，细分到各种元件，其中的参数设置、坐标、元件库和等级库引用等信息纷繁复杂，设计数据的合理性、正确性或缺失与否无法通过模型直观地表达和呈现。尽管设计人员总结了设计检查清单，逐一人工核对，但随着核电装备全面自主三维设计工作的铺开，设计效率提不上来，只有持续增加人力投入，缓解设计进度压力。

在设计成品质量控制环节，三维设计成品转成二维图纸后，设计人员在设计成品校审系统中上传图纸成品文件，发起校审流程，即三维设计、二维校审，校审人员需要登录校审系统查看、下载、打开文件，然后逐一核对图纸。对于二维校审，首先，设计元素无法直观表达，增加了校审难度；其次，在校审过程中需要将校审意见反馈至三维设计平台，因此需要在平台之间来回切换，这在一定程度上制约了相关人员应用三维设计的积极性；最后，在迭代设计环境下，设计成果的历史版本较多，增加了设计管理成本，设计效能难以实现质的提升。设计过程的复杂性、信息交互的时效性、数据承载的多样性均对核电装备三维协同设计体系建设及应用实施提出了更高的要求。为了保障全面三维设计工作的高效、有序开展，建立和健全三维设计模型技术状态管理和质控体系已迫在眉睫。

根据模型管控精度，在模型管控基本单元的数据层，建立用于表达模型设计状态的自定义属性（UDA），通过定义模型状态值，表征三维模型所达到的设计阶段。模型状态值属性设置不同即代表模型处于不同的设计状态，根据各专业层次结构的不同，将模型状态值自定义属性设置在不同的层次结构中。设计人员负责创建、修改或删除模型，经过模型校审后，由主设人提升或降低模型状态值，从而实现对模型设计的状态表征和权限控制。为了实现模型设计状态与模型权限控制相结合，采用在访问控制权限（ACR）中调用 UDA 的方式，让设计用户在不同的设计状态下有不同的模型控制权限。图 6.2.2 展示了工艺管道专业三维设计全周期状态值设置示例。

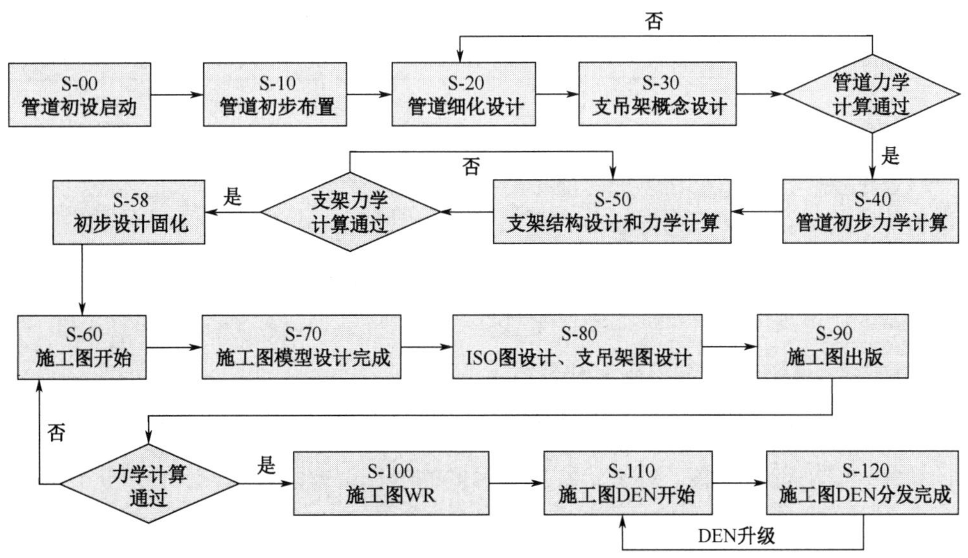

图 6.2.2　工艺管道专业三维设计全周期状态值设置示例

2. 核电装备设计模型技术状态管理方法

1）模型状态管理对象

模型状态管理对象，即模型管控的精细度，关系到模型设计独立性、协同性及管控成本。由于不同专业物项所对应的数据类型及层次各异，经过综合考虑，初步确定了各专业物项的模型状态管理对象，见表 6.2.1。

表 6.2.1　各专业物项的模型状态管理对象

专　业	土　建	管　道	暖　通	电　气	仪　控	设　备	支 吊 架
site/zone	STRU	Branch	HVAC	Branch	Pipe	EQUI	STRU

2）角色分组

每个三维设计专业设置模型的设计人、校核人、审核人和批准人（主设人）4 类角色，见表 6.2.2。其中，设计人对模型状态控制单元具有新增、修改、删除的权限；校核人对模型状态控制单元进行校核，具有有限的修改权限；审核人对模型状态控制单元进行审核，具有有限的修改权限；批准人对模型状态控制单元提升或降低状态值，控制模型设计深度。

表 6.2.2　角色分组

角　色	土　建	管　道	风　管	桥　架	仪　控	综　合
设计人	CW-DE	PL-DE	HV-DE	CB-DE	IC-DE	IL-DE
校核人	CW-PR	PL-PR	HV-PR	CB-PR	IC-PR	IL-PR
审核人	CW-AU	PL-AU	HV-AU	CB-AU	IC-AU	IL-AU
批准人	CW-CD	PL-CD	HV-CD	CB-CD	IC-CD	IL-CD

3）权限规则

设计用户在三维协同设计过程中可能扮演不同的设计角色，所以考虑采用特定的设计账号，例如，将设计人的专业、姓名、部门等信息组合到设计账号中，再将状态管理、控制对象、角色分组进行逻辑整合，形成一套逻辑规则（ACR-RULE），将这套规则绑定到每个设计账号上，即形成核电装备三维模型设计状态控制系统。

3. 核电装备设计模型编校审系统开发

为了保证核电装备设计质量和控制设计深度及进程，要求将设计模型从初步设计到施工设计划分为若干设计状态，每个状态完成对应的设计内容，并对设计内容进行校审。基于此开发核电装备设计模型编校审系统，对三维设计成果进行统筹规范管理。核电装备设计模型编校审系统集成所有三维布置设计专业，按照设计专业模型质量控制颗粒度，配置

模型设计流程和状态控制，并记录设计过程，实现三维模型设计精细化和设计过程管控可视化。

1）模型编校审流程中的用户角色定义

定义以下4类用户角色，严格限制模型修改权限。

（1）设计人：具有模型新建、修改权限。

（2）校核人：可承担设计人角色，此时具有模型新建、修改权限；承担校核人角色时，无模型修改权限。

（3）审核人：可承担设计人、校核人角色，仅在承担设计人角色时具有模型新建、修改权限；承担校核人、审核人角色时，无模型修改权限。

（4）批准人（主设人）：具有模型状态管理权限，可以提升或降低模型状态值。

2）定义设计状态下的设计内容

每个设计专业定义核电装备从初步设计到施工设计的状态值及对应的设计内容（见表6.2.3），作为编校审流程的工作依据，同时基于此建立模型检查规则。

表6.2.3 设计状态下的设计内容

状态值	土建	管道
S_00/UNSET	管道三维布置设计启动	根据方案设计成果（或参考核电站模型）建立初步设计启动的零点模型，UNSET为本项目新创建且未经过编校审的物项
S_10	管道初步布置设计完成	管道敷设与系统流程图一致，系统设计与管道设计一致；管道及其部件命名符合编码规则；管道设计满足总体布置要求，完成管道初步柔性分析；管道设计无碰撞，坡度满足规范要求；相关设备、管道、墙体、钢平台调整范围已考虑；完成管道穿墙标识
……	……	……
S_60	施工图阶段设计开始	提交施工图设计阶段，启动施工图设计
……	……	……
S_100	施工图WR宣布	审查施工图

3）定制设计专业编校审流程

各设计专业根据自身特点，定制三维布置设计周期内的状态节点及编校审流程，灵活控制设计深度。图6.2.3是三维编校审流程示例。

4）模型控制权限自动流转

在核电装备设计模型编校审系统中，对模型校审单元进行声明（声明后也可取消）→布置设计→提交（或转交）→校核（或同意、退回、转交）→审核（或同意、退回、转交）→批准，实现模型控制权限的自动流转。

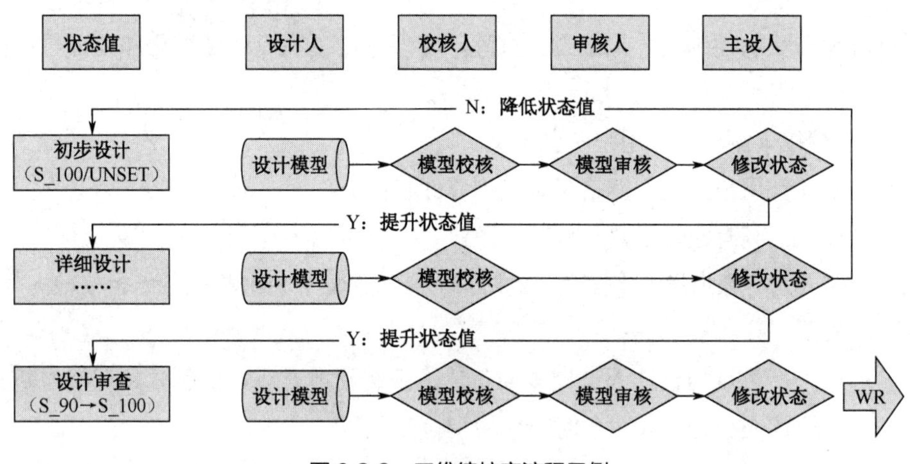

图 6.2.3　三维编校审流程示例

5）编校审系统授权与平台设计权限绑定

核电装备设计模型编校审系统的用户授权直接继承三维设计平台的用户授权。在三维设计平台中，设计账号按照核电装备三维设计用户编码规则建立，并给定设计组和绑定设计规则（ACR-RULE）。授权账号可实现三维设计权限划分和模型控制权限按照定制的编校审流程流转，直至整个设计过程结束。

6.2.3　核电装备多专业在线协同提资

核电装备布置设计涉及专业众多、各类接口繁多、交互过程复杂，各设计专业间信息沟通频繁，传统的电子邮件、图纸传递等专业间协同交流方式已无法满足三维协同设计的需求，逐渐成为制约设计生产效率的瓶颈。核电装备设计活动之间具有很强的耦合性，需要严格按照逻辑顺序有序开展，每个专业在设计过程中承担各自的设计角色，完成本专业设计活动。随着设计工作的深入，专业间协同设计流程割裂和提资困难的问题日益突出。

1. 建立三维协同设计流程

根据核电装备专业设置和相关项目经验，提出“专业布置→综合布置→固化评审→抽取图纸”的正向设计流程。以厂房布置为主线，根据项目工程建造的逻辑顺序，将三维设计过程划分为 P0、P1 和 P2 三个阶段。其中，P0 阶段需要满足厂房响应谱计算需求，P1 阶段需要满足厂房总体计算需求，P2 阶段需要满足结构构件力学计算和模板图出版需求。根据三维设计节点的内容和深度，对每个节点各专业的详细设计活动进行分析和细化，按

照正向设计逻辑的先后顺序，明确设计流程的上下游接口关系，制定核电装备三维协同设计流程，见表6.2.4。三维协同设计流程明确了专业间上下游配合的设计逻辑，以及设计节点前各专业需要开展的工作内容和达到的设计深度。

表6.2.4　核电装备三维协同设计流程

子案例库	方案设计（P0）	初步设计（P1）	施工设计（P2）
综合布置	厂房总体方案及格局制定，主设备及一回路定位，辅助设备定位，贯穿件整体方案确定，厂房整体荷载计算	设备布置，人流和物流通道设计，综合碰撞检查，地面排水方案，P1荷载图设计	设备详细布置（土建接口），设备吊装、运输设计，综合碰撞检查，P2荷载图设计
管道布置	VVP/ARE等主管道布置方案，特殊房间规划，其他方案配合工作	DN50及以上直径管道初步三维布置，DN100及以上直径管道走向的初步力学计算和支吊架的概念设计，单边300mm以上的孔洞设计	所有管道走向，大管支吊架设计，所有孔洞、埋件设计
HVAC布置	暖通机床等规划，暖通系统布置整体方案，其他方案配合工作	单边长度超过300mm的风管走向、支架概念设计，单边长度在300mm以上的孔洞设计	所有风管走向，支吊架设计，所有孔洞、埋件设计
电仪布置	电气层需求规划，主控室需求规划，其他方案配合工作	单边长度超过300mm的桥架走向、支架概念设计，单边长度在300mm以上的孔洞设计	所有桥架走向，主桥架支吊架设计，所有机柜、小三箱、仪表架设计，所有孔洞、埋件设计
土建布置	厂房整体荷载评估，其他方案配合工作	土建整体计算，有限元静力分析	非标埋件、钢结构设计方案，埋件、结构方案复核分析
灾害分析	内外部灾害防护总原则，防火分区、水淹分区、辐射分区划分，方案配合审查工作	内外部灾害评价，防火分区、水淹分区、辐射分区调整	内外部灾害的详细分析评价

然而，在核电装备布置设计开展过程中，以土建接口为大类的三维设计，必须由各布置专业根据设计需要向结构专业提资，在土建结构模型中完成。具体而言，布置专业先通过内部提资系统向结构专业提资，将三维设计内容转换成二维的Excel数据，再由结构专业还原到三维设计环境中。这个过程其实就是三维、二维设计来回切换的工作模式，相对于三维在线设计模式来讲，就是离线的设计模式。该模式存在提资数据不直观、专业间协同设计效率低、结构专业三维设计开孔效率低等问题，与核电装备三维协同设计体系追求的工业化和信息化融合目标背道而驰。

2. 提出多专业在线提资方案

1）虚拟物项技术

在三维设计平台中，开辟一块专用数据区域，依据三维设计平台管理程序，建立各布置专业的虚拟物项设计管理层，同时约定虚拟物项建模规则、命名规范等。虚拟物项隶属独立的三维设计数据库，虽有实际的形状与占位信息，但不作为设计成品输出，而是作为一个信息交换载体，以三维可视化的方式向结构专业提资。参照虚拟物项，结构专业可以快速而准确地完成土建接口（实体）的三维设计。虚拟物项实现效果如图 6.2.4 所示。

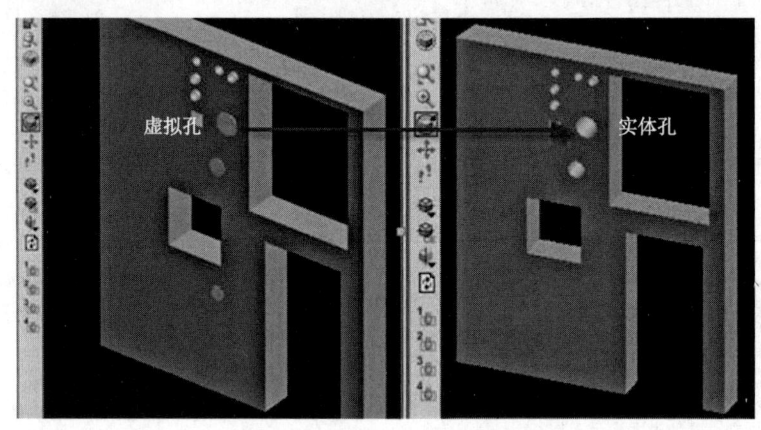

图 6.2.4　虚拟物项实现效果

2）数字化提资技术

虚拟物项技术适用于各个三维设计专业内部的设计协同提资，而三维设计专业与二维设计专业之间的跨维度提资，其本质是三维设计平台与二维设计平台之间的数据协同，比较典型的情况就是三维管道布置设计专业与管道力学计算专业之间的设计协同。为打破不同设计平台间的数据壁垒，提出数字化提资的技术路线。数字化提资是从收资专业工作环境对设计输入数据的需求出发，由提资专业在线输出或加工构造出相应的结构化数据，直接用于收资专业的设计输入，实现设计专业间点对点数据传递，相比于传统的二维提资，直接省去了中间数据处理环节。

3）控制提资质量

相比于二维提资，三维在线提资具备提资可视化的优势，可以做到实时提资和收资，能够直观地发现提资内容中存在的问题。首先，三维在线提资须建立模型控制访问机制，以一个虚拟物项作为控制单元，创建模型控制访问规则。其次，必须建立一套虚拟物项的编制、校核、审批机制，本专业提资物项经过审批后才能提资给下游专业，同时对提资过程进行记录，做到设计过程可追溯。最后，对于多专业协同开展的设计项，必须有综合布置设计专业参与提资过程，在线审核提资内容，综合协调各专业提资物项是否存在碰撞干涉或需要合并提资。

4）提升提资效率

由二维提资到三维在线提资工作模式的转变，让设计用户在开展布置设计的同时，可根据需要在三维设计平台上实时建立提资内容，而无须切换到二维提资系统进行收集和整理，极大地提高了多专业提资效率，降低了设计成本。

3. 核电装备在线协同提资系统开发

核电装备在线协同提资系统借助虚拟物项技术，实现了各专业向土建专业提资方式从分散式的二维提资到规范化、标准化、电子化及协同式的三维可视化提资的转变，利用开发的一系列自动建模工具，显著提高了多专业协同设计质量和效率。该系统使提资过程实时、高效、可视、可控，完美的可追溯性可有效控制无用的孔洞、埋件、设备基础、钢平台及次梁的产生，极大地减少施工阶段的工程浪费。

1）系统总体架构

核电装备在线协同提资系统总体架构如图6.2.5所示，主要包括三个部分。第一，核电装备三维设计平台用于土建接口三维自动化设计，包括三维可视化提资、自动/半自动建模、设计成果校验等；第二，通过接口程序进行各个环节的数据交互和流程控制，保证设计数据的实时联动，以及设计数据的一致性；第三，使用数据库存储设计数据，实现设计成果数字化，便于各个环节实时共享。

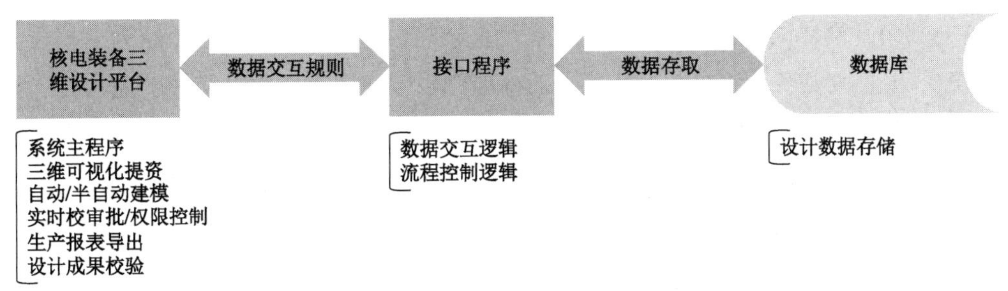

图6.2.5 核电装备在线协同提资系统总体架构

2）系统主要功能

（1）创建虚拟物项。

在核电装备三维设计平台中，虚拟物项是由基本体构成的模型，依据三维建模规范存放在指定的层次结构下，是布置专业向结构专业提资的数据载体，可直观展示要创建土建接口的各类数据信息，包括类型、方向和位置等。基于核电装备三维设计平台开发工具，实现自动/半自动创建虚拟物项。

（2）三维可视化提资。

由核电装备布置、综合布置和结构专业共同制定的土建接口在线提资流程，将各专业设计协同关系串联起来，结合虚拟物项权限控制，达到多专业协同设计的目的，并实现设计成品在线实时校审批，保证设计质量。同时，基于核电装备三维设计平台，采用平台自带的UDA属性设置技术，实现虚拟物项操作权限控制，包括设计、校核、审核、批准权限。

（3）一键创建实体。

基于核电装备三维设计平台三维引擎，自动获取虚拟物项提资数据，并开发一键创建实体工具，实现土建接口批量化、自动化建模，从而极大地节省建模时间。

（4）有效性自动校验。

根据土建接口设计特点，开发孔洞、埋件在线校验工具，对孔洞、埋件进行自动校验，确保提资数据一致性，提高设计质量。

6.2.4 应用效果分析

通过核电装备三维协同设计体系及相关平台的研发与应用，有效支持各专业设计流程的规范封装及模型数据的在线校审，满足多专业设计接口信息的在线提资与确认，推动近20个专业部门开展协同设计活动，协同范围涵盖核岛、常规岛及以工艺系统为主的技术性配套设施，从而实现多专业布置设计流程的标准化、专业间接口数据交互的便利化、模型数据质量控制的精细化、各专业基于模型抽图的自动化，显著提升了设计质量，提高了工作效率，为新型核电装备设计生产及工程实施的有序推进提供了坚实的保障。

1. 提供核电装备可视化设计验证手段

作为核电工程建设过程中的龙头环节，设计是核电装备全生命周期的核心，设计阶段的成果将从源头影响核电装备建设的科学性、准确性及经济性，因此，保证核电装备设计质量是设计人员从始至终必须坚持的基本原则。对于把控设计质量而言，对各个专业的设计成果进行验证是十分关键的。

传统的设计验证工作主要基于基础的设计输入文件、过程文件及成果文件等，各专业设计人员在设计过程中反复核查其设计成果的准确性，并通过各专业的编校审管理流程对设计文件进行核查。然而，这些手段大多停留在非数字化的验证阶段，依赖设计人员的工作经验与专注程度，消耗人力大且效率不高。虽然利用碰撞检查工具可以自动化、批量化检验各专业设计中的干涉问题，但对于类似工艺方案、厂平规划等需要论证其合理性的设计工作而言，难以满足验证需求。核电装备三维协同设计平台大大提高了设计效率，同时为可视化设计验证提供了更多的可行性方案。基于虚拟仿真技术的数字可视化设计验证便是利用核电站三维设计成果数据，等比例搭建核电站的三维虚拟仿真场景，对工艺方案、厂平规划等设计成果进行仿真验证。

核电装备反应堆压力容器开关盖、燃料装卸、主设备吊装与安装是核电站主设备三大关键操作工艺，每个工艺均由若干可运动设备相互配合完成相应的功能，操作工艺运行的环境涵盖核电站正常运行、停堆换料、冷热试、安装等不同阶段，涉及的厂房包括反应堆厂房、燃料厂房、龙门架厂房等。这些工艺涉及物项多，工艺环节复杂，在设计过程中需要全方位的工艺核查，以尽可能地降低工程风险。通过核电装备三维协同设计平台提供的可视化设计验证工具，快速构建动态仿真场景，协同技术人员快速识别工艺过程中的物项干涉、安装和吊装空间受限、路径碰撞等技术风险，做到提前预防与规避。

2. 实现核电装备全专业三维协同设计

通过建设核电装备三维协同设计体系，促进核电装备从二维布置设计向三维布置设计转变，实现了跨专业的三维可视化在线提资。通过一键创建实体等技术，实现了土建接口三维布置设计自动化，解决了依靠图纸开展设计费时费力的问题，显著提高了三维结构建模效率，支持土建接口三维布置设计全过程可跟踪、可追溯，保证了核电装备布置设计质量。

随着核电装备三维协同设计平台的逐步成熟，三维协同设计工程应用广度实现了“核岛、部分专业→核岛、主要 BOP 子项、主要专业→核岛、常规岛、主要 BOP 子项、全部布置设计专业”的逐步拓展。三维协同设计工程应用深度不断增大，从管道、设备、混凝土结构、钢结构、风管、主托盘和支吊架等主要设计物项，到小管、次托盘、仪控相关模型、小三箱等二次设计及其他物项，再到照明、通信、火警、房间等空间物项，以及预埋件等虚拟物项，逐步走向深入和细化。核电装备三维协同设计成果服务对象也从布置设计专业延伸到灾害分析、工程量统计、施工管理、在役运维等领域，从而形成以布置设计数据为核心的核电装备全生命周期价值链全流程协同。

6.3 核电装备建造协同及工程应用案例

6.3.1 核电装备建造质量管控要求

核电装备建造质量管控是保证核安全的重要一环，根据 HAF003 的质量要求，施工阶段的质量活动往往需要多个单位协同开展。而目前在施工现场，仍采用传统的线下操作模式：首先，建造方接收设计端传递的质量要求和图纸、规程等纸质或 PDF 文件，将其转化为内部的三维模型，并依此开展工艺制定和相关建造活动。然后，施工方根据相关规定和要求，由现场施工队编制质量计划并提供给业主和现场监理进行审查，现场监理将审查后的质量计划反馈给施工技术队，完成相关的选点等操作。接下来，施工方将质量计划分发给现场施工队，现场施工队与各方监督人员根据质量计划和焊接控制单执行质量控制活动，完成相关的试验和检验，并生成检测报告。最后，将执行完成后的申请单及检测报告等提交给技术队，现场工序施工完成后，技术队将质量计划、焊接控制单、检测报告、NCR 等进行统一归档管理。在此业务流程中，主要存在以下问题。

（1）设计端需要将三维模型转化为二维工程图，并将质量要求和图纸等传递给建造端，建造端再基于二维工程图重新建模，在此过程中可能会出现转译错误，没有统一的文件传递路径无法保证整个过程数据的唯一性和有效性。

（2）质量见证点、试验检测点的选取多依赖专家经验，没有科学的数据分析来辅助选择合适的质量控制点。

（3）试验检测类型多，检测报告模板复杂，需要人工整理原始记录进行检测报告的编制，并进行纸质打印和归档。

（4）现场质量计划、焊接控制单及检测报告需要纸质打印进行审查和签字，耗费时间和人力，亟须提升工作效率。

（5）质量见证及审查时间太长，出现问题无法及时查找，对于问题整改缺乏电子化的闭环追溯和流程监控，影响项目现场进度。

开发核电装备协同建造与追溯构件，正是从核电实际业务场景出发，对目前存在的问题进行针对性改善，利用智能建造技术辅助专家决策、优化业务流程，以此整体提高建造过程协同性。

6.3.2 核电装备建造过程质量管控及构件开发

1. 关键质量特性参数选择及检测

在核电装备设计、采购、施工、调试过程中，包含若干过程参数、尺寸参数等质量特性，这些质量特性是影响核电装备整体质量水平的重要因素。核电装备质量管控通常需要设置质量见证点，这实际上是对质量特性的一种检测，需要检测实际值与标准值是否一致，或者实际值是否在规定的范围内。三维模型在传递过程中伴随着大量结构化、半结构化和非结构化的过程质量信息，在构建质量特性知识图谱时，对于结构化的数据表格可以直接使用，而对于半结构化和非结构化的质量表单和文本，需要采用前面介绍的关键质量特性识别技术，挖掘质量文本中的隐藏信息，支撑质量管控决策。由于质量文本中包含完整的产品定义信息，从文本中识别关键质量特性可以大幅降低成本，减少价值损失，从而扩大整体价值，形成核电装备零部件关键质量特性及其要素模型库。

识别出的核电装备关键质量特性可以支撑协同质量管控活动。首先，建造厂根据质保及合同要求，识别出关键质量特性。然后，根据识别出的关键质量特性，选出关键质量参数，如公称直径、连接形式、端面距离和端部外径、质保等级、管道材质、连接形式等。最后，根据选定的关键质量参数，编制车间工序级质量计划，并制定质量参数模板，为现场加工人员和质检人员提供具体见证内容，现场加工完成后进行质量检验，质检人员依据工艺要求和质量参数模板记录实测值，形成尺寸检查、目视检查、焊接检查等质量报告。关键质量特性及其要素参考值示例见表 6.3.1，其中规定了某核电站 1、2 号机组反应堆某部件的关键质量特性，以支持后续编制质量计划，执行质量检测活动。

表 6.3.1 关键质量特性及其要素参考值示例

<table>
<tr><td colspan="2">机 组 名 称</td><td colspan="2">×××核电站 1、2 号机组</td></tr>
<tr><td colspan="2">QA 级别</td><td colspan="2">Q1</td></tr>
<tr><td colspan="2">设备供应商</td><td colspan="2">东方电气、哈尔滨电气等</td></tr>
<tr><td colspan="2">质量计划编号</td><td colspan="2">A22-92-2991-91</td></tr>
<tr><td colspan="2">部件名称</td><td colspan="2">反应堆×××部件</td></tr>
<tr><td>焊接方法</td><td>目视</td><td>材质规格</td><td>3mm</td></tr>
<tr><td>破口形式</td><td>4</td><td>检验时机</td><td>热处理后 2 小时</td></tr>
<tr><td>焊缝号</td><td>S-K002</td><td>长度</td><td>2mm</td></tr>
<tr><td>焊缝类型</td><td>I 类焊缝</td><td>焊头类型</td><td>23</td></tr>
</table>

2. 质量监督与见证选点

质量监督的目的是确保重要设备的建造质量得到有效控制，原则是针对不同采购质保等级的设备实施不同等级的设备建造监督活动。因此，要建立从监督准备、监督策划到监督执行到监督结束的全周期监造管理流程。首先，设立质量监督组织，确定质量监督组织的职责和人员。然后，根据核电装备的建造特点和要求，制定监督计划，明确监督的范围、内容。接下来，选择监督对象，根据监督计划，选择核电装备建造的关键环节和关键节点进行监督，在此基础上制定监督标准，包括设计规范、工艺要求、检验标准等。根据监督计划和监督标准，对核电装备建造过程进行现场检查和抽样检验，确保符合规定要求。最后，根据监督检查和整改情况，编制监督报告，记录核电装备建造的质量监督过程和结果。

在选择监督对象时，较为重要的部分是见证选点（如图 6.3.1 所示）。见证点的设立不仅要依赖专家经验，还需要根据核电装备建造特点，采用数据分析等方法选择核电装备建造的关键环节和关键节点。

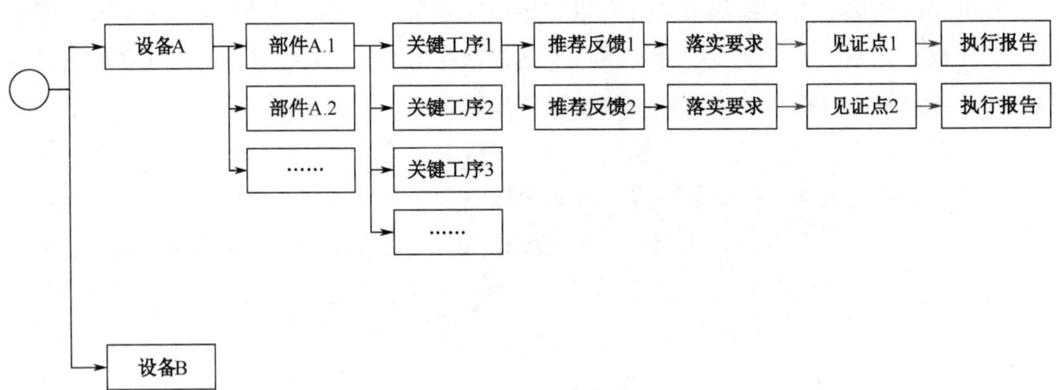

图 6.3.1　见证选点

根据帕累托原则，在多工序建造系统中，装备最终质量的好坏往往是由少数几道关键工序决定的。关键工序的评价，往往依据综合分析工序所形成的质量特性，以及该工序对应的制造质量因素。如图 6.3.1 所示，通过一种基于知识图谱的关键工序评价方法，对设备关键部件进行分析，同时建立一种结合质量因素对工序质量影响程度的差异性及质量与设备可靠性之间关系的改进 PageRank 算法，用以评价建造过程中工序的重要程度。在此基础上，利用关键工序评价值来落实建造质量要求。通过该方法，可以根据工序、质量因素和质量特性之间的关联性，挖掘建造质量形成知识图谱中蕴含的工序质量信息，有助于区分不同工序的重要程度，合理地对产品制造过程设立质量控制点。

3. 施工过程规范化管理

针对质量管控业务流程中存在的问题，结合核电“两级 QA、三级 QC”协同质保体系和价值演化规律，应用智能建造技术和信息化手段打造协同质量管控模型库，通过结构化的质量见证流程和统一的质量文件模板来规范施工过程。

核电装备施工过程中需要进行多级质量监督与控制，其中质量见证活动是证实物项与服务符合规定要求的重要活动，结构化质量活动业务流程可兼顾各方利益、消除非增值活动，因此建立一系列控制方法，形成核电装备质量控制模型。模型的输入形式为基于质量见证点等信息集成的质量控制单，通过筛选和整理形成结构化数据，如控制单 ID、工序号、中文操作工序、QC 设点等，实现用户可视化。同时为参与见证活动、具备相关技术知识和经验的见证人员配置角色和专业属性。发起见证流程时，业务处理人员可在系统中根据不同的见证角色，配置对应等级的见证任务，以及签点的时间和日期，最终形成见证通知单并下发。见证人员根据通知单，在质量见证点进行实时监督，观察、记录和评估质量活动的执行情况，包括工序控制、测试、检验和验收等，记录质量见证点的监督结果，包括质量活动合格与否、发现的问题及处理情况等，从而有效监督和评估质量活动的执行。

由于缺乏统一、有效的核电装备标准化质量文件模板，导致质量数据结构复杂且更新不及时、质量管控活动效率低下。针对此问题，在开发业务流程的基础上规定建造过程中完成质量业务活动时所需的具体文件模板，将其以 HTML（超文本标记语言）格式存储在服务端，形成质量文件模型的模板数据库。质量文件模型定义用户输入通过网页端表单形式界面采集，主要有质量计划管理界面、质量检测管理界面、质量见证管理界面，从用户方采集到的原始数据经过记录、整合后，上传至数据库进行存储。服务端采用 Django 框架与网页端进行交互，从模板数据库获取文件模板，将数据渲染至模板上，生成相应的标准化文件，并提供相应的下载功能供用户查看及使用标准化文件，实现文件格式化、标准化输出，使质量文件规范化表达。质量文件模型架构如图 6.3.2 所示。

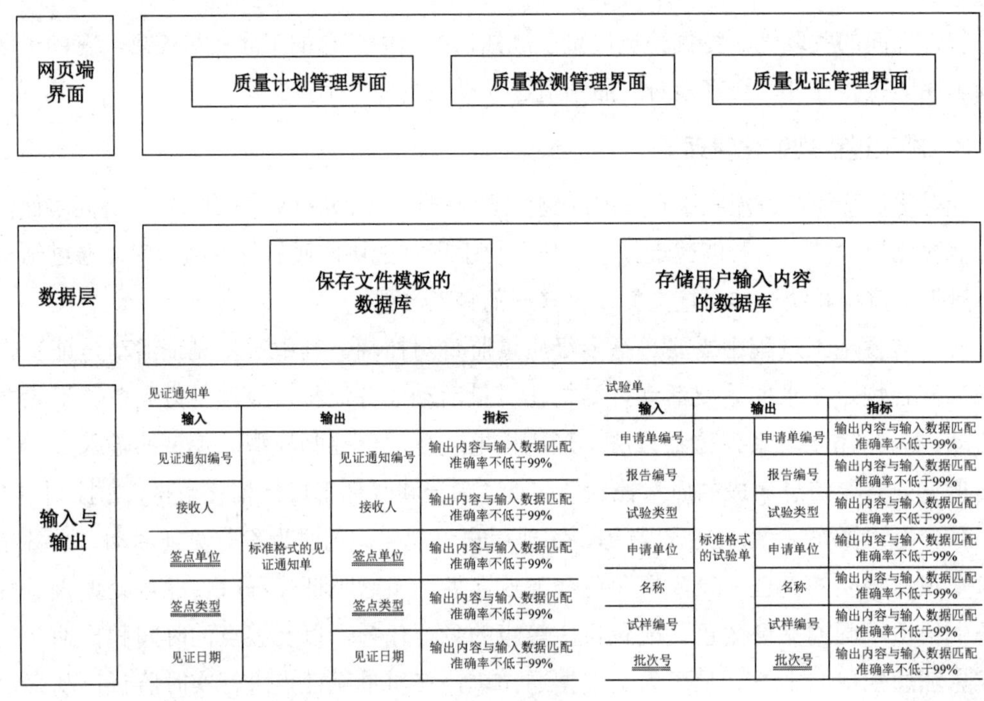

图 6.3.2　质量文件模型架构

当质量见证活动启动后，根据流程调用对应的文件模板，业主、监理、各级供应商等相关组织和人员可根据文件模板在线填报质量签点信息，以此辅助质量见证活动的开展，实现电子文件版本和状态有效性控制。这种跨企业质量信息互联互通和质量数字化管控方式，能够有效提升协同质量管控水平和效率，助力三跨协同质量管控，实现业主满意度提高、建造过程和谐性提高及协同管控成本降低的价值创造。

6.3.3　核电装备建造质量数字化管控

基于某核电工程公司核电装备真实质量监管与追溯数据，对核电装备在建造过程中发生的质量问题进行质量缺陷分析和追溯，并将形成的跨企业质量追溯模型库和算法库与核电装备建造协同平台的质量追溯业务流程融合，开发设备质量不符合项追溯系统，为核电企业建造过程中的设备质量追溯提供支持。该系统的主要业务流程如图 6.3.3 所示。

通过融合核电装备建造协同平台的数据存储与线上流程功能，在出现质量不符合项后通过平台业务接口传递设备质量异常数据，利用核电装备缺陷源分析算法库进行设备缺陷成因与传播路径分析，基于核电装备质量追溯知识图谱与质量异常追溯模型库实施追溯信息预测，根据预测得到的关联阶段、关联企业等关键节点信息智能优化追溯流程。算法的分析结果被实时反馈至协同平台质量业务主线，从而全面提升核电装备质量追溯业务的智能化水平。

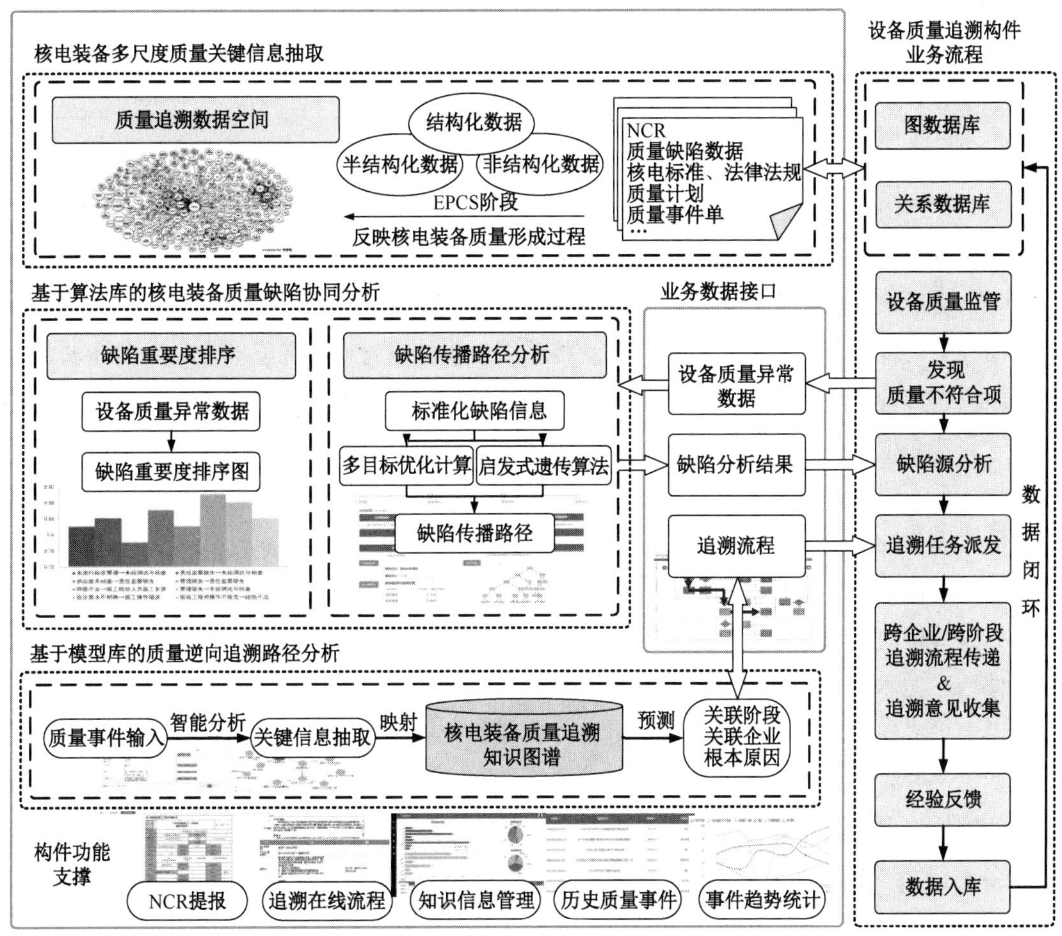

图 6.3.3　设备质量不符合项追溯系统业务流程

该系统的主要业务节点如下。

（1）质量文本关键信息抽取。

核电装备在建造阶段产生的质量文本示例见表 6.3.2。通过第 4 章所述的知识抽取模型对上述非结构化文本数据进行信息抽取，识别其中包含的故障设备、故障原因、关联阶段等信息。将抽取出的质量关键信息存储于设备质量不符合项追溯系统的数据库中，形成质量追溯数据空间，为下游分析任务提供支持。

表 6.3.2　核电装备质量文本示例

序号	质 量 文 本
1	标题：×××阀门频繁开关 事件描述：×××大修时机组处于热停堆工况，现场发现×××阀门存在频繁开关的情况，开关频率约 10 秒一次，现场可以明显听到主阀落座的声音 原因分析：①阀门先导阀与主阀切换点不满足实际工况需求；②PI 调节器比例作用在小流量工况下过强；③阀门的调节特性不满足实际工况需求。分析过程详见附件
2	标题：×××项目反应堆冷却剂泵电机轴绝缘性能降低的经验反馈 事件描述：××××年××月××日，×××/×××电机轴绝缘性能降低，分别为 0.02MΩ/0.03MΩ 原因分析：①下轴承瓦支撑组件绝缘部件失效；②在电机安装或调试过程中，由于现场环境恶劣，未将绝缘槽、通风罩等部位封堵保护到位，将粉尘、金属颗粒等杂质引入绝缘部位，造成绝缘板失效

（2）质量缺陷成因与传播路径分析。

在核电工程建造过程中，通过质量管控系统提供的设备质量监管模块，对设备质量状态实施在线管理。当质量事件发生后，通过软件接口将缺陷数据传递给质量缺陷源分析算法库，算法库根据设备对象从质量数据资源池中抽取数据，分析该设备历史缺陷传播路径与依赖关系，提供缺陷重要度排序分析，并根据当前缺陷数据进行缺陷成因预测，以指导工程师对设备缺陷成因进行分析。

（3）质量事件追溯链路分析。

完成质量缺陷源分析后，依托质量追溯知识图谱进行质量追溯。通过对当前发生的质量事件描述文本进行智能信息抽取，提取其中包含的故障设备信息和故障表征信息，在知识图谱中完成映射匹配，搜索类似质量事件、相似设备及故障知识，并提供关联设备、关联企业、关联阶段的预测结果，指导千核级企业群环境下的三跨质量追溯流程，实现追溯任务的智能派发、流程优化与效能提升。使用核电工程中循环水泵、主给水泵、阀门等典型设备的经验反馈文本数据集进行验证，得出的高频故障设备及所属阶段的抽取结果如图 6.3.4 所示。

根据 NCR 处理程序，系统中的线上 NCR 流程模块将逐步为流程节点上的相关人员创建相应的 NCR 待办任务，以便由对应人员进行问题分析和对策制定，并实施设备质量追溯。同时，NCR 主流程节点上的主办人员收到 NCR 处理任务后，可以根据实际业务开展情况，为相关业务人员发起 NCR 协办任务，被邀请协办的相关业务人员会收到系统为其创建的 NCR 待办任务。完成质量追溯后的 NCR 与经验反馈会被协同平台的数据库记录，其中的有用知识数据会被纳入质量数据资源池，以支持缺陷源分析模型及质量追溯知识图谱的更新，形成核电装备全价值链正向质量管控与逆向质量追溯协同的数据闭环链路。

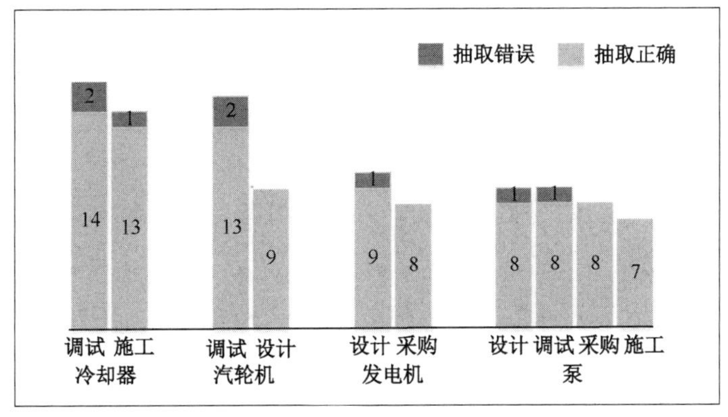

图 6.3.4 高频故障设备及所属阶段的抽取结果

6.3.4 应用效果分析

1. 实现核电装备建造过程数字化

在施工准备阶段，基于设计端传递的三维模型、规范标准、技术说明和质量要求数据，利用深度学习技术，分析质量特性间的关联关系，得到核电装备零部件关键质量特性，制定质量参数模板，依据工艺要求和质量参数模板记录实测值，形成尺寸检查、目视检查、焊接检查等质量报告。关键质量特性选择及质量检测为使用单位提供准确而及时的信息资源，通过重点控制关键质量特性，为管控决策提供参考依据，为质量检测提供科学、准确、快捷的信息服务。

施工过程中，将质量计划、质量检测报告等附件上传至统一的系统，以文件形式保存质量跟踪文件、试验标准的规范信息等，解决了线下纸质质量跟踪文件无执行工序、试验标准版本不清的问题。通过在线填写质量文件，与历史文件进行查重识别，在系统中在线完成流程审批，实现施工质量控制业务流程全面电子化，可提升现场质量控制工作效率。运用数字化技术，实现数字签名替代纸质质量文件签字，防止冒签、代签等造假行为，形成完整、真实、便于检索的数字化质量记录并归档，以此杜绝传统供应链质量管理中进度滞后或过程造假的问题，提升施工质量可追溯性。对于需要进行焊接或连接的部件或结构，可以设置质量点进行焊接或连接质量的检验和控制，具体包括焊缝的质量检查、连接部位紧固力或连接强度的测试，以确保焊接或连接的质量符合要求。

施工完成后，设立质量控制点对最终产品进行全面的质量检验，包括外观检查、功能测试、性能验证等，以确保最终产品符合规定的质量标准和性能要求。设置质量控制点有助于及早发现和纠正质量问题，确保产品质量的稳定性和一致性，提高装备建造的质量水平，降低不合格品率，并提升客户满意度。

2. 实现核电装备质量问题可追溯

通过构建设备质量不符合项追溯系统，为核电装备全价值链质量追溯提供智能化的质量事件分析与流程优化服务，全面提升质量追溯效率与准确率。当核电装备出现质量事件时，由发现问题的现场工程师发起流程，利用质量追溯模型进行关联阶段、关联企业预测，辅助专家在线甄别质量事件所属阶段，以此明确事件责任、优化追溯流程，可以使相关阶段及企业的责任人员优先参与追溯、分析与排查，从而在流程上提升追溯效率。对报送NCR开展原因分析，采用合理的逻辑推理，利用现代化智能分析手段，如决策树、神经网络、知识图谱等进行原因筛选，分析根本原因，辅助专家快速厘清跨企业、跨阶段复杂追溯场景下的质量追溯链路，及时获取缺陷成因分析、缺陷之间的关联关系等关键追溯信息，提升专家决策的效率和准确率。事件完结后，若认定事件对后续项目有反馈价值，则对其制定针对性预防措施，存入经验反馈库及质量数据空间，为后续的现场事件处理积累经验，同时支持模型进一步训练，形成核电装备全价值链正向管控与逆向追溯的场景闭环、数据闭环、流程闭环链路。质量事件处理流程如图6.3.5所示。

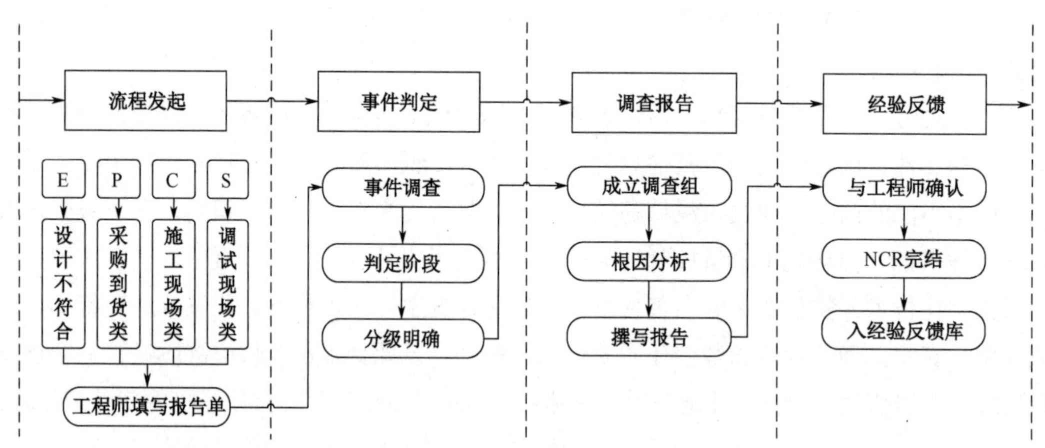

图6.3.5 质量事件处理流程

6.4 核电装备群厂运维协同及工程应用案例

6.4.1 核电装备群厂运维协同应用背景

在核电装备群厂运维中，现有的分布式过程控制系统（DCS）、监控信息系统（SIS）、企业资源管理系统（ERP）可以将能源生产过程中产生的实时数据进行统一的存储和管理。但由于不同的生产商和供应商所使用的系统集成模式、设计标准和开发技术不同，各系统在数据传输上无法实现有效信息的互联互通，从而导致系统间的数据孤岛问题，进一步导致信息无法共享[3-4]。为解决数据孤岛导致的数据互联互通率低、信息整合不充分、知识积累困难等问题，有必要实现基于群厂协同的智能核电站运维，实现数据协同与智能化生产应用，为设备的故障预警、诊断和智慧检修提供有效决策[5]。

6.4.2 电能表检定智能运维系统

1. 电能表检定智能运维系统的硬件构成

电能表检定智能运维系统采用模块化设计，由上料、输送、耐压试验、接拆线、功能试验、准确度检定、图像识别、下料等多个单元构成[6]。

（1）上料单元与下料单元。上料单元主要对系统料箱中输送的电能表展开取表操作，其中电能表抓取、转移等主要由柔性机器人操作，机器人通过对电能表进行精准定位，依照所识别的方位定位放置。下料单元主要负责将合格电能表装箱，将不合格电能表放入异常下料口装箱。两类电能表装箱完毕，下料单元将电能表编号、料箱箱号等信息存储在数据库中，以便随时调取。

（2）输送单元。输送单元主要负责输送电能表与料箱，输送速度由检定系统调节，输送方式为分拣输送。同时，输送单元能够依照电能表类别、品规等，安排电能表进入不同的检定模块与监测模块，完成后续测量流程。

（3）图像识别单元。图像识别单元主要对电能表的液晶背光板进行识别，触发该背光板之后，能够全屏显示且具备拍摄功能，以此对电能表的性能、外观参数等进行记录。同时，该单元还能对电能表即时运行状态进行巡检，若存在异常，能及时向系统发送信息，以此保障电能表的整体质量。

（4）接拆线单元。该单元主要负责对电能表的测定端子进行压接操作，依照电能表定位结构，对电能表的压接进行检查，对接线端的接入电路电压、电流进行测量，保障受压的稳定性与可靠性。

（5）耐压试验单元。该单元主要负责对接拆线单元压接处理后的电能表展开耐压试验，并将检定结果上传至数据库中。

（6）准确度检定单元与功能试验单元。它们主要负责对电能表的误差测定，并对检定项目的执行误差展开变差试验与误差一致性试验，进一步提高电能表的准确度。

2. 电能表检定智能运维系统的软件构成

软件部分主要由输送管理、检定控制、检定管理三个模块构成。输送管理模块主要通过 PLC 实现线体输送装置的通信，以此对挡停、移载、拆堆垛机等机械装置进行全面监控[7]；检定控制模块主要对检定流程、参数等进行全面监控，并对电能表进行密钥下装；检定管理模块主要对检定任务的执行过程、运行情况、信息数据等进行全面监控并管理，若存在异常现象，该模块能通过通信接口将相应数据上传，并对异常警告进行处理。

3. 电能表检定智能运维系统的关键技术

（1）多重定位技术。不同电能表拥有不同的操作模式，因此必须应用多重定位技术，对不同电能表进行定位并检测，充分发挥电能表的功能。以开关启动为例，不同电能表的开关位置也不同，而多重定位技术能够以相同的装置作为不同电能表的开关装置，以此实现对不同电能表的开关编程、设计，提高电能表应用的便利性[8]。

（2）托盘自动切换与监测技术。在对电能表进行自动化检测时，对于不同的电能表，所采用的托盘也不同，并且在线托盘缓存系统能够将后续被检定电能表所需托盘进行缓存，构成待检与检定循环，提高电能表检定系统的效率，减少系统等待时间，实现电能表检定的自动化，增强系统的扩展性。

（3）采集器技术。主要利用智能采集器对电能表检定数据进行采集，完善电能表功能。当前电能表核查工作已实现远程核查，载波与无线等通信方式各有特点，不同地区适用不同通信方式，因此采集器需要支持多种通信方式，这增大了采集器的检测难度。通常，采集器应采用独立的通信模块。不同厂家所生产的采集器拥有自身的内部命令、模块软硬件信息，在采集器上电时会自动发布命令，通过通信模块读取厂家信息和软硬件版本号，并自动解析返回的命令。

（4）智能诊断技术。电能表自动检定系统运行过程中常出现各种故障，通过人工方式很难对故障原因进行快速查找并有效解决。对此，可采用智能诊断技术，通过建立故障模

式库、知识共享库，对电能表自动检定系统的运行故障进行诊断并决策。对于一些需要人工处理的故障，在调用故障模式时，应综合知识共享库，通过智能诊断方式为运维人员提供决策方案，由技术人员依照目标任务确定最终的决策方案，及时解决故障，保障电能表正常运行，提高电网的可靠性与稳定性。

6.4.3 核电装备全生命周期智能运维系统

1. 核电装备全生命周期智能运维系统的组成

核电装备全生命周期智能运维系统主要分为设备层、通信层、接口层、应用层、展现层，系统框架如图 6.4.1 所示。设备层包含 AGV、检定系统、人工检定台等设备；通信层主要针对移动应用的数据交互，通过“交换机+局域网”与主站进行通信，经应用解析后提供给外网 App 数据库，为外网应用做数据支撑；接口层负责与总控系统和 MDS 系统的信息交互，获取设备档案信息、设备故障信息、生产工况数据等；应用层主要管理各种闭环流程导向，并针对各项数据进行分析；展现层通过 Web 应用、移动作业终端应用、互联网应用展示各项业务功能。

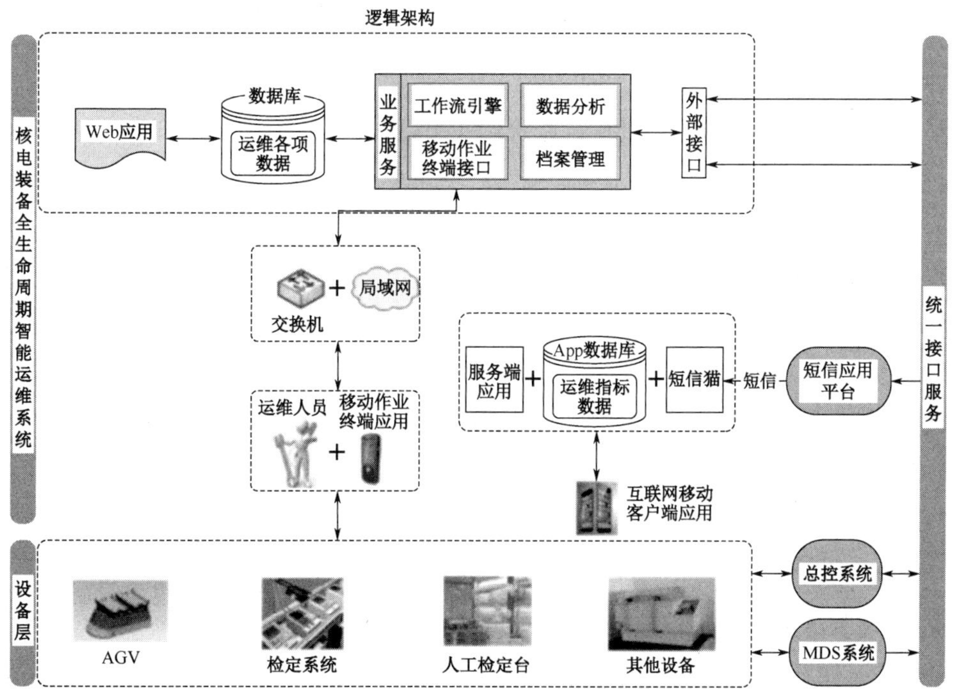

图 6.4.1　核电装备全生命周期智能运维系统框架

2. 核电装备全生命周期智能运维系统的功能特点

核电装备全生命周期智能运维系统包括数据采集、综合监控、运维管理、移动作业管理、知识库管理、查询统计、系统管理等功能模块。数据采集模块包括计量生产硬件信息采集、计量生产软件信息采集、MDS 系统运行相关硬件信息采集、MDS 系统运行相关软件信息采集、运维工具硬件信息采集、运维工具软件信息采集，主要通过接口方式采集数据并保存至数据库中。综合监控模块包括系统设备运行状态、运维人员情况、生产业务情况，通过获取 MDS 系统、各生产系统相关生产设施的档案、运行信息、人员在岗信息、生产计划和生产指标，实现对“四线一库”全自动生产作业的综合监控。移动作业管理模块包括移动作业应用管理和移动作业设备管理，前者根据岗位角色制定相应的应用功能，后者主要依据入库、领用、返还等环节将移动作业设备资产与领用责任人绑定。运维管理模块包括排班管理、巡视管理、故障检修管理、周期/专项维护管理、软件升级管理、备品备件管理、运维质量考核。知识库管理模块包括运维经验库、知识录入、知识发布、知识应用，挖掘分析运维人员对各类故障告警的处理手段，将运维经验提炼固化为知识，构建智能运维平台的知识库，为后续故障处理提供服务。查询统计模块包括系统运行情况查询、系统运行状态评估、运维服务情况查询、流程工单查询。系统管理模块包括安全管理、参数管理、版本管理。

3. 核电装备全生命周期智能运维系统知识库管理模块的建立

核电装备全生命周期智能运维系统知识库管理模块采用分层管理的模式，将所有的操作函数分为知识库管理层、知识库层、知识库表层三层。知识库管理层函数用于知识库管理的各项操作调用，可直接调用知识库层函数；知识库层函数位于知识库管理层和知识库表层之间，起到连接两层函数的纽带作用；知识库表层函数直接实现知识在知识库中的存取、查询、修改、删除等操作，它直接面向数据库，操作对象为底层函数。知识库应采用开放的技术平台进行整体设计，应支持 MySQL、SQL Server、Oracle、DB2 等多种数据库，具备平滑的移植能力；宜采用 Web Service、API 等接口，支持数据层、逻辑层、界面和用户 SSO 的集成处理，具备良好的扩展性；应充分考虑安全性，既要考虑信息资源的充分共享，也要考虑信息的保护，保证系统的安全性。

4. 核电装备全生命周期智能运维系统知识库管理模块的应用

知识库管理模块的应用主要包括故障信息处理、故障定位、故障知识存储、故障知识库完善、系统性状态诊断、运维考核等。故障信息处理利用故障知识库，对装备故障现象进行检索，判断装备故障位置并进行分析处理，装备故障检索及处理流程如图 6.4.2 所示。故障定位利用故障知识库的检索功能，输入装备的故障现象，判断装备的故障原因及故障元件的位置，及时排除装备故障。故障知识存储通过对故障知识一致性、完整性、冗余性的检查，实现数据库形式的知识存储。故障知识库完善包括数据库中故障现象与故障定位错误信息的修正，将新增的故障现象、故障定位、故障处理规则及时添加到故障知识库中。系统性状态诊断通过对装备故障类型、频次、停运时间的分析统计，对装备健康状态进行系统性评级，对故障频次较高的设备发出告警提示；根据系统的健康状态，合理安排检修、保养计划；对于发出告警的装备，应对故障原因进行专项分析排查，及时消除故障；对于易发生故障及故障频次较高的装备，应增加备品备件的数量。运维考核通过对故障知识库中故障的分析，统计不同厂家的装备故障数量、故障频次、系统停运时间等数据，作为评判不同厂家装备质量及运维质量优劣的重要依据。

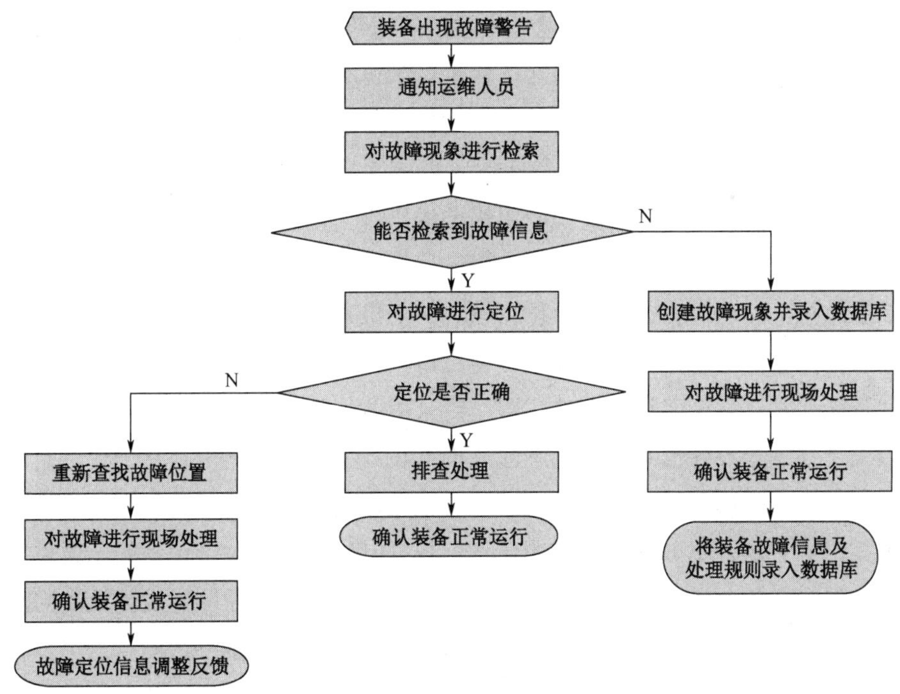

图 6.4.2 装备故障检索及处理流程

6.4.4 应用效果分析

就技术发展趋势而言，核电装备全生命周期智能运维系统在系统性能、系统功能及数据传递方式等方面的特点，将对核电站的运维方式产生极大的影响。

从系统性能的角度分析，由于智能运维系统内置数据处理、非线性补偿、数值计算等功能，相较于传统运维系统往往具有更高的精度和更宽的量程（可调比），可广泛应用于具有高精度测量或控制要求的被测/被控对象。

从系统功能的角度分析，智能运维系统相比于传统运维系统，具有功能多样化的特点，如多变量测量、设备自诊断等功能可为核电站提供更为多样化、智能化的数据信息和设备信息，其模块化、智能化的设计可为核电站提供更为便捷的组态、标校手段。可以预见，随着智能技术的逐步升级，以及智能型仪控设备的广泛应用，仪表类设备的设置将更加集约化、智能化；仪控设备的自诊断功能将使仪控设备的预防性维修成为可能；而仪控设备计算能力的增强，将使部分简单设备的控制由 DCS 逐步下放至终端设备，局部实现端到端的控制。

从数据传递方式的角度分析，智能运维系统的通信方式使得海量信息的传递成为可能。智能运维系统使用的总线协议或无线通信协议技术可大大节约电缆的用量，在保障智能运维系统多功能、海量数据传输的同时，也大大提升了核电站的经济性。考虑到核电项目对技术成熟度的较高要求，以及核电站特殊的环境特点与鉴定要求，上述影响不会一蹴而就。在核电领域内，智能运维系统的典型应用需要经历由局部区域、局部应用场景逐步向外推广和深化的过程。

从核电站生产管理流程的角度分析，核电站运维是当前最有可能进行数字化和智能化转型的领域，而智能运维系统必须以设备全生命周期信息为基础，因此对现场设备层进行数字化和智能化基础设施建设或改造，即广泛采用智能型仪控设备，可以实时采集丰富的多维度的工艺系统与设备信息，有助于建立现场设备的全生命周期信息平台，有利于实现在线状态评估、故障诊断等，促进核电站数字化运维技术的发展。智能运维系统的管理数据可以和核电站智能巡检数据、设备老化管理数据打通，提供对于设备的全方位监测和诊断信息，实现设备的预测性维护功能。以往只对实时数据进行监测，发现设备隐患的故障指征，进行故障早期预警，但随着智能运维系统的应用，针对多参数的监测可以识别故障指征的模式，从而可以确定未来可能发生的故障类型、故障的危害、故障可能发生的时段等，将由工程师根据当前数据判断设备状态的检修方式，进一步转变为以机器预测结果为源头、全流程机器决策的预测性维护方式。

通过建立核电装备全生命周期智能运维系统，形成端到端的数据归集、汇聚和流动机制，建立贯穿各核电系统的信息流，利用知识自动化、专业分析算法等技术，快速掌握核电机组运行的内在规律，并通过机器学习等手段，实现自主学习和模型的自我进化，推动核电系统性能指标优化。

参考文献

[1] AWASTHI A, KANNAN G. Green supplier development program selection using NGT and VIKOR under fuzzy environment[J]. Computers & industrial engineering，2016, 91: 100-108.

[2] 徐霞军，秦绪涛，杨强，等. 大数据技术在核电设备缺陷分析中的初步应用[J]. 核动力工程，2020, 41(S1): 68-72.

[3] 吴天昊，刘韬，施海宁，等. 基于核主元分析法的核电厂设备状态监测技术研究[J]. 核动力工程，2020, 41(05): 132-137.

[4] NGUYEN H, BARALDI P AND ZIO E. Ensemble empirical mode decomposition and long short-term memory neural network for multi-step predictions of time series signals in nuclear power plants[J]. Applied energy, 2021, 283: 116346.

[5] 马一鸣，王棋超，齐箫，等. 核电装卸料机控制系统典型故障分析及改进[J]. 核动力工程，2021, 42(S1): 163-167.

[6] 苏慧玲，王忠东，蔡奇新，等. 大规模智能电能表自动化检定的关键技术[J]. 中国电力，2016, 49(06): 126-131.

[7] 王立斌，高波，赵佩等. 电能表自动化检定流水线表位故障定位及报警系统设计[J]. 河北电力技术，2018, 37(01): 33-34+48.

[8] 廖常初. PLC 基础及应用[M]. 北京：机械工业出版社，2013.

[9] 孙汉虹. 第三代核电技术 AP1000[M]. 北京：中国电力出版社，2010.

反侵权盗版声明

电子工业出版社依法对本作品享有专有出版权。任何未经权利人书面许可，复制、销售或通过信息网络传播本作品的行为；歪曲、篡改、剽窃本作品的行为，均违反《中华人民共和国著作权法》，其行为人应承担相应的民事责任和行政责任，构成犯罪的，将被依法追究刑事责任。

为了维护市场秩序，保护权利人的合法权益，我社将依法查处和打击侵权盗版的单位和个人。欢迎社会各界人士积极举报侵权盗版行为，本社将奖励举报有功人员，并保证举报人的信息不被泄露。

举报电话：（010）88254396；（010）88258888

传　　真：（010）88254397

E-mail：　dbqq@phei.com.cn

通信地址：北京市万寿路 173 信箱

　　　　　电子工业出版社总编办公室

邮　　编：100036